无机及分析化学

（第三版）

主　编：黄晓琴

副主编：黄芳一　王香兰

编　者：（以姓氏笔画为序）

王巧玲　王香兰　刘秀娟

何幼鸾　徐国立　黄芳一

黄晓琴　鲁性贵　舒菲菲

主　审：曾胜年

华中师范大学出版社

内 容 提 要

无机及分析化学将原分属于无机化学和分析化学的教学内容有机整合，建成一个新的课程体系。教材内容注重基础，突出重点，简明清晰，循序渐进，便于自学。全书共11章，包括溶液和胶体、化学热力学和化学平衡的基本原理及其应用、物质结构与元素周期表、酸碱平衡与酸碱滴定、沉淀平衡与沉淀滴定、配位平衡与配位滴定、氧化还原平衡与氧化还原滴定、仪器分析等内容。每章配有本章小结及学习要求、阅读材料和习题，书后附有习题参考答案、附录等。

本书可作为化学、生物、环境、食品、医学、轻工、水产、农学等专业的无机及分析化学课程的教材使用，亦可供相关技术岗位人员自学、参考。

图书在版编目(CIP)数据

无机及分析化学/黄晓琴主编. —3版. —武汉:华中师范大学出版社,2015.1(2023.1重印)
(21世纪高等教育规划教材·化学系列)
ISBN 978-7-5622-6858-1

Ⅰ.①无… Ⅱ.①黄… Ⅲ.①无机化学—高等学校—教材②分析化学—高等学校—教材 Ⅳ.①O61②O65

中国版本图书馆CIP数据核字(2014)第276110号

书　　名: 无机及分析化学
主　　编: 黄晓琴©
选题策划: 华中师范大学出版社第二编辑室　电话:027—67867364
出版发行: 华中师范大学出版社有限责任公司
地　　址: 武汉市珞喻路152号　邮编:430079
销售电话:027—67861549
网址:http://press.ccnu.edu.cn　电子信箱:press@mail.ccnu.edu.cn
责任编辑: 张晶晶　**责任校对:** 刘　峥　**封面设计:** 罗明波　**封面制作:** 胡　灿
印 刷 者: 湖北新华印务有限公司　**督　　印:** 刘　敏
开本/规格: 787 mm×1092 mm　1/16　**印　　张:** 19.5
插　　页: 1　**字　　数:** 460千字
版　　次: 2015年1月第3版　**印　　次:** 2023年1月第4次印刷
印　　数: 24701—27700　**定　　价:** 35.00元

第三版前言

本书是为化学、生物、环境、食品、医学、轻工、水产、农学等专业大学一年级学生编写的一本化学基础类教材，第一版和第二版分别于2005年和2008年出版，在武汉生物工程学院等多所高校使用，得到了广大师生的认可。本书精心遴选无机化学和分析化学两门课程的内容并进行有机整合，章节分布合理、内容丰富、体系完善，将分析化学中的四大滴定巧妙地融入四大化学平衡内容中，理论知识与日常生活实践相结合，充分体现了基础化学的专业特色。

本版教材是在第二版的基础上，以培养应用型人才为指导思想修订而成的，修订内容力求表达精准、语言精练，并且与时俱进、有所创新，主要体现在以下几个方面：

第一，考虑到各专业对课程内容的要求不尽相同，增加了部分内容，对重要知识点进行了详述，表达方式更加通俗易懂，语言也更加精练。

第二，将标准平衡常数表达式中的 c 修订为 c_r（$c_r=c/c^{\ominus}$），代表相对浓度，更加严谨。

第三，课后的阅读材料紧密联系日常生活和生产实际，将书中理论知识和人们的生活、健康、环境保护、食品安全、医药以及工农业生产等方方面面密切联系起来，有利于提高学生的学习兴趣，提升其分析问题和解决实际问题的能力，为培养应用型人才打下坚实基础。

参与本次教材修订的为武汉生物工程学院教师黄晓琴、黄芳一、王香兰、刘秀娟、王巧玲、舒菲菲，全书由黄晓琴统稿。在修订过程中借鉴了一些相关资料，在此谨向有关作者表示感谢。本书修订过程中，得到武汉生物工程学院各级领导的关心和同事的帮助，在此一并表示衷心感谢！

鉴于编者学术水平有限，书中不妥之处，敬请专家、同行以及使用本教材的老师和同学不吝赐教，甚为感激。

编　者

2015年1月

第二版前言

本教材适用于生物、环境、食品、制药、医学等专业。第一版于2005年7月出版，在武汉生物工程学院、湖北生物科技职业学院和湖北生态工程职业技术学院等多所高校的教学实践中使用，受到广大师生的欢迎和好评，均肯定本书是一本内容全、材料新、体系好的教材。许多读者反映本书“很有特色”，能够体现出“实用、适用、通俗、精练、先进”的风格，课本中例题的选择颇有新意，每一章的小结写得较系统，可读性强，较好地处理了过去教材中存在的过深、过高且偏离实际的问题，内容严谨、深入浅出、重点突出、讲解新颖。有的读者还提出了一些宝贵的修改意见，借此机会，我们向广大读者表示衷心感谢。

根据使用本书第一版的各学校反馈的信息和专家们的意见，以及学科的发展和教学改革的要求，修订时，我们在保持第一版特色的基础上，努力更新内容，力求准确、适用。修订时我们简化了第6章中过于繁琐的部分，例如多元酸(碱)滴定的问题，同时对某些概念进行了修正，这也体现了本书“适用、精练”的编写原则，以期有效地提高读者的化学基础理论水平和综合能力。

参加本书第二版修订的有黄芳一、张舟(绪论，第1,3章)，何幼鸾、覃宇(第2,4,10章)，张玮、张启焕(第5,6章)，徐国丽、秦中立(第7,8,9章)，张友杰(第11章)。湖北生态工程职业技术学院李春明老师参加了全书的编写及书稿整理工作。全书由华中师范大学化学学院曾胜年教授主审，黄芳一统稿、定稿。

教材在编写和修订过程中得到了武汉生物工程学院的领导及师生的关心和帮助，谨表谢意。华中师范大学出版社的领导、编辑对本书的策划、编写、审定和出版付出了辛勤劳动，华中师范大学化学学院曾胜年教授于百忙中不辞辛劳主审本书，在此谨表谢忱！

衷心期望继续得到广大读者、同行专家的批评、指正，及时指出错漏之处，以便我们及时补正完善。

编　者

2008年7月

第一版前言

进入21世纪，我国高等教育已从精英教育逐步走向大众教育，将高等教育进一步推向大众化，培养应用型人才已成为国家人才培养结构中的重要组成部分，且得到了社会各界的广泛支持。因此，以培养应用型人才为己任的高等学校得到了长足发展。这类学校的一个显著特点是按照新时代的要求和当地社会与经济建设的需求来培养学生，重视产、学、研相结合，并紧密结合当地的经济状况，把为当地培养应用型人才作为学校办学的主攻方向。在教授"理论与技术"的同时，更注重技术、方法的教学；在教授"理论与实践"的同时，更注重理论指导下的可操作性，更注意实际问题的解决。因此，这类学校培养的学生善于解决生产中的实际问题，受到地方企事业单位的普遍欢迎。

为了满足这类高校的教学要求，达到培养应用型人才的目的，根据教育部有关重点建设项目的规定和相关的教学大纲，我们组织了多年在这类高校中从教，并具有丰富工作实践经验的教师来编写这本教材。

在该教材的编写中，我们提倡"实用、适用、先进"的编写原则和"通俗、精练、可操作"的编写风格，以解决多年来在教材中存在的过深、过高，且偏离实际的问题。编者力求使本书具有较高的科学性和系统性，同时也具有鲜明的时代性，能反映化学科学的新进展及化学与生命科学、食品科学、环境科学、农业科学的联系。

本书内容在编写上强调以无机化学和分析化学的基础知识为主体，以所学的无机化学理论知识满足"适用"为原则，将两门化学课程进行有机的整合，减少了教学中的重复和脱节现象。本书在结构上以分析化学中的"四大平衡"为主线，适当压缩对热力学、动力学和结构化学的论述，重点介绍"四大滴定"及其应用。元素化学部分则以物质结构和周期系为依据，结合生物类专业的特点，着力突出重要的、有代表性的元素及其化合物的性质和反应类型，强调其在生物领域中的应用，改变了许多教材惯用的系统、全面、逐一叙述的方式。另外，本书针对生物类专业的特点，每章配有阅读材料，以激发学生学习的兴趣。本书增加了配位化合物的应用、现代仪器分析概论等内容，为学生学习后续课程打下了坚实的基础。书中标有"*"的章节，是本科教学中应系统讲授的内容，在专科教学中则不作要求，仅供参考或由学生自学。

本教材全面采用法定计量单位(SI制)，但根据需要也保留了一些允许与SI制暂时并用的其他单位。本教材中的习题是在"少而精"原则的指导下编写而成的，内容包括基本概念、基本理论、数学演算、综合比较诸方面，力求做到思考性训练、技巧性训练和综合性训练相结合。书后附有部分习题答案，便于学生进行复习和自检。

本教材由武汉生物工程学院的教师主持编写。参加编写的有黄芳一(绪论及第1，3

章)、何幼鸾(第2,4,10章)、徐国丽(第7,8,9章)、张玮(第5,6章)和张友杰(第11章)。湖北生物科技职业学院鲁性贵、湖北生态工程职业技术学院郑进参加了全书编写及书稿整理工作。全书由黄芳一统稿。

鉴于编者水平有限,书中难免存在谬误之处,敬请读者赐教指正。

编　者

2005年7月

目　　录

绪论 …… 1

第 1 章　气体、溶液和胶体 …… 7

1.1　气体 …… 8

1.1.1　理想气体的状态方程 …… 8

1.1.2　道尔顿分压定律 …… 8

1.2　溶液的浓度 …… 9

1.2.1　物质的量浓度 …… 10

1.2.2　质量摩尔浓度 …… 10

1.2.3　摩尔分数 …… 10

1.2.4　质量分数 …… 11

1.2.5　体积分数 …… 11

1.2.6　各浓度之间的换算 …… 11

1.3　稀溶液的依数性 …… 12

1.3.1　溶液的蒸气压降低——拉乌尔定律 …… 12

1.3.2　溶液的沸点升高 …… 14

1.3.3　溶液的凝固点降低 …… 14

1.3.4　溶液的渗透压 …… 15

1.4　胶体溶液 …… 18

1.4.1　溶胶 …… 19

1.4.2　溶胶的性质 …… 19

1.4.3　溶胶的结构 …… 21

1.4.4　溶胶的稳定性和聚沉 …… 22

*1.5　表面活性物质与高分子溶液 …… 23

1.5.1　表面活性物质 …… 23

1.5.2　乳浊液 …… 24

1.5.3　高分子溶液 …… 24

本章小结及学习要求 …… 25

阅读材料:胶体及其应用 …… 26

习题 …… 27

第 2 章　化学热力学基础 …… 29

2.1　热力学的基本概念 …… 29

2.1.1　体系和环境 …… 29

2.1.2　状态和状态函数 …… 29

2.1.3　过程和途径 …… 30

2.2 热力学第一定律和热化学 …… 30
2.2.1 热力学第一定律 …… 30
2.2.2 恒压反应热和反应焓变 …… 32
2.2.3 热化学方程式 …… 32
2.2.4 盖斯(Hess)定律 …… 33
2.2.5 标准摩尔生成焓 …… 34
2.2.6 标准燃烧热 …… 35
2.3 热力学第二定律 …… 36
2.3.1 反应的自发性 …… 36
2.3.2 混乱度和熵 …… 36
2.3.3 热力学第二定律 …… 37
2.3.4 标准摩尔熵 …… 37
2.3.5 熵变的计算 …… 37
2.4 吉布斯自由能 …… 37
2.4.1 吉布斯(Gibbs)自由能 …… 37
2.4.2 标准生成自由能 …… 38
2.4.3 吉布斯-亥姆霍兹(Gibbs-Helmholtz)公式 …… 38
本章小结及学习要求 …… 39
阅读材料:热力学的发展 …… 40
习题 …… 41
第3章 化学反应速率和化学平衡 …… 44
3.1 化学反应速率 …… 44
3.1.1 平均速率 …… 44
3.1.2 瞬时速率 …… 44
*3.2 化学反应速率理论简介 …… 46
3.2.1 碰撞理论与活化能 …… 46
3.2.2 过渡态理论 …… 47
3.3 化学反应速率的影响因素 …… 48
3.3.1 浓度对反应速率的影响 …… 48
3.3.2 温度对反应速率的影响 …… 51
3.3.3 催化剂对反应速率的影响 …… 53
3.4 化学平衡与平衡常数 …… 56
3.4.1 可逆反应 …… 56
3.4.2 化学平衡的特征 …… 56
3.4.3 平衡常数 …… 57
3.5 化学平衡移动原理 …… 59
3.5.1 浓度对化学平衡的影响 …… 59
3.5.2 压力对化学平衡的影响 …… 60

3.5.3 温度对化学平衡的影响 …… 61
3.5.4 催化剂与化学平衡 …… 61
本章小结及学习要求 …… 62
阅读材料:生活中的化学平衡 …… 63
习题 …… 64
第4章 物质结构基础 …… 68
4.1 核外电子运动状态 …… 68
4.1.1 氢原子光谱 …… 68
4.1.2 玻尔的原子结构理论 …… 69
4.1.3 核外电子运动的波粒二象性 …… 70
4.1.4 测不准原理 …… 70
4.1.5 核外电子运动状态的描述 …… 71
4.2 核外电子排布规则 …… 73
4.2.1 核外电子的排布规律 …… 73
4.2.2 多电子原子的能级图 …… 74
*4.2.3 屏蔽效应和钻穿效应 …… 74
4.2.4 核外电子的排布 …… 75
4.3 电子层结构与元素周期系 …… 78
4.3.1 周期与能级组 …… 78
4.3.2 族 …… 79
4.3.3 区 …… 79
4.3.4 元素性质的周期性 …… 80
4.4 化学键和分子结构 …… 83
4.4.1 共价键理论 …… 84
*4.4.2 现代价键理论 …… 84
4.4.3 杂化轨道理论 …… 86
4.4.4 杂化轨道的类型 …… 86
4.4.5 分子间的作用力与氢键 …… 88
本章小结及学习要求 …… 90
阅读材料:门捷列夫与元素周期表 …… 91
习题 …… 92
第5章 分析化学概论 …… 94
5.1 概述 …… 94
5.1.1 分析化学的任务和作用 …… 94
5.1.2 分析方法的分类 …… 95
5.1.3 定量分析的一般程序 …… 96
5.2 定量分析中的误差 …… 98
5.2.1 误差的分类 …… 98

5.2.2 准确度和精密度 …… 99
5.2.3 误差和偏差 …… 100
5.2.4 减小误差的方法 …… 103
5.3 有效数字及其运算规则 …… 104
5.3.1 有效数字的概念 …… 104
5.3.2 有效数字的修约与运算 …… 105
5.4 滴定分析法 …… 106
5.4.1 滴定分析法的基本概念 …… 106
5.4.2 滴定分析法的分类 …… 106
5.4.3 滴定分析法对化学反应的要求 …… 107
5.4.4 滴定方式 …… 107
5.4.5 基准物质和标准溶液 …… 108
5.4.6 滴定分析中的计算 …… 110
本章小结及学习要求 …… 112
阅读材料：分析化学在生产生活中的应用 …… 113
习题 …… 114
第6章 酸碱平衡和酸碱滴定法 …… 116
6.1 酸碱质子理论 …… 116
6.1.1 电解质溶液 …… 116
6.1.2 酸碱的定义和共轭酸碱对 …… 117
6.1.3 酸碱的强弱 …… 119
6.1.4 水的质子自递平衡 …… 119
6.1.5 共轭酸碱对 $K_a^{\ominus}$ 和 $K_b^{\ominus}$ 的关系 …… 120
6.2 酸碱平衡的移动 …… 121
6.2.1 浓度对酸碱平衡的影响 …… 121
6.2.2 同离子效应 …… 122
6.2.3 盐效应 …… 122
6.3 酸碱溶液中 H^+ 浓度的计算 …… 123
6.3.1 水溶液的 pH …… 123
6.3.2 酸碱溶液 pH 的计算 …… 124
6.4 缓冲溶液 …… 126
6.4.1 缓冲溶液的组成和原理 …… 126
6.4.2 缓冲溶液 pH 的计算 …… 128
6.4.3 缓冲溶液的选择和配制 …… 130
*6.4.4 缓冲溶液在生物等方面的重要意义 …… 131
6.5 酸碱滴定法 …… 132
6.5.1 酸碱指示剂 …… 132
6.5.2 酸碱滴定曲线和指示剂的选择 …… 136

6.5.3 酸碱滴定法的应用 …… 146
本章小结及学习要求 …… 148
阅读材料:生活中酸度测定的意义 …… 150
习题 …… 150
第7章 沉淀溶解平衡及沉淀滴定法 …… 152
7.1 难溶电解质的溶度积 …… 152
7.1.1 溶度积 …… 152
7.1.2 溶解度与溶度积的关系 …… 152
7.1.3 溶度积规则 …… 153
7.2 沉淀溶解平衡的移动 …… 154
7.2.1 沉淀的生成和分离 …… 154
7.2.2 沉淀的溶解 …… 158
*7.2.3 沉淀的转化 …… 160
7.3 沉淀滴定法 …… 161
7.3.1 沉淀滴定法对反应的要求 …… 161
7.3.2 沉淀滴定法 …… 161
本章小结及学习要求 …… 164
阅读材料:共沉淀(coprecipitation) …… 165
习题 …… 166
第8章 配位平衡与配位滴定法 …… 168
8.1 配位化合物的基本概念 …… 168
8.1.1 配位化合物的结构特征 …… 168
8.1.2 配位化合物及其组成 …… 169
8.1.3 配位化合物的命名 …… 171
8.1.4 螯合物 …… 172
8.2 配位平衡 …… 173
8.2.1 配合物的稳定常数 …… 173
8.2.2 配位平衡的有关计算 …… 174
8.2.3 配位平衡的移动 …… 175
*8.3 配位化合物的价键理论 …… 178
8.3.1 价键理论 …… 178
8.3.2 配离子的形成 …… 178
*8.4 配合物的应用 …… 180
8.4.1 配合物在分析化学中的应用 …… 180
8.4.2 在生物与医学方面的应用 …… 181
8.5 配位滴定法 …… 182
8.5.1 配位滴定法对其反应的要求 …… 182
8.5.2 EDTA及其配合物的特点 …… 183

*8.5.3 金属离子指示剂 …… 186
8.5.4 配位滴定的方式及其应用 …… 188
8.5.5 EDTA标准溶液的配制与标定 …… 189
本章小结及学习要求 …… 190
阅读材料:配位化学发展简介 …… 191
习题 …… 192
第9章 氧化还原反应与氧化还原滴定法 …… 194
9.1 氧化还原的基本概念 …… 194
9.1.1 氧化数 …… 194
9.1.2 氧化还原反应 …… 195
9.1.3 半反应和氧化还原电对 …… 195
9.2 氧化还原方程式的配平 …… 196
9.2.1 氧化数法 …… 196
9.2.2 离子-电子法 …… 197
9.3 原电池和电极电势 …… 198
9.3.1 原电池 …… 198
9.3.2 电极电势 …… 199
9.3.3 标准电极电势 …… 200
9.3.4 原电池的电动势和化学反应自由能的关系 …… 202
9.4 影响电极电势的因素 …… 203
9.4.1 能斯特公式 …… 203
9.4.2 浓度对电极电势的影响 …… 204
*9.5 电极电势的应用 …… 206
9.5.1 计算原电池的电动势 …… 206
9.5.2 判断氧化剂和还原剂的强弱 …… 207
9.5.3 判断氧化还原反应进行的方向 …… 207
9.5.4 判断氧化还原反应的程度 …… 208
9.5.5 元素电势图及其应用 …… 209
9.6 常用氧化还原滴定法 …… 211
9.6.1 高锰酸钾法 …… 211
9.6.2 碘量法 …… 213
9.6.3 重铬酸钾法 …… 215
本章小结及学习要求 …… 216
阅读材料:化学电源 …… 217
习题 …… 218
第10章 重要元素及化合物 …… 220
10.1 卤族元素 …… 220
10.1.1 卤素单质 …… 221

10.1.2 卤化氢和氢卤酸 …… 221
10.1.3 卤素含氧酸及其盐 …… 222
10.2 氧族元素 …… 224
10.2.1 过氧化氢 …… 225
10.2.2 硫化氢和金属硫化物 …… 225
10.2.3 硫的氧化物、含氧酸和盐 …… 226
10.3 氮族元素 …… 228
10.3.1 氮的重要化合物 …… 229
10.3.2 磷的重要化合物 …… 230
10.3.3 砷的化合物 …… 231
10.4 碳族元素 …… 232
10.4.1 碳及其重要化合物 …… 232
10.4.2 硅及其重要化合物 …… 233
10.5 硼族元素 …… 234
10.6 碱金属和碱土金属元素 …… 234
10.6.1 氧化物 …… 236
10.6.2 碱金属盐和碱土金属盐 …… 236
10.6.3 碱金属和碱土金属元素在医药中的应用 …… 237
10.7 过渡元素 …… 238
10.7.1 过渡元素的通性 …… 238
10.7.2 铜、银、锌和汞 …… 240
10.7.3 铬、钼的重要化合物 …… 241
本章小结及学习要求 …… 242
阅读材料:生命中的元素 …… 242
习题 …… 244
第11章 仪器分析概论 …… 245
11.1 原子光谱分析法 …… 246
11.1.1 原子光谱的产生 …… 246
11.1.2 原子发射光谱分析法 …… 246
11.1.3 原子吸收光谱分析法 …… 249
11.2 分子光谱分析法 …… 253
11.2.1 分子光谱的产生 …… 253
11.2.2 紫外-可见分光光度法 …… 254
11.2.3 分子荧光光度法 …… 256
11.3 电分析化学法 …… 259
11.3.1 电位分析法 …… 259
11.3.2 极谱分析法 …… 263
11.3.3 电泳分析法 …… 265

11.4　色谱分析法 …… 267
11.4.1　色谱分析法概述 …… 267
11.4.2　气相色谱法 …… 268
11.4.3　高效液相色谱法 …… 275
本章小结及学习要求 …… 277
阅读材料:元素的光谱与元素周期表 …… 278
习题 …… 279
习题参考答案 …… 281
参考文献 …… 285
附录 …… 286
元素周期表 …… 插页

绪　　论

1. 化学研究的对象和任务

世界是由物质组成的，而物质又处于永恒的运动中。物质的运动形式从低级到高级，有机械运动、物理运动、化学运动、生物运动及社会运动等。

化学是自然科学中的一门重要学科。化学是在分子、原子或离子等层次上研究物质的组成、结构、性质及其变化规律和变化过程中的能量关系的一门科学。简单地说，化学是研究物质变化的科学。

化学科学的发展在国民经济各部门及各行业的生产中都发挥着重要的作用，实践证明，在能源、国防、信息、环境、资源、生命、医药等各个重要领域中化学也起着不可替代的作用。

在中古时期，化学处于萌芽阶段，所有化学活动客观上都是研究金属和矿物（也包括一些植物）的成分、起源及其变化，化学实际上是一门技术。到了近代化学时期，化学研究的对象发生急剧变化，19 世纪下半叶，化学的几个重要分支已经初步形成并有了一定的发展。当时认为化学是“关于元素的科学”或“研究元素在形成化合物时的化合规律，以及所伴随发生的各种现象”。

化学在发展过程中，依照所研究的分子类别和研究手段、目的、任务等派生出许多分支学科。早在 20 世纪 20 年代前后就形成了传统的四大分支——无机化学、分析化学、有机化学和物理化学。然而，随着科学的不断发展，化学与其他学科相互渗透、相互促进，又形成了一系列的应用化学和交叉学科，如生物化学、农业化学、地球化学、土壤化学、环境化学、食品化学、高分子化学、核化学和放射化学等。这些应用及交叉学科的建立和发展，对于科学技术的发展和生产水平的提高起着重要的作用。

无机化学是研究无机物质的组成、性质、结构和反应的科学。无机物质包括所有元素和它们的化合物。无机化学又可分为稀有元素化学、稀土元素化学、配位化学、无机合成化学等。还有一些边缘学科，如生物无机化学、固体无机化学、金属无机化学等。

分析化学是研究物质化学组成的分析方法及其有关理论的一门学科。其任务是研究物质中含有哪些元素和基团（定性分析），每种成分的数量如何，物质的纯度如何（定量分析），还要研究物质中原子在分子中如何排列（结构分析）。在分析化学领域，各种仪器分析方法也相继建立了起来，包括电化学分析、光学分析、色谱分析、各种波谱分析和结构分析等。

有机化学是研究有机化合物的来源、制备、性质、应用以及有关理论的科学。碳的化合物（除简单的一氧化碳、二氧化碳、碳酸盐等外）均属于有机化合物。

物理化学则是从物质的物理现象和化学现象的联系入手，探求化学变化的基本规律，实验方法也主要采用物理学中的方法。

对化学的分类，实际上也反映出化学发展的特点和一般趋势。它与科研规划、教育和人

才的培养以及化学前沿的研究现状等都有密切的关系。

2. 化学与生命科学的关系

生物体本身是由化学元素构成的，例如碳、氢、氧三种元素构成了生物体总量的约95%，氮、磷、钾、钙、镁、铁、硫等构成了生物体总量的3%～4%。此外，在生物体内还有一些含量极少，但又是不可缺少的微量元素，如硼、铜、锰、锌、钼、氯等。这些元素构成了生物体的组织、器官，以及蛋白质、核酸、糖类、脂类、水和各种无机盐。这些物质在生物体的生命活动中起着不可缺少的作用，从而产生各种生命现象。所以，从一定意义上来看，生物体的生命活动就是生物体内进行各种化学反应的结果。

近几十年来，随着化学和物理学的发展，现代实验手段的建立，化学、物理学与生物科学之间进一步渗透，生物科学的研究从细胞水平发展到分子水平，形成了分子生物学。这对于揭示生命现象的本质和生物遗传的奥秘提供了进一步研究的途径。化学与生命现象紧密结合形成生物化学，生物化学是把化学的知识、理论以及近代的物理测试手段应用于研究生物体系的一门新兴的生命学科。将无机化学的理论和方法应用于生物体内金属化合物的研究，以探索金属离子与体内生物大分子的相互作用规律，从而形成了生物无机化学。生物无机化学的研究对于阐明金属元素在生物体内的作用、弄清某些疾病的起因和防治以及某些药物的合成等都具有十分重要的意义。补充生命必需元素、促进体内有毒元素的排除、在癌症病人的“化疗”等方面的应用是目前医疗实践中的重大研究课题。

化学与农业科学的发展也有密切的关系。在作物栽培、病虫害防治、良种繁育、土壤肥料开发、农副产品综合利用、复合饲料研制、兽医临床诊治、农业环境保护等方面都离不开化学。例如，农作物的稳产高产，要求提供价廉物美的肥料、农药、生长刺激素和除草剂；为了防止农业环境污染，需要经常对土壤、植物、空气、水等进行分析测定；农副产品的贮藏、加工和综合利用更要涉及无机化学、有机化学、分析化学、生物化学等多学科的理论知识和实验技术。由此可见，包括农业科学在内的生命科学与化学的关系是多么密切。

3. 无机及分析化学课程学习的内容和方法

无机及分析化学是高等院校生物学、化学及相关专业开设的一门基础课，它包含了无机化学和定量分析的基本内容。随着高等教育的发展，21世纪的专业教学内容和课程体系也随之改革，无机及分析化学取代了化学传统分类中的无机化学和分析化学，减少了教学中的重复和脱节现象，使得基础理论和实践应用有机地结合。

无机及分析化学课程的主要内容包括：溶液和胶体的基础知识、热力学有关知识、物质的结构、化学反应的基本原理、化学平衡及其应用（包括化学反应平衡、酸碱平衡、沉淀溶解平衡、氧化还原平衡和配位平衡等）、仪器分析、部分重要元素及其化合物的简介等。学习这门课程的主要目的是：

(1) 打好专业基础，充实化学的基础知识，进一步扩大知识面。了解化学过程中的一些基本规律，从原子、分子结构的观点解释元素及其化合物的性质。学习分析化学中的基本原理和基本方法，重点在于知道如何处理有关化学平衡中的一些问题，为学习后续课程打好基础。

(2) 实验是本课程的重要组成部分,必须重视实验课。通过实验,掌握基本操作技能,学会如何处理实验数据;巩固并加深对所学理论的理解;提高分析问题和解决问题的能力,培养实事求是和严谨治学的科学态度。

(3) 提高自学、独立思考和独立解决问题的能力。

无机及分析化学课程提供大量的知识信息,应该在理解中进行记忆,方能达到举一反三的效果。通过归纳,寻找联系,可以由"点的记忆"汇成"线的记忆"。

化学就其本源和本质来说是一门实验科学。在任何时期,新理论的发现和检验都要通过实验来实现。因此,在整个大学学习阶段,都要树立"实践第一"的观点。

【阅读材料】

我国化学学科发展前景展望

我国的经济发展越来越离不开化学,化学在我国成为一门中心学科已是不争的事实,我国参与化学研究与工作的人员队伍规模是国际上少有的,这正是我国化学科学发展的背景和动力。

当前,我国所面临的挑战有人口控制、健康、环境、能源、资源与可持续发展等问题。化学家们希望从化学的角度,通过化学方法解决其中的问题,为我国的发展和民族的振兴做出更大的贡献。21 世纪是生物学世纪,随着国家对农业、生物科学研究的重视,农业和生物中的化学问题研究已经引起越来越多化学工作者的关注。

进入 21 世纪以后,上述研究所涉及的若干基本化学问题,已成为我国化学研究的新方向,成为我国化学家有所作为的突破点。

一、若干化学基本问题的解决,将使化学学科自身在不同层次上得到丰富和发展

1. 反应过程及控制

化学的中心是化学反应。虽然人们对化学反应的许多问题已有比较深刻的认识,但还有更多的问题尚不清楚。化学键究竟是如何断裂和重组的? 分子是怎样吸收能量的? 并且是怎样在分子内激发化学键达到特定的反应状态的? 这一系列属于反应动力学的问题都有待回答,其研究成果对有效控制反应十分重要。

复杂体系的化学动力学、非稳态粒子的动力学、超快的物化过程中进行实时探测和调控以及极端条件下的物理化学过程都已经成为重要的研究方向。向生命学习,研究生命过程中的各种化学反应和调控机制,正成为探索反应控制的重要途径,真正在分子水平上揭示化学反应的实质及规律将指日可待。

2. 合成化学

未来化学发展的基础是合成化学的发展。21 世纪合成化学将进一步向高效率和高选择性发展;新方法、新反应以及新试剂仍将是未来合成化学研究的热点;手性合成与技术将越来越受到人们的重视;各类催化合成研究将会有更大进展;化学家也将更多地利用细胞来进行物质的合成。我们相信,随着生物工程研究的进展,通过生物系统合成所需化合物的目的能够很快实现,这些将使合成化学呈现出崭新的局面。此外,仿生合成也是一个一直颇受注意的热点,该方面的研究进展将产生高效的模拟酶催化剂,它们将对合成化学产生重要影响。

3. 基于能量转换的化学反应

太阳能的光电转换虽早已用于人造卫星,但大规模、大功率的光电转换材料的化学研究才刚开始。太阳能光解水产生氢燃料的研究已受到更大的重视,其中催化剂和高效储氢材料是目前研究最多的课题。值得特别提出的是,关于植物光合反应研究已经取得了一定的突破。燃料电池的研究也已在一些单位展开并取得进展。随着石油资源近于枯竭,近年来对燃烧过程的研究又重新被提到日程上来,细致了解燃烧的机制,不仅是推动化学发展的需要,也是充分利用自然资源的关键。我国现阶段注重研究催化新理论和新技

术，包括手性催化和酶催化等。

4. 新反应途径与绿色化学

我国现阶段的研究，一方面注意降低各种工业过程的废物排放、排放废料的净化处理和环境污染的治理，另一方面重视开发那些低污染或无污染的产品和过程。因此，化学家不但要追求高效率和高选择性，而且还要追求反应过程的“绿色化”。这种“绿色化学”已成为21世纪化学的重大变化。它要求化学反应符合“原子经济性”，即反应产率高，副产物少，而且耗能低，节省原材料，同时还要求反应条件温和，所用化学原料、化学试剂和反应介质以及所生成产物均无毒无害或低毒低害与环境友善。毫无疑问，研究不排出任何废物的化学反应（原子经济性），对解决环境污染具有重大意义。高效催化合成、以水为介质、以超临界二氧化碳为介质的反应研究将会有大的发展。

5. 设计反应

综合结构、分子设计、合成、性能研究的成果以及计算机技术，是创造特定性能物质或材料的有效途径。分子团簇、原子、分子聚集体已在我国研究多年。目前这些研究正在深入，并与现代计算机技术、生物技术、医学等相结合，以获得多角度、多层次的研究结果。21世纪的化学家将更普遍地利用计算机帮助进行反应设计，人们有望让计算机按照优秀化学家的思维方式去思考，让计算机评估浩如烟海的已知反应，从而选择最佳合成路线，分析合成获得预想的目标化合物。

6. 纳米化学与单分子化学

从化学或物理学角度看，纳米级的微粒性能由于其表面原子或分子所占比例超乎寻常得大，而变得不同寻常。研究其特殊的光学、电学、催化性质以及特别的量子效应已受到重视。

另一方面，借助STM/AFM和光摄等技术进行单分子化学的研究，将能观察在单分子层次上的许多不同于宏观的新现象和特异效应，对这些新现象和新效应的揭示可能会导致一些科学问题的突破。

7. 复杂体系的组成、结构与功能间关系研究

21世纪的化学不仅要面对简单体系，还要面对包括生命体系在内的复杂系统。因此，除了研究分子的成键和断键，即研究离子键和共价键那样的强作用力之外，还必须考虑复杂体系中的相互作用力，如氢键、范德华力等。虽然它们的作用力较弱，但由此却组装成分子聚集体和分子互补体系。这种超分子体系常常具有全新的性能，或者可使通常无法进行的反应得以进行。基于分子识别观点进行设计、合成及组建新的、有各种功能的分子、超分子及纳米材料，将是未来一段时间中化学的重要研究内容。而深入研究控制分子的各种作用力，研究它们的本质并深刻了解分子识别，是一个颇具重大意义并充满挑战的课题。研究分子、分子聚集体的结构以及纳米微粒与各种物理化学性质的关系，特别是分子电子学的研究在21世纪将会有较大的进展。

8. 物质的表征、鉴定与测试方法

研究反应、设计合成、探讨生命过程、工业过程控制、商品检验等，都离不开对物质的表征、测试、组成与含量测定。能否发展和建立适合于原子、分子、分子聚集体等不同层次的表征、鉴定与测定方法，特别是痕量物质的测定方法，将成为制约化学发展的一大关键。我国目前的研究集中于以下几个方面：① 发展基于激光或其他原理的高灵敏度检测和分析方法，包括发展新的样品浓集或聚焦上样技术；② 发展具有极高分离效率的毛细管电泳、基于分子识别的高选择性分离技术以及各种传感器技术等；③ 探索建立基于微透析、电分析化学和传感器的现场或流水线测定方法；④ 构建多元和集成分析方法以适应类似于人类基因组工程计划等大规模分析测试的需要。可以说，上述研究方向的转变成为21世纪初我国化学发展的一个显著特点，并将由此引发这一学科自身在各个层次上的变革，同时带动和促进其他学科与技术的共同繁荣和发展。

二、学科间的渗透与交叉将使我国化学的发展面临更多的机会与挑战

化学向其他学科的渗透趋势在21世纪将会更加明显。更多的化学工作者会投身到研究生命、研究材料的队伍中去，并在化学与生物学、化学与材料的交叉领域大有作为。化学必将为解决基因组工程、蛋白质

组工程中的问题以及理解大脑的功能和记忆的本质等重大科学问题做出巨大的贡献。

化学的发展已经并将会进一步带动和促进其他相关学科的发展，同时其他学科的发展和技术的进步会反过来推动化学本身的不断前进。从微观来看，化学家已经能够研究单分子中的电子过程与能量转移过程；从宏观来看，化学家能探讨分子间的作用力和电子的运动。化学家不但能够描述慢过程，亦能跟踪超快过程，而这些研究将有助于化学家在更深层次上揭示物质的性质及物质变化的规律。化学家还不断地将数学、物理学和其他学科中发展的新理论和新方法运用到化学领域的研究之中，如非线性理论和混沌理论等将对多元复杂体系的研究产生影响。

化学研究的深入还将带动我国仪器仪表工业的发展。因为仪器仪表既是一个很大的行业，也是国家发达与否的标志之一。我国过去曾忽视对仪器的研制，导致分析仪器依赖进口的局面。经过我国科学界和工业界的共同努力，我们开始看到自己研制、生产的分析及测试仪器，如微型气相色谱仪、新型毛细管电泳仪、电化学传感器，还会出现多功能组合仪器、智能型色谱仪等，我国的仪器仪表工业将进入一个蓬勃发展的时期。

三、国民生活质量的提高将得益于化学的发展

我国人口在21世纪上半叶将达到16亿，保持我国农业的持续发展是我们面临的艰巨任务。农业发展的首要问题是保证全民族的食品安全和提高食物品质；其次是保护并改善农业生态环境，为农业持续发展奠定基础。化学将在创造高效肥料和高效农药，特别是与环境友善的生物肥料和生物农药，以及开发新型农业生产资料等诸方面发挥巨大作用。我国化学家还将在克服和治理土地荒漠化、干旱及盐碱地等农业生态系统问题方面做出应有的贡献。科学家利用各种最先进的手段，有望揭示光合系统高效吸能、传能和转能的分子机理及调控，建立反应中心能量转化的动力学模型和能量高效传递的理论模型，从而达到高效利用光能为农业增产服务的目的。

21世纪的化学将在控制人口数量，克服疾病和提高人的生存质量等人口与健康诸方面进一步发挥重大作用：化学工作者将会发现和创造更安全和高效的避孕药具；在攻克高死亡率和高致残的心脑血管病、肿瘤、高血脂和糖尿病以及艾滋病等疾病的进展中，化学工作者将不断创造包括基因疗法在内的新药物和新方法。此外，由于人口高速老龄化，老年病在21世纪初成为影响我国人口生存质量的主要问题之一。化学将会在揭示老年性疾病发生机理，开发和创制诊断、治疗老年病药物和提高老年人的生活质量方面做出贡献。相信在今后几年，我国化学家和药物化学家在针对肿瘤和神经系统等重要疾病的创新药物研究中，能发现和优化数个新药候选化合物，建立具有自主知识产权的新药产业。中医药是我国的宝贵遗产，化学研究将在揭示中医药的有效成分、揭示多组分药物的协同作用机理方面发挥巨大作用，从而加速中医药走向世界，实现产业化，成为我国经济的新的增长点。

四、在化学的支撑下，我国的国民经济将更上一个新的台阶

化学将会在解决能源这一人类面临的重大问题方面做出贡献。目前我国的经济持续稳定增长，使能源开发利用面临需求增大和环境污染的双重压力。而能源利用效率低，环境污染严重是我国亟待克服的重要问题。发展新能源及其储能材料在受到化学家重视的同时，也引起政府部门的关注，科学研究和产业化研究正相伴而行。我国化学家有望在未来几年里创制和开发出多种新型催化剂，使我国的煤、天然气和煤层气的综合优化利用取得优异成绩，从而减缓我国的能源紧张和环境污染的压力。21世纪我国核能利用将进一步发展，而化学研究涉及核能生产的各个方面，化学工作者必将为核能的安全利用做出应有的贡献。此外，化学家在大规模、大功率的光电转换材料方面的探索研究将导致太阳能的开发利用。化学家从事的新燃料电池的催化剂、新电池的研究可能在未来几年出现突破，电动汽车将向实用化迈出一大步，这将改变人类能源消耗的方式，同时提高人类生态环境的质量。

展望21世纪我国的材料科学与工业的发展，化学必将发挥关键作用。首先，化学将不断提高基础材料如钢铁、水泥和通用有机高分子材料以及复合材料的质量与性能；其次，化学工作者将创造各类新材料，如电子信息材料、生物医用材料、新型能源材料、生态环境材料和航天航空材料等，化学工作者将利用各种先

进技术，在原子、分子及分子链尺度上对材料组织结构进行设计、控制及制造。特别要指出的是，晶体材料的设计理论和方法研究，是我国化学发展的一个重要且富有成效的领域，在21世纪它将会有更大的发展，一些有价值的具有新功能的晶体和大尺寸的新型非线性光学晶体、重要激光晶体、闪烁晶体及铁电陶瓷晶体研究将达到实用和开发水平。另一方面，我国是世界稀土资源大国，稀土总储量占世界的80%，产量占世界的70%，然而其中一大半是以资源或初级产品方式出口国外，这种局面在未来的几年中将进一步转变。我国化学家近几年已在稀土分离理论和高纯稀土分离、新型稀土磁学材料、发光材料等方面的研究中，取得一批具有国际领先水平、明确应用前景和独创性的基础研究成果和具有自主产权的重大关键技术，使我国的资源优势转化为产业优势。

展望未来化学事业的发展和化学对人类生活的影响，我们充满信心，亦倍感兴奋。化学是无限的，化学是至关重要的，它将帮助我们解决21世纪所面临的一系列问题，化学将迎来它的黄金时代！

第1章 气体、溶液和胶体

当我们在一定范围内对一种或数种一定量的物质进行研究时，这个研究对象叫做系统。有化学反应发生的系统称为化学系统。

系统中任何一个物理性质和化学性质完全相同的均匀部分称为相。相与相之间有分界面存在，例如冰、水和水蒸气就是同一化学物质——水的三个相。一个相虽然在物理上和化学上是均匀的，但在化学上并非是单一的，所以气体混合物或溶液也可以构成一个相。固态物质的不均匀混合物则不只包含一相，在不生成固熔体的情况下，其中有几种物质便有几相。例如在 $CaCO_3$ 因受热分解形成 CaO 与 CO_2 的平衡中，存在两个固相，即 $CaCO_3$ 与 CaO，另含一个气相 CO_2。此外，虽然相是均匀的，但并不一定是连续的，它也可能分成许多晶粒或许多液滴。

仅由一个相组成的系统，称为均匀系统或单相系统，例如一杯食盐水；由两个或两个以上的相所组成的系统，称为不均匀系统或多相系统，例如油和水的混合物。

如果把一块糖放入水中，加以搅拌，它们就被水分割成较小的质点，分散在水中，成为一个系统。这种由一种物质以极小的质点分散在另一种物质中组成的系统，叫做分散系(dispersion system)；被分散的物质称为分散质(dispersion material)，也称分散相(dispersion phase)；容纳分散质的介质称为分散剂(dispersion medium)。

分散系根据分散质粒径的大小，可以分为粗分散系(浊液)、胶体分散系(溶胶)和低分子或离子分散系(溶液)三种，各分散系的主要特征见表 1-1。

表 1-1 各种分散系及其主要特征

分散系名称	分散质粒子大小		分散质组成	相	主要特征	实例		
						分散系	分散质	分散剂
粗分散系	悬浊液	>100 nm	固体小颗粒	多相	多相，不透明，不均匀，不稳定，扩散很慢，不能透过滤纸和半透膜	泥浆	泥沙	H_2O
	乳浊液		液体小珠滴			油水	油	H_2O
胶体分散系	溶胶	1 nm～100 nm	分子、原子、离子的聚集体		多相，不均匀，相对稳定，扩散慢，能透过滤纸，不能透过半透膜	As_2S_3 溶胶	As_2S_3	H_2O
	高分子溶液		大分子		均相，透明，均匀，较稳定，扩散慢，能透过滤纸，不能透过半透膜	牛奶	奶油、蛋白质和乳糖	H_2O
低分子或离子分散系	<1 nm		小分子、离子或原子	单相	均相，透明，均匀，稳定，扩散快，能透过滤纸和半透膜	食盐水	Na^+，Cl^-	H_2O

表1-1中的低分子或离子分散系一般是指相对分子质量小于1 000的溶质所形成的溶液，高分子溶液是指相对分子质量大于1 000的溶质所形成的溶液。通常所说的溶液是指低分子溶液，尤其是以水作溶剂的溶液。

分散系根据聚集状态可以分为以下九种(见表1-2)：

表1-2 九种分散系

分散质	分散剂	实例	分散质	分散剂	实例
气	气	水煤气、空气	液	气	云、雾
固	气	烟、尘	气	液	泡沫、汽水
液	液	牛奶、豆浆	固	液	泥浆、墨水
气	固	木炭、泡沫塑料	液	固	硅胶、珍珠
固	固	红宝石、有色玻璃			

1.1 气 体

1.1.1 理想气体的状态方程

理想气体是一种人为模型，是为讨论实际气体提出的一个标准，人们可以通过对理想气体的“修正”来认识实际气体的性质。实践证明，在高温、低压条件下，气体分子之间的距离很大，分子之间的作用力可以忽略不计，很接近理想气体。因此，低压下的实际气体可以用理想气体方程式描述为

$$pV=nRT \tag{1-1}$$

在法定计量单位中，压强 p 的单位为Pa，体积 V 的单位为 m^3，温度 T 的单位为绝对温度K，物质的量 n 的单位为mol，气体常数 R 的单位为 $Pa \cdot m^3 \cdot K^{-1} \cdot mol^{-1}$。

对1.0 mol气体，压强为 $1.013\ 25\times10^5$ Pa，温度为273 K时，气体占有的体积为 $0.022\ 4\ m^3$，故 $R=\dfrac{101\ 325\times0.022\ 4}{1.0\times273}=8.314(Pa\cdot m^3\cdot K^{-1}\cdot mol^{-1})$

因为 $1\ J=1\ Pa\cdot m^3$，所以 $R=8.314\ J\cdot K^{-1}\cdot mol^{-1}$。

【例1-1】 某氢气钢瓶容积为50.0 L，25.0 ℃时，压力为500 kPa，计算钢瓶中氢气的质量。

【解】 根据理想气体方程有

$$n(H_2)=\frac{pV}{RT}=\frac{500\times10^3\ Pa\times50.0\times10^{-3}\ m^3}{8.314\ Pa\cdot m^3\cdot K^{-1}\cdot mol^{-1}\times298.15\ K}=10.1\ mol$$

钢瓶中氢气的质量为

$$m(H_2)=10.1\ mol\times2.01\ g\cdot mol^{-1}=20.3\ g$$

1.1.2 道尔顿分压定律

空气是由氮气、氧气、水蒸气、二氧化碳等多种气体组成的混合气体，气相反应是一个在混合气体的体系中发生的反应，因此必须研究混合气体中各种气体的行为。

设混合物中含有A,B,C三种气体，盛于体积为 V 的容器中。若 n 为混合气体的总量，

则 $$n=n_A+n_B+n_C$$

根据理想气体方程有 $$p=\frac{nRT}{V}$$

式中，p 为容器中气体的总压力，这个总压力是由 A，B，C 三种气体共同形成的，则每一种气体对总压力的贡献也可由气体方程求得，即

$$p_A=\frac{n_A RT}{V};\ p_B=\frac{n_B RT}{V};\ p_C=\frac{n_C RT}{V}$$

p_A，p_B，p_C 为容器中气体 A，B，C 的分压。所谓分压，是指某种气体在与混合气体相同温度下，单独占有容器时所具有的压力。

由于 $$p=\frac{nRT}{V}=(n_A+n_B+n_C)\frac{RT}{V}=\frac{n_A RT}{V}+\frac{n_B RT}{V}+\frac{n_C RT}{V}$$

所以 $$p=p_A+p_B+p_C \tag{1-2}$$

式(1-2)即为道尔顿气体分压定律的数学表达式。道尔顿气体分压定律用文字表述为：在一定温度下，混合气体的总压力等于各组分气体分压力之和。

由以上关系可得 $$\frac{p_A}{p}=\frac{n_A RT}{V}\Big/\frac{nRT}{V}=\frac{n_A}{n} \text{ 或 } p_A=\frac{n_A}{n}\cdot p$$

式中，$\frac{n_A}{n}$为 A 气体在混合气体中所占摩尔百分比，称为"摩尔分数"，以 x_A 表示。上式说明，在混合气体中，某组分气体的分压等于其摩尔分数乘以混合气体的总压力：

$$p_A=p\cdot x_A \tag{1-3}$$

【例 1-2】 在 251 K 与 97 kPa 下收集得某干燥空气试样，经分析，其中 N_2，O_2，Ar 的摩尔分数分别为 0.78，0.21 与 0.01。求试样在收集时各种气体的分压力。

【解】 根据道尔顿气体分压定律可得

$$p_{N_2}=x_{N_2}\cdot p=0.78\times 97\ \text{kPa}=75.66\ \text{kPa}$$

$$p_{O_2}=x_{O_2}\cdot p=0.21\times 97\ \text{kPa}=20.37\ \text{kPa}$$

$$p_{Ar}=x_{Ar}\cdot p=0.01\times 97\ \text{kPa}=0.97\ \text{kPa}$$

1.2 溶液的浓度

溶液在工农业生产、科学实验和日常生活中都有着十分重要的作用。溶液可分为电解质溶液和非电解质溶液。非电解质溶液相对比较简单，它的稀溶液具有某些共同性质，水是最重要、最常用的溶剂，一般不指明溶剂的溶液都是水溶液。许多化工产品的生产在溶液中进行，有的化肥(喷施肥)和农药需配制成一定浓度的溶液才能使用。人体中许多物质也都是以溶液的形式存在，如组织液、血液等，食物和药物也必须先变成溶液才便于吸收。学习和掌握有关溶液的基本知识，熟练掌握一定浓度溶液的配制方法，有着非常重要的实践意义。

溶液(solution)是由溶质(solute)和溶剂(solvent)组成的，溶液的性质常与溶质和溶剂的相对量有关。在一定量的溶液或溶剂中表示出所含溶质的量就是溶液的浓度。浓度的表示方法很多，大致可分两大类：一类是用溶质和溶剂的相对量来表示，相对量既可以用 $g\cdot g^{-1}$ 表示，也可以用 $mol\cdot mol^{-1}$ 表示；另一类是用一定体积溶液中所含溶质的量来表示。下面列出几种

常见的浓度表示方法。

1.2.1 物质的量浓度

用 1 L 溶液中所含溶质 B 的量(mol)或 1 mL 溶液中所含溶质 B 的量(mmol)表示的溶液浓度叫物质的量浓度，用符号 c_B 表示。其法定计量单位为 mol · m^{-3}，常用单位为 mol · dm^{-3} 或 mol · L^{-1}。根据定义，存在以下关系式：

$$c_B = \frac{n_B}{V} \tag{1-4}$$

若溶质 B 的质量为 m_B，摩尔质量为 M_B，则

$$c_B = \frac{m_B/M_B}{V}, \quad m_B = c_B \cdot V \cdot M_B$$

使用物质的量及其单位时，必须同时指明基本单元。基本单元是系统中组成物质的基本组分，用符号 B 表示，B 既可以是分子、原子、离子、电子及其他粒子，也可以是这些粒子的特定组合。

1.2.2 质量摩尔浓度

溶液中溶质 B 的物质的量除以溶剂的质量，称为溶质 B 的质量摩尔浓度，用符号 b_B 表示，法定计量单位为 mol · kg^{-1}。关系式如下：

$$b_B = \frac{n_B}{m_A} = \frac{m_B}{M_B \cdot m_A} \tag{1-5}$$

例如，NaCl 的摩尔质量为 58.5 g · mol^{-1}，若将 58.5 g 的 NaCl 溶于 1 000 g 的水中，它的质量摩尔浓度就是 1.0 mol · kg^{-1}。质量摩尔浓度表示法的优点是浓度数值不随温度而变化，对于溶剂是水的稀溶液($b_B < 0.1$ mol · kg^{-1})，b_B 与 c_B 的数值相差很小($b_B \approx c_B$)；缺点是用天平称量液体很不方便。

1.2.3 摩尔分数

溶质和溶剂的量都用物质的量表示，溶液中某一组分的物质的量除以溶液中各组分物质的量的总和，称为该组分的摩尔分数，用符号 x_B 表示，又称物质的量分数或物质的量比。如果溶液有 A 和 B 两个组分，物质的量分别是 n_A 和 n_B，其摩尔分数可表示为

$$x_A = \frac{n_A}{n_A + n_B}, \quad x_B = \frac{n_B}{n_A + n_B} \tag{1-6}$$

则

$$x_A + x_B = 1$$

【例 1-3】 10 g NaCl 溶于 90 g 的 H_2O 中，求 NaCl 和 H_2O 各自的摩尔分数。

【解】 对 NaCl 有 $n_{NaCl} = \frac{m_{NaCl}}{M_{NaCl}} = \frac{10\ g}{58.5\ g \cdot mol^{-1}} = 0.17\ mol$

对 H_2O 有 $n_{H_2O} = \frac{m_{H_2O}}{M_{H_2O}} = \frac{90\ g}{18\ g \cdot mol^{-1}} = 5.0\ mol$

$$x_{NaCl} = \frac{0.17\ mol}{5.0\ mol + 0.17\ mol} = 0.033$$

$$x_{H_2O}=\frac{5.0\ \text{mol}}{5.0\ \text{mol}+0.17\ \text{mol}}=0.967$$

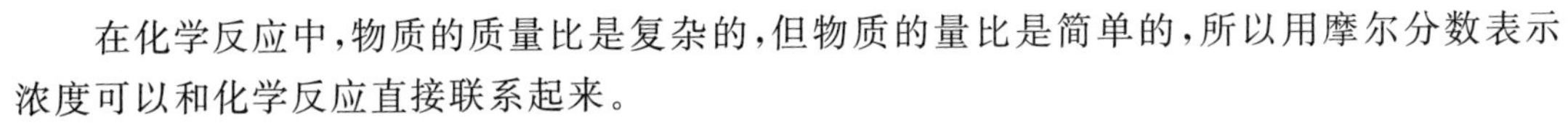

在化学反应中，物质的质量比是复杂的，但物质的量比是简单的，所以用摩尔分数表示浓度可以和化学反应直接联系起来。

1.2.4 质量分数

溶质的质量 m_B 与溶液的质量 m 之比称为该溶质的质量分数。质量分数用符号 w_B 表示，即

$$w_B=\frac{m_B}{m} \tag{1-7}$$

这种表示方法比较简便，在工农业生产和医学中经常使用。例如 10 g NaCl 溶于 100 g 水中，该溶质的质量分数为 $w_{NaCl}=\frac{10\ \text{g}}{100\ \text{g}+10\ \text{g}}=0.091=9.1\%$

1.2.5 体积分数

在与混合气体相同温度和压强的条件下，混合气体中组分 B 单独占有的体积 V_B 与混合气体总体积 $V_{总}$ 之比，叫做组分 B 的体积分数，用符号 φ_B 表示，即

$$\varphi_B=\frac{V_B}{V_{总}} \tag{1-8}$$

摩尔分数 x_B、质量分数 w_B 和体积分数 φ_B 的量纲均为 1。

1.2.6 各浓度之间的换算

综上所述，浓度的表示方法可分为两大类：一类是用溶剂或溶液与溶质的相对量（质量或物质的量）表示，如 w_B，x_B，b_B。此类浓度表示方法的优点是浓度数值不受温度影响，缺点是称量液体很不方便。另一类是用一定体积溶液中所含溶质的量（或溶质的体积）表示，如 c_B，φ_B。这类浓度表示方法的缺点是溶液浓度数值随温度变化略有变化。实际工作中，根据不同的需要，采用不同的浓度表示方法，它们之间都可以相互换算。

【例 1-4】 在 100 mL 水中，溶解 17.1 g 蔗糖（$C_{12}H_{22}O_{11}$），溶液的密度为 1.063 8 g·mL^{-1}，求蔗糖的物质的量浓度、质量摩尔浓度、摩尔分数各是多少。

【解】 (1) 蔗糖的摩尔质量为 342 g·mol^{-1}。

$$V=\frac{m_{C_{12}H_{22}O_{11}}+m_{H_2O}}{\rho}=\frac{17.1\ \text{g}+100\ \text{g}}{1.063\,8\ \text{g}\cdot\text{mL}^{-1}}=110.1\ \text{mL}$$

$$n_{C_{12}H_{22}O_{11}}=\frac{m_{C_{12}H_{22}O_{11}}}{M_{C_{12}H_{22}O_{11}}}=\frac{17.1\ \text{g}}{342\ \text{g}\cdot\text{mol}^{-1}}=0.05\ \text{mol}$$

根据式(1-4)，有

$$c_{C_{12}H_{22}O_{11}}=\frac{n_{C_{12}H_{22}O_{11}}}{V}=\frac{0.05\ \text{mol}}{110.1\times10^{-3}\ \text{L}}=0.454\ \text{mol}\cdot\text{L}^{-1}$$

(2) 根据式(1-5)，有

$$b_{C_{12}H_{22}O_{11}}=\frac{n_{C_{12}H_{22}O_{11}}}{m_{H_2O}}=\frac{0.05\ \text{mol}}{100\times10^{-3}\ \text{kg}}=0.5\ \text{mol}\cdot\text{kg}^{-1}$$

(3)
$$n_{H_2O}=\frac{m_{H_2O}}{M_{H_2O}}=\frac{100\ g}{18\ g\cdot mol^{-1}}=5.56\ mol$$

$$x_{C_{12}H_{22}O_{11}}=\frac{n_{C_{12}H_{22}O_{11}}}{n_{C_{12}H_{22}O_{11}}+n_{H_2O}}=\frac{0.05\ mol}{0.05\ mol+5.56\ mol}=8.91\times10^{-3}$$

$$x_{H_2O}=\frac{n_{H_2O}}{n_{C_{12}H_{22}O_{11}}+n_{H_2O}}=\frac{5.56\ mol}{0.05\ mol+5.56\ mol}=0.991$$

1.3 稀溶液的依数性

溶液的性质有两类，一类是由溶质的性质决定的，如密度、颜色、导电性、酸碱性等；另一类是由溶质粒子数目的多少决定的。如当溶液的浓度较稀时，溶液的蒸气压降低、溶液的沸点升高、溶液的凝固点降低和溶液具有一定的渗透压。我们把这些只与溶质粒子数有关的性质称为稀溶液的依数性(colligative properties)。

1.3.1 溶液的蒸气压降低——拉乌尔定律

在一定的温度下，将纯液体置于真空容器中，当蒸发速率与凝结速率相等时，达到动态平衡，液体上方的蒸气所具有的压力，称为该温度下液体的饱和蒸气压，简称蒸气压，如图1-1(a)所示。

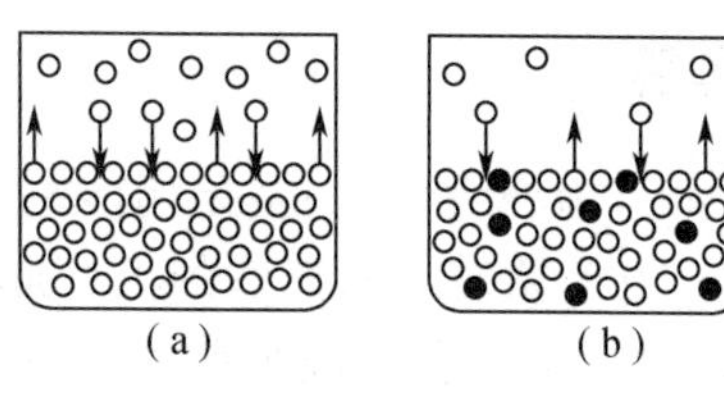

图 1-1 溶液蒸气压降低示意图

●溶质 ○溶剂

任何纯液体在一定温度下都有一定的蒸气压，且随温度的升高而增大。当纯溶液溶解少量难挥发溶质(如萘溶于苯中，白糖溶于水中)时，在同一温度下，溶液的蒸气压总是低于纯溶剂的蒸气压。这种现象称为溶液的蒸气压下降，其蒸气压的下降值 Δp 可表示为

$$\Delta p=p^*-p \tag{1-9}$$

式中，p 为溶液的蒸气压，p^* 为纯溶剂的蒸气压。稀溶液的蒸气压比纯溶剂的蒸气压低的原因是溶剂的部分表面被溶质分子所占据[如图 1-1(b)所示]，因此在单位时间内逸出液面的溶剂分子就相对减少。结果达到平衡时，溶液的蒸气压必然低于纯溶剂的蒸气压。显然，溶液的浓度越大，其蒸气压下降就越多。

1887 年，法国物理学家拉乌尔(Raoult F M)在研究含有非挥发性溶质的稀溶液的性质时，总结出一条规律：在一定温度下，难挥发非电解质的稀溶液的蒸气压 p 等于纯溶剂的蒸气压 p^* 乘以溶剂的摩尔分数。这就是拉乌尔定律，其数学表达式为

$$p=p^*x_A \tag{1-10}$$

式中，x_A 为溶剂的摩尔分数。若溶质的摩尔分数为 x_B，因为 $x_A+x_B=1$，所以

$$p=p^*(1-x_B)=p^*-p^*x_B$$

$$p^* - p = p^* x_B$$

即
$$\Delta p = p^* x_B \qquad (1\text{-}11)$$

式中，Δp 为溶液蒸气压的下降值。

上式说明，在一定温度下，难挥发非电解质稀溶液的蒸气压下降值与溶质 B 的摩尔分数成正比。

拉乌尔定律只适用于稀溶液，在稀溶液中，由于 $n_A \gg n_B$（n_A 和 n_B 分别是溶剂和溶质的物质的量），故

$$x_B = \frac{n_B}{n_A + n_B} \approx \frac{n_B}{n_A}$$

$$\Delta p = p^* x_B = p^* \frac{n_B}{n_A}$$

又
$$n_A = \frac{m_A}{M_A}$$

所以
$$\Delta p = p^* \cdot M_A \cdot \frac{n_B}{m_A} = p^* \cdot M_A \cdot b_B$$

当温度一定时，p^* 和 M_A 为一常数，用 K 表示，则

$$\Delta p = K b_B \qquad (1\text{-}12)$$

式中，b_B 为溶质 B 的质量摩尔浓度。若溶质是易挥发的物质或电解质，它对依数性的影响比较复杂，则不遵循式(1-12)，在此不作讨论。

【例 1-5】 在 315 K 时，水的饱和蒸气压为 8.20 kPa，若在 540 g 水中溶解 36.0 g 葡萄糖（$C_6H_{12}O_6$），求此温度下葡萄糖溶液的蒸气压。

【解】 已知葡萄糖（$C_6H_{12}O_6$）的摩尔质量为 180 g·mol^{-1}，$p^* = 8.20$ kPa，则

$$x_A = \frac{n_A}{n_A + n_B} = \frac{\dfrac{540\ \text{g}}{18.0\ \text{g}\cdot\text{mol}^{-1}}}{\dfrac{540\ \text{g}}{18.0\ \text{g}\cdot\text{mol}^{-1}} + \dfrac{36.0\ \text{g}}{180\ \text{g}\cdot\text{mol}^{-1}}} = 0.993\ 3$$

在 315 K 时葡萄糖溶液的蒸气压 p 为

$$p = p^* x_A = 8.20\ \text{kPa} \times 0.993\ 3 = 8.14\ \text{kPa}$$

难挥发的液体或固体的蒸气压降低只与摩尔分数有关，所以由实验测得蒸气压下降值（Δp），就可求出溶液浓度，进而可以计算出摩尔质量。

【例 1-6】 在 20℃，苯的蒸气压为 9.99 kPa，现称取 1.07 g 苯甲酸乙酯溶于 10.0 g 苯中，测得溶液的蒸气压为 9.49 kPa。试求苯甲酸乙酯的摩尔质量。

【解】 设苯甲酸乙酯摩尔质量为 M，已知苯的摩尔质量为 78 g·mol^{-1}，利用式 $p^* - p = p^* x_B$，可得

$$9.99\ \text{kPa} - 9.49\ \text{kPa} = 9.99\ \text{kPa} \times \frac{\dfrac{1.07\ \text{g}}{M}}{\dfrac{1.07\ \text{g}}{M} + \dfrac{10.0\ \text{g}}{78\ \text{g}\cdot\text{mol}^{-1}}}$$

解得
$$M = 156\ \text{g}\cdot\text{mol}^{-1}$$

苯甲酸乙酯的分子式是 $C_6H_5COOC_2H_5$，计算其摩尔质量应为 150 g·mol^{-1}，测定值与之相差不大。由于蒸气压不易测准，因此用这种方法求得的摩尔质量不够准确。

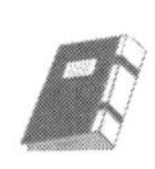

1.3.2 溶液的沸点升高

当液体的蒸气压等于外界大气压时，液体沸腾，此时的温度称为沸点。由图1-2中曲线AB可以看出，在373.15 K时，水的蒸气压等于外界大气压(100 kPa)，因此水的沸点为373.15 K(100 ℃)。

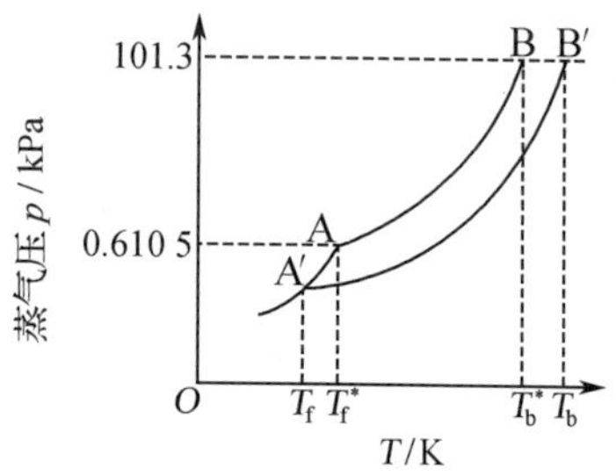

图1-2 溶液沸点升高和凝固点下降

AB为纯水蒸气压；A′B′为稀溶液蒸气压；AA′为冰的蒸气压；

T_f^* 为273.15 K；T_b^* 为373.15 K

如果在纯水中加入少量难挥发的非电解质，由于溶液的蒸气压低于纯水，故373.15 K(100℃)时，溶液不能沸腾。欲使溶液沸腾，必须升高温度，直到溶液的蒸气压正好等于外界压力，因此溶液的沸点总是高于纯溶剂的沸点，这一现象称为溶液的沸点升高。溶液的沸点上升(ΔT_b)等于溶液的沸点(T_b)与纯溶剂的沸点(T_b^*)之差，即

$$\Delta T_b = T_b - T_b^* \tag{1-13}$$

溶液沸点上升的根本原因是溶液的蒸气压下降。溶液越浓，蒸气压越低，沸点升高越多。根据拉乌尔定律，难挥发非电解质稀溶液的沸点升高也近似地与溶质B的质量摩尔浓度成正比，数学表达式为

$$\Delta T_b = K_b \cdot b_B \tag{1-14}$$

式中，K_b 称为摩尔沸点升高常数。该式说明：难挥发的非电解质稀溶液的沸点升高只决定于溶剂，而与溶质性质无关。不同的溶剂有不同的 K_b 值，见表1-3。

表1-3 几种溶剂的 K_b 和 K_f 值

溶剂	沸点 T_b/K	K_b/(K·kg·mol^{-1})	凝固点 T_f/K	K_f/(K·kg·mol^{-1})
水	373.15	0.512	273.15	1.86
苯	353.15	2.53	278.5	5.12
萘	491.0	5.80	353.0	6.90
乙酸	390.9	3.07	289.6	3.90
乙醇	351.4	1.22	155.7	1.99
樟脑	481.0	5.95	451.0	40.00
硝基苯	484.0	5.24	278.7	6.90
环己烷	354.0	2.79	279.5	20.20
四氯化碳	349.7	5.03	250.2	29.8

1.3.3 溶液的凝固点降低

在一定的外压(一般指常压)下，物质固、液两态蒸气压相等，两相平衡共存时的温度称

为该物质的凝固点。对于水来说，凝固点也可以称为冰点，为 273.15 K，此时的饱和蒸气压为 0.610 5 kPa。

由于溶液的蒸气压低于纯溶剂的蒸气压，在纯溶剂的正常凝固点温度时，溶液的蒸气压尚低于纯溶剂固态的蒸气压。欲使两相共存，必须继续降低温度，使溶液的凝固点低于纯溶剂的凝固点，这一现象称为溶液的凝固点降低。溶液的凝固点下降值（ΔT_f）等于纯溶剂的凝固点（T_f^*）与溶液的凝固点（T_f）之差，即

$$\Delta T_f = T_f^* - T_f \tag{1-15}$$

溶液凝固点下降的原因也是因为溶液的蒸气压下降。溶液越浓，溶液的蒸气压下降越多，凝固点下降值越大。难挥发的非电解质稀溶液的凝固点下降值近似地与溶质 B 的质量摩尔浓度成正比：

$$\Delta T_f = K_f \cdot b_B \tag{1-16}$$

式中，K_f称为摩尔凝固点下降常数，常见的溶剂的 K_f 值见表 1-3。

K_b 和 K_f 的数值均不是在 $b_B = 1\ mol \cdot kg^{-1}$时测定的，因许多物质当其质量摩尔浓度远未达到 $1\ mol \cdot kg^{-1}$时，拉乌尔定律已不适用。此外，还有许多物质的溶解度很小，根本不能形成 $1\ mol \cdot kg^{-1}$的溶液，实际 K_b 和 K_f 的值是从稀溶液性质的一些实验结果推算而得的。

利用溶液的凝固点降低可以计算溶液的沸点，也可以测定溶质的相对分子质量。设溶质的质量为 m_B，溶剂的相对分子质量为 M_B，实验测得凝固点降低值为 ΔT_f，根据式(1-16)有

$$\Delta T_f = K_f \cdot b_B = K_f \frac{m_B / M_B}{m_A}$$

$$M_B = \frac{K_f m_B}{\Delta T_f \cdot m_A} \tag{1-17}$$

【例 1-7】 2.60 g 尿素溶于 50 g 水中，试计算此溶液在常压下的沸点和凝固点。（已知 $M_{CO(NH_2)_2} = 60.0\ g \cdot mol^{-1}$。）

【解】

$$b_{CO(NH_2)_2} = \frac{\dfrac{2.60\ g}{60.0\ g \cdot mol^{-1}}}{50.0 \times 10^{-3}\ kg} = 0.867\ mol \cdot kg^{-1}$$

$$\Delta T_b = K_b \cdot b_B = 0.512\ K \cdot kg \cdot mol^{-1} \times 0.867 mol \cdot kg^{-1} = 0.44\ K$$

$$T_b = 373.15\ K + 0.44\ K = 373.59\ K$$

$$\Delta T_f = K_f \cdot b_B = 1.86\ K \cdot kg \cdot mol^{-1} \times 0.867\ mol \cdot kg^{-1} = 1.61\ K$$

$$T_f = 273.15\ K - 1.61\ K = 271.54\ K$$

溶液凝固点降低原理在实际工作中很有用处。例如，植物体内细胞中含有多种可溶物（氨基酸、糖等），这些可溶物的存在，使细胞液的蒸气压下降，凝固点降低，从而使植物表现出一定的抗旱性和耐寒性。在实验室中，常用食盐和冰的混合物作为冷冻剂，可使温度降低到 251 K；用氯化钙和冰的混合物作为冷冻剂，可使温度降低到 218 K。又如，在严寒的冬季，汽车的水箱中常加入乙二醇，使溶液的凝固点下降以防止水箱的胀裂。

1.3.4 溶液的渗透压

(1) 渗透现象

向一杯葡萄糖溶液液面上小心加入一层清水，静置足够长的时间后，最终会得到均匀的

糖水。这说明分子在不断地运动和迁移，从而产生扩散。这些扩散是在溶液与纯水直接接触时发生的。如果我们不让溶液和纯水直接接触，用一种只允许溶剂水分子通过而溶质分子不能通过的半透膜将葡萄糖溶液和纯水隔开，会有什么现象呢？

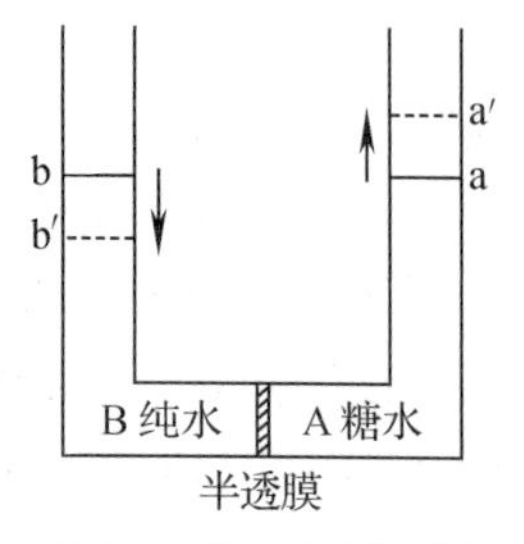

图 1-3　渗透压示意图

如图 1-3 所示，连通容器中间装有一种半透膜（如羊皮纸、动物肠衣、细胞膜、膀胱膜、鸡蛋膜等）。B 侧装纯水，A 侧装葡萄糖水溶液，两边液面等高。一段时间后，B 侧水面从 b 降到 b′，A 侧水面从 a 升到 a′。水分子可以自由地从两个方向透过半透膜，由于葡萄糖水中水分子数目较纯水少，单位时间内进入糖液的水分子比离开糖液的水分子多，于是出现了 A 侧液面升高、B 侧液面降低的现象，直到两边水分子相互扩散的速率相等为止。这种溶剂分子通过半透膜进入溶液的自发过程，称为渗透作用（或渗透现象）。

（2）渗透压

能够阻止渗透进行的施于溶液液面上的额外压力，称为溶液的渗透压。上述过程中，在 A 侧液面上施加外压，当外压恰好能使两边水分子进出速率相等时，体系处于渗透平衡状态。为了保持渗透平衡，需向溶液施加压力，该外加压力即为渗透压。

1886 年，荷兰物理学家范特霍夫（Van't Hoff）根据上述结果进一步总结出如下规律：难挥发非电解质稀溶液的渗透压与溶质 B 的物质的量浓度和绝对温度的乘积成正比，比例常数即为理想气体常数。该规律称为范特霍夫方程。表示为

$$\Pi V = n_B RT \quad \text{或} \quad \Pi = c_B RT \tag{1-18}$$

式中，Π 为渗透压，单位为 Pa 或 kPa。V 为溶液的体积，c_B 为溶液的浓度，R 为气体常数，其值为 8.314 kPa·L^3·mol^{-1}·K^{-1}。这一方程与理想气体方程十分相似，R 的值也基本一样，但稀溶液的渗透压和气体的压力在本质上并无相同之处。

当水溶液很稀时，$c_B \approx b_B$，因此式(1-18)可改写为

$$\Pi = b_B RT \tag{1-19}$$

【例 1-8】 人的血浆在 272.44 K 结冰，求人体体温在 310 K(37 ℃)时的渗透压。

【解】 水的凝固点为 273 K，故血浆的 ΔT_f 为

$$\Delta T_f = 273 - 272.44 = 0.56\ (\text{K})$$

$$b_B = \frac{\Delta T_f}{K_f} = \frac{0.56}{1.86} = 0.301\ 1(\text{mol} \cdot \text{kg}^{-1})$$

由式(1-19)得　　$\Pi = b_B RT = 0.301\ 1 \times 8.314 \times 310 = 776(\text{kPa})$

可见人体血液在 37 ℃时的渗透压为 776 kPa。

用测定渗透压方法确定小分子溶质的摩尔质量相当困难，因此多用凝固点降低法测定。但测定高分子化合物（如蛋白质等）的摩尔质量时，用测定渗透压方法则比凝固点降低法更为灵敏。

【例 1-9】 将 1.00 g 血红蛋白溶于水中，配成 100.00 mL 溶液，在 293 K 测得溶液渗透压为 0.366 kPa，求血红蛋白的摩尔质量。

【解】 根据式(1-18)有　　$\Pi V = n_B RT = \dfrac{m_B}{M_B} RT$

$$M_B=\frac{m_BRT}{\Pi V}=\frac{1.00\times 8.314\times 293}{0.366\times 0.1}=66\ 557(\text{g}\cdot\text{mol}^{-1})$$

故血红蛋白的摩尔质量为 66 557 $\text{g}\cdot\text{mol}^{-1}$。

上例中血红蛋白浓度仅有 1.5×10^{-4} $\text{mol}\cdot\text{L}^{-1}$，凝固点下降为 2.97×10^{-4}K，故很难测定，但此溶液的渗透压为 0.366 kPa，相当于 37.3 mmH_2O，因此完全可以准确测定。

(3) 依数性间的关系

在稀溶液的性质中，蒸气压下降和沸点上升、凝固点下降并非处于同等地位。其中蒸气压下降是最根本的因素，它起着决定性的作用，而沸点上升和凝固点下降等则处于次要的和服从的地位，它们是溶液蒸气压下降的必然结果。稀溶液的渗透压和其他依数性可以在数值上联系起来，表达如下：

$$\frac{\Pi}{RT}=\frac{\Delta T_f}{K_f}=\frac{\Delta T_b}{K_b}=\frac{\Delta p}{K}=b_B \tag{1-20}$$

(4) 渗透压的应用

① 渗透压在生物学上的应用

渗透压在生物学中具有重要意义。动植物细胞膜大多具有半透膜的性质，因此水分、养料在动植物体内循环都是通过渗透而实现的。植物细胞液的渗透压可达 2×10^3 kPa，所以水由植物的根部可输送到高达数米的顶端。细胞膜是一种很容易透水而几乎不能透过溶解于细胞液中的物质的薄膜。水进入细胞中产生相当大的压力，能使细胞膨胀，这就是植物茎、叶、花瓣等具有一定弹性的原因。它使植物能够远远地伸出它的枝叶，更好地吸收二氧化碳并吸收太阳光。另外植物吸收水分和养料也是通过渗透作用。当土壤溶液的渗透压低于植物细胞液的渗透压时，植物才能不断地吸收水分和养料，促使本身生长发育。如果土壤溶液的渗透压高于植物细胞液的渗透压，则植物细胞内水分会向外渗透，导致植物枯萎。农业生产上改进盐碱地使用压碱洗盐方法和施用适量化肥并及时浇水就是根据这个道理。渗透现象与动物生活也有密切关系，例如，海水鱼和淡水鱼不能交换生活环境，就是因为海水和淡水的渗透压不同，会引起鱼体细胞萎缩或膨胀。

② 渗透压在医学上的应用

生物体液(如血浆、细胞内液等)的渗透压，是由溶于血浆等体液中的各种溶质的粒子(分子、离子)浓度决定的，而与粒子性质无关，即一个 Na^+ 或一个葡萄糖分子或一个蛋白质分子，它们所产生的渗透压是相同的。我们把溶液中产生渗透效应的溶质粒子称为渗透活性物质。稀溶液的渗透压与渗透活性物质的物质的量浓度成正比。表 1-4 列出了正常人血浆中各种渗透活性物质的渗透浓度。

表 1-4　正常人血浆、组织间液和细胞内液中各种渗透活性物质的渗透浓度

单位：$\text{mmol}\cdot\text{L}^{-1}$

渗透活性物质	血浆中浓度	组织间液中浓度	细胞内液中浓度
Na^+	144	137	10
K^+	5	4.7	141
Ca^{2+}	2.5	2.4	
Mg^{2+}	1.5	1.4	31

续表

渗透活性物质	血浆中浓度	组织间液中浓度	细胞内液中浓度
Cl^-	107	112.7	4
HCO_3^-	27	28.3	10
HPO_4^{2-}, $H_2PO_4^-$	2	2	11
SO_4^{2-}	0.5	0.5	1
磷酸肌酸			45
肌肽			14
氨基酸	2	2	8
肌酸	0.2	0.2	9
乳酸盐	1.2	1.2	1.5
三磷酸腺苷			5
一磷酸己糖			3.7
葡萄糖	5.6	5.6	
蛋白质	1.2	0.2	4
尿素	4	4	4
总浓度	303.7	302.2	302.2

医学上常用渗透浓度表示在单位体积中所含渗透活性物质的物质的量，用符号 C_{os} 表示，其常用单位为 $mmol \cdot L^{-1}$。医学上的等渗、高渗、低渗溶液是以血浆的渗透压（或渗透浓度）为标准确定的。人体血液平均的渗透压约为 780 kPa（渗透浓度约为 303.7 $mmol \cdot L^{-1}$）。在做静脉输液时，应该使用与血液的渗透压相同的溶液，这种溶液称为等渗溶液。临床上规定渗透浓度在 280 $mmol \cdot L^{-1}$～320 $mmol \cdot L^{-1}$范围的溶液为等渗溶液。例如临床上使用质量分数为 0.9%的生理盐水或质量分数为 5%的葡萄糖溶液就是等渗溶液。如果静脉输液时使用非等渗溶液，就可能产生严重后果。如果输入溶液的渗透压小于血浆的渗透压（医学上把渗透浓度小于 280 $mmol \cdot L^{-1}$的溶液称为低渗溶液），水就会通过血红细胞膜向细胞内渗透，致使细胞肿胀甚至破裂，这种现象在医学上称为溶血。如果输入溶液的渗透压大于血浆的渗透压（医学上把渗透浓度大于 320 $mmol \cdot L^{-1}$的溶液称为高渗溶液），血红细胞内的水会通过细胞膜渗透出来，引起血红细胞的皱缩，并从悬浮状态中沉降下来，这种现象在医学上称为胞浆分离。

1.4 胶体溶液

颗粒直径为 1 nm～100 nm 的分散质分散到分散剂中，构成的多相系统称为胶体溶液，胶体分散系可分为溶胶和高分子溶液两类。由于胶体分散质的颗粒直径很小，胶体的分散度很高，系统的比表面相当大，因而胶体的表面性质非常显著，这些表面性质使胶体具有不同于其他分散系的特性。

胶体与药剂工作关系密切。人的皮肤、肌肉、血液、脏器、细胞、软骨直到毛发、指甲都属于胶体分散系，一些生理现象和病理变化也与胶体性质有关，很多不溶于水的药物要制成胶

体溶液才能被人吸收，许多金属胶体(如胶体银、胶体汞)在医药中用作杀菌剂。本节重点讨论胶体及物质表面的一些重要性质。

1.4.1 溶胶

溶胶是由分子(或原子)的聚集体高度分散在不相溶的分散介质中形成的多相且相对稳定的体系。按分散介质不同，分为气溶胶(如烟、雾等)、液溶胶(如氢氧化铁溶胶)和固溶胶(如有色玻璃)。我们主要研究固态分散相粒子分散在液态分散介质中而形成的液溶胶。

溶胶不是物质固有的特性，是物质存在的一种特殊状态。制备溶胶主要有分散法和凝聚法。分散法是将固体研细成细小胶粒的方法，如工业上用胶体磨来制备胶体石墨。凝聚法是用化学或物理方法将分子聚集成胶粒的方法，如将饱和氯化铁溶液滴入沸水中，形成红棕色透明的氢氧化铁溶胶：

$$FeCl_3 + 3H_2O \xrightarrow{\text{煮沸}} Fe(OH)_3 + 3HCl$$

1.4.2 溶胶的性质

溶胶的基本特征是分散度高和多相，因此，溶胶有特殊的动力学、光学和电学性质。

(1) 溶胶的动力学性质——布朗(Brown)运动

在超显微镜下观察溶胶，可以看到胶体粒子的发光点在做无休止、无规则的运动，这种现象称为布朗运动。布朗运动产生的原因有两方面：一是溶胶粒子的热运动，二是分散剂分子对胶粒的不均匀的撞击。我们观察到的布朗运动，是以上两种因素的综合结果(如图 1-4 所示)。

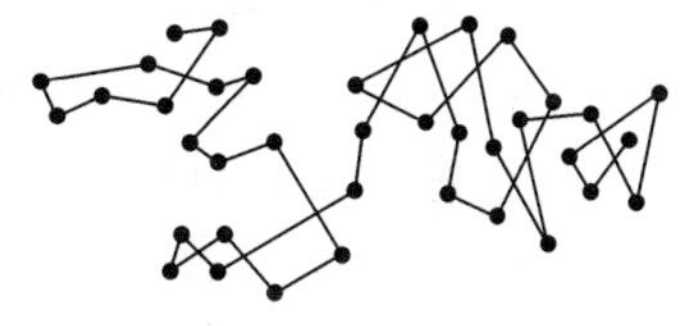

图 1-4 布朗运动

布朗运动的存在导致胶粒的扩散作用，即胶粒自发地从浓度较大的部位向浓度较小的部位扩散，因为溶胶粒子比普通分子或离子大得多，所以扩散速率很慢。同时，布朗运动的存在也使胶粒不致因重力的作用而迅速沉降，有利于保持溶胶的稳定性。

(2) 溶胶的光学性质——丁达尔(Tyndall)效应

将一束光线照射在某一溶胶系统上，在与入射光垂直的方向上可以观察到一条发亮的光柱(如图 1-5 所示)，这种现象称为丁达尔效应。丁达尔效应是溶胶特有的现象，可以用于区别溶胶和溶液。

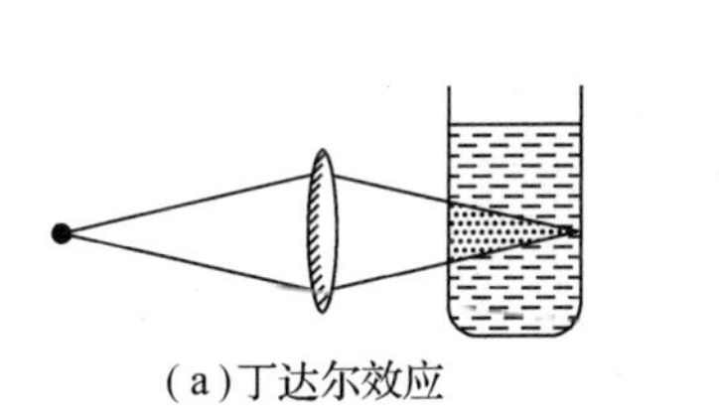

(a)丁达尔效应

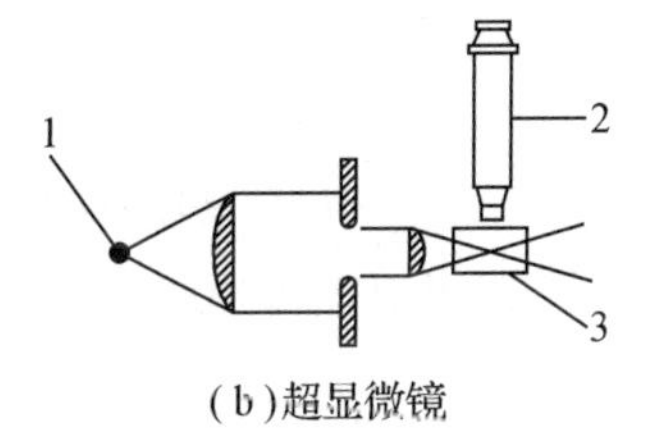

(b)超显微镜

图 1-5 丁达尔效应(a)和超显微镜(b)

1.光源 2.显微镜 3.样品池

根据光学理论，当光线照射在分散质粒子上时，如果颗粒直径远远大于入射光的波长，则发生光的反射；如果颗粒直径略小于入射光的波长，则发生光的散射而产生丁达尔现象。可见光的波长范围在 400 nm～760 nm，胶体颗粒直径范围在 1 nm～100 nm，所以可见光通

过溶胶时产生明显的散射作用，出现丁达尔效应；如果分散质颗粒太小(小于 1 nm)，对光的散射极弱，则散射现象很弱，发生光的透射现象，所以丁达尔效应是溶胶特有的光学性质。超显微镜就是利用光散射原理设计制造的，用于研究胶粒的运动。

(3) 溶胶的电学性质——电动现象

溶胶中分散质与分散剂在外电场的作用下发生定向移动的现象称为溶胶的电动现象(electrokinetic phenomenon)。溶胶的电动现象主要有电泳(electrophoresis)和电渗(electroosmosis)。电泳和电渗都说明胶粒是带电的，并且根据电泳和电渗的方向，可以确定胶粒带电的符号。

在外电场作用下，溶胶粒子在分散剂中的定向移动称为电泳(electrophoresis)。例如，将新鲜的深红棕色 $Fe(OH)_3$ 溶胶加入 U 形电泳管中，并在溶胶上面缓缓加入少量水，得到清晰的界面。当插入电极接通直流电源后，发现 U 形管内阴极一边溶胶-水界面上升，阳极一边溶胶-水界面下降(如图 1-6 所示)，这表明 $Fe(OH)_3$ 溶胶粒子是带正电荷的。如果用 As_2S_3 溶胶做同样的电泳实验，会得到相反的结果，说明 As_2S_3 溶胶粒子带负电。从电泳的方向可以判断溶胶粒子所带电荷的种类。大多数金属氧化物和金属氢氧化物胶粒带正电，称为正溶胶；大多数金属硫化物、金属本身以及土壤所形成的胶粒则带负电，称为负溶胶。

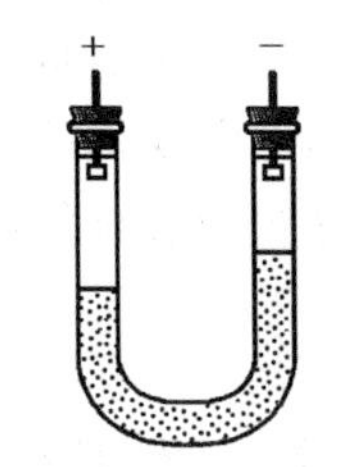

图 1-6 电泳示意图

在外电场下，固相不动、分散剂定向移动的现象称为电渗(electroosmosis)。例如，在电渗管内装入 $Fe(OH)_3$ 溶胶，插入电极，接通电源后，发现正极一边液面上升，负极一边液面下降(如图 1-7 所示)，说明分散剂向正极方向移动，分散剂是带负电的。而 $Fe(OH)_3$ 溶胶粒子则因不能通过隔膜而附在其表面。

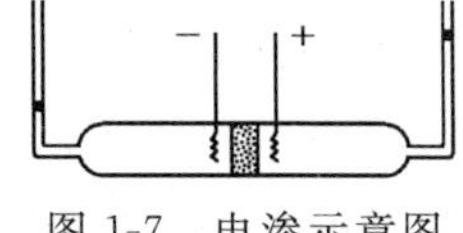

图 1-7 电渗示意图

胶粒带电的原因主要有两点：

① 吸附作用

溶胶分散系是高度分散的多相系统，有巨大的表面积，所以有强烈的吸附作用。固体胶粒表面选择吸附了分散剂中的某种离子，从而使胶粒表面带了电荷。例如，$Fe(OH)_3$ 溶胶是由 $FeCl_3$ 水解而得，其反应式为

$$FeCl_3 + 3H_2O \xlongequal{} Fe(OH)_3 + 3HCl$$

反应系统中除了有 $Fe(OH)_3$ 生成外，还有副产物 FeO^+ 生成：

$$FeCl_3 + 2H_2O \xlongequal{} Fe(OH)_2Cl + 2HCl$$

$$Fe(OH)_2Cl \xlongequal{} FeO^+ + Cl^- + H_2O$$

固体 $Fe(OH)_3$ 粒子在溶液中选择吸附了与自身组成有关的 FeO^+，而使 $Fe(OH)_3$ 胶粒带了正电荷。

② 电离作用

胶粒带电的另一个原因是胶粒表面基团的电离作用。例如，硅酸溶胶的胶粒是由许多硅酸分子缩合而成的，胶粒表面的硅酸分子发生电离，H^+ 离子进入溶液，而将 $HSiO_3^-$ 留在胶粒表面，使硅胶带负电。

利用胶粒不能透过半透膜，半径较小的离子、分子能透过半透膜的性质，可以把胶体溶

液中混有的电解质的分子或离子分离出来，使胶体溶液净化，这种方法称为透析或渗析。渗析法不仅用于溶胶的净化，也可以用于中草药中有效成分的分离提纯。对中草药浸取液，常利用植物蛋白、淀粉、树胶、多聚糖等不能透过半透膜的性质而将它们除去；中草药注射剂也常由于含微量的胶体状态的杂质，在放置中会变浑浊，应用透析法可改变其澄清度。人工肾能帮助肾功能衰竭的患者去除血液中的毒素和水分也是基于渗析的原理。

1.4.3 溶胶的结构

胶体的性质取决于胶体的结构。有的溶胶带正电，有的溶胶带负电，这主要是由于胶核(直径为1 nm～100 nm)选择性吸附离子所引起的。胶核是胶体粒子的中心，是特定物质的许多分子或原子的聚胶体。胶核与分散介质之间存在着巨大的界面，并具有很大的表面能，因此胶核可以选择性地吸附某种离子而带电。胶核优先吸附与自身有相同成分的离子。根据大量的实验事实，人们提出了胶体的扩散双电层结构，现以AgI溶胶为例加以说明。

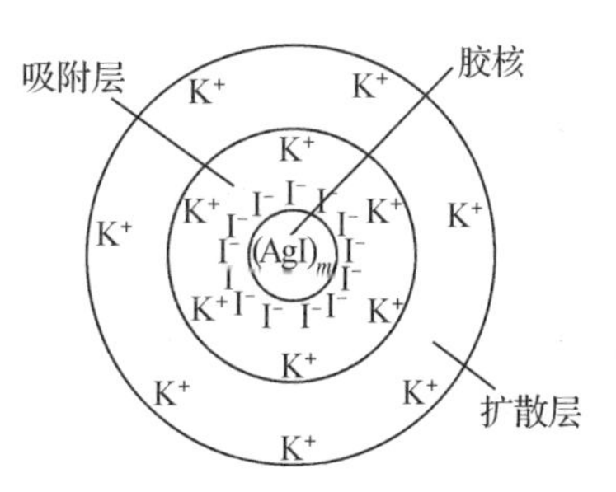

图1-8　KI过量时形成的AgI胶团结构示意图

制备AgI溶胶时，如果KI溶液过量，就可以制成AgI负溶胶。大量的AgI分子聚集在一起，形成直径在1 nm～100 nm的固体分子集团，它们是形成胶体的核心，称为胶核。此时溶液中含有I^-，K^+和NO_3^-离子，胶核选择吸附与其组成有关的I^-，使胶核表面带负电荷，I^-成为电位离子，K^+为反离子。电位离子和一部分反离子构成了吸附层(如图1-8所示)。

电泳时吸附层和胶核一起移动，胶核和吸附层的整体称为胶粒。胶粒中反离子数比电位离子数少，故胶粒所带电荷与电位离子符号相同。其余的反离子则分散在溶液中，构成扩散层，胶粒和扩散层的整体称为胶团，胶团内反离子和电位离子的电荷总数相等，故胶团呈电中性。吸附层和扩散层的整体称为扩散双电层。胶团结构也可以用如图1-9所示的胶团结构式表示。

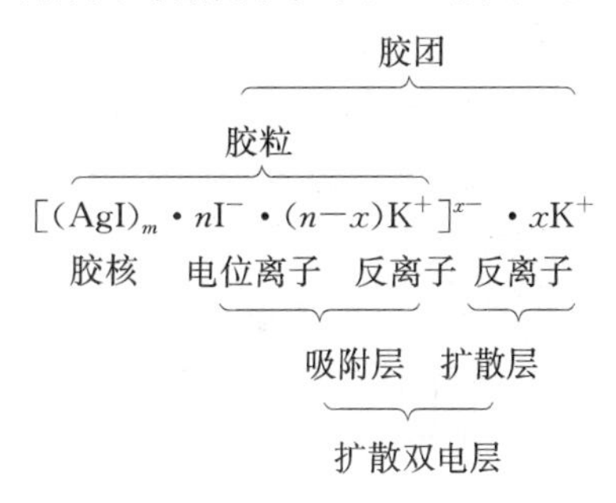

图1-9　AgI溶胶胶团结构式

结构式中，m为AgI分子数(约10^3个)；n为电位离子数目($m \gg n$)；x为扩散层中反离子数目；$n-x$为吸附层中反离子数目。

实验证明，只有在适当过量的电解质存在下，胶核才能通过吸附电位离子形成带有电荷的胶粒而具有一定程度的稳定性，所以这种电解质(由吸附层中的电位离子和反离子构成)称为溶胶的稳定剂。

相反，用KI溶液与过量$AgNO_3$溶液作用制备的AgI溶胶，胶团结构式为

$$[(AgI)_m \cdot nAg^+ \cdot (n-x)NO_3^-]^{x+} \cdot xNO_3^-$$

同理，其他物质形成的溶胶，其胶团结构式为

As_2S_3溶胶　　$[(As_2S_3)_m \cdot nHS^- \cdot (n-x)H^+]^{x-} \cdot xH^+$

硅酸溶胶　　$[(SiO_2)_m \cdot nHSiO_3^- \cdot (n-x)H^+]^{x-} \cdot xH^+$

$Fe(OH)_3$ 溶胶　　$\{[Fe(OH)_3]_m \cdot nFeO^+ \cdot (n-x)Cl^-\}^{x+} \cdot xCl^-$

1.4.4 溶胶的稳定性和聚沉

(1) 溶胶的稳定性

溶胶系统是一个多相系统，不太均匀、不太稳定，胶粒之间容易相互集结成大颗粒而沉淀。在生产和科研中常常需要形成稳定的胶体，如难溶的药物常要制成胶体才便于病人服用和吸收，人们不希望日常用的墨水很快沉淀堵塞笔孔，但事实上用正确方法制备的溶胶均可长期稳定存在，其主要原因是溶胶具有动力学稳定性和聚结稳定性。

① 布朗运动

布朗运动产生的动能足以克服胶粒的重力作用，保持胶粒均匀分散而不聚沉，使胶体具有一定的稳定性。但激烈的布朗运动使粒子间不断地相互碰撞后，也可能合并成大的颗粒而引起聚沉。因此，布朗运动不是胶体稳定的主要因素。

② 胶粒带电

胶体稳定的主要因素是胶粒带电。一般情况下，同种胶粒在相同的条件下带同种电荷，相互排斥，从而阻止了胶粒在运动时相互接近，不易聚集成较大的颗粒而沉降。

③ 溶剂化作用——水化膜的存在

包围着胶核的吸附层上的电位离子和反离子，水化能力强，从而在胶粒周围形成一个水化层，阻止了胶粒之间的聚集，使胶粒具有一定的稳定性。

胶粒在布朗运动、双电层和水化膜的作用下，能较长时间(几天、几个月、几年甚至几十年)稳定存在，但最终还是要聚集成大的颗粒而沉降。

(2) 溶胶的聚沉

溶胶的稳定性是相对的，只要破坏了溶胶的稳定性因素，胶粒就会互相聚结合并成大颗粒而沉降，此过程称为溶胶的聚沉。例如在沉淀分析时，如果沉淀以胶态存在，由于胶粒细小，表面积巨大，吸附能力强，其表面将吸附溶液中许多杂质离子，不易洗涤干净，造成产品不纯和分离上的困难；过滤时，胶粒能穿过滤纸，容易丢失产品，使分析不准确。因此需要破坏胶体的稳定性，促使胶粒快速聚沉。常用的聚沉方法有下列几种：

① 加入少量电解质，中和胶粒电荷

使溶胶聚沉的最重要的方法是在溶胶系统中加入强电解质。电解质加入后，增加了胶体中离子的总浓度，从而给带电荷的胶粒提供了吸引带相反电荷离子的有利条件。如 $Fe(OH)_3$ 胶粒表面吸附了 FeO^+，带上了正电荷，其吸附层和扩散层中的反离子主要是 Cl^-，当加入少量的 Na_2SO_4，与胶粒带相反电荷的 SO_4^{2-} 也能进入吸附层，这样就减少甚至中和了胶粒所带的电荷，胶粒电荷被中和后，水化膜也被破坏。由于胶体稳定的主要因素被破坏，当胶体运动时互相碰撞，就可以聚集成大的颗粒而沉淀。

电解质对溶胶的聚沉能力主要取决于与胶粒带相反电荷的离子即反离子的价数，反离子的价数越高，聚沉能力越强，如对于 As_2S_3 溶胶(负溶胶)的聚沉能力是 $AlCl_3 > CaCl_2 > NaCl$，对于 $Fe(OH)_3$ 溶胶(正溶胶)的聚沉能力是 $K_3[Fe(CN)_6] > K_2SO_4 > KCl$。

江河入海口三角洲就是由于河流中带有负电荷的胶态黏土被海水中带正电荷的钠离子、镁离子中和后沉淀，经过数千年大量沉淀物的沉积而形成的。

② 加入带相反电荷的胶体溶液

将带有相反电荷的两种溶胶适量混合后，两种带相反电荷的胶粒互相吸引，彼此电荷中和，从而发生聚沉。我国自古以来沿用的明矾[$KAl(SO_4)_2 \cdot 12H_2O$]净水法就是利用溶胶相互聚沉的典型例子。明矾的主要成分是 $Al_2(SO_4)_3$，水解后能产生带正电荷的 $Al(OH)_3$ 胶粒，当其加入水中，遇到悬浮在水中的带负电荷的泥土胶粒（硅酸等），互相中和电荷后快速发生聚沉，从而达到净水的目的。

③ 加热

有些溶胶在加热时能发生聚沉，这是由于加热使胶粒的运动速度加快，碰撞聚合的几率增多；同时，升温降低了胶核对离子的吸附作用，减少了胶粒所带的电荷，水化程度降低，有利于胶粒在碰撞时聚沉。

*1.5 表面活性物质与高分子溶液

1.5.1 表面活性物质

凡是溶于水后能显著降低水的表面能的物质称为表面活性物质，如洗涤剂、肥皂、胆碱、蛋白质等都是表面活性物质。

表面活性物质分子的结构特点是具有两种基团，一种是亲水的极性基团，对水的亲和力很强，称为亲水基，如—OH，—COOH，—NH_2，—SO_3H；另一种是亲油的非极性基团，对油的亲和力较强，称为亲油基或疏水基，如脂肪烃基—R、芳香烃基—Ar 等。普通肥皂是最常见的表面活性物质，它是硬脂酸的钠盐，其亲油的非极性部分是烃链——$C_{17}H_{35}$，亲水的极性部分是—COONa。为了便于说明，常用符号“—○”表示表面活性剂分子，其中“—”表示疏水基，“○”表示亲水基。当表面活性物质溶于水后，分子中的亲水基进入水相，疏水基则进入气相或油相（如图 1-10 所示），这样表面活性剂分子就浓集在两相界面上，形成了定向排列的分子膜，使相界面上的分子受力不均匀情况得到改善，从而降低了水的表面自由能。

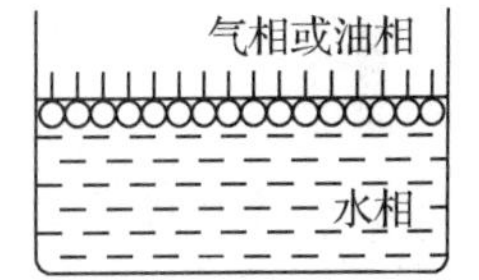

图 1-10 表面活性剂在相界面上的排列

表面活性剂按其分子结构可分为离子型和非离子型两大类。溶于水后能发生解离的称为离子型表面活性剂，不能解离的称为非离子型表面活性剂。在离子型表面活性剂中，带正电荷的表面活性基团称为阳离子表面活性剂，带负电荷的表面活性基团称为阴离子表面活性剂，能带正、负两种电荷的表面活性基团称为两性表面活性剂。

表面活性剂的用途非常广泛，素有“工业味精”之称。它除了具有优良的洗涤性能外，还具有润湿、乳化、渗透、分散、柔软、平滑、防水、防蚀、抗静电、杀菌、消毒等性能，根据不同的需求，可以应用在不同的领域。在农业生产中，使用的各种有机农药水溶性差，必须加入表面活性剂使其乳化，这样才能使农药均匀喷洒并在植物叶面上迅速润湿铺展，降低成本，提高药效。随着科学技术的不断发展，根外施肥、施药的新技术已得到广泛应用，而非离子型表面活性剂不易透过植物叶面的蜡层，对作物的危害性小，是叶面微量元素肥料、植物生长调节剂等农用化学品的最佳乳化剂。

1.5.2 乳浊液

由互不相溶的分散质和分散剂构成的粗分散液体体系称为乳浊液。牛奶、豆浆、原油、胶乳、乳化农药等都是乳浊液。根据分散质和分散剂的性质不同，乳浊液又分为两大类：一类是“油”(指有机液体)分散在水里，形成水包油型乳浊液，用“油/水”或“O/W”表示，如牛奶、豆浆、乳化农药等；另一类是水分散在油里，形成油包水型乳浊液，用“水/油”或“W/O”表示，如原油等。

乳浊液是粗分散系，属于热力学不稳定系统，分散质液滴很容易互相聚结变大，导致油、水两相分层。可见乳浊液需要第三种物质作稳定剂，乳浊液的稳定剂称为乳化剂。常用的乳化剂有三类：表面活性剂、亲水性的高分子化合物、不溶性固体粉末。

在油、水混合系统中加入少量乳化剂，经剧烈搅拌或超声波振荡后，就能制备出较稳定的乳浊液。乳化剂能使乳浊液稳定的原因，主要是乳化剂浓集于油、水相界面上，形成了有规则的定向排列，降低了系统的表面自由能，增加了油、水两相的亲和力；另外，乳化剂在相界面上的定向排列，相当于在分散质液滴周围形成了具有一定机械强度的保护膜，分隔了分散质液滴，阻止了液滴间的聚结，因而使乳浊液能稳定存在。

乳化剂不仅能提高乳浊液的稳定性，还能决定乳浊液的类型。一般来说亲水性乳化剂有利于形成 O/W 型乳浊液，亲油性乳化剂有利于形成 W/O 型乳浊液(如图1-11所示)。常见的亲水性乳化剂有钾肥皂、钠肥皂、蛋白质、动物胶、白土、去污粉(主要为碳酸钙粉末)、细炉灰(主要为碳酸盐和二氧化硅粉末)等，亲油性乳化剂有高价金属离子肥皂、高级醇类、高级酸类、石墨、炭黑等。根据不同的需要，选择适当的乳化剂，就能制备稳定的、符合要求的乳浊液。

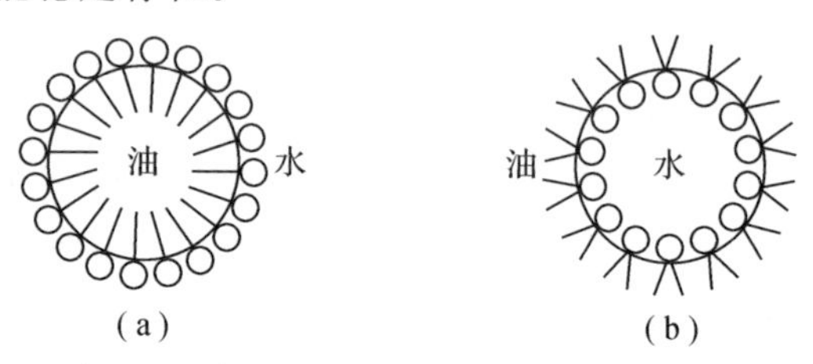

图 1-11　表面活性剂对乳浊液类型的影响

在生产实践中，为了便于使用，有时需要制备稳定的乳浊液，如配制 O/W 型的乳化农药；有时又要求破坏乳浊液，使油、水两相分开，便于工业加工，如天然橡胶汁和原油在炼制加工前的脱水等。乳浊液的破坏叫做破乳，常用的方法有电解破乳法、化学破乳法、离心分离法、静电破乳法、加压过滤法等。

1.5.3 高分子溶液

相对分子质量高达数千甚至数百万的有机化合物(如橡胶、动物胶、蛋白质和纤维素等)溶于水和其他溶剂中所得的溶液叫高分子化合物溶液，简称高分子溶液。

高分子溶液中溶质分子的大小和溶胶粒子相近(1 nm～100 nm)，因此它们具有不能透过半透膜、扩散速度慢等溶胶的特征；另一方面，高分子化合物是以单分子状态存在的，是分子分散体系，具有真溶液的特点。故高分子溶液具有真溶液和胶体溶液的双重特性。

向溶胶中加入适量高分子溶液，能大大提高溶胶的稳定性，这种作用叫高分子溶液对溶胶的保护作用。一般高分子是具有链状结构的线型分子，它们很容易吸附在胶粒表面上，这样卷曲后的高分子就包住了溶胶粒子；又因高分子的高度溶剂化作用，在溶胶粒子的外面形成了很厚的保护膜，阻碍了胶粒间因相互碰撞而发生凝结，从而大大提高了溶胶的稳定性。

高分子溶液的保护作用在生理过程中具有重要意义。如健康人的血液中所含的难溶物质[$MgCO_3$，$Ca_3(PO_4)_2$ 等]都是以溶胶状态存在，并被血清蛋白等高分子化合物保护着。但发生某些疾病时，这些高分子化合物在血液中的含量就会减少，于是溶胶发生凝结，因而在体内的某些器官内形成了结石，如常见的肾结石、胆结石等。

本章小结及学习要求

1. 分散系按分散质粒子直径大小可分为粗分散系、胶体分散系、分子或离子分散系。胶体分散系中的溶胶是一个高度分散的多相分散系，其分散质是小分子集合体。溶胶具有很大的表面积，吸附能力很强。而高分子物质溶液，其分散质是大分子，是单相分散系。

2. 物质的量(n)是个物理量，其单位为 mol，使用时必须同时指明“基本单元”。

3. 溶液浓度的表示方法：

(1) 物质的量浓度 $c_B=\dfrac{n_B}{V}$

(2) 质量摩尔浓度 $b_B=\dfrac{n_B}{m_A}$

(3) 摩尔分数 $x_A=\dfrac{n_A}{n_A+n_B}$ $x_B=\dfrac{n_B}{n_A+n_B}$

(4) 质量分数 $w_B=\dfrac{m_B}{m}$

(5) 体积分数 $\varphi_B=\dfrac{V_B}{V_{总}}$

4. 难挥发非电解质的稀溶液的蒸气压降低、沸点升高、凝固点降低和渗透压，统称为稀溶液的依数性。这类性质与溶液的质量摩尔浓度成正比，而与溶质的性质无关。

5. 溶胶的主要性质

(1) 动力学性质——布朗运动；(2) 光学性质——丁达尔效应；(3) 电学性质——电泳和电渗。

6. 溶胶的胶团结构：

{[胶核]·电位离子·反离子}·反离子

（电位离子·反离子：吸附层；外层反离子：扩散层；{[胶核]·电位离子·反离子}：胶粒；整体：胶团）

溶胶是带电荷的粒子，整个胶团是电中性的。胶粒在溶胶中以胶团存在。但在电泳、电渗时，在胶粒与扩散层的界面上发生滑动。

7. 溶胶的稳定性

(1) 动力稳定性：溶胶中胶体粒子具有强烈的布朗运动，是一个动力稳定体系。

(2) 凝结稳定性：溶胶粒子具有很大的表面积，易彼此吸附而合并，从本质上讲是一个凝结不稳定体系。但由于双电层和溶剂化膜的存在尚能保持相对的稳定性。

8. 促使溶胶凝结的主要因素是电解质的作用，少量电解质的加入，能使扩散层变薄，能使电位离子减少，从而胶粒合并变大。

9. 高分子化合物溶液具有双重性，从分散质粒子大小而言，表现出溶胶的某些性质；从单相分散体系而言，又具有某些真溶液的性质；盐析作用、胶凝现象是高分子化合物溶液的特性。

10. 能使液体界面张力降低的物质，叫做表面活性物质。表面活性物质可作为乳化剂应用。

11. 乳浊液是一种液体分散在另一种互不相溶的液体中所组成的粗分散系。乳浊液是油/水型还是水/油型，主要决定于所使用的乳化剂的类型。

【阅读材料】

胶体及其应用

1864年，英国科学家格雷姆对胶体进行了大量实验，他根据胶体粒子不能穿过半透膜的特性，成功地用羊皮纸作半透膜的渗析法除去了胶体中的晶体颗粒，开辟了提纯胶体的道路。另外他还提出了金溶胶是粒子胶体，硅胶和氢氧化铝的沉淀是凝胶。格雷姆在多方面的开创性研究，建立了一门系统的学科——胶体化学。但直到1907年，俄国科学家法伊曼才给了"胶体"这个概念以确切的定义。

胶体的范围十分广泛，比如我们吃的馒头，喝的稀粥、豆浆，用的墨水、牙膏；早晨的雾，烟囱里冒出的黑烟，名贵的珍珠、玛瑙、水晶等都属于胶体的范畴。毫不夸张地说，我们所处的世界就是一个胶体世界。胶体的制取和应用的历史渊源流长，早在战国时期我国劳动人民就将桐油与漆混合制成油漆，在秦汉时期使用油漆漆器已很盛行。真正地对胶体进行科学研究，是从19世纪初开始的。

现将胶体在工农业上的应用简要介绍如下。

1. 用于水污染治理

水中若有细小的淤泥及其他污染物微粒存在，它们往往形成不易沉降的胶态物质悬浮于水中，此时可加入混凝剂使其沉降。

铝盐和铁盐是常用的混凝剂。铝盐与水的反应可表示如下：

$$Al^{3+}(aq)+2H_2O = Al(OH)^{2+}(aq)+H_3O^+(aq)$$

$$Al(OH)^{2+}(aq)+2H_2O = Al(OH)_2^+(aq)+H_3O^+(aq)$$

$$Al(OH)_2^+(aq)+2H_2O = Al(OH)_3(s)+H_3O^+(aq)$$

pH不同，$Al(OH)^{2+}$，$Al(OH)_2^+$ 和 $Al(OH)_3$ 所占的比例就不同。这种高氧化态离子在水中水解也可形成胶体。它们从三个方面发挥混凝作用：(1)中和胶体杂质电荷；(2)在胶体杂质之间起黏附作用；(3)本身形成絮状物对胶体杂质具有吸附作用。对铝盐控制pH在6.0～8.5，对铁盐控制pH在8.1～9.6产生的混凝效果较好。

新型无机高分子混凝剂如聚氯化铝$[Al_2(OH)_nCl_{6-n}\cdot xH_2O]_m$，净水效果好，价廉，在工农业生产中被普遍采用。

2. 胶体的保护及其应用

以上讨论了胶体的破坏在生产中的应用。有些工业生产上，常常需要增加胶体的稳定性。加入适量的动物胶(高分子化合物)可以提高胶体的稳定性，这种作用称为胶体的保护。高分子化合物的保护能力是和它的特殊结构分不开的，一般高分子化合物都是链状且能卷曲的线形分子，因此很易吸附在胶粒表面，包住胶粒，而使溶胶很稳定。照相用的溴化银胶片就是根据这一原理制造的：硝酸银和溴化钠作用产生溴化银，由于动物胶的存在，溴化银以极细的悬浮粒子分散在介质内。

胶体的保护作用在生理过程中具有重要意义。例如在健康人的血液中所含的难溶盐，如碳酸镁、磷酸钙等，都是以溶胶状态存在，并且被血清蛋白等保护着。当发生某些疾病时，保护物质在血液中的含量就减少了。这样就使溶胶发生聚沉而堆积在身体的某些部位，使新陈代谢作用发生故障，形成某些器官的结石。

在日常生活中常常遇到保护胶体的例子。如墨水、颜料、胶体、石墨等，常加入高分子化合物，使其长期保持稳定。

3. 胶体凝聚及其应用

带有部分固体性质的胶体叫做凝胶，例如食品中的粉皮、人的皮肤、奶酪以及河岸两旁的淤泥、土壤都可看成是凝胶。大分子溶液通常可以自发地形成凝胶。胶体溶液(或溶胶)和悬浮液在适当条件下也可形成凝胶。当在硅酸溶液中加入电解质时，常生成硅酸凝胶，长时间放置或干燥会逐渐失去水分，而其网络骨架维持不变，该凝胶便变成多孔性物质。干燥的硅酸凝胶(硅胶)具有很大的比表面，是一种很好的吸附剂。它可吸收空气中的水分，因而可作为干燥剂。通常使用的变色硅胶是将 $CoCl_2$ 用作干燥剂硅胶的填料，以表示硅胶的吸湿情况。当硅胶吸水时，蓝色的 $CoCl_2$ 也吸水变为粉红色的 $CoCl_2 \cdot 6H_2O$；当吸水硅胶受热脱水，粉红色的 $CoCl_2 \cdot 6H_2O$ 也失水变为蓝色的 $CoCl_2$。

而今，胶体化学的应用已渗透到很多领域，生活离不开胶体，生产技术中也广泛应用胶体。加拿大医学专家用一种特制的胶体黏合伤口，涂在伤口表面，一秒钟即形成一层薄膜，有效地止血，促进伤口愈合，不产生疤痕，且能防菌抗感染。胶体化学在尖端科学中也应用广泛，例如航天飞机如果不用胶体固定整体，而用铆钉、螺钉固定，那么每增加一克重量，就得多花三万多美元来抵消那"一克"带来的麻烦。

胶体化学与高分子化学、生物学互相渗透，揭开了胶体化学发展的新篇章，有关胶体的许多奥妙还有待人们去发现、去探求。

习　题

1-1　什么叫分散系？分散系分为哪几类？

1-2　填写下表：

溶液组成表示方法	符号	数学表达式	常用单位
物质的量浓度			
质量摩尔浓度			
摩尔分数			
质量分数			
体积分数			

1-3　难挥发非电解质稀溶液的 4 个依数性分别是什么？写出其数学表达式。

1-4　解释下列现象：

(1) 海鱼放在淡水中会死亡；

(2) 盐碱地上栽种的植物难以生长；

(3) 雪地里洒些盐，雪就融化了；

(4) 江河入海口处易形成三角洲。

1-5　胶体为什么具有稳定性？如何使溶胶聚沉？举例说明。

1-6　试简述明矾净水的原理。

1-7　一学生在实验室中，在 73.3 kPa 和 25 ℃下收集得 250 mL 某气体。在分析天平上称量，得气体净质量为 0.118 g。求这种气体的相对分子质量。

1-8　在 400 g 水中，加入 90% H_2SO_4 溶液 100 g，求此溶液中 H_2SO_4 的摩尔分数和质量摩尔浓度。

1-9　10.00 mL NaCl 饱和溶液重 12.003 0 g，将其蒸干后得 NaCl 固体 3.17 g，试计算：

(1) 溶液的质量百分比浓度；

(2) 溶液的物质的量浓度；

(3) 溶液的质量摩尔浓度；

(4) NaCl，H_2O 各自的摩尔分数。

1-10　某水溶液，在 200 g 水中含有 12.000 g 蔗糖($M=342\ g \cdot mol^{-1}$)，其密度为 $1.022\ g \cdot mL^{-1}$。试计算蔗糖的物质的量浓度、摩尔分数和质量摩尔浓度。

1-11　为了防止水在仪器内冻结，可在水中加入甘油，如需使冰点下降至 271 K，则在每 100 g 水中应加入甘油($C_3H_8O_3$)多少克？

1-12　某一学生测得 $CS_2(l)$ 的沸点是 319.1 K，$1.00\ mol \cdot kg^{-1}$ 溶液的沸点是 321.5 K。当 1.5 g 硫溶解于 12.5 g CS_2 中时，此溶液的沸点是 320.2 K，试确定该硫的分子式。

1-13　在 26.57 g 氯仿($CHCl_3$)中溶解 0.402 0 g 萘($C_{10}H_8$)，所得溶液沸点比氯仿的沸点高 0.429 K，求氯仿的沸点升高常数 K_b。

1-14 烟草中的有害成分尼古丁的实验式为 C_5H_7N，今有 0.6 g 尼古丁溶于 12.035 0 g 水中，所得溶液在 101.3 kPa 下，沸点是 373.16 K，求尼古丁的分子式和溶液的凝固点。

1-15 将 101 mg 胰岛素溶于 10.0 mL 水中，所得溶液在 298 K 时的渗透压为 4.34 kPa，求胰岛素的摩尔质量。

1-16 293 K 时，15.00 g 葡萄糖($C_6H_{12}O_6$)溶解在 200.00 g 水中，试求该溶液的蒸气压、沸点、凝固点和渗透压。(已知 293 K 时，$p^* = 2\ 333.14$ Pa，$M_{C_6H_{12}O_6} = 180.0\ g \cdot mol^{-1}$)

1-17 现有 0.01 $mol \cdot L^{-1}$ 的 KI 溶液和 0.01 $mol \cdot L^{-1}$ 的 $AgNO_3$ 溶液，欲配制 AgI 溶液，在下列 4 种条件下，能否形成 AgI 溶胶？为什么？若能形成溶胶，胶粒带何种电荷？

(1) 两种溶液等体积混合；

(2) 混合时一种溶液体积远超过另一种溶液；

(3) KI 溶液体积稍多于 $AgNO_3$ 溶液；

(4) $AgNO_3$ 溶液体积稍多于 KI 溶液。

1-18 硫化砷溶胶是由 H_2S 和 H_3AsO_3 溶液作用而制得的：$2H_3AsO_3 + 3H_2S = As_2S_3 + 6H_2O$，试写出硫化砷胶体的胶团结构式(电位离子为 HS^-)。

第2章 化学热力学基础

热力学是专门研究能量相互转变过程中所遵循的规律的一门科学。热力学的应用极为广泛，如工程学、物理学、化学以及其他领域。热力学的基础是热力学第一定律和热力学第二定律。把热力学的定律、原理、方法用来研究化学过程以及伴随这些化学过程而发生的物理变化，就形成了化学热力学。

研究化学热力学的目的是：① 研究化学反应的可能性；② 研究化学反应的能量变化；③ 研究化学反应的最大限度。

上述内容都是化学工作者很感兴趣的问题。因此，化学热力学是一门应用广泛而又十分重要的科学。本章将介绍热力学的基本概念、定律，以及学会用热力学的函数来判断化学反应进行的方向、限度和能量转化等相关问题。

2.1 热力学的基本概念

2.1.1 体系和环境

化学上，我们把指定的研究对象称为体系，把体系以外并且与体系有关的其他部分称为环境。例如研究碳在氧气中的燃烧反应，碳、氧气和二氧化碳是我们研究的对象，叫做体系；而盛放物质的容器、实验台等是体系以外的其他部分，叫做环境。一般来说，研究化学反应时，总是选反应物和产物作为体系。

一个化学反应的发生，除了有物质的变化外，必有能量的变化。按照体系与环境之间进行的物质和能量交换的不同情况，可以把体系分为敞开体系、封闭体系、孤立体系三类。

敞开体系：体系与环境之间既有物质交换，又有能量交换。

封闭体系：体系与环境之间没有物质交换，只有能量交换。

孤立体系：体系与环境之间既没有物质交换，也没有能量交换。

例如，我们在研究一杯水时，把盛水的杯子敞开放在空气中，此时体系与环境有物质和能量的交换，故称为敞开体系；若用一个不让水蒸气出来的盖子把杯子密封起来，此时体系与环境只有能量的交换，而没有物质的交换，称为封闭体系；若把水盛在一个理想的保温瓶中，不与环境交换能量，也不交换物质，则此体系称为孤立体系。

为了便于研究一定量的反应物和生成物在化学反应中的能量变化，通常认为化学反应的体系属于封闭体系。

2.1.2 状态和状态函数

体系的状态可以用一系列表示宏观性质的物理量来描述，例如温度、压强、体积、物质的

量和密度等，这些性质的总和就是体系的状态。体系的性质由体系的状态确定，描述体系状态的宏观性质的物理量，它们之间有一定的函数关系，因此称这些物理量为体系的状态函数。

当体系的各种宏观性质确定后，体系就处于一定的状态，也就是说确定状态的状态函数都有一确定值。例如，我们说某理想气体处于标准状态，是指压强 $p=1.013\times10^{5}$ Pa，温度 $T=273.15$ K 的状态。若物质的量为 1 mol，则气体占有的体积为 22.4 L。

确定状态的状态函数有多个，但它们彼此互相关联，所以，通常只需确定其中的几个状态函数值，其余的也就随之而定了。例如理想气体的状态就是压强 p、体积 V、温度 T 的综合表现，当理想气体的 p,V,T 确定后，理想气体的密度、物质的量等状态函数就可由气态方程来求得。

当体系由某一状态变化到另一状态时，状态函数也相应地发生变化。状态函数的变化只取决于体系的始态和终态，而与体系变化的途径无关。例如，温度就是一个表征体系状态的函数，如果我们将一杯水由 280 K (始态)加热至 300 K(终态)，则水的温度变化只取决于始态和终态。也就是说，不管是一次升温达到终态，还是经过先降温再升温两步或多步达到终态，由于始态和终态一定，则 $\Delta T=300\text{ K}-280\text{ K}=20\text{ K}$ 是不变的。

根据体系与体系中物质的量的关系，体系的性质可以分为广度性质及强度性质。

广度性质也称容量性质，如体积、质量等，此种性质具有加和性。例如，将质量为 m_1，体积为 V_1 和质量为 m_2，体积为 V_2 的两杯水混合，则水的总体积 $V_{总}=V_1+V_2$，水的总质量 $m_{总}=m_1+m_2$。

强度性质包括温度、压力等。由于此种性质是体系本身具有的特性，所以它不具有加和性。例如，将两杯同为 290 K 的水混合在一起，水温不会升至 580 K，仍为 290 K，所以温度为强度性质。

2.1.3 过程和途径

当体系的状态发生变化时，我们把这种变化称为过程。完成这个过程的具体步骤则称为途径。热力学的基本过程有下列几种：

等温过程——过程中系统的始态、终态和环境的温度相等，即 $T_{始}=T_{终}=T_{环}$；

等压过程——过程中系统的始态、终态和环境的压力相等，即 $p_{始}=p_{终}=p_{环}$；

等容过程——过程中系统的始态和终态的体积相等，即 $V_{始}=V_{终}$；

绝热过程——过程中系统和环境没有热量交换，即 $Q=0$；

循环过程——体系经一系列变化后又恢复到起始状态的过程。

2.2 热力学第一定律和热化学

2.2.1 热力学第一定律

热力学第一定律的主要内容，就是众所周知的能量守恒定律。它可表述如下：自然界一切物质都具有能量，能量可以有各种不同的形式，可以从一种形式转化为另一种形式，从一个物系传递给另一个物系，而在转化过程中总能量不变。

（1）热力学能

体系与环境间经常进行着能量交换，说明体系内部蕴藏着一定的能量。人们把体系内部所含能量的总和叫做热力学能，又称内能，用符号 U 表示。显然，一定量某种物质的内能由物质的种类、温度、体积等性质所决定。所以，热力学能是体系的性质。当体系发生变化时，热力学能的变化只与体系的始态和终态有关，而与变化的路径无关，可见热力学能是状态函数。

在封闭体系中，体系热力学能的变化是通过体系与环境之间以热和功的形式表现出来的，热力学能的变化可用热和功来量度。

（2）热和功

由于温度不同而在体系和环境之间传递的能量叫做热。热只有在能量传递过程中才能表现出来，它不是体系固有的性质，所以热不是体系的状态函数。我们不能说体系中含有多少热，而只能说体系的状态发生变化时吸收或放出了多少热，通常用符号 Q 来表示热。习惯上规定，体系吸热，Q 为正值；体系放热，Q 为负值。热的单位为能量单位，即焦(J)或千焦(kJ)。

除热之外，以其他形式传递的能量叫做功，通常用符号 W 表示。习惯上规定，体系对环境做功，W 为负值；环境对体系做功，W 为正值。热力学中功又分为以下两种类型：

① 体积功

由于体系体积变化反抗外力所做的功称体积功，又称膨胀功。

② 非体积功

体系除体积功以外的其他功称为非体积功，又称其他功（如电功、机械功）。

这两种功统称为有用功。在一般情况下，化学变化中体系只做体积功：

$$W=p\Delta V \tag{2-1}$$

式中，p 为反应体系在反应过程中所承受的外压；$\Delta V(V_{终}-V_{始})$ 为反应体系在反应过程中体积的变化。

热和功是体系变化过程中体系和环境间传递的能量，它的大小与过程有关，因此它不是状态函数。热和功的概念总是与体系变化的过程相联系着的，没有变化过程，就没有热和功。

（3）热力学第一定律的表达式

将热力学第一定律应用于封闭体系，就可以看到体系热力学能的变化与体系和环境之间交换的热和功到底存在什么定量关系。例如，有一封闭体系处于内能为 U_1 的状态，若该体系从环境中吸收能量 Q，同时体系对环境做一定的功(W)，使体系变为一个新的状态 U_2（如图 2-1 所示），根据热力学第一定律，这个体系能量的变化应遵守如下关系：

$$U_2=U_1+Q-W$$

$$\Delta U=U_2-U_1-Q-W\text{（封闭体系）} \tag{2-2}$$

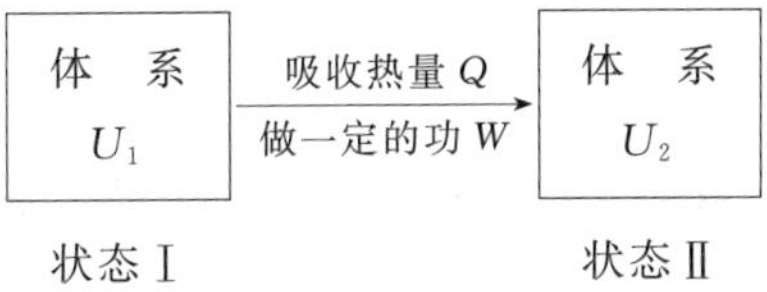

体　系
U_1
吸收热量 Q
做一定的功 W
体　系
U_2
状态Ⅰ
状态Ⅱ

图 2-1　同一体系的不同状态

根据式(2-2)很容易得出下列结论：对于封闭体系，如果体系吸收的能量大于体系对环境做功所消耗的能量，即 $Q>W$，则体系的热力学能增加($\Delta U>0$)；反之，如果 $Q<W$，则体系的热力学能减少($\Delta U<0$)。

【例 2-1】 对于热力学能为 U_1 的某一封闭体系：

(1) 从环境中吸收了 200 J 的热量，同时对环境做了 100 J 的功；

(2) 向环境释放了 50 J 的热量，环境对体系做了 150 J 的功。

分别计算体系热力学能的变化 ΔU。

【解】 (1) 已知 $Q=200$ J，$W=100$ J，则

$$\Delta U=Q-W=200\ \text{J}-100\ \text{J}=100\ \text{J}$$

(2) 已知 $Q=-50$ J，$W=-150$ J，则

$$\Delta U=\text{Q}-\text{W}=-50\ \text{J}-(-150)\ \text{J}=100\ \text{J}$$

2.2.2 恒压反应热和反应焓变

化学反应的发生总是伴随着热效应的发生，即或者吸热，或者放热。我们又把化学反应过程中的热效应称为反应热，其定义为：当一个化学反应发生后，使产物的终态温度恢复到反应物的初始温度，并且体系只做体积功，而不做其他功时，体系放出或吸收的热量，即称为此反应在此温度时的反应热。显然，反应热规定了两个条件：一是生成物的温度必须恢复到反应物起始的温度；二是除体积功外，体系不做其他功。

通常情况下，化学反应是在敞口的容器中进行，体积可以改变，而压力为外压，保持不变，如果体系只做体积功，此过程的热效应称为恒压反应热，以 Q_p 表示，根据热力学第一定律可得

$$\Delta U=Q_p-p\Delta V$$

或

$$Q_p=\Delta U+p\Delta V \tag{2-3}$$

如果由式(2-3)计算恒压反应热 Q_p，必须知道 ΔU 和 $p\Delta V$，但这样很不方便。为此，引入了一个新的函数——焓。

将式(2-3)作如下变换：

$$Q_p=U_2-U_1+p(V_2-V_1)=U_2-U_1+pV_2-pV_1=(U_2+pV_2)-(U_1+pV_1)$$

U 和 pV 都是状态函数，因而($U+pV$)也是体系的一个状态函数。在热力学中把这个新的状态函数叫做焓，用符号 H 表示。即

$$H=U+pV \tag{2-4}$$

这样，式(2-3)就可简化为

$$Q_p=H_2-H_1=\Delta H \tag{2-5}$$

式(2-5)的物理意义是：对于一个封闭体系，在只做体积功的恒压条件下，体系所吸收的热全部用来增加体系的焓值，即 ΔH(单位一般用 $\text{kJ}\cdot\text{mol}^{-1}$)，对于一个恒压过程，如果化学反应的焓变 ΔH 为正值，表示体系从环境吸收热量，称此反应为吸热反应；如果化学反应的焓变 ΔH 为负值，则表示体系向环境放热，称此反应为放热反应。

2.2.3 热化学方程式

表示化学反应与热效应关系的方程式称为热化学方程式。下面是两个实例：

$$H_2(g)+\frac{1}{2}O_2(g)=\!=\!=H_2O(g) \qquad \Delta_r H^{\ominus}_{m_1(298)}=-241.8\ \text{kJ}\cdot\text{mol}^{-1} \tag{1}$$

$$H_2(g)+\frac{1}{2}O_2(g)═══H_2O(l) \qquad \Delta_r H^{\ominus}_{m_2(298)}=-285.8\ kJ\cdot mol^{-1} \qquad (2)$$

热化学反应式与一般反应的不同之处主要在于以下几点：

① 焓(H)左下角的“r”代表化学反应(reaction)，右下角的“m”代表摩尔，右上角的“⊖”代表热力学标准状态，这时压力为一个大气压 1.0×10^5 Pa 或 100 kPa，括号内的数字代表热力学温度，单位为 K，如温度是 298 K 时，通常省略。如 $\Delta_r H^{\ominus}_m$ (100 kPa，298 K)标为 $\Delta_r H^{\ominus}$。

② 标明物质的状态。通常以 s(solid)表示固体，l(liquid)表示液体，g(gas)表示气体，以 Cr(Crystal)和 aq 分别表示晶态和水溶液。

③ 化学反应的方程式是热量计算的基本单元，化学反应中物质的系数既可以是整数，还可以是分数。如

$$H_2(g)+\frac{1}{2}O_2(g)═══H_2O(l) \qquad \Delta_r H^{\ominus}_1=-285.8\ kJ\cdot mol^{-1}$$

$$2H_2(g)+O_2(g)═══2H_2O(l) \qquad \Delta_r H^{\ominus}_2=-571.6\ kJ\cdot mol^{-1}$$

在此，mol^{-1}是指“1 mol 反应”，例如 1 mol 反应可以是 1 mol$\left(H_2+\frac{1}{2}O_2\right)$的反应，也可以是 1 mol($2H_2+O_2$)的反应。虽同为 1 mol 反应，但由于反应的基本单元不一样，导致反应热差异，所以 ΔH 值应和化学方程式相对应。

④ 在相同条件下，正向和逆向反应的反应热的绝对值相等，但符号相反，如

$$N_2(g)+3H_2(g)═══2NH_3(g) \qquad \Delta_r H^{\ominus}_1=-92.20\ kJ\cdot mol^{-1}$$

$$2NH_3(g)═══N_2(g)+3H_2(g) \qquad \Delta_r H^{\ominus}_2=+92.20\ kJ\cdot mol^{-1}$$

氢气和氮气化合生成 2 mol 氨时放出 92.20 kJ 的热量，而 2 mol 氨分解时吸收了 92.20 kJ 的热量，我们可以从状态函数这一方面来理解这一现象。焓是状态函数，它与变化途径无关，只与始态和终态有关。对于反应

$$N_2(g)+3H_2(g)═══2NH_3(g)$$

$N_2(g)+3H_2(g)$为始态，$2NH_3(g)$为终态。而对反应

$$2NH_3(g)═══N_2(g)+3H_2(g)$$

$2NH_3(g)$为始态，$N_2(g)+3H_2(g)$为终态。两个反应的始态和终态发生了相对变化，虽然它们的反应热数值相等，但符号相反。

2.2.4 盖斯(Hess)定律

1840 年，俄国化学家盖斯在总结了大量实验结果的基础上，提出了一条规律：“化学反应不管是一步完成，还是分几步完成，其热效应总是相同的。”这一规律称为盖斯定律。这就是说，反应热只与反应的始态和终态有关，而与反应的途径无关。这个定律实际上是热力学第一定律的必然结果。

有了盖斯定律，化学反应热就可以像普通代数方程那样进行计算，从而可以根据已准确测定的反应热来计算难以测定或不能测定的反应热。

【例 2-2】 已知反应

(1) $C(石墨)+O_2(g) \longrightarrow CO_2(g)$ $\Delta_r H_1^\ominus = -393.5\ kJ \cdot mol^{-1}$

(2) $CO(g)+\frac{1}{2}O_2(g) \longrightarrow CO_2(g)$ $\Delta_r H_2^\ominus = -283.0\ kJ \cdot mol^{-1}$

求:(3) $C(石墨)+\frac{1}{2}O_2(g) \longrightarrow CO(g)$的 $\Delta_r H_3^\ominus = ?$

【解】 三个反应间的关系如下所示:

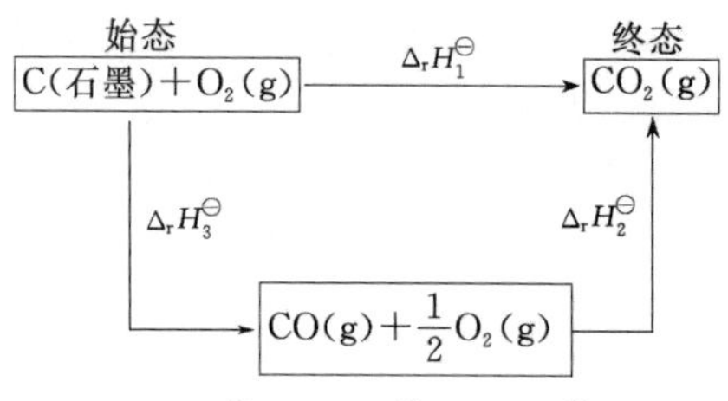

根据盖斯定律,有 $\Delta_r H_1^\ominus = \Delta_r H_3^\ominus + \Delta_r H_2^\ominus$

所以 $\Delta_r H_3^\ominus = \Delta_r H_1^\ominus - \Delta_r H_2^\ominus = -393.5-(-283.0) = -110.5(kJ \cdot mol^{-1})$

2.2.5 标准摩尔生成焓

前已指出,焓是状态函数。根据状态函数的性质,一个在恒温、恒压下进行的化学反应的焓变(ΔH)为生成物焓的总和与反应物焓的总和之差:

$$\Delta_r H_m^\ominus = \sum \nu_B \Delta_f H_m^\ominus(生成物) - \sum \nu_B \Delta_f H_m^\ominus(反应物) \tag{2-6}$$

化学热力学规定,在标准压力和指定温度下,由最稳定单质生成一摩尔某物质时的焓变,称为该物质在该浓度下的标准摩尔生成焓,简称生成焓,用符号 $\Delta_f H_{m(T)}^\ominus$ 表示,下标 f 表示“生成”,在 298 K 时可简写为 $\Delta_f H_m^\ominus$,单位是 $kJ \cdot mol^{-1}$。式中的 ν_B 为反应式中各物质的系数。

由标准生成焓的定义可知,最稳定单质的标准摩尔生成焓都等于 0。实际上各物质的生成焓是以此为标准而得到的相对值。

附录Ⅰ列出了一些物质 298 K 时的标准摩尔生成焓,$\Delta_f H_m^\ominus$ 的单位是 $kJ \cdot mol^{-1}$。

【例 2-3】 计算反应 $C_2H_2(g)+\frac{5}{2}O_2(g) = 2CO_2(g)+H_2O(l)$在 298 K、标准压力时的反应热 $\Delta_r H_m^\ominus$。

【解】 根据式(2-6),有

$$\begin{aligned}\Delta_r H_m^\ominus &= [2\times\Delta_f H_m^\ominus(CO_2,g)+\Delta_f H_m^\ominus(H_2O,l)] \\ &\quad -\left[\Delta_f H_m^\ominus(C_2H_2,g)+\frac{5}{2}\times\Delta_f H_m^\ominus(O_2,g)\right] \\ &= [2\times(-393.5)-285.8]-\left(226.73+\frac{5}{2}\times 0\right) \\ &= -1299.5(kJ \cdot mol^{-1})\end{aligned}$$

【例 2-4】 计算恒压反应 $CaCO_3(s) = CaO(s)+CO_2(g)$在 298 K 时的标准反应热,并判断反应是吸热反应还是放热反应。

【解】 根据式(2-6)得，有

$$\Delta_r H_m^\ominus = [\Delta_f H_m^\ominus(CaO,s)+\Delta_f H_m^\ominus(CO_2,g)]-[\Delta_f H_m^\ominus(CaCO_3,s)]$$
$$=(-393.51-635.09)-(-1206.9)$$
$$=178.3\ (kJ\cdot mol^{-1})>0$$

故该反应为吸热反应。

2.2.6 标准燃烧热

多数无机物的标准生成热可通过实验来测定，但有机物通常很难由单质直接生成，故其标准生成热难以测定。但有机物多数能在氧气中燃烧，故常用标准摩尔燃烧焓的数据计算有机物的反应焓。

在标准状态下，1 mol 物质完全燃烧时的反应热为该物质的标准燃烧热，常简记作 $\Delta_c H_m^\ominus$，下标 c 表示燃烧(combustion)。标准燃烧热的单位为 $kJ\cdot mol^{-1}$。所谓完全燃烧，是指有机物中各元素均氧化为稳定的高价态物质，如 C 变成 $CO_2(g)$、H 变成 $H_2O(l)$、N 变成 $N_2(g)$等。一些有机物的标准燃烧热数据见表 2-1。

表 2-1 一些物质的标准燃烧热(298.15 K)

物质	化学式	$\Delta_c H_m^\ominus/(kJ\cdot mol^{-1})$	物质	化学式	$\Delta_c H_m^\ominus/(kJ\cdot mol^{-1})$
氢气	$H_2(g)$	−285.9	甲醇	$CH_3OH(l)$	−726.51
石墨	C	−393.5	乙醇	$C_2H_5OH(l)$	−1 366.83
氧气	$O_2(g)$	0	乙酸乙酯	$CH_3COOC_2H_5(l)$	−2 251.12
甲醛	HCHO(g)	−570.78	苯	$C_6H_6(l)$	−3 267
苯乙烯	$C_6H_5C_2H_3(g)$	−4 435	环己烷	$C_6H_{12}(l)$	−3 920
乙醛	$CH_3CHO(l)$	−1 166.37	葡萄糖	$C_6H_{12}O_6(s)$	−2 815
甲酸	HCOOH(l)	−254.64	蔗糖	$C_{12}H_{22}O_{11}(s)$	−5 644
乙酸	$CH_3COOH(l)$	−871.54	水	$H_2O(l)$	0

任何一个化学反应的反应物和产物之间，都含有相同种类和数量的原子，所以它们分别进行完全氧化反应时，应该有相同的完全氧化的产物。根据盖斯定律可以导出，任何化学反应的标准反应热等于反应物标准燃烧焓的总和与生成物标准燃烧焓的总和之差。

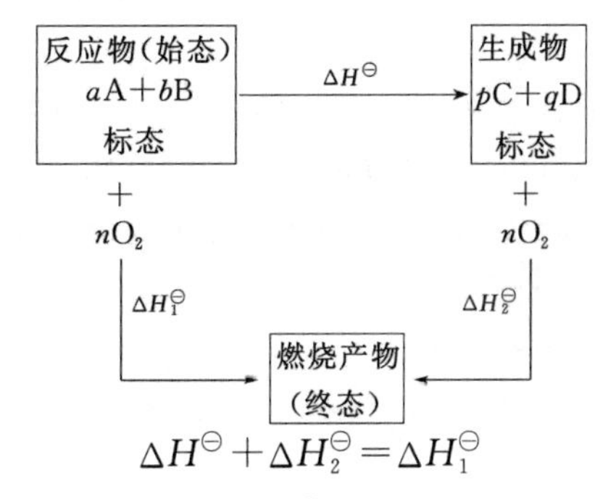

$$\Delta H^\ominus+\Delta H_2^\ominus=\Delta H_1^\ominus$$

$$\Delta H^\ominus=\Delta H_1^\ominus-\Delta H_2^\ominus=\sum \nu_B \Delta_c H_m^\ominus(\text{反应物})-\sum \nu_B \Delta_c H_m^\ominus(\text{生成物}) \quad (2\text{-}7)$$

请注意：式(2-7)和式(2-6)的相减次序恰好相反。

在应用式(2-7)计算时，因 $CO_2(g)$，$H_2O(l)$为燃烧产物，$O_2(g)$为助燃剂，都不能再“燃

烧”了，所以它们的燃烧热为零。

【例 2-5】 分别用标准生成热和标准燃烧热的数据，计算反应的标准反应热。

$$H_2+\frac{1}{2}O_2(g)=\!=\!=H_2O(l)$$

【解】 $H_2 \quad + \quad \frac{1}{2}O_2(g)=\!=\!=H_2O(l)$

	H_2	$\frac{1}{2}O_2(g)$	$H_2O(l)$
$\Delta_f H_m^{\ominus}/kJ\cdot mol^{-1}$	0	0	−285.8
$\Delta_c H_m^{\ominus}/kJ\cdot mol^{-1}$	−285.9	0	0

$$\Delta H^{\ominus}=[1\times\Delta_f H_m^{\ominus}(H_2O,l)]-\left[1\times\Delta_f H_m^{\ominus}(H_2,g)+\frac{1}{2}\Delta_f H_m^{\ominus}(O_2,g)\right]$$

$$=[1\times(-285.8)]-\left(1\times0+\frac{1}{2}\times0\right)=-285.8(kJ\cdot mol^{-1})$$

$$\Delta H^{\ominus}=\left[1\times\Delta_c H_m^{\ominus}(H_2,g)+\frac{1}{2}\Delta_c H_m^{\ominus}(O_2,g)\right]-[1\times\Delta_c H_m^{\ominus}(H_2O,l)]$$

$$=\left[1\times(-285.9)+\frac{1}{2}\times0\right]-(1\times0)=-285.9(kJ\cdot mol^{-1})$$

2.3 热力学第二定律

2.3.1 反应的自发性

所谓的“自发性”是指在一定条件下不需外力作用就能进行的过程称为自发过程。实验证明，自然界中有许多变化都能自发进行。例如水能自动由高处往低处流，却不会由低处自动流向高处；热量自动由高温处流向低温处，却不会自动由低温处流向高温处；用隔板分开的两种气体，当把隔板取走后，气体会自动扩散而均匀混合，即气体分子能自动由有序向无序变化。由此可见，影响这些自发过程的有两个因素：① 能量的变化：体系总是趋向于最低能量。如水从高处流向低处，降低自己的位能，因而更稳定。② 混乱度变化：体系总是趋向于更高的混乱度。如气体的扩散，由低几率状态转向高几率状态。

2.3.2 混乱度和熵

一个宏观体系是由大量的处于不断运动的微粒组成。只有在绝对零度时，一切微粒的热运动才完全停止。此时，微粒的热运动动能为零，微粒处于完全整齐的有序分布状态。除在绝对零度外，微粒都在不停地运动着。运动的微粒不仅有一定的动能，同时微粒的分布也从有序变为无序。我们把体系中微粒运动的无序程度叫混乱度。固体、液体和气体的混乱度各不相同。固体中的微粒只能在晶格位置上振动，液体中的微粒不仅有振动，还有位移的运动，而气体分子运动的范围就更大了。显然，液体中微粒的无序程度大于固体，而气体分子的无序程度最大。

为了量度体系内大量微粒热运动的混乱度，热力学引入了“熵”这一物理量，对体系的混乱度进行量度。混乱度越大，熵值越大。熵用符号 S 表示。由于熵反映了体系的一种状态，所以，熵是状态函数。当体系的状态发生变化时，也会引起体系熵值的变化。

2.3.3 热力学第二定律

能量在传递过程中不仅要保持能量守恒(热力学第一定律),在传递的方向上还有一定限制,热力学第二定律正说明了这一点。热力学第二定律有多种不同的表达方式,用“熵”来进行描述的是“在孤立体系的任何自发过程中,体系的熵总是增加的”。即

$$\Delta S_{孤立}>0$$

2.3.4 标准摩尔熵

熵是表示体系混乱度的热力学函数,当温度降低到绝对零度时,分子间排列整齐,分子的热运动完全停止,体系完全有序化,因此热力学第三定律可表述为“在绝对零度(0 K)时,任何纯物质的完整晶体的熵为零”。

根据热力学第三定律,我们可求得任何纯物质在温度 T 时的熵的绝对值,设 S_T 表示温度为 T K 时的熵,S_0 表示为 0 K 时的熵,由于 $S_0=0$,所以 $\Delta S=S_T-S_0=S_T$,故 ΔS 为该物质在 T K 时熵的绝对值。1 mol 纯物质在标准状态下的熵称为标准摩尔熵,用符号 $S_m^{\ominus}$ 表示,单位是 $J\cdot K^{-1}\cdot mol^{-1}$。

2.3.5 熵变的计算

在标准状态下,化学反应 $a\mathrm{A}+d\mathrm{D}=g\mathrm{G}+h\mathrm{H}$ 的标准摩尔熵变 $\Delta_r S_m^{\ominus}$ 可根据反应物和生成物的标准摩尔熵值求得:

$$\Delta_r S_m^{\ominus}=\sum \nu_B S_m^{\ominus}(生成物)-\sum \nu_B S_m^{\ominus}(反应物) \tag{2-8}$$

【例 2-6】 求在 298 K、标准压力下反应 $CaCO_3(s)=CO_2(g)+CaO(s)$ 的熵变。

【解】 从附录Ⅰ可查得

$$S_{m(CaCO_3)}^{\ominus}=92.88\ J\cdot K^{-1}\cdot mol^{-1}$$

$$S_{m(CO_2)}^{\ominus}=213.64\ J\cdot K^{-1}\cdot mol^{-1}$$

$$S_{m(CaO)}^{\ominus}=39.75\ J\cdot K^{-1}\cdot mol^{-1}$$

代入式(2-8),有

$$\Delta_r S_m^{\ominus}=(213.64+39.75)-92.88=160.51(J\cdot K^{-1}\cdot mol^{-1})$$

2.4 吉布斯自由能

2.4.1 吉布斯(Gibbs)自由能

为了比较方便地判断某一过程能否自发发生,1876 年美国物理化学家吉布斯(Gibbs J W)提出一个新的状态函数 G,并定义为

$$G=H-TS \tag{2-9}$$

G 称为吉布斯自由能或吉布斯函数。由于 H,T,S 都是状态函数,所以它们的组合也是状态函数,而且具有加和性。当一个系统从初始状态变化到终了状态,系统的吉布斯自由能变化值为

$$\Delta G=G_{终态}-G_{始态}$$

热力学研究证明，在定温、定压且系统只做体积功的条件下，若体系发生变化，可以用自由能的改变量来判断过程的自发性：$\Delta G<0$，过程是自发的；$\Delta G>0$，过程是非自发的；$\Delta G=0$，体系处于平衡态。这就是判断过程自发性的自由能判据。

2.4.2 标准生成自由能

化学热力学规定：某温度下由处于标准状态的各种元素的最稳定单质生成 1 mol 某纯物质的吉布斯自由能的改变量，叫做这个温度下该物质的标准摩尔生成吉布斯自由能，简称标准生成吉布斯自由能。若温度 $T=298$ K，则用符号 $\Delta_f G_m^\ominus$ 表示，其单位为 $kJ \cdot mol^{-1}$。显然，处于标准状态下的各元素的最稳定单质的标准生成吉布斯自由能为零。与焓变类似，在标准状态时，一个化学反应的吉布斯自由能的变化，等于生成物标准生成吉布斯自由能之和减去反应物标准生成吉布斯自由能之和。即

$$\Delta_r G_m^\ominus = \sum \nu_B \Delta_f G_m^\ominus(\text{生成物}) - \sum \nu_B \Delta_f G_m^\ominus(\text{反应物}) \tag{2-10}$$

【例 2-7】 计算反应 $2NO(g)+O_2(g) \longrightarrow 2NO_2(g)$ 在 298.15 K 时的 $\Delta_r G_m^\ominus$。

【解】 已知 $2NO(g)+O_2(g) \longrightarrow 2NO_2(g)$

$\Delta G_f^\ominus(kJ \cdot mol^{-1})$　　86.57　　0　　51.30

$$\begin{aligned}\Delta_r G_m^\ominus &= \sum \nu_B \Delta_f G_m^\ominus(\text{生成物}) - \sum \nu_B \Delta_f G_m^\ominus(\text{反应物}) \\ &= 2\times 51.30-(2\times 86.57+0) \\ &= -70.54(kJ \cdot mol^{-1})\end{aligned}$$

2.4.3 吉布斯-亥姆霍兹(Gibbs-Helmholtz)公式

吉布斯证明，在定温条件下，吉布斯自由能的变化为

$$\Delta G=\Delta H-T\Delta S \tag{2-11}$$

式(2-11)称为吉布斯-亥姆霍兹公式。

在标准态时：

$$\Delta_r G_m^\ominus=\Delta_r H_m^\ominus-T\Delta_r S_m^\ominus \tag{2-12}$$

【例 2-8】 已知 298 K 时反应

$$2NO(g)+O_2(g) \longrightarrow 2NO_2(g)$$

其 $\Delta H^\ominus=-114.0\ kJ \cdot mol^{-1}$，$\Delta S^\ominus=-159\ J \cdot mol^{-1} \cdot K^{-1}$。试计算此反应的 $\Delta G^\ominus$ 值，并判断在此条件下的反应可否自发进行。

【解】 根据式(2-12)　　$\Delta G^\ominus=\Delta H^\ominus-T\Delta S^\ominus$

有

$$\begin{aligned}\Delta_r G_m^\ominus &= -114.0-298\times(-159\times 10^{-3}) \\ &= -66.6(kJ \cdot mol^{-1})\end{aligned}$$

即 $\Delta_r G_m^\ominus<0$，可判断在此条件下反应可以自发进行。

【例 2-9】 判断反应 $NH_4HCO_3(s) = NH_3(g)+H_2O(g)+CO_2(g)$ 能否在 298 K、101.3 kPa 下自发进行；若不能，计算说明该反应在什么温度下可自发进行。

【解】 查附表可得

$\Delta_f H_m^\ominus(NH_3,g)=-46.11\ kJ \cdot mol^{-1}$

$\Delta_f H_m^\ominus(H_2O,g)=-242\ kJ \cdot mol^{-1}$

$\Delta_f H_m^{\ominus}(CO_2,g)=-393\ kJ\cdot mol^{-1}$

$\Delta_f H_m^{\ominus}(NH_4HCO_3,s)=-849.4\ kJ\cdot mol^{-1}$

$S_m^{\ominus}(NH_3,g)=192.3\ J\cdot K^{-1}\cdot mol^{-1}$

$S_m^{\ominus}(H_2O,g)=189\ J\cdot K^{-1}\cdot mol^{-1}$

$S_m^{\ominus}(CO_2,g)=214\ J\cdot K^{-1}\cdot mol^{-1}$

$S_m^{\ominus}(NH_4HCO_3,s)=121.0\ J\cdot K^{-1}\cdot mol^{-1}$

则 $\Delta_r H_m^{\ominus}=[(-46.11)+(-242)+(-393)]-(-849.4)=168.3(kJ\cdot mol^{-1})$

$\Delta_r S_m^{\ominus}=(192.3+189+214)-121.0=474.3(J\cdot K^{-1}\cdot mol^{-1})$

根据公式 $\Delta_r G_m^{\ominus}=\Delta_r H_m^{\ominus}-T\Delta_r S_m^{\ominus}$，有

$$\Delta_r G_m^{\ominus}=\Delta_r H_m^{\ominus}-T\Delta_r S_m^{\ominus}=168.3-298\times 474.3\times 10^{-3}=26.96(kJ\cdot mol^{-1})$$

因为 $\Delta_r G_m^{\ominus}>0$，所以上式在该条件下不能自发进行。若要使反应自发进行，必须升高温度使 $\Delta_r G_m^{\ominus}<0$，即 $\Delta H^{\ominus}-T\Delta S^{\ominus}<0, T\Delta S^{\ominus}>\Delta H^{\ominus}$。

一般来说，化学反应 $\Delta H^{\ominus}$ 和 $\Delta S^{\ominus}$ 随温度的变化较小，则可近似地认为

$$\Delta H_T^{\ominus}\approx\Delta H_{298\ K}^{\ominus},\quad \Delta S_T^{\ominus}\approx\Delta S_{298\ K}^{\ominus}$$

则

$$\Delta H^{\ominus}-T\Delta S^{\ominus}\approx\Delta H_{298\ K}^{\ominus}-T\Delta S_{298\ K}^{\ominus}<0$$

故

$$T>\frac{\Delta H_{298K}^{\ominus}}{\Delta S_{298K}^{\ominus}}=\frac{168.3}{474.3\times 10^{-3}}=354.8\ (K)$$

即要使 $NH_4HCO_3(s)$ 分解反应自发进行，温度不得低于 354.8 K。

本章小结及学习要求

1. 热力学中的几个基本概念

(1) 体系与环境：指定的研究对象称为体系。把体系以外并且与体系有关的其他部分称为环境。体系可分为敞开体系、封闭体系和孤立体系三种。

(2) 状态与状态函数：性质的总和就是体系的状态。体系的性质由体系的状态确定，这些性质是状态的函数，称为状态函数。状态函数的变化只取决于体系的始态和终态，而与体系变化的途径无关。

(3) 广度性质与强度性质：广度性质具有加和性，如质量、体积等；强度性质不具有加和性，如密度、温度等。

(4) 过程与途径：体系的状态发生的变化称为过程；完成这个过程的具体步骤则称为途径。

(5) 热和功：由于温度不同而在体系和环境之间传递的能量叫做热；除热之外，以其他形式传递的能量叫做功。

2. 热力学第一定律

$$\Delta U=Q-W$$

3. 化学反应的热效应(在不做非体积功条件下)

$$恒容：Q_V=\Delta U,\qquad 恒压：Q_p=\Delta H$$

4. 反应热 ΔH 的几种计算方法

(1) 由标准摩尔生成焓计算：$\Delta_r H_m^{\ominus}=\sum\nu_B\Delta_f H_m^{\ominus}(生成物)-\sum\nu_B\Delta_f H_m^{\ominus}(反应物)$

(2) 由标准燃烧热计算：$\Delta_c H_m^{\ominus}=\sum\nu_B\Delta_c H_m^{\ominus}(反应物)-\sum\nu_B\Delta_c H_m^{\ominus}(生成物)$

(3) 由吉布斯公式计算：$\Delta G=\Delta H-T\Delta S$

(4) 由盖斯定律间接计算：

盖斯定律指出，不管化学反应是一步完成的，还是分几步完成的，该反应的热效应相同，即总反应的焓变 ΔH 等于各步反应的焓变之和。盖斯定律只适用于等容过程或等压过程。

5. 利用吉布斯自由能判断过程的自发性

(1) $\Delta G<0$，自发（正向）过程；(2) $\Delta G>0$，非自发过程；(3) $\Delta G=0$，平衡状态。

6. 吉布斯-亥姆霍兹公式

任意状态时：
$$\Delta G=\Delta H-T\Delta S$$

标准状态时：
$$\Delta_r G_m^{\ominus}=\Delta_r H_m^{\ominus}-T\Delta_r S_m^{\ominus}$$

表 2-2　恒温下 ΔH，ΔS 及 T 对 ΔG 的影响

类型	ΔH 的符号	ΔS 的符号	ΔG 的符号	反应情况
1	−	+	−	任何温度下均为自发过程 逆反应永远为非自发过程
2	+	−	+	任何温度下均为非自发过程 逆反应为自发过程
3	+	+	低温：(+) 高温：(−)	低温时为非自发过程 温度升高时转变为自发过程 有最低温度(T_{min})存在
4	−	−	低温：(−) 高温：(+)	低温时为自发过程 高温时为非自发过程 有最高温度(T_{max})存在

7. 7 个物理量(p,V,T,U,H,S,G)之间的关系

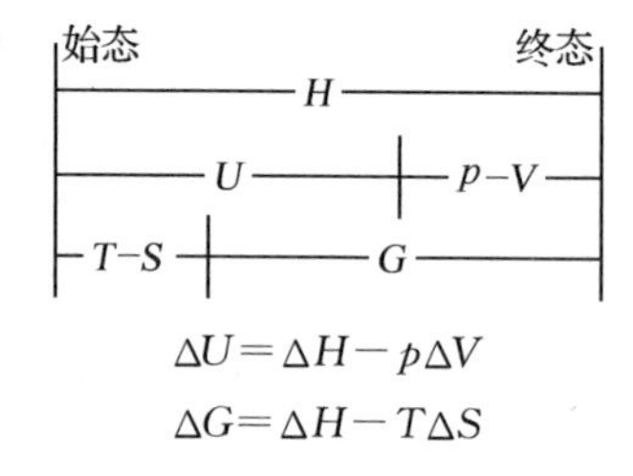

$$\Delta U=\Delta H-p\Delta V$$
$$\Delta G=\Delta H-T\Delta S$$

【阅读材料】

热力学的发展

热力学是研究能量、能量转换以及与能量转换有关的物质性质间相互关系的科学。

“热力学”(thermodynamics)一词的意思是热(thermo)和动力(dynamics)，即由热产生动力，反映了热力学起源于对热机的研究。

从 18 世纪末到 19 世纪初开始，随着蒸汽机在生产中的广泛使用，如何充分利用热能来推动机器做功成为重要的研究课题。

1798 年，英国物理学家和政治家 Benjamin Thompson(1753—1814)通过炮膛钻孔实验开始对功转换为热进行定量研究。1799 年，英国化学家 Humphry Davy(1778—1829)通过冰的摩擦实验研究功转换为热。

1824 年，法国陆军工程师 Nicholas Léonard Sadi Carnot(1796—1832)发表了题为《关于火的动力研究》的论文。他通过对自己构想的理想热机的分析，得出结论：热机必须在两个热源之间工作，理想热机的效率

只取决于两个热源的温度，工作在两个一定热源之间的所有热机，其效率都不超过可逆热机，热机效率在理想状态下也不可能达到百分之百。这就是卡诺定理。

卡诺的论文发表后，没有马上引起人们的注意。过了十年，法国工程师 Benôlt Paul Emile Clapeyron (1799—1864)把卡诺循环以解析图的形式表示出来，并用卡诺原理研究了气液平衡，导出了克拉佩隆方程。

1842 年，德国医生 Julius Robert Mayer(1814—1878)主要受病人血液颜色在热带和欧洲的差异及海水温度与暴风雨的启发，提出了热与机械运动之间相互转化的思想。

1847 年，德国物理学家和生物学家 Hermann Ludwig von Helmholtz(1821—1894)发表了《论力的守恒》一文，全面论证了能量守恒和转化定律。

1843 年至 1848 年，英国酿酒商 James Prescott Joule(1818—1889)以确凿无疑的定量实验结果为基础，论述了能量守恒和转化定律。焦耳的热功当量实验是热力学第一定律的实验基础。

根据热力学第一定律热功可以按当量转化，而根据卡诺原理热却不能全部变为功，当时不少人认为两者之间存在着根本性的矛盾。1850 年，德国物理学家 Rudolt J Clausius(1822—1888)进一步研究了热力学第一定律和克拉佩隆转述的卡诺原理，发现两者并不矛盾。他指出，热不可能独自地、不付任何代价地从冷物体传向热物体，并将这个结论称为热力学第二定律。克劳胥斯在 1854 年给出了热力学第二定律的数学表达式，1865 年提出“熵”的概念。

1851 年，英国物理学家 Lord Kelvin(1824—1907)指出，不可能从单一热源取热使之完全变为有用功而不产生其他影响。这是热力学第二定律的另一种说法。1853 年，他把能量转化与物系的内能联系起来，给出了热力学第一定律的数学表达式。

1875 年，美国耶鲁大学数学物理学教授 Josiah Willard Gibbs(1839—1903)发表了题为《论多相物质之平衡》的论文。他在熵函数的基础上，引出了平衡的判据，提出热力学能的重要概念，用以处理多组分的多相平衡问题；导出相律，得到一般条件下多相平衡的规律。吉布斯的工作把热力学和化学在理论上紧密结合起来，奠定了化学热力学的重要基础。

习　　题

2-1 填空题：

(1) 如果体系经过一系列变化最后又回到原始状态，则体系的 Q 等于________，ΔU 等于________，ΔH 等于________。

(2) 从同一始态出发，经不同途径达到同一终态时，此两种过程的 ΔU 与 ΔH ________，但 W 与 Q ________。

(3) 对于________体系，自发过程熵一定是增加的。

(4) 热力学体系的________过程，状态函数的变化一定为零。

(5) 只有在不做________功和________过程中，等式 $\Delta H = Q_p$ 才成立。

(6) $Br_2(g)$，$Br_2(l)$，$Br^-(aq)$，$H_2(g)$和 $H^+(aq)$中，标准生成焓为零的是______和______。

2-2 选择题：

(1) 下列关系式中错误的是（　　）。

A. $H = U + pV$　　　　B. ΔU(体系)$+\Delta U$(环境)$=0$

C. $\Delta G^\ominus = \Delta H^\ominus - T\Delta S^\ominus$　　　　D. $\Delta_r S_m^\ominus = \sum \nu_B S_m^\ominus$(生成物)$-\sum \nu_B S_m^\ominus$(反应物)

(2) 已知下列数据：$A+B \longrightarrow C+D$，$\Delta H_1^\ominus = 10\ kJ \cdot mol^{-1}$，$C+D \longrightarrow E$，$\Delta H_2^\ominus = 5\ kJ \cdot mol^{-1}$，则反应 $A+B \longrightarrow E$ 的 $\Delta H_3^\ominus$ 为（　　）。

A. $+5\ kJ \cdot mol^{-1}$　　　　B. $-15\ kJ \cdot mol^{-1}$

C. $-5\ kJ \cdot mol^{-1}$　　D. $+15\ kJ \cdot mol^{-1}$

(3) 下列反应中，哪个反应表示 $\Delta_r H_m^{\ominus} = \Delta_f H_m^{\ominus}(C_2H_5OH, l)$？(　　)。

A. $2C(金)+3H_2(l)+\frac{1}{2}O_2(g) = C_2H_5OH(l)$

B. $2C(石)+3H_2(g)+\frac{1}{2}O_2(l) = C_2H_5OH(l)$

C. $2C(石)+3H_2(g)+\frac{1}{2}O_2(g) = C_2H_5OH(l)$

D. $2C(石)+3H_2(g)+\frac{1}{2}O_2(g) = C_2H_5OH(g)$

(4) 反应 $CaO(s)+H_2O(l) = Ca(OH)_2$ 在 25 ℃及标准状态下自发进行，高温时其逆反应自发进行，这表明该反应的类型为(　　)。

A. $\Delta H^{\ominus}<0, \Delta S^{\ominus}<0$　　B. $\Delta H^{\ominus}<0, \Delta S^{\ominus}>0$

C. $\Delta H^{\ominus}>0, \Delta S^{\ominus}>0$　　D. $\Delta H^{\ominus}>0, \Delta S^{\ominus}<0$

(5) 在一般情况下，可单独作为肯定化学反应自发性判据的是(　　)。

A. $\Delta S>0$　　B. $\Delta H<0$　　C. $\Delta G<0$　　D. $\Delta U>0$

2-3 试解释下列术语在热力学中的含义：体系、环境、状态、状态函数、过程、途径。

2-4 热力学能 U 的含义是什么？功 W、热量 Q 和内能 U 都是状态函数吗？为什么？

2-5 解释一种纯物质的熵在 0 K 时为什么为零。

2-6 根据熵是体系混乱程度的量度，判断下列定温定压过程的 ΔS 是大于 0、小于 0 还是等于 0。

(1) $NaOH(s)$溶于水；

(2) $Cl^-(aq)+Ag^+(aq) = AgCl(s)$；

(3) $2KClO_3(s) = 2KCl(aq)+3O_2(g)$；

(4) $CaO(s)+SO_3(g) = CaSO_4(s)$。

2-7 在 101.3 kPa 下，一定量理想气体由 5 L 膨胀到 10 L，并吸热 600 J，求 W 和 ΔU。

2-8 在 373 K 和 101.3 kPa 下，2.0 mol H_2 和 1.0 mol O_2 反应，生成 2.0 mol 水蒸气，放出 483.7 kJ 的热量，求生成 1.0 mol 水蒸气的 ΔH 和 ΔU。

2-9 2.0 mol 理想气体在 350 K 和 152 kPa 条件下，经恒压冷却至体积为 35.0 L，此过程放出了 1 260 J 热量。试计算：

(1) 起始体积；(2)终态温度；(3)体系做功 W；(4)ΔH；(5)ΔU。

2-10 已知反应 $PbO(s)+SO_3(g) = PbSO_4(s)$的 $\Delta H^{\ominus} = -305.3\ kJ \cdot mol^{-1}$，试求 $PbSO_4(s)$的标准生成热。

2-11 已知下列热化学方程式：

(1)$Fe_2O_3(s)+3CO(g) = 2Fe(s)+3CO_2(g)$　　$\Delta H_1^{\ominus} = -27.61\ kJ \cdot mol^{-1}$；

(2)$3Fe_2O_3(s)+CO(g) = 2Fe_3O_4(s)+CO_2(g)$　　$\Delta H_2^{\ominus} = -58.58\ kJ \cdot mol^{-1}$；

(3)$Fe_3O_4(s)+CO(g) = 3FeO(s)+CO_2(g)$　　$\Delta H_3^{\ominus} = -38.07\ kJ \cdot mol^{-1}$。

不查附表，试计算反应 $FeO(s)+CO(g) = Fe(s)+CO_2(g)$的 $\Delta H_4^{\ominus}$。

2-12 已知 298 K 时下列反应的标准摩尔焓：

(1) $CH_3COOH(l)+2O_2(g) = 2CO_2(g)+2H_2O(l)$　　$\Delta H_1^{\ominus} = -871.5\ kJ \cdot mol^{-1}$；

(2) $C(石墨)+O_2 = CO_2(g)$　　$\Delta H_2^{\ominus} = -393.51\ kJ \cdot mol^{-1}$；

(3) $H_2(g)+\frac{1}{2}O_2(g) = H_2O(l)$　　$\Delta H_3^{\ominus} = -285.85\ kJ \cdot mol^{-1}$。

计算生成乙酸 $CH_3COOH(l)$反应的标准摩尔焓。

2-13 现有 1 mol CO_2 气体通入含 2 mol NaOH 的无限稀的溶液中，求此过程的 $\Delta_r H_m^\ominus$。

2-14 工业用固体氧化钙与炉气中的三氧化硫反应，以减少三氧化硫对空气的污染。已知该反应的 $\Delta H^\ominus = -395.7\ kJ \cdot mol^{-1}$，$\Delta G^\ominus = -371.1\ kJ \cdot mol^{-1}$，计算标准状态时反应进行的最高温度。

2-15 在 298 K 时，已知下列反应和数据：

	$MgCO_3(s)$ ═══	$MgO(s)$ +	$CO_2(g)$
$\Delta_f H_m^\ominus (kJ \cdot mol^{-1})$	−1095.8	−601.7	−393.5
$S_m^\ominus (J \cdot mol^{-1} \cdot K^{-1})$	65.7	26.9	213.7

计算该反应在 850 ℃时的 $\Delta G^\ominus$，并指出在 850 ℃下该反应的自发性。

第3章　化学反应速率和化学平衡

自然界不同物质之间的转化都是通过化学反应得以实现的，如橡胶的老化、食品的变质腐烂、金属的锈蚀等。众多化学反应的反应速率相差很大，有的反应很快，瞬间完成，如酸碱中和反应和爆炸；有的反应很慢，需很长时间才能完成，如塑料的老化、金属的腐蚀等。

在生产实际中，对工农业生产和人类生活有用的反应，人们总是希望其反应速率快一些，如化工生产中，人们总是千方百计地寻找最适宜的反应条件来提高反应速率；而对一些不利的反应，则希望抑制其速率，如金属腐蚀、食品变质等。研究化学反应速率，弄清反应速率的变化规律以及各种因素对化学反应速率的影响，可以帮助人们通过控制反应速率达到预期目的。

3.1　化学反应速率

3.1.1　平均速率

简单地说，化学反应速率就是化学反应过程进行的快慢。在定容的条件下，化学反应的平均速率($\bar{v}$)是用单位时间内反应物浓度的减小或生成物浓度的增加来表示的：

$$\bar{v}=\frac{c_2-c_1}{t_2-t_1}=\pm\frac{\Delta c_i}{\Delta t} \tag{3-1}$$

式(3-1)中，正号表示用生成物浓度的变化表示的反应速率，负号表示用反应物浓度的变化表示的反应速率；Δc 表示某物质在 Δt 时间内浓度的变化量，单位常用 $mol \cdot L^{-1}$；Δt 表示时间的变化量，单位常用秒(s)或分(min)、时(h)等；$\bar{v}$ 指用某物质浓度的变化表示的平均速率。如反应

$$2N_2O_5 \xlongequal{} 4NO_2+O_2$$

在起始时，N_2O_5 的浓度为 2.1 $mol \cdot L^{-1}$，100 s 以后，测得 N_2O_5 的浓度为 1.95 $mol \cdot L^{-1}$，则 N_2O_5 分解反应在进行 100 s 内的平均速率为

$$\bar{v}=-\frac{\Delta c}{\Delta t}=-\frac{1.95\ mol \cdot L^{-1}-2.1\ mol \cdot L^{-1}}{100\ s}$$

$$=1.5\times10^{-3}\ mol \cdot L^{-1} \cdot s^{-1}$$

3.1.2　瞬时速率

化学反应过程中，反应物浓度不断变化，每时每刻的反应速率是不同的，所以用瞬时速率表示反应速率是比较科学的。瞬时速率是指某一反应在某一时刻的真实速率，它等于时间间隔趋于无穷小的平均速率的极限值。在定容条件下，反应的瞬时速率是用某一瞬间反应物浓度的减小或生成物浓度的增加来表示的：

$$v=\lim_{\Delta t\to 0}\frac{\Delta c_i}{\Delta t}=\pm\frac{dc_i}{dt} \tag{3-2}$$

式(3-2)表示反应物浓度随时间的变化率，是用反应物浓度的变化表示的瞬时速率，也可以说瞬时速率即为浓度对时间的一阶导数。

对于合成氨的反应 $N_2+3H_2 = 2NH_3$

若 dt 时间内 N_2 减小的浓度用 dx 表示，根据方程式中各物质的计量系数可知，H_2 浓度必减小 $3dx$，NH_3 浓度必增大 $2dx$，用三种不同物质浓度的变化表示的瞬时速率为

$$v(N_2)=-\frac{dc(N_2)}{dt}=-\frac{dx}{dt}$$

$$v(H_2)=-\frac{dc(H_2)}{dt}=-\frac{3dx}{dt}$$

$$v(NH_3)=\frac{dc(NH_3)}{dt}=\frac{2dx}{dt}$$

不难看出，用不同的物质浓度变化表示的速率数值不相等。一个反应只能有一个反应速率，只要将 dc/dt 除以反应方程式中相应物质的化学计量数，这样得到的反应速率 v 都有一致的确定值。

对于任一反应 $aA+dD = gG+hH$

其反应速率为

$$v=-\frac{1}{a}\cdot\frac{dc(A)}{dt}=-\frac{1}{d}\cdot\frac{dc(D)}{dt}=\frac{1}{g}\cdot\frac{dc(G)}{dt}=\frac{1}{h}\cdot\frac{dc(H)}{dt}=\frac{1}{\nu}\cdot\frac{dc(B)}{dt} \tag{3-3}$$

式中，ν 为反应方程式中相应物质 B 的化学计量数，如果是反应物，ν 取负值；是生成物，ν 取正值。

反应速率是通过实验测定的。在实验中，用化学方法或物理方法测定不同时间的反应物(或生成物)的浓度，然后通过作图法，即可求得不同时刻的反应速率。

【例 3-1】 N_2O_5 的分解反应为

$$2N_2O_5(g) = 4NO_2(g)+O_2(g)$$

在 340 K 测得的实验数据如下：

t/min	0	1	2	3	4	5
$c(N_2O_5)/mol\cdot L^{-1}$	1.00	0.70	0.50	0.35	0.25	0.17

试计算该反应在 2 min 之内的平均速率和 1 min 时的瞬时速率。

【解】 以 $c(N_2O_5)$ 为纵坐标，以 t 为横坐标作图，可得到 N_2O_5 浓度随时间变化的曲线(如图 3-1 所示)。

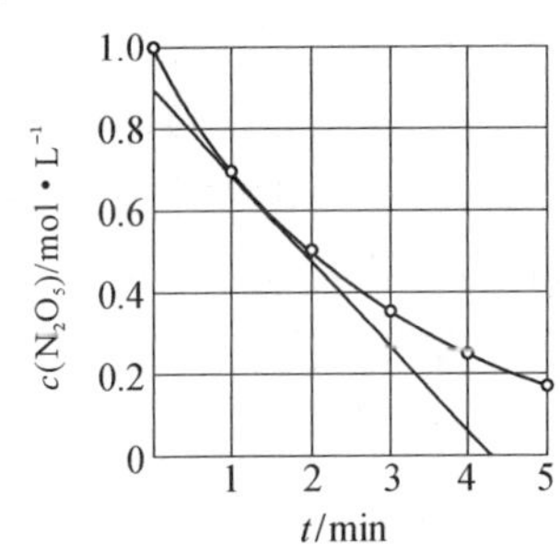

图 3-1 N_2O_5 分解的 c-t 曲线

从图中可得到

$t=2$ min，$c(N_2O_5)=0.50\ mol\cdot L^{-1}$；

$t=0$，$c(N_2O_5)=1.00\ mol\cdot L^{-1}$。

则 2 min 之内的平均速率为

$$\bar{v}=\frac{(0.50-1.00)\ mol\cdot L^{-1}}{-2(2-0)min}=0.12\ mol\cdot L^{-1}\cdot min^{-1}$$

在 c-t 曲线上任一点作切线，其斜率即为该时刻的$\frac{dc}{dt}$。

1 min 时的斜率为

$$斜率=\frac{(0.92-0)\ \text{mol}\cdot\text{L}^{-1}}{(0-4.2)\ \text{min}}=-0.22\ \text{mol}\cdot\text{L}^{-1}\cdot\text{min}^{-1}$$

1 min 时的瞬时速率为

$$v=\frac{1}{\nu}\cdot\frac{dc(\text{B})}{dt}=-\frac{1}{2}\times(-0.22\ \text{mol}\cdot\text{L}^{-1}\cdot\text{min}^{-1})=0.11\ \text{mol}\cdot\text{L}^{-1}\cdot\text{min}^{-1}$$

*3.2 化学反应速率理论简介

为什么不同的化学反应，有的极快，有的却很慢，为了深入讨论化学反应速率的内在规律，下面简单介绍两种反应速率理论。

3.2.1 碰撞理论与活化能

(1) 有效碰撞

1918 年路易斯(Lewis W C M)在气体分子运动论基础上提出了双分子反应的碰撞理论(collision theory)，其主要论点包括：

① 反应物分子间发生碰撞是反应的必要条件。分子发生碰撞是指两个分子以很高的速度相互接近，彼此进入到分子力场的范围之内，并使各自的分子力场发生变化。反应物分子间必须碰撞才有可能发生反应，反应物分子碰撞的频率越高，反应速率越快，即反应速率大小与反应物分子碰撞的频率成正比。在一定温度下，反应物分子碰撞的频率又与反应物浓度成正比。在发生碰撞时造成旧的化学键断裂，新的化学键生成，同时完成化学反应。

② 不是每一次碰撞都能发生反应，只有分子间相对平均动能超过某一临界值时，它们的碰撞才能发生反应，这种碰撞称为有效碰撞。

气体反应的碰撞理论对化学反应的过程进行了较深刻的阐述，这个理论认为，反应物分子间的相互碰撞，是发生化学反应的前提条件。如果分子之间不碰撞，反应就无法发生，但实际上并不是反应物分子间的每次碰撞都能发生化学反应。

据测定，在标准状态下，分子相互碰撞频率的数量级高达 10^{32} 次 · $\text{dm}^{-3}\cdot\text{s}^{-1}$，如果每一次碰撞都能发生反应的话，气体反应物之间的反应都会爆炸性地发生，而事实并非如此。例如，在常温下氢气和氧气之间的反应就慢到无法察觉的程度。

(2) 活化分子与活化能

大多数不能发生反应的碰撞称为弹性碰撞，而把能发生有效碰撞的分子称为活化分子。活化分子比其他一般的分子具有更高的能量。活化分子在总分子数中占有的百分数(A)越大，则有效碰撞次数越多，反应速率就越快。

为了解释有效碰撞中分子的能量问题，1899 年，瑞典化学家阿仑尼乌斯(Arrhenius)提出了活化能(activation energy)的概念。随后，托尔曼(Tolman)较严格地证明了活化能(E_a)是活化分子的平均能量(E_1)与反应物分子的平均能量($E_平$)之差(如图 3-2 所示)，即

$$E_a=E_1-E_平 \tag{3-4}$$

当温度一定时，活化能越小的反应，其反应速率越快，反之则反应速率越慢。

化学反应的活化能一般约在 42 $kJ \cdot mol^{-1}$～420 $kJ \cdot mol^{-1}$，E_a 值越小，反应速率越大。通常：

E_a<63 $kJ \cdot mol^{-1}$，在室温下瞬时反应；

E_a≈100 $kJ \cdot mol^{-1}$，在室温或稍高温度下反应；

E_a≈170 $kJ \cdot mol^{-1}$，在 200 ℃左右反应；

E_a≈300 $kJ \cdot mol^{-1}$，在 800 ℃左右反应。

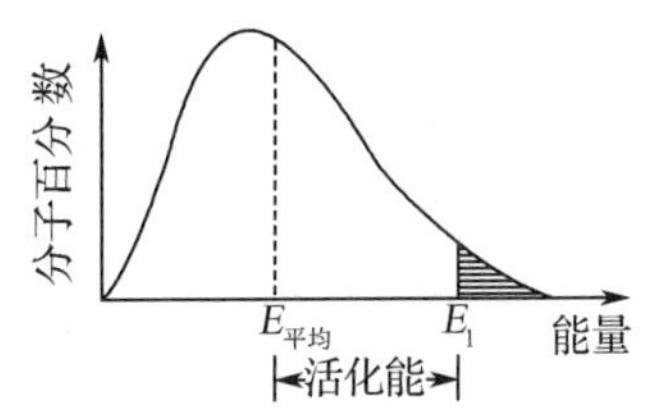

图 3-2　分子能量分布图

不同的化学反应，之所以反应速率不同，最根本的原因就是因为它们具有不同的活化能。

3.2.2　过渡态理论

碰撞理论比较直观，但只限于处理理想气体双分子反应，且忽略了反应物分子的内部结构，过于简单。随着人们对物质内部结构认识的深入，20 世纪 30 年代，Eyring 等人在量子力学和统计力学发展的基础上提出了过渡态理论(transition state theory)，从分子的内部结构与运动去研究反应速率问题。该理论认为，反应物分子不是通过简单的碰撞就生成产物分子，而是先经过一个中间过渡状态，即反应物分子经碰撞先活化，形成一个高能量的活化配合物，然后再转化为产物。

过渡态理论的基本内容包括：

① 反应物分子首先形成一个中间产物——活化配合物(又称过渡态)。化学反应的实质是反应物分子中旧键断裂，原子重新组合，形成新的物质。在旧键断裂形成新键的过程中，生成了一种中间产物，称为活化配合物(activated complex)。

② 由于反应过程中分子的碰撞，分子的动能大部分转化成势能，故活化配合物处于较高的势能状态，极不稳定，会很快分解。

③ 活化配合物分解生成产物的趋势大于重新变为反应物的趋势。活化配合物既可分解生成产物，也可分解重新生成反应物。对于一个放热反应，由于生成产物时放出能量，所以生成产物的趋势大于生成反应物的趋势。

对于反应 $A+BC \longrightarrow AB+C$，其实际过程即

$$A+BC \xrightarrow{快} [A\cdots B\cdots C] \xrightarrow{慢} AB+C$$

A 与 BC 反应时，A 与 B 接近并产生一定的作用力，同时 B 与 C 之间的键能减弱，生成不稳定的[A…B…C]，称为过渡态，或活化配合物。

图 3-3 表明反应物 A+BC 和生成物 AB+C 均是能量低的稳定状态，过渡态是能量高的不稳定状态。在反应物和生成物之间有一道能量很高的势垒，过渡态是反应历程中能量最高的点。

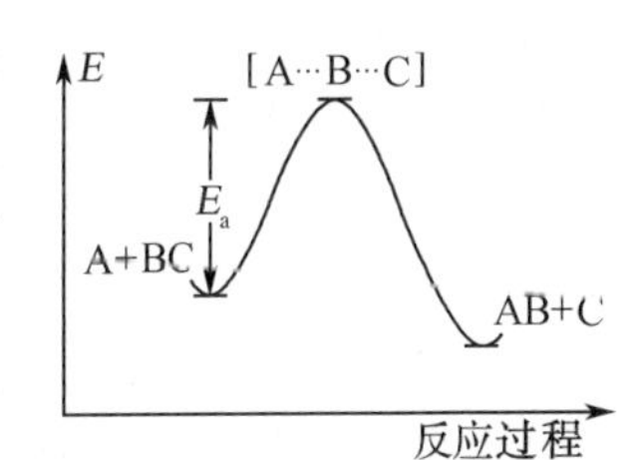

图 3-3　反应物、产物和过渡态的能量关系

反应物吸收能量成为过渡态，反应的活化能就是翻越势垒所需的能量，正反应的活化能与逆反应的活化能之差可认为是反应的热效应 ΔH。过渡态极不稳定，很容易分解成原来

的反应物，也可能分解得到生成物。

过渡态理论从分子结构角度去研究反应速率问题，方向是正确的，比碰撞理论前进了一步。从理论上看，只要知道过渡态的结构，就可以运用光谱数据及量子力学和统计力学的方法，计算化学反应的动力学参数，如速率常数 k。过渡态理论考虑了分子结构的特点和化学键的特征，较好地揭示了活化能的本质，这是该理论的成功之处。但对于复杂的反应体系，过渡态的结构难以确定，由于活化配合物极不稳定，不易分离，无法通过实验验证，致使这一理论的应用受到限制，造成了过渡态理论在实际反应体系中运用的困难。反应速率理论至今还很不完善，有待进一步研究发展。

3.3 化学反应速率的影响因素

不同的化学反应有着不同的反应速率。反应物的结构和性质差异是起决定性作用的因素，是影响化学反应速率大小的内在原因。同一化学反应在不同的条件下，化学反应速率也有明显的差异。例如，食物在夏天比在冬天容易变质；一些不易发生的化学反应，在人体内非常温和的条件下却可以迅速进行……这些都说明，化学反应速率还会受到许多外界条件的影响。影响化学反应速率的外界因素主要有浓度、温度、压强和催化剂等。

3.3.1 浓度对反应速率的影响

(1) 基元反应和复杂反应

一个化学反应方程式通常只表明反应物和生成物及它们之间的数量关系，不能说明反应物经过什么样的途径变成生成物。在动力学上把反应物变成生成物实际经过的途径称为反应机理(或反应历程)。

绝大多数化学反应并不是简单地一步就完成，而是要分几步进行的。反应历程简单、一步即能完成的反应称为基元反应，如下列反应就属于基元反应：

$$2NO_2 \longrightarrow 2NO + O_2$$

$$CO + NO_2 \longrightarrow NO + CO_2$$

$$SO_2Cl_2 \longrightarrow SO_2 + Cl_2$$

由一个基元反应构成的化学反应称为简单反应；而由两个或两个以上的基元反应构成的化学反应称为非基元反应，也称为复杂反应(complex reaction)。如

$$H_2 + I_2 = 2HI$$

其反应历程为

① $I_2 \longrightarrow 2I$　　　　(快反应)

② $H_2 + 2I \longrightarrow 2HI$　　　　(慢反应)

整个反应经历了两个步骤，可看做两个基元反应组合的结果，故属非基元反应。在一个复杂反应中，有的基元反应的速度快，有的基元反应的速度慢，而整个复杂反应的反应速度则取决于其中最慢的那个基元反应的速度。这个最慢的基元反应称为该复杂反应的定速步骤或限速步骤。

反应历程要靠实验证实，而绝不能主观猜测，化学动力学的任务之一就是研究反应的机

理，探讨一个反应是由哪些基元反应组成的，各个基元反应的特点及相互联系，这样才能深入揭示化学反应速率的本质，并且有效地控制反应速率。所以研究反应机理在理论和实践上都具有重要的意义。

(2) 质量作用定律

反应速率与反应物的浓度之间的定量关系，可用质量作用定律(mass reaction law)表示。1867 年挪威科学家古德堡(Guldberg C M)和瓦格(Waage P)提出，对于基元反应，"在一定温度下，反应速率与反应物浓度系数方次的乘积成正比"，这就是质量作用定律。

对于任一基元反应　　$aA + dD \xlongequal{} gG + hH$

反应速率方程为　　$v = \frac{1}{\nu} \cdot \frac{dc(B)_{反应物}}{dt} = k \cdot c^a(A)c^d(D)$　　(3-5)

式中，k 为速率常数(rate constant of reaction)，其物理意义为在一定温度下，反应物浓度均为 1 $mol \cdot L^{-1}$ 时的反应速率，故又称比速常数。k 值的大小反映了反应速率的大小，在相同条件下，可用 k 值的大小来比较不同反应的速率，k 值越大反应速率越快。k 值的大小决定于反应物的本质、反应温度和催化剂，而与浓度无关。速率常数 k 一般是实验测定的。

质量作用定律只适用于基元反应，而不适用于复杂反应。由于大多数化学反应都是复杂反应，所以不能根据总反应式直接写出速率方程，而必须以实验为依据，或必须知道反应历程中属于定速步骤的基元反应，才能写出其速率方程。

如复杂反应　　$2N_2O_5 \xlongequal{} 4NO_2 + O_2$

它是由三个基元反应组成的：

① $N_2O_5 \longrightarrow N_2O_3 + O_2$　(慢反应)

② $N_2O_3 \longrightarrow NO_2 + NO$　(快反应)

③ $N_2O_5 + NO \longrightarrow 3NO_2$　(快反应)

其中基元反应①最慢，是定速步骤。实验也确定，N_2O_5 的分解反应速率仅与反应物 N_2O_5 的浓度的一次方成正比。所以其反应速率方程为

$$v = k \cdot c(N_2O_5)$$

另外，在书写速率方程时，还应注意以下几点：

① 质量作用定律对溶液中的反应和气体反应均适用，如果有固体和纯液体参加反应，因固体和纯液体本身为标准态，即单位浓度，因此不必列入反应速率方程。如

$$C(s) + O_2(g) \longrightarrow CO_2(g)$$

$$v = k \cdot c(O_2)$$

② 如果参加反应的物质是气体，在质量作用定律表达式中可用气体的分压代替浓度。如

$$2NO_2(g) \xlongequal{} 2NO(g) + O_2(g)$$

用浓度表示反应速率时：　　$v = k_c \cdot c^2(NO_2)$

用分压表示反应速率时：　　$v = k_p \cdot p^2(NO_2)$

以上两式也为速率方程，其中，k_c 和 k_p 分别为以浓度与分压来表示反应速率时的速率常数，显然对同一反应而言，k_c 与 k_p 在数值上是不相同的。

③ 在稀溶液中进行的反应，若溶剂参与反应其浓度不写入质量作用定律表示式。因为溶剂大量存在，其量改变甚微，可近似看成常数，合并到速率常数项中。如反应

$$\underset{\text{蔗糖}}{C_{12}H_{22}O_{11}} + \underset{\text{溶剂}}{H_2O} \xrightarrow{\text{酸催化}} \underset{\text{葡萄糖}}{C_6H_{12}O_6} + \underset{\text{果糖}}{C_6H_{12}O_6}$$

根据质量作用定律，其速率方程可以写为

$$v = kc(C_{12}H_{22}O_{11})c(H_2O)$$

设 $$k' = k \cdot c(H_2O)$$

则 $$v = k'c(C_{12}H_{22}O_{11})$$

(3) 反应级数

在多数的化学反应中，化学反应的速率方程都可以表示为反应物的浓度某次方的乘积，对于反应

$$aA + dD = gG + hH$$

其速率方程为

$$v = k \cdot c^a(A)c^d(D) \tag{3-6}$$

式(3-6)中，各反应物浓度的指数之和称为反应级数(order of reaction)。a,d 分别为反应物 A 和 D 的反应级数，$a+d$ 为该反应的反应级数。如反应

$$2NO + 2H_2 = N_2 + 2H_2O$$

其速率方程为 $\theta = kc^2(NO) \cdot c(H_2)$，NO 的反应级数为 2，$H_2$ 的反应级数为 1，此反应的反应级数为 3。反应级数越大，反应物浓度的变化对反应速率的影响越显著。

基元反应的级数较简单，有一级、二级或三级等；复杂反应通常不具有简单级数。反应级数可以是分数，也可以是零(即称零级反应)。所谓零级反应，就是反应速率与反应物浓度无关，反应物浓度发生变化，但反应速率不变。如表面催化反应。

一般而言，基元反应中反应物的级数与计量系数一致，非基元反应中则可能不同。反应级数都是实验测定的，而且可能因实验条件的改变而发生变化。表 3-1 列出的某些反应的速率方程和反应级数，从表中可以看出，反应级数不一定和反应式中各反应物的计量系数相符合，因而不能直接由反应式导出反应级数，必须以实验为依据。

表 3-1　某些反应的速率方程、反应级数及速率常数的单位

化学反应	速率方程	反应级数	k 的单位
$SO_2Cl_2 \longrightarrow SO_2 + Cl_2$	$v = k \cdot c(SO_2Cl_2)$	1	s^{-1}
$2H_2O_2 \longrightarrow 2H_2O + O_2$	$v = k \cdot c(H_2O_2)$	1	s^{-1}
$NO_2 + CO \longrightarrow NO + CO_2$	$v = k \cdot c(NO_2) \cdot c(CO)$	2	$mol^{-1} \cdot L \cdot s^{-1}$
$4HBr + O_2 \longrightarrow 2Br_2 + 2H_2O$	$v = k \cdot c(HBr) \cdot c(O_2)$	2	$mol^{-1} \cdot L \cdot s^{-1}$
$2NO + O_2 \longrightarrow 2NO_2$	$v = k \cdot c^2(NO) \cdot c(O_2)$	3	$mol^{-2} \cdot L^2 \cdot s^{-1}$
$2NH_3 \xrightarrow{Fe} N_2 + 3H_2$	$v = k \cdot c^0(NH_3) = k$	0	$mol \cdot L^{-1} \cdot s^{-1}$

在不同级数的速率方程中，速率常数 k 的单位不一样。化学反应速率的单位是 $mol \cdot L^{-1} \cdot s^{-1}$，所以速率常数 k 的单位取决于反应的级数(见表 3-1)。

【例 3-2】 在碱性溶液中，次磷酸根离子($H_2PO_2^-$)分解为亚磷酸根离子(HPO_3^{2-})和氢气，反应式为

$$H_2PO_2^-(aq) + OH^-(aq) = HPO_3^{2-}(aq) + H_2(g)$$

在一定的温度下，实验测得下列数据：

实验编号	$c(H_2PO_2^-)/(mol \cdot L^{-1})$	$c(OH^-)/(mol \cdot L^{-1})$	$v/(mol \cdot L^{-1} \cdot s^{-1})$
1	0.10	0.10	5.30×10^{-9}
2	0.50	0.10	2.67×10^{-8}
3	0.50	0.40	4.25×10^{-7}

试求:(1) 反应级数和速率方程;

(2) 速率常数 k;

(3) 当 $c(H_2PO_2^-)=c(OH^-)=1.0\ mol \cdot L^{-1}$时,在 10 L 溶液中 10 s 时间内放出多少 H_2(标准状况下)?

【解】 (1) 设 x 和 y 分别为 $H_2PO_2^-$ 和 OH^- 的反应级数,则该反应的速率方程为

$$v=kc^x(H_2PO_2^-) \cdot c^y(OH^-)$$

把三组数据代入:

$$5.30 \times 10^{-9}\ mol \cdot L^{-1} \cdot s^{-1}=k(0.10\ mol \cdot L^{-1})^x \cdot (0.10\ mol \cdot L^{-1})^y \quad ①$$

$$2.67 \times 10^{-8}\ mol \cdot L^{-1} \cdot s^{-1}=k(0.50\ mol \cdot L^{-1})^x \cdot (0.10\ mol \cdot L^{-1})^y \quad ②$$

$$4.25 \times 10^{-7}\ mol \cdot L^{-1} \cdot s^{-1}=k(0.50\ mol \cdot L^{-1})^x \cdot (0.40\ mol \cdot L^{-1})^y \quad ③$$

②÷①得

$$\frac{2.67 \times 10^{-8}}{5.30 \times 10^{-9}}=\left(\frac{0.50}{0.10}\right)^x$$

$$5=5^x \qquad x=1$$

③÷②得

$$\frac{4.25 \times 10^{-7}}{2.67 \times 10^{-8}}=\left(\frac{0.40}{0.10}\right)^y$$

$$16=4^y \qquad y=2$$

所以方程的反应级数为 3,反应物 $H_2PO_2^-$ 的反应级数为 1,反应物 OH^- 的反应级数为 2,其速率方程式为 $v=kc(H_2PO_2^-) \cdot c^2(OH^-)$

(2) 将表中任意的一组数据代入速率方程,可求得 k 值。现取第一组数据,有

$$k=\frac{5.30 \times 10^{-9}\ mol \cdot L^{-1} \cdot s^{-1}}{0.1\ mol \cdot L^{-1} \times (0.10\ mol \cdot L^{-1})^2}=5.3 \times 10^{-6}\ mol^{-2} \cdot L^2 \cdot s^{-1}$$

(3) $v=5.3 \times 10^{-6}\ mol^{-2} \cdot L^2 \cdot s^{-1} \times 1.0\ mol \cdot L^{-1} \times (1.0\ mol \cdot L^{-1})^2$

$=5.3 \times 10^{-6}\ mol \cdot L^{-1} \cdot s^{-1}$

在标准状况下,放出的 H_2 的体积为

$$V_{H_2}=5.3 \times 10^{-6}\ mol \cdot L^{-1} \cdot s^{-1} \times 10\ L \times 10\ s \times 22.4 \times 10^3\ mL \cdot mol^{-1}$$

$$=12\ mL$$

3.3.2 温度对反应速率的影响

温度是影响反应速率的重要因素之一。各种化学反应的速率和温度的关系比较复杂,无论对于吸热反应还是放热反应,温度升高都能使大多数反应的速率加快。例如氧气和氢气化合成水的反应,在常温下作用很慢,但是当温度升高到600 ℃时,它们立即迅速反应并发生猛烈爆炸。又如碳在常温下与空气作用非常缓慢,但加热到高温时则会剧烈燃烧。

升高温度之所以能够增加反应速率,一方面是由于反应物分子的运动速度增大了,从而

增加了单位时间内分子间的碰撞次数;更重要的一方面是由于某些普通分子在增加温度时获得能量成为活化分子,增大了活化分子的百分数,因而大大地加快了反应速率。

(1) 范特霍夫(van't Hoff)规则

范特霍夫(van't Hoff)依据大量实验事实,总结出一个经验规则:温度每上升 10 ℃,反应速率增加到原速率的 2 倍～4 倍。如果以 k_t 表示温度为 t K 时的反应速率常数,k_{t+10} 表示温度升高 10 ℃时的反应速率常数,则有

$$\gamma=\frac{k_{t+10}}{k_t} \text{ 或 } \gamma^n=\frac{k_{t+n\cdot 10}}{k_t} \tag{3-7}$$

式中,γ 为温度系数,值在 2～4。

假如某一个反应的温度系数为 2,那么当温度升高 100 ℃时,反应速率就应该为原来的 1 024 倍。此经验规则只适用于温度不太高的条件以及活化能不太大的反应,利用式(3-7)可粗略地估计温度对反应速率的影响。

(2) 阿仑尼乌斯(Arrhenius)公式

1889 年,瑞典化学家阿仑尼乌斯(Arrhenius)总结温度与反应速率常数 k 的关系,提出如下经验公式:

$$\ln k=-\frac{E_a}{RT}+\ln A \tag{3-8}$$

或

$$\lg k=-\frac{E_a}{2.303RT}+\lg A \tag{3-9}$$

式中,$\ln A$ 是常数,A 也是常数,称为指前因子(pre-exponential factor);R 是气体常数($R=8.314\ \mathrm{J\cdot K^{-1}\cdot mol^{-1}}$),$E_a$ 是活化能(activation energy)。式(3-8)表明 $\ln k$ 与 $1/T$ 之间呈线性关系,直线的斜率为 $-E_a/R$。

从上述关系式可以看出:

① 速率常数与反应温度的关系:温度升高,k 值增大,反应速率增加。

② 活化能与速率常数的关系:在相同温度下,活化能越大的反应,k 值越小,反应速率越慢。

若某一反应在 T_1 温度时的速率常数为 k_1,在 T_2 温度时的速率常数为 k_2,则

$$\ln k_1=-E_a/RT_1+\ln A$$

$$\ln k_2=-E_a/RT_2+\ln A$$

两式相减,得

$$\ln\frac{k_2}{k_1}=\frac{-E_a}{R}\left(\frac{1}{T_2}-\frac{1}{T_1}\right) \tag{3-10}$$

或

$$\lg\frac{k_2}{k_1}=\frac{-E_a}{2.303R}\left(\frac{1}{T_2}-\frac{1}{T_1}\right) \tag{3-11}$$

式(3-8)～(3-11)都称为 Arrhenius 公式,可根据这些公式,用不同温度下的反应速率常数 k,计算反应的活化能 E_a 和指前因子 A,或从一个温度下的速率常数 k_1,求另一温度下的速率常数 k_2。

【例 3-3】 反应 $N_2O_5(g) = N_2O_4(g)+\frac{1}{2}O_2(g)$ 在 298 K 时的速率常数为 $3.4\times10^{-5}\ \mathrm{s^{-1}}$,在 328 K 时的速率常数为 $1.5\times10^{-3}\ \mathrm{s^{-1}}$,求:

(1) 反应的活化能和指前因子 A;

(2) 308 K 时的速率常数，并计算此温度时的反应速率是 298 K 时的多少倍。

【解】 由式(3-11)得 $E_a=\left(\frac{2.303RT_1T_2}{T_2-T_1}\right)\cdot\lg\frac{k_2}{k_1}$

$$T_1=298\ \text{K},\ T_2=328\ \text{K}$$

将有关数值代入上式，有

$$E_a=2.303\times8.314\times\left(\frac{298\times328}{328-298}\right)\cdot\lg\frac{1.5\times10^{-3}}{3.4\times10^{-5}}=1.03\times10^{5}(\text{J}\cdot\text{mol}^{-1})$$

根据式(3-9)，有 $\lg A=\lg k+\frac{E_a}{2.303RT}$

(1) 令 $T=298$ K，$k=3.4\times10^{-5}\ \text{s}^{-1}$，$E_a=1.03\times10^{5}\ \text{J}\cdot\text{mol}^{-1}$，代入上式，有

$$\lg A=\lg 3.4\times10^{-5}+\frac{1.03\times10^{5}}{2.303\times8.314\times298}=13.6$$

$$A=3.98\times10^{13}(\text{s}^{-1})$$

(2) 令 $T=308$ K，将有关数值代入式(3-9)，有

$$\lg k=-\frac{1.03\times10^{5}}{2.303\times8.314\times308}+\lg 3.98\times10^{13}=-17.81+13.6=-4.21$$

$$k=6.17\times10^{-5}(\text{s}^{-1})$$

因为 $T_1=298\ \text{K},\ k_1=3.4\times10^{-5}\ \text{s}^{-1}$

$$T_3=308\ \text{K},\ k_3=6.17\times10^{-5}\ \text{s}^{-1}$$

故 $\gamma=\frac{k_3}{k_1}=\frac{6.17\times10^{-5}}{3.4\times10^{-5}}=1.8$

即 308 K 时的反应速率为 298 K 时的 1.8 倍。

【例 3-4】 已知反应 $C_2H_4(g)+H_2(g)$ ══ $C_2H_6(g)$ 的 $E_a=180\ \text{kJ}\cdot\text{mol}^{-1}$，在温度为 700 K 时的速率常数 k_1 为$1.3\times10^{-8}\text{mol}^{-1}\cdot\text{L}\cdot\text{s}^{-1}$，求 730 K 时的 k_2。

【解】 将有关数据代入式(3-11)，有

$$\lg\frac{k_2}{1.3\times10^{-8}}=\frac{-180\times10^{3}}{2.303\times8.314}\times\left(\frac{1}{730}-\frac{1}{700}\right)$$

$$k_2=4.6\times10^{-8}(\text{mol}^{-1}\cdot\text{L}\cdot\text{s}^{-1})$$

3.3.3 催化剂对反应速率的影响

凡能改变化学反应速率而本身的组成和质量在反应前后保持不变的一类物质称为催化剂(catalysts)。催化剂在现代化学中占有极其重要的地位。据统计，约有 85%的化学反应需要借助于催化剂，生物体发生的一系列化学反应基本上都是在催化剂的作用下进行的。这一系列生物催化剂称为酶，正是由于生物机体内酶的存在，才使机体内各种复杂的生物化学反应在体温条件下得以进行。

(1) 催化作用

催化剂改变化学反应速率的作用称为催化作用。催化剂按其作用可分两大类，能加快反应速率的催化剂称正催化剂，能减慢反应速率的称负催化剂或阻化剂。如六亚甲基四胺 $(CH_2)_6N_4$ 可以作为负催化剂，降低钢铁在酸性溶液中腐蚀的反应速率，也称为缓蚀剂。还

有减慢橡胶、塑料老化速率的防老化剂，食品贮藏中加入的抗氧化剂等都是负催化剂。有些反应的产物本身就能作该反应的催化剂，从而使反应自动加速，这种催化剂称为自动催化剂，这类反应称为自动催化反应。我们通常所说的催化剂都是指正催化剂。若不特别说明，本书中所提到的催化剂均为正催化剂。

催化反应按其存在形态也可分两大类：均相催化和多相催化。均相催化反应是催化剂与反应物同处一相。在催化反应体系中，催化剂自成一相的称多相催化反应。此时的催化剂多为固态，而反应物存在于气态或溶液中。

催化反应不仅在工业生产上有重要意义，而且许多人们所关注的现象也都与催化反应密切相关。例如：生物体内的新陈代谢都是酶催化作用；大气臭氧层的破坏、酸雨的形成、汽车尾气的净化等都涉及催化作用。

(2) 催化剂的特点

① 催化剂参与反应，改变反应的历程，降低反应的活化能。

例如某反应的非催化历程为

$$A+B \longrightarrow P$$

而催化历程为

$$A+B+C \longrightarrow [A\cdots C\cdots B] \longrightarrow P+C$$

式中，C 为催化剂。图 3-4 表示上述两种历程中能量的变化，在非催化历程中势垒较高，活化能为 E_a；而在催化历程中只有两个较低的势垒，活化能为较小的 E_{a_1} 和 E_{a_2}。

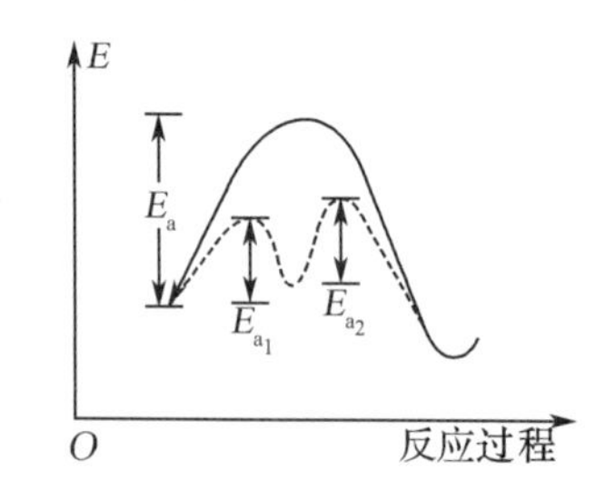

图 3-4 反应进程中能量的变化

实线为非催化历程，虚线为催化历程

例如反应
$$N_2O \longrightarrow N_2 + \frac{1}{2}O_2$$

非催化历程的活化能为 250 kJ · mol^{-1}，当用 Au 粉作催化剂时，活化能降为 120 kJ · mol^{-1}，反应速率提高很多。

② 催化剂不改变反应体系的热力学状态，不影响化学平衡。从热力学的观点来看，反应体系中始态的反应物和终态的生成物，它们的状态不因为是否使用催化剂而改变。使用催化剂不改变平衡常数，只能加快反应的速率，缩短达到平衡所需的时间。

从图 3-4 可以清楚地看出，非催化历程和催化历程的热效应是一样的。使用催化剂后，逆反应的活化能也同样降低了，催化剂可以同时提高正反应和逆反应的速率。热力学上不可能发生的反应，使用任何催化剂都不能使之发生。

③ 催化剂具有高效性，即少量的催化剂就能显著加快反应速率。

④ 催化剂具有一定的选择性。每种催化剂都有其使用的范围，只能催化某一类或某几个反应，有的甚至只能催化某一个反应，不存在万能的催化剂。

⑤ 某些杂质对催化剂的性能有很大的影响。有些物质可增强催化功能，在工业上用作“助催化剂”；有些物质则减弱催化功能，称为“抑制剂”；还有些杂质严重阻碍催化功能，甚至使催化剂“中毒”，完全失去催化功能，这种杂质称为“毒物”。

⑥ 反应过程中催化剂本身会发生变化。尽管反应前后催化剂的质量和某些化学性质不变，但催化剂的某些物理性质，特别是表面性状会发生变化。工业生产中使用的催化剂须

经常“再生”或补充。

(3) 生物催化剂——酶(enzyme)

生物体内进行的各种复杂反应，如蛋白质、脂肪、碳水化合物及其他复杂分子的合成、分解等，基本上都是酶催化完成的。

酶是一种特殊的、具有催化活性的生物催化剂，存在于动物、植物和微生物中。一切与生命现象关系密切的反应大多是酶催化反应。例如，人类利用植物或者其他动物体内的物质，在体内经过错综复杂的化学反应，把这些物质转化为自身的一部分，使人类得以生存、活动、生长和繁殖，这许多的化学反应几乎全都是在酶的催化作用下不断进行的，可以说没有酶的催化作用就不可能有生命现象。据估计，人体内约有三万多种酶，分别是各种反应的有效催化剂。这些反应包括食物消化，蛋白质、脂肪的合成，释放生命活动所需的能量等。体内某些酶的缺乏或过剩，都会引起代谢功能失调或紊乱，引起疾病。

酶作为生物催化剂，除具有一般催化剂的特点外，还有以下特点：

① 催化效率高

对同一反应在相同条件下酶的催化能力比非酶催化剂能力强 10^6～10^{14} 倍。例如 Fe^{3+} 和过氧化氢酶均可催化 H_2O_2 的分解。在 273 K 时 1 mol 过氧化氢酶每秒能催化 10^5 mol H_2O_2 分解，而 1 mol Fe^{3+} 每秒仅能使 10^{-5} mol H_2O_2 分解。尿素酶对尿素的水解能力是 H^+ 的 10^{14} 倍。而同样的反应，工业上用 Cu 作催化剂，在 200 ℃时 1 mol Cu 只能催化 0.1 mol～1 mol 乙醇。酶在生物体内的量非常少，一般以微克(μg)或纳克(ng)计，其催化效率之高，是无机物或有机物催化剂无法比拟的。

② 反应条件温和

一般化工生产常用高温高压条件、强酸性或强碱性介质等。而酶催化反应条件温和，在生物体内进行，通常在常温常压下、中性或近中性介质中反应。例如人体中的酶促反应一般都是在体温状态和 pH 约为 7 的情况下进行的。根瘤菌在常温常压下，在田间土壤中固定空气中的氮，使之转化为氨态氮。

③ 高度特异性

酶的选择性非常高，可以称为特异性。如尿酶只专一催化尿素的水解反应，对其他反应物不起作用。有一些酶，如转氨酶、蛋白水解酶、肽酶等，特异性稍差，可以催化某一类反应物的反应。

酶的催化作用机理可用中间产物理论来解释。它也是通过酶与底物(反应物)生成中间产物，然后中间产物进一步反应生成产物，大大降低了反应活化能而使反应加速。

必须指出，酶的催化活性要受温度的影响。每种酶有其催化活性最强时的反应温度，该温度称酶的最适温度，如不在此最适温度的范围内，酶的活性就会大大降低。此外酶的催化活性也受溶液 pH 的影响，每种酶也都有其最适的 pH 范围。例如胃蛋白酶的最适 pH 为 1.5～2.5、过氧化氢酶的最适 pH 为 7.0 等。因为酶是蛋白质，因此酶对周围环境的变化是比较敏感的。如金属离子、配位体、射线等均对酶促反应产生严重影响。

酶催化反应用于工业生产，可以简化工艺流程、降低能耗、节省资源、减少污染。酿造工业利用酶催化反应生产酒、有机酸、抗菌素等产品，已成为一项重要的产业。随着生命科学、仿生科学的发展，有可能用模拟酶代替普通催化剂，这必将引发意义深远的技术革新。

3.4 化学平衡与平衡常数

上面我们着重讨论了化学反应的速率问题，在工业生产上，人们还十分关心反应进行的程度——化学平衡问题。了解反应速率及其影响因素，提高反应完成程度，对于化工生产来说，就可达到产量高、产率也高的目的。

3.4.1 可逆反应

在一定条件下，有些反应一旦发生，就能不断进行，直到反应物几乎完全变成生成物。我们把这些只能向一个方向进行的单向反应称为不可逆反应。大多数化学反应在同一反应条件下，两个方向相反的反应可以同时进行，即反应物能变成生成物，同时生成物也可以转变成反应物。如合成氨、碘化氢的热分解等，无论经过多长时间，在外界条件不变的情况下，N_2 和 H_2 不可能完全转化为 NH_3，HI 也不可能完全分解为 I_2 和 H_2。这种在同一反应条件下，能同时向两个相反方向进行的双向反应，称为可逆反应，又称对峙反应(opposing reaction)。通常用相反箭号表示反应的可逆性。如

$$N_2+3H_2 \rightleftharpoons 2NH_3 \qquad 2HI \rightleftharpoons I_2+H_2$$

在可逆反应中，通常把从左到右进行的反应称为正反应，从右到左进行的反应称为逆反应。

对于任一可逆反应 $aA+bB \rightleftharpoons gG+hH$

反应初始阶段，反应物浓度大，产物浓度小，正反应速率大于逆反应速率，向正反应方向进行。随着反应的进行，反应物浓度不断减小，正反应速率逐渐减慢，而逆反应速率逐渐加快。反应进行到某一时刻，正反应速率等于逆反应速率，达到反应平衡状态，反应物和生成物的浓度或分压不再随时间改变，这种状态称为化学平衡(chemical equilibrium)。如图 3-5 所示化学平衡是一种动态平衡，从表面上看来反应似乎已停止，实际上正、逆反应仍在进行，只是单位时间内反应物因正反应消耗的分子数恰等于由逆反应生成的分子数。

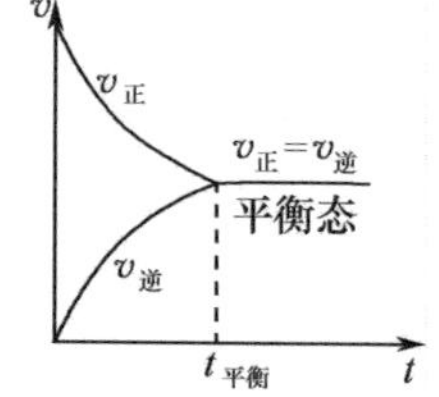

图 3-5 化学平衡建立示意图

3.4.2 化学平衡的特征

化学平衡状态具有以下几个重要特征：

(1) 正、逆反应速率相等是化学平衡建立的条件。

(2) 化学平衡是可逆反应进行的最大限度。当体系达到平衡时，只要外界条件不改变，反应物和生成物的浓度不再随时间改变，这是建立平衡的标志。

(3) 当体系达平衡时，正、逆两反应始终在进行，即单位时间内每一种物质生成多少，也就消耗多少。实质上化学平衡是一种动态平衡。

(4) 化学平衡可以从反应正向或逆向两个方向达到，即不论从反应物开始或从生成物开始均能达到平衡。

(5) 化学平衡只是在一定条件下才能保持。当条件改变时，原平衡被破坏，在新的条件下建立新的平衡。

3.4.3 平衡常数

(1) 经验(实验)平衡常数

可逆反应 $$aA+dD \rightleftharpoons gG+hH$$

在一定温度下达平衡时，各生成物平衡浓度幂的乘积与反应物浓度幂的乘积之比为一常数。此常数称为平衡常数。

若上述反应在水溶液中进行，则有

$$aA(aq)+dD(aq) \rightleftharpoons gG(aq)+hH(aq)$$

其平衡常数为

$$K_c=\frac{c_G^g \cdot c_H^h}{c_A^a \cdot c_D^d} \tag{3-12}$$

式中，c_A，c_D，c_H，c_G 分别为各物质平衡时的浓度，K_c 为浓度平衡常数。

如果是气相(反应物和生成物都是气体)可逆反应

$$aA(g)+dD(g) \rightleftharpoons gG(g)+hH(g)$$

由于在恒温恒压下，气体的分压与浓度成正比，所以可用平衡时气体的分压代替浓度。则在一定温度下达到化学平衡时，其平衡常数表示为

$$K_p=\frac{p_G^g \cdot p_H^h}{p_A^a \cdot p_D^d} \tag{3-13}$$

式中，p_A，p_D，p_G，p_H 分别为各物质平衡时的分压，K_p 为压力平衡常数。

K_c，K_p 均为化学平衡常数，平衡常数的大小是可逆反应进行完全程度的标志，是化学反应限度的特征值。同一反应中，平衡常数与浓度变化无关，随温度变化而变化。在一定温度下，不同的反应各自有着特定的平衡常数。K 值越大，表示反应达到平衡时的产物浓度或分压越大，即反应进行的程度越大。

在书写平衡常数表达式时，应注意以下几点：

① 平衡常数表达式中各组分浓度或分压为平衡时的浓度或分压。

② 对于有固体或纯液体参加的反应，固体物质的浓度和纯液体物质的浓度不写入平衡常数表达式中。例如 $$CO_2(g)+C(s) \rightleftharpoons 2CO(g)$$

$$K_p=\frac{p_{CO}^2}{p_{CO_2}}$$

③ 对于在水溶液中进行的反应，无论是有水参与还是有水生成，水的浓度不写入平衡常数表达式中；对于非水溶液中的反应，若有水参加，水的浓度就不能视为常数，必须书写在平衡常数表达式中。例如

$$C_2H_5OH(l)+CH_3COOH(l) \rightleftharpoons CH_3COOC_2H_5(l)+H_2O(l)$$

$$K_c=\frac{c_{CH_3COOC_2H_5} \cdot c_{H_2O}}{c_{C_2H_5OH} \cdot c_{CH_3COOH}}$$

④ 平衡常数的值与反应式的书写形式有关。同一反应，如果反应式的书写形式不同，则平衡常数的值也不同。例如

$$N_2(g)+3H_2(g) \rightleftharpoons 2NH_3(g) \qquad K_1=\frac{p_{NH_3}^2}{p_{N_2} \cdot p_{H_2}^3}$$

若写成 $\frac{1}{2}N_2(g)+\frac{3}{2}H_2(g)\rightleftharpoons NH_3(g)$ $\qquad K_2=\frac{p_{NH_3}}{p_{N_2}^{\frac{1}{2}}\cdot p_{H_2}^{\frac{3}{2}}}$

显然 $$K_1=K_2^2$$

⑤ 多重平衡(multiple equilibrium)规则：当几个反应相加得到一总反应时，则总反应的平衡常数等于各相加反应的平衡常数之积。

例如，在某温度下，已知下列两反应：

$$2NO(g)+O_2(g)\rightleftharpoons 2NO_2(g) \quad K_1=a$$

$$2NO_2\rightleftharpoons N_2O_4(g) \quad K_2=b$$

若两式相加，得 $$2NO(g)+O_2(g)\rightleftharpoons N_2O_4(g)$$

则 $$K=K_1\cdot K_2=a\cdot b$$

浓度平衡常数和压力平衡常数是有单位的，其单位取决于生成物与反应物系数的差值 $\Delta\nu_B$，当 $\Delta\nu_B=1$ 时，K_c 为 $mol\cdot L^{-1}$，K_p 为 kPa；当 $\Delta\nu_B=0$ 时，无单位。但一般的情况下，无论平衡常数有无单位，习惯上均不写。但这样势必会造成一些误解，为此引入标准平衡常数(standard equilibrium constant)。

(2) 标准平衡常数

上述平衡常数是由实验得到的，称为实验常数或经验常数。平衡常数还可由热力学计算给出，这样得到的平衡常数称为标准平衡常数。

标准平衡常数和实验平衡常数的不同之处在于将前者表达式中的每一浓度项均除以标准浓度 $c^{\ominus}$ 或标准压力 $p^{\ominus}$。

如经验平衡常数为 $$K_c=\frac{c_G^g\cdot c_H^h}{c_A^a\cdot c_D^d}$$

则标准平衡常数为 $$K_c^{\ominus}=\frac{(c_G/c^{\ominus})^g\cdot(c_H/c^{\ominus})^h}{(c_A/c^{\ominus})^a\cdot(c_D/c^{\ominus})^d}=K_c\left(\frac{1}{c^{\ominus}}\right)^{(g+h)-(a+d)} \tag{3-14}$$

$$K_c^{\ominus}=K_c\left(\frac{1}{c^{\ominus}}\right)^{\Delta\nu_B} \quad c^{\ominus}=1.0\ mol\cdot L^{-1}$$

同理，有 $$K_p^{\ominus}=K_p\left(\frac{1}{p^{\ominus}}\right)^{\Delta\nu_B} \quad p^{\ominus}=100\ kPa$$

式中，$c/c^{\ominus}$ 称为相对浓度，$p/p^{\ominus}$ 称为相对分压，今后分别用 c_r 和 p_r 表示，$\Delta\nu_B$ 为生成物与反应物系数之差。

(3) 平衡常数的意义

平衡常数是温度的函数，不随浓度的改变而改变。平衡常数可以用来衡量反应进行的程度和判断反应的方向。

① 衡量反应进行的程度

平衡常数是衡量反应进行程度的特征常数。在一定的温度下，每个反应都有其特有的平衡常数。可用 K 比较同类反应在相同条件下的反应限度，也可比较同一反应在不同条件下的反应限度。平衡常数大，表明反应正向进行的程度大。

② 判断反应进行的方向

一个反应是否达到平衡可用平衡常数与反应商比较得出结论。反应商也称活度商，是指某反应开始时生成物活度幂的乘积与反应物的活度幂的乘积之比，用 Q 表示。

标准状态下，$Q=1$，物质的活度可看成它所处的状态与标准态相比后所得的数值。理想气体的活度 $\lambda=p/p^{\ominus}$，故有

$$Q=\frac{(p_G/p^{\ominus})^g \cdot (p_H/p^{\ominus})^h}{(p_A/p^{\ominus})^a \cdot (p_D/p^{\ominus})^d}=\frac{p_G^g \cdot p_H^h}{p_A^a \cdot p_D^d}\left(\frac{1}{p^{\ominus}}\right)^{\Delta\nu_B}$$

式中，
$$\Delta\nu_B=(g+h)-(a+d)$$

理想溶液的活度是溶液浓度（$mol \cdot L^{-1}$）与标准浓度 $c^{\ominus}$（$1.0\ mol \cdot L^{-1}$）的比值，$\lambda=c/c^{\ominus}$，对溶液中的反应有 $Q=\frac{(c_G/c^{\ominus})^g \cdot (c_H/c^{\ominus})^h}{(c_A/c^{\ominus})^a \cdot (c_D/c^{\ominus})^d}=\frac{c_G^g \cdot c_H^h}{c_A^a \cdot c_D^d}\left(\frac{1}{c^{\ominus}}\right)^{\Delta\nu_B}$

判断反应方向和限度的判据包括：

a. $K^{\ominus}=Q$ 时，反应处于平衡状态，此时反应达到该条件下的最大限度；

b. $K^{\ominus}>Q$ 时，反应正向进行，产物浓度逐渐增大，反应商增大，至 $K^{\ominus}=Q$ 时达到平衡；

c. $K^{\ominus}<Q$ 时，反应逆向进行，反应物浓度逐渐增大，反应商减小，至 $K^{\ominus}=Q$ 时达到平衡。

【例 3-5】 将 1.0 mol 的 H_2 和 1.0 mol 的 I_2 放入 10 L 的容器中，使其在 793 K 时达到平衡，经分析平衡体系中含 0.12 mol 的 HI 气体，求反应

$$H_2(g)+I_2(g) \rightleftharpoons 2HI(g)$$

在温度为 793 K 时的标准平衡常数 $K^{\ominus}$。

【解】 从反应式可知，每生成 2 mol HI 要消耗 1.0 mol H_2 和 1.0 mol I_2。根据这个关系，可求出平衡时各物质的物质的量：

	$H_2(g)$	+ $I_2(g)$	$\rightleftharpoons$ $2HI(g)$
起始时物质的量/mol	1.0	1.0	0
平衡时物质的量/mol	$1.0-\frac{0.12}{2}$	$1.0-\frac{0.12}{2}$	0.12

利用公式 $p=\frac{nRT}{V}$，求得平衡时各物质的分压，代入标准平衡常数表达式，有

$$K^{\ominus}=\frac{[n(HI)RT/V]^2}{[n(H_2)RT/V] \cdot [n(I_2)RT/V]} \cdot \left(\frac{1}{p^{\ominus}}\right)^{2-(1+1)}$$
$$=\frac{n^2(HI)}{n(H_2) \cdot n(I_2)}=\frac{(0.12)^2}{(0.94)^2}=0.016$$

3.5 化学平衡移动原理

化学平衡是有条件的、暂时的动态平衡。当外界条件改变时，由于它对正反应和逆反应的速率有不同的影响，可逆反应就从一种平衡状态向另一种平衡状态转化，这个转化过程称为化学平衡的移动。现就浓度、压力和温度的改变对平衡移动的影响进行讨论。

3.5.1 浓度对化学平衡的影响

对于任意一个化学反应 $aA+dD = gG+hH$

在一定温度下反应达到平衡时,有 $Q=K^{\ominus}$, $\Delta G_{m}^{\ominus}=0$

在一定温度下,当一个可逆反应达到平衡后,改变反应物的浓度或生成物的浓度都会使平衡发生移动。

增大反应物的浓度或减小生成物的浓度,将使 $Q< K^{\ominus}$,为重新建立平衡,必须使反应商增大,此时平衡将向正反应方向移动。

减小反应物的浓度或增大生成物的浓度,将使 $Q>K^{\ominus}$,为重新建立平衡,必须使反应商减小,此时平衡将向逆反应方向移动。

浓度变化引起平衡移动的原理在生产、生活和医药卫生中有很多应用,如工厂里常利用增加反应物浓度或减小生成物浓度的方法使反应尽可能完全,以达到充分利用原料和提高产量的目的。

3.5.2 压力对化学平衡的影响

对于气体反应,总压力改变对化学平衡的影响,关键在于压力是否同等程度地影响正、逆反应速率。分以下几种情况进行讨论。

(1) 有气体参加且反应前、后气体分子数相等的反应,增加压力,平衡不移动。例如

$$A(g)+B(g)\rightleftharpoons 2C(g)$$

设平衡时

$$K^{\ominus}=\frac{(p_C/p^{\ominus})^2}{(p_A/p^{\ominus})(p_B/p^{\ominus})}=\frac{p_C^2}{p_A\cdot p_B}\left(\frac{1}{p^{\ominus}}\right)^{\Delta\nu_B}$$

当温度不变,体系总压力增加一倍,各气态物质的分压也增加一倍,即

$$Q=\frac{(2p_C)^2}{(2p_A)\cdot(2p_B)}\left(\frac{1}{p^{\ominus}}\right)^{\Delta\nu_B}=\frac{p_C^2}{p_A\cdot p_B}\left(\frac{1}{p^{\ominus}}\right)^{\Delta\nu_B}=K^{\ominus}$$

显然平衡没有移动。

在合成氨生产中的变换反应

$$CO(g)+H_2O(g)\rightleftharpoons CO_2(g)+H_2(g)$$

增加压力,不能增加产率。所以该反应在常压下进行为宜。

(2) 有气体参加,但反应前、后气体分子数不等的反应,增加压力,平衡向气体分子数减少的方向移动。例如 $A(g)+B(g)\rightleftharpoons C(g)$

当温度不变,体系总压力增加一倍,各气态物质的分压也增加一倍,即

$$Q=\frac{2p_C}{(2p_A)\cdot(2p_B)}\left(\frac{1}{p^{\ominus}}\right)^{\Delta\nu_B}=\frac{1}{2}\,\frac{p_C}{p_A\cdot p_B}\left(\frac{1}{p^{\ominus}}\right)^{\Delta\nu_B}=\frac{1}{2}K^{\ominus}$$

因为 $Q< K^{\ominus}$,反应向右进行。

例如合成氨的反应 $N_2(g)+3H_2(g)\rightleftharpoons 2NH_3(g)$

如果增加压力,反应就向着气体分子数减少的方向进行,因此可以增加产率,压力越大,产率越高。

(3) 压力变化对固相或液相反应的平衡几乎没有影响。对于无气体参与的反应,增加压力对平衡几乎无影响。对于有气体参加的反应体系,在处理具体问题时,常常将体积的变化归结为浓度或压力的变化来讨论,体积的增加相当于浓度或压力减小,而体积的减小相当于浓度或压力增大。

(4) 与分压体系无关的气体(指不参加反应的气体,如惰性气体等)的引入,在定容的条件下,各组分气体分压不变,对化学平衡无影响;在定压条件下,无关的气体的引入,使反应体系体积增大,各组分气体的分压减小,化学平衡向气体物质的量增加的方向移动。

综上所述,压力对平衡移动的影响,不仅要考虑反应前、后气体物质的量是否改变,还要看各反应物和生成物的分压是否改变。

【例 3-6】 某容器中充有 N_2O_4 和 NO_2 的混合物。在 308 K,100 kPa 时发生反应:$N_2O_4(g) \rightleftharpoons 2NO_2(g)$,并达到平衡。平衡时 $K^\ominus=0.32$,各物质的分压分别为 $p(N_2O_4)=50$ kPa,$p(NO_2)=43$ kPa,若将上述平衡体系的总压力增大到200 kPa时,平衡将向何方移动?

【解】 压力增大时,化学平衡遭到破坏,各物质的分压为

$$p'(N_2O_4)=50\times 2=100(\text{kPa})$$

$$p'(NO_2)=43\times 2=86(\text{kPa})$$

$$Q=\frac{[p'(NO_2)/p^\ominus]^2}{p'(N_2O_4)/p^\ominus}=\frac{(86/100)^2}{100/100}=0.74$$

因为 $Q>K^\ominus$,平衡向左移动。

3.5.3 温度对化学平衡的影响

浓度和压力对化学平衡的影响是在温度不变的条件下进行讨论的,即平衡常数不发生变化。温度对化学平衡的影响是改变平衡常数。

温度对平衡的影响,是以温度对吸热反应和放热反应速率的影响程度不同为基础的。我们知道,升高温度时,正向反应的速率和逆向反应的速率都会增大,但是增大的倍数不同,吸热反应速率增大的倍数要大于放热反应速率增大的倍数;降低温度,正、逆反应速率都减小,但吸热反应速率减小的倍数更大,这是因为吸热反应的活化能总是大于放热反应的活化能,而温度的变化对活化能较大的吸热反应的反应速率影响较大。温度的变化破坏了平衡体系中 $v_{正}=v_{逆}$ 的关系,导致平衡发生移动。结论是:升高温度,化学平衡向着吸热反应的方向移动;降低温度,化学平衡向着放热反应的方向移动。

3.5.4 催化剂与化学平衡

在讨论破坏平衡的因素时,未涉及催化剂。催化剂不能使平衡发生移动,但催化剂对可逆反应是有影响的,它的影响在于可以同等程度地改变正、逆反应的速率。因此在其他条件不变时,使用催化剂显然不能使转化率提高,但可以缩短达到平衡的时间,从而提高生产效率。因此,催化剂只加速化学平衡的到达而不会影响平衡的移动。

1887 年,吕·查德里(Le Chatelier)提出:“假如改变平衡体系的条件之一(如温度、压力或浓度),平衡就向着能够减弱这个改变的方向移动。”这一平衡移动原理称为吕·查德里原理,根据这个原理:

当增大反应物浓度时,平衡就向能减小反应物浓度的方向(即正向)移动。同理,当减小生成物的浓度时,平衡就向能增大生成物浓度的方向移动。

当升高温度时,平衡就向能降低温度(即吸热)的方向移动。当降低温度时,平衡就向能

升高温度(即放热)的方向移动。

当增大压强时,平衡就向能减小压强(即减少气体分子总数)的方向移动。当降低压强时,平衡就向能增大压强(即增加气体分子总数)的方向移动。

吕·查德里原理是一条普遍规律,它对于所有的动态平衡(包括物理平衡)都是适用的。但必须注意,它只能应用在已经达到平衡的系统,对于未达到平衡的系统是不适用的。

总之,浓度、压力、温度和催化剂等外界因素,对化学反应速率和化学平衡有着重要的影响。熟悉外界因素对化学反应速率的影响情况,是分析、判断外界因素对化学平衡影响的基础;外界因素对化学平衡的影响是这些因素对正、逆反应速率影响的综合效应。

本章小结及学习要求

1. 理解基本概念

(1) 平均速率:一段时间内反应物或生成物浓度的变化量。

(2) 瞬时速率:某一反应在某一时刻的真实速率。

(3) 反应速率常数:物理意义为单位浓度的反应速率。

(4) 基元反应和非基元反应(复杂反应)

① 基元反应:由反应物一步生成产物的反应称为基元反应。

② 非基元反应:由两个或两个以上的基元反应组成的反应,也称为复杂反应。

(5) 可逆反应:在同一反应条件下,能同时向两个相反的方向进行的双向反应。

2. 掌握化学反应速率的表示方法及影响因素

(1) 浓度对反应速率的影响

对于基元反应 $a\text{A}+d\text{D} = g\text{G}+h\text{H}$,根据质量作用定律其速率方程为

$$v=k\cdot c^a(\text{A})c^d(\text{D})$$

对于复杂反应,其速率方程必须通过实验测得。

(2) 温度对反应速率的影响可以用阿仑尼乌斯(Arrhenius)公式表达:

$$k=A\text{e}^{-E_a/RT}$$

由于温度 T 通过指数形式影响反应速率,它的影响较大。

(3) 催化剂能同等地加速可逆反应的正向和逆向反应,它只能加速平衡状态的到达,不能使平衡移动。催化反应与无催化反应比较,其反应历程是活化能降低的历程。

3. 掌握化学平衡、平衡常数及有关的计算

(1) 化学反应进行的程度,即化学反应中反应物的最大转化率,一般可以通过平衡常数计算得到。

(2) 平衡常数表达式一定要与方程式相对应,方程式的书写形式不同,K 值不等。但方程式的书写形式不会影响反应达到平衡时,各组分的物质的量、反应物的转化率等的计算值。

对于反应
$$a\text{A}+d\text{D} \rightleftharpoons g\text{G}+h\text{H}$$

其经验平衡常数为
$$K_c=\frac{c_\text{G}^g\cdot c_\text{H}^h}{c_\text{A}^a\cdot c_\text{D}^d} \text{ 或 } K_p=\frac{p_\text{G}^g\cdot p_\text{H}^h}{p_\text{A}^a\cdot p_\text{D}^d}$$

其标准平衡常数为 $K_c^\ominus=\dfrac{(c_\text{G}/c^\ominus)^g\cdot(c_\text{H}/c^\ominus)^h}{(c_\text{A}/c^\ominus)^a\cdot(c_\text{D}/c^\ominus)^d}$ 或 $K_p^\ominus=\dfrac{(p_\text{G}/p^\ominus)^g\cdot(p_\text{H}/p^\ominus)^h}{(p_\text{A}/p^\ominus)^a\cdot(p_\text{D}/p^\ominus)^d}$

4. 化学平衡的移动

(1) 浓度对化学平衡的影响:当 $Q_c= K^\ominus$,体系处于平衡状态;$Q_c<K^\ominus$,反应正向进行,直到达到平衡为止;$Q_c>K^\ominus$,反应逆向进行,直到达到平衡为止。

(2) 压强对化学平衡的影响：当 $Q_p = K^{\ominus}$，体系处于平衡状态；$Q_p < K^{\ominus}$，反应正向进行，直到达到平衡为止；$Q_p > K^{\ominus}$，反应逆向进行，直到达到平衡为止。

(3) 温度对化学平衡的影响：升高温度，化学平衡向吸热反应的方向移动；降低温度，化学平衡向放热反应的方向移动。

现将外界条件对化学反应速率和对化学平衡的影响汇总归纳如下：

表 3-2　一些外界条件对化学反应速率和化学平衡的影响

外界条件	对反应速率的影响	对化学平衡的影响
浓度	反应物浓度增大，v 增大 反应物浓度减小，v 减小 基元反应 $aA+dD \longrightarrow gG+hH$ 质量作用定律表达式为 $v=k \cdot c_A^a \cdot c_D^d$	反应物浓度增大，平衡右移 反应物浓度减小，平衡左移 生成物浓度增大，平衡左移 生成物浓度减小，平衡右移
压强	有气体物质参加反应时： 压强增大，v 增大 压强减小，v 减小	有气体物质参加反应，且反应前、后气体分子总数不相等时：压强增大，平衡向气体分子总数减少的方向移动；压强减小，平衡向气体分子总数增加的方向移动
温度	升高温度，v 增大 降低温度，v 减小 温度影响速率常数 k	升高温度，平衡向吸热反应方向移动 降低温度，平衡向放热反应方向移动 温度影响平衡常数
催化剂	加入催化剂(＋)v 增大 加入催化剂(－)v 减小 催化剂影响速率常数 k	催化剂可加快平衡到达的时间，但不能使平衡移动

【阅读材料】

生活中的化学平衡

在生活实践中，许多现象可以用化学平衡的观点来解释。

1. 化学平衡与人体健康

为什么牙膏中常含有氟化物，它能起到什么作用呢？答案是氟化物可以防龋齿。羟磷灰石[$Ca_3(PO_4)_2Ca(OH)_2$]是牙齿表面的一层坚硬物质，它可以保护牙齿，在唾液中存在如下平衡：$Ca_3(PO_4)_2Ca(OH)_2 \rightleftharpoons 4Ca^{2+} + 2PO_4^{3-} + 2OH^-$。进食后，细菌和酶作用于食物，产生有机酸，平衡向正反应方向移动，这时牙齿会受到腐蚀。氟磷石灰石[$Ca_3(PO_4)_2CaF_2$]的溶解度比羟磷灰石小，将其添加进牙膏中，刷牙时，牙膏里的氟离子会跟羟磷灰石反应生成氟磷灰石：$Ca_{10}(PO_4)_6(OH)_2 + 2F^- \rightleftharpoons Ca_{10}(PO_4)_6F_2 + 2OH^-$。氟化物能够通过上述机制有效地预防龋齿，因此在牙膏生产中添加氟被认为是目前最有效的帮助提高公众口腔健康的措施。

2. 化学平衡与天文预测

美国的《科学》杂志曾报道说外太空的某一星球的大气层含有大量乙烯醇。如从化学平衡的角度预测该星球的温度，根据我们学过的知识，乙炔在一定条件下与水的加成反应，其过程如下：$CH \equiv CH + H—OH \longrightarrow H_2C = CHOH$，$H_2C = CHOH$ 不稳定，常温下为液体，很容易转化成稳定的乙醛(CH_3CHO)。常温下 $H_2C = CHOH$ 转化为 CH_3CHO 的过程是个放热的过程，因此升高温度有利于 $H_2C = CHOH$ 形成。根据

报道，在该星球上含有大量 $H_2C=CHOH$，说明该物质在该星球上较稳定，所以我们可以推测出该星球的温度较高。

3. 化学平衡与生活现象

打开冰镇啤酒瓶将啤酒倒入玻璃杯，为什么杯中立即泛起大量泡沫？啤酒瓶中二氧化碳气体与啤酒中溶解的二氧化碳气体达到平衡，打开啤酒瓶，二氧化碳的压力下降，根据化学平衡移动原理：平衡会向放出二氧化碳的方向移动，以减弱气体压力下降对平衡的影响；温度也是保持平衡的条件，玻璃杯、空气的温度比冰镇啤酒的温度高，平衡向减弱温度升高的方向移动，即向吸热反应方向移动，而从溶液中放出二氧化碳是吸热的，故从溶液中放出二氧化碳气体。近年来，某些自来水厂在用液氯进行消毒处理时还加入少量液氨，其反应化学方程式为 $NH_3+HClO \rightleftharpoons H_2O+NH_2Cl$（一氯氨），$NH_2Cl$ 较 HClO 稳定，加液氨能延长液氯杀菌时间。原因是液氨加入后，使 HClO 部分转化为较稳定的 NH_2Cl，当 HClO 开始消耗后，化学平衡向左移动，又产生了 HClO。

4. 化学平衡与污水处理

污水及工业废水排放到污水处理厂后，利用沉淀反应除去废水中污染的重金属离子，是水溶液中的主要化学反应之一，也是沉淀-溶解平衡的应用。金属硫化物的溶解度一般都比较小，因此用硫化钠或硫化氢作沉淀剂能更有效地处理含重金属离子的废水，特别是对于经过氢氧化物沉淀法处理后尚不能达到排放标准的含 Hg^{2+} 和 Cd^{2+} 的废水，再通过反应生成极难溶于水的硫化物沉淀：$Hg^{2+}+S^{2-} \rightleftharpoons HgS$；$Cd^{2+}+S^{2-} \rightleftharpoons CdS$。这样自然沉降后的出水中，$Hg^{2+}$ 含量可由起始的 400 $mg \cdot L^{-1}$ 左右降至 1 $mg \cdot L^{-1}$ 以下，达到排放的标准。

5. 化学平衡与环境保护

温室效应、臭氧层空洞、酸雨和光化学烟雾这些与环境密切相关的词语都与化学平衡密切相关，都是使原来的一个健康的平衡向另外一个不利于人类生存的平衡移动，如何抑制大气平衡向环境污染方向移动，达到减少它们的影响，以维持正常的大气平衡，这些问题都需要利用化学平衡的知识来解决。

习　　题

3-1　名词解释：

(1) 化学反应速率；　(2) 反应速率常数；　(3) 反应机理；　(4) 基元反应；
(5) 反应的速率方程；　(6) 有效碰撞；　(7) 活化能；　(8) 催化剂。

3-2　选择题(单选)：

(1) 某反应的速率常数为 2.15 $mol^{-2} \cdot L^2 \cdot min^{-1}$，该反应为（　　）。

A. 零级反应　　B. 一级反应　　C. 二级反应　　D. 三级反应

(2) 由实验测定反应 $H_2(g)+Cl_2(g) \rightleftharpoons 2HCl(g)$ 的速率方程为 $v=k \cdot c(H_2) \cdot c^{\frac{1}{2}}(Cl_2)$，在其他条件不变的情况下，将每一反应物的浓度增加一倍，此时反应速率为（　　）。

A. $2v$　　B. $4v$　　C. $2.8v$　　D. $2.5v$

(3) 已知 $2NO(g)+Cl_2(g) \rightleftharpoons 2NOCl(g)$，其速率方程为 $v=k \cdot c^2(NO) \cdot c(Cl_2)$，故此反应一定是（　　）。

A. 复杂反应　　B. 基元反应　　C. 无法判断

(4) 分步完成的反应，其反应速率取决于（　　）。

A. 最慢的一步反应速率　　B. 最快的一步反应速率
C. 几步反应的平均速率　　D. 无法判断

(5) 下列条件的改变,一定能使反应产物的产量增加的条件是(　　)。

A. 升高温度　　　　B. 增加压力

C. 加入催化剂　　　　D. 增加反应物的浓度

(6) 达到化学平衡的条件是(　　)。

A. 逆向反应停止　　　　B. 反应物与产物浓度相等

C. 反应停止产生热　　　　D. 逆向反应速率等于正向反应速率

3-3 判断题:

(　　)(1) 化学反应速率方程是质量作用定律的数学表达式。

(　　)(2) 反应级数等于反应方程式中各反应物的计量数之和。

(　　)(3) 降低 CO_2 的分压,可使反应 $CaCO_3(s) \longrightarrow CaO(s) + CO_2(g)$ 的正反应速率增加。

(　　)(4) 升高温度对吸热反应的速率增加较快,对放热反应的速率增加较慢。

(　　)(5) 催化剂能使正、逆反应速率同时增加,且增加的倍数相同。

(　　)(6) 催化剂既可以加快反应速率,又可以提高反应物的转化率。

(　　)(7) 浓度、压力的改变使化学平衡发生移动的原因是改变了反应商 Q 值,温度的改变使化学平衡发生移动的原因是引起 $K^{\ominus}$ 值发生了变化。

(　　)(8) 活化能高的反应其反应速率很低,且达到平衡时其 $K^{\ominus}$ 值也一定很小。

(　　)(9) 对于反应 $aA + dD \rightleftharpoons gG + hH$,反应的总级数为 $a+d$,则此反应一定是基元反应。

(　　)(10) 质量作用定律适用于基元反应、复杂反应等所有的反应。

3-4 填空题:

(1) 已知反应 $2NO(g) + 2H_2(g) \rightleftharpoons N_2(g) + 2H_2O(g)$ 的反应历程为

① $2NO(g) + H_2(g) \longrightarrow N_2(g) + H_2O_2(g)$　　(慢反应)

② $H_2O_2(g) + H_2(g) \longrightarrow 2H_2O(g)$　　(快反应)

则此反应称为________反应。此两步反应均称为________反应,而反应①称为总反应的________,总反应的速率方程为 $v=$________,此反应为________级反应。

(2) 催化剂加快反应速率主要是因为催化剂参与了反应,________了反应途径,________了活化能。

(3) 增加反应物浓度,可以改变________的大小,但不会改变________的大小;提高温度,反应速率快的主要原因是________增加。

(4) 增加反应物浓度或降低生成物浓度,Q ________ $K^{\ominus}$,所以平衡向正反应方向移动;对放热反应,提高温度,Q ________ $K^{\ominus}$,所以平衡向逆反应方向移动。

3-5 660 K 时反应 $2NO + O_2 \longrightarrow 2NO_2$,NO 和 O_2 的初始浓度 $c(NO)$ 和 $c(O_2)$ 及反应的初始速率 v 的实验数据如下表:

$c(NO)/(mol \cdot L^{-1})$	$c(O_2)/(mol \cdot L^{-1})$	$v/(mol \cdot L^{-1} \cdot s^{-1})$
0.10	0.10	0.030
0.10	0.20	0.060
0.20	0.20	0.240

求:(1) 反应的速率方程;

(2) 反应的级数和速率常数;

(3) 当 $c(NO) = c(O_2) = 0.15\ mol \cdot L^{-1}$ 时的反应速率。

3-6 实验测得乙醛分解反应　　$CH_3CHO(g) \longrightarrow CH_4(g) + CO(g)$

在 303 K 时测得各种不同浓度时的反应速率如下表:

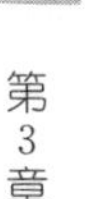

$c(CH_3CHO)/(mol \cdot L^{-1})$	0.10	0.20	0.30	0.40
$v/(mol \cdot L^{-1} \cdot s^{-1})$	0.025	0.102	0.228	0.406

试求：(1) 该反应的速率方程；

(2) 反应的速率常数；

(3) 当 $c(CH_3CHO)=0.25\ mol \cdot L^{-1}$ 时的反应速率。

3-7 在 298 K 时，用反应 $S_2O_8^{2-}(aq)+2I^-(aq) = 2SO_4^{2-}(aq)+I_2(aq)$

进行实验，得到的数据列表如下：

实验编号	$c(S_2O_8^{2-})/(mol \cdot L^{-1})$	$c(I^-)/(mol \cdot L^{-1})$	$v/(mol \cdot L^{-1} \cdot min^{-1})$
1	1.0×10^{-4}	1.0×10^{-2}	0.65×10^{-6}
2	2.0×10^{-4}	1.0×10^{-2}	1.30×10^{-6}
3	2.0×10^{-4}	0.50×10^{-2}	0.65×10^{-6}

试求：(1) 反应速率方程；

(2) 速率常数 k；

(3) 当 $c(S_2O_8^{2-})=5.0\times10^{-4}\ mol \cdot L^{-1}$，$c(I^-)=5.0\times10^{-2}\ mol \cdot L^{-1}$ 的 1.0 L 溶液，在 1.0 min 时间内有多少 I_2 产生？

3-8 某反应 25 ℃时速率常数 k_1 为 $1.3\times10^{-3}\ s^{-1}$，35 ℃时速率常数 k_2 为 $3.6\times10^{-3}\ s^{-1}$。试求该反应的活化能和在 55 ℃时的速率常数 k_3。

3-9 阿托品的水解为一级反应，在 40 ℃时 $k=0.016\ s^{-1}$，若活化能为 $32.33\ kJ \cdot mol^{-1}$，求其指前因子 A。

3-10 写出下列反应的经验平衡常数表达式：

(1) $N_2(g)+3H_2(g) \rightleftharpoons 2NH_3(g)$

(2) $CH_4(g)+2O_2(g) \rightleftharpoons CO_2(g)+2H_2O(l)$

(3) $CaCO_3(s) \rightleftharpoons CaO(s)+CO_2(g)$

(4) $3Fe(s)+4H_2O(g) \rightleftharpoons Fe_3O_4(s)+4H_2(g)$

3-11 在 1 273 K 时反应 $FeO(s)+CO(g) \rightleftharpoons Fe(s)+CO_2(g)$ 的平衡常数 K 为 0.5，若 CO 和 CO_2 的初始浓度分别为 $0.05\ mol \cdot L^{-1}$ 和 $0.01\ mol \cdot L^{-1}$，问：

(1) 反应物 CO 及产物 CO_2 的平衡浓度为多少？

(2) 平衡时 CO 的转化率为多少？

(3) 若增加 FeO 的量，对平衡有没有影响？

3-12 反应 $Hb\text{-}O_2(aq)+CO(g) \rightleftharpoons Hb\text{-}CO(aq)+O_2(g)$ 在 298 K 时的平衡常数 $K^{\ominus}$ 为 210，设空气中 O_2 的浓度为 $8.2\times10^{-3}\ mol \cdot L^{-1}$，计算使血液中 10%红细胞($Hb\text{-}O_2$)变为 Hb-CO 所需 CO 的浓度。

3-13 在 298 K，总压为 100 kPa 时，在平衡时有 56.4% NOCl(g) 按下式分解：

$$2NOCl(g) \rightleftharpoons 2NO(g)+Cl_2(g)$$

若未分解时 NOCl 的量为 1 mol。计算：

(1) 平衡时各组分的物质的量；

(2) 各组分的平衡分压；

(3) 该温度时的平衡常数 $K^{\ominus}$。

3-14 反应 $N_2(g)+3H_2(g) \rightleftharpoons 2NH_3(g)$，$\Delta H_m^{\ominus}=-92.4\ kJ \cdot mol^{-1}$ 在 200 ℃时气体混合物达到平衡。如果发生下列情况，使体系建立新的平衡，则反应将向什么方向移动？

(1) 取出 1 mol H_2；

(2) 加入 H_2 以增加总压力；

(3) 加入 He 以增加总压力；

(4) 减小容器体积；

(5) 温度上升到 300 ℃。

3-15 反应 $2HI(g) \rightleftharpoons H_2(g) + I_2(g)$ 在 721 K 时达到平衡时，有 22%的 HI 分解。

(1) 求此温度下的平衡常数；

(2) 在此温度下，向一密闭容器中装入 2.00 mol H_2 和 1.00 mol I_2，使之达到平衡，问能有多少 HI 生成？

(3) 将 2.00 mol HI，0.40 mol H_2 和 0.30 mol I_2 混合，反应向哪个方向进行？

3-16 反应 $FeO(s) + CO(g) \rightleftharpoons Fe(s) + CO_2(g)$ 在 1 643 K 时的平衡常数 K 为 0.263，求该反应在此温度下达到平衡后 CO 和 CO_2 的体积百分数。

3-17 已知反应 $FeO(s) + H_2(g) \rightleftharpoons Fe(s) + H_2O(g)$ 在 1 073 K 和 1 173 K 时的平衡常数 K 分别为 0.499 和 0.594，求 1 273 K 时的平衡常数。

3-18 已知反应 $CO(g) + H_2O(g) \rightleftharpoons CO_2(g) + H_2(g)$ 在 690 K 时的平衡常数 K 为 10.0，$\Delta H_m^{\ominus} = -42.68\ kJ \cdot mol^{-1}$，求 500 K 时的平衡常数。

第4章　物质结构基础

不同种类的物质，其性质各不相同。物质在性质上的差别是由物质的内部结构不同引起的。在化学变化中，原子核并不发生变化，只是核外电子的运动状态发生变化。因此要了解和掌握物质的性质，尤其是化学性质及其变化规律，首先必须清楚物质内部的结构，特别是原子结构及核外电子的运动状态。

4.1　核外电子运动状态

4.1.1　氢原子光谱

将白光(太阳光)通过棱镜，就能观察到颜色逐渐过渡的红、橙、黄、绿、青、蓝、紫的光谱，像雨后天空中出现的彩虹一样，这样的光谱叫连续光谱。原子光谱的研究可以追溯到19世纪。当时物理学家就已观察到，当某些元素在火焰中加热，或者将其气体通过管中电弧，或用其他方法灼热时，原子被激发后能发出不同波长的光线，通过棱镜后，可以得到一系列按照波长顺序排列的、不连续的清晰亮线，这样的光谱叫做线状光谱或原子光谱。

每种元素都有它自己的特征线状光谱，能发出其特征的光，如钠原子能发出黄色的光(589 nm)，现代照明用的节能高效高压钠灯就是根据钠原子的特性制造的。原子特有的线状光谱可以作为化学分析的工具，根据原子的发射光谱可以作元素的定性分析，利用谱线的强度可以作元素的定量测定。

在元素原子光谱中，氢原子的线状光谱是最简单的光谱(如图4-1所示)。近代原子结构理论是从研究氢光谱开始的。

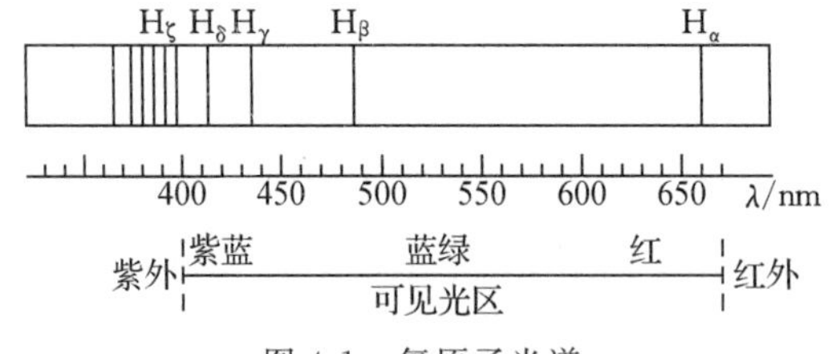

图4-1　氢原子光谱

在氢原子光谱中，红外光区、可见光区、紫外光区都有数条不同波长的特征谱线。在可见光区内有五条比较明显的主要谱线，分别为 H_α，H_β，H_γ，H_δ，H_ζ，叫做氢原子的特征线状光谱。并且可以看出，从 H_α 到 H_ζ 等谱线间的距离越来越短，呈现出明显的规律性。为了解释氢原子光谱的规律性，科学家们花费了大量的时间和精力。直到1913年，年轻的丹麦物理学家玻尔引用了普朗克的量子论和爱因斯坦的光子学说，大胆地提出了他的假说，较好地解释了氢原子线状光谱产生的原因和规律，从而建立了玻尔原子模型，发展了原子结构理论。

4.1.2 玻尔的原子结构理论

(1) 量子化物理量和量子

量子论认为，微观粒子吸收或发射的辐射能不可能是连续的，而是以一最小单位一份一份地吸收和发射的。量子化的物理量的最小单位称为该物理量的“量子”。例如，光是量子化的，光的量子称为光子，光的能量也必然是量子化的，一个光子的能量为

$$E=h\nu \tag{4-1}$$

式中，h 称为普朗克常数，等于 6.626×10^{-34} J·s。

(2) 玻尔原子结构理论

玻尔假说的中心内容可以归结为以下三点：

① 核外电子在固定轨道上运动

在原子中，电子绕核运动的轨迹不是任意的，而是在符合一定条件的、有一定能量的轨道上运动，此时电子不放出能量，也不吸收能量。

② 稳定轨道必须符合量子化条件

电子运动的轨道需要符合量子化条件，即 $n=1,2,3,4,\cdots$ 的正整数。n 称为量子数，符合量子化条件的轨道称为稳定轨道，轨道的角动量必须是$\frac{h}{2\pi}$的整数倍。

③ 电子处于激发态时不稳定，可跃迁到离核较近、能级较低的轨道上放出能量

正常情况下，原子中的电子尽可能处于能量最低的稳定轨道上运动，称为基态。氢原子处于基态时，电子在 $n=1$ 的轨道上运动，其能量最低。当原子从外界获得能量时，电子被激发到高能级(E_2)的轨道上运动，此时电子处于激发态而不稳定，会跃迁到离核较近的低能级(E_1)轨道上，就会放出能量，放出的光子频率与高、低能级的两轨道能量的关系为

$$h\nu=E_2-E_1$$

$$\nu=\frac{E_2-E_1}{h} \tag{4-2}$$

(3) 玻尔理论的成功性与局限性

① 玻尔原子模型成功之处可归结为以下几点：

A. 说明了激发态原子发光的原因。

B. 解释了氢原子光谱和类氢离子光谱的规律性。

C. 指出原子结构量子化特性，提出“量子数”的重要概念。

② 玻尔原子模型也不是完美的，它的缺陷之处是：

A. 不能解释多电子原子、分子或固体的光谱。

B. 不能解释氢原子光谱的精细结构。在精密分光镜下已观察到氢原子光谱的精细结构，每一条谱线实际上是由几条更精细的谱线组成。

玻尔原子模型的缺陷在于把只适用于宏观世界的牛顿经典力学搬进了微观世界，而这

种电子在固定轨道上绕核运动的观点是和实验事实相违背的，它没有反映电子运动的另一重要特性，即波粒二象性，因此必然被新的原子模型——量子力学原子模型所替代。

4.1.3 核外电子运动的波粒二象性

所谓波粒二象性，是指物质既具有波动性又具有粒子性。而光的本质是既具有波动性，又具有粒子性，称为光的波粒二象性。光在空间传播的有关现象：波长、频率、干涉、衍射等，主要表现出其波动性；光与实物接触进行能量交换时的有关现象：质量、速度、能量、动量等，主要表现出其粒子性。

1924 年，法国年轻的物理学家德布罗依(de Broglie)在光的波粒二象性的启发下，大胆提出：一切实物微粒都具有波粒二象性，即微观粒子也必具有二象性。其波长公式为

$$\lambda=\underbrace{\frac{h}{p}}_{\text{波动性}}=\underbrace{\frac{h}{mv}}_{\text{粒子性}} \tag{4-3}$$

式中，λ 为粒子运动波长；m 为粒子质量；v 为粒子运动速度；p 为动量；h 为 6.626×10^{-34} J·s。

通过普朗克常数，电子的波动性和粒子性被联系起来并且定量化了。

电子具有粒子性这是无可非议的，因电子具有一定的质量、速度、能量等。那么电子是否具有波动性呢？如果电子具有衍射现象，就可证明电子具有波动性。1927 年，美国科学家戴维逊(Davissa)和戈尔麦(Germer)首次进行了电子衍射实验，电子衍射实验完全证实了电子具有波动性：当一束电子流经加速并通过金属箔(相当于光栅)，我们便可以清楚地观察到电子的衍射图样(如图 4-2 所示)。

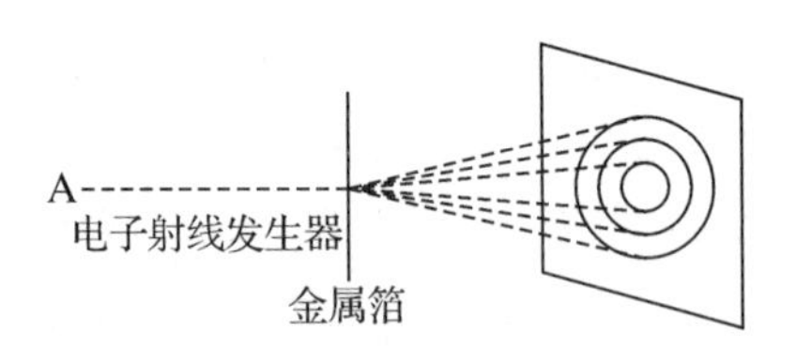

图 4-2　电子衍射实验示意图

电子的波粒二象性在生活中也可找到，电视机屏上的亮点就是由电视机的显像管(阴极射线管)所发出的阴极射线的电子撞击荧光屏的结果，此时表现出粒子性；在电子到达屏幕的途中，可跨越种种障碍，这就是波动性。

4.1.4 测不准原理

在经典力学中，人们能准确地同时测定一个宏观物体的位置和速度。例如，我们知道火车的初始位置、速度规律和运行路线，就能同时准确地知道某一时刻火车的位置和运动速度。但是原子中的电子等微观粒子，由于其质量很小，速度极快，具有波粒二象性，因此，我们不可能同时准确测定电子的运动速度和空间位置，其符合德国物理学家海森堡(Heisenberg W)提出的测不准关系，数学关系式为

$$\Delta x\cdot\Delta p\geqslant\frac{h}{2\pi} \tag{4-4}$$

式中，Δx 为确定微粒位置时的测不准量；Δp 为确定微粒动量时的测不准量。

测不准关系实际上否定了玻尔的原子模型，指出了微观粒子不同于宏观物体，它具有波粒二象性，根据量子力学理论对微观粒子如电子的运动状态，只能用统计的方法，做出概率性(电子出现的几率)的描述，而不能用经典力学的固定轨道来描述。

4.1.5 核外电子运动状态的描述

在原子核外高速运动的电子，并不像宏观物体那样沿着固定轨道运动，不可能同时准确地测定一个核外电子的速度和位置，但是我们能用统计的方法了解电子在核外空间某一区域出现几率的大小。究竟电子在哪些地方出现的几率大，哪些地方出现的几率小呢？根据量子力学原理，电子在核外某一空间范围内出现的概率可以用统计的方法加以描述。而电子在某一空间出现的概率的各种图像(波动性)可用波函数来描述。

(1) 波函数

1926 年，奥地利物理学家薛定谔(Schröndinger)提出了描述核外电子运动状态的数学表达式，建立了著名的薛定谔方程：

$$\frac{\partial^2 \psi}{\partial x^2}+\frac{\partial^2 \psi}{\partial y^2}+\frac{\partial^2 \psi}{\partial z^2}+\frac{8\pi^2 m}{h^2}(E-V)\psi=0 \tag{4-5}$$

式中，m 为粒子质量；E 为粒子总能量；V 为势能；x,y,z 为粒子的空间坐标；ψ 为描述粒子运动状态的波函数。

有了薛定谔方程，从原则上讲，任何体系的电子运动状态都可求解了。但遗憾的是，薛定谔方程是很难解的，至今只能精确求解单电子体系(如 H，He^+，Li^{2+} 等)的薛定谔方程，稍复杂一些的体系只能求近似解。即使对单电子体系，解薛定谔方程也很复杂，需要较深的数学知识，这不是本门课的任务。这里只对波函数 ψ 的基本特性作些说明：

① 波函数 ψ 是描述原子核外电子运动状态的数学函数式，它是三维空间坐标的函数。

② 每一个波函数都有相对应的能量。

③ 波函数绝对值的平方 $|\psi|^2$ 有明确的物理意义，它代表空间上某一电子出现的概率密度。

(2) 电子云

电子行踪不定地在原子核外空间出现，好像电子是分散在原子周围的整个空间里，所以可以形象地将电子在空间的概率密度分布称为电子云，通常用小黑点直观而又形象地表示(如图 4-3 所示)。

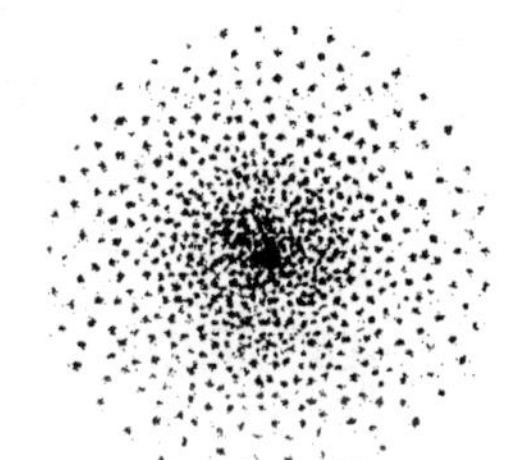

图 4-3 氢原子电子云

图 4 3 中，黑点较密处是电子出现概率密度大的地方，黑点较疏处是电子出现概率密度小的地方。需要注意的是，图中的黑点并不代表电子的数目，而是表示一个电子可能出现的瞬间位置。

综上所述，概率密度和电子云都是对电子在核外空间运动状态的描述。所不同的是，概率密度是数值，由解薛定谔方程求得；电子云是图像，是统计结果。两者的关系是概率密度在空间分布的具体图像为电子云。

(3) 四个量子数

电子在核外的运动状态是指电子所在的电子层和原子轨道能级形状、伸展方向等，在这里，我们对描述电子运动状态的四个量子数进行讲解。

① 主量子数 n

主量子数 n 的取值为 1,2,3,…，它表示电子离核的远近，或者说 n 值决定电子层数，n 越大，电子离核平均距离越远。当 $n=1$，是第一层，为电子离核的平均距离最近的一层；$n=2$，说明电子离核的平均距离比第一层电子远……以此类推。在光谱学中，常用 K,L,M,N,O,P,Q,…层分别表示 $n=1,2,3,4,5,6,\cdots$ 层。电子离核越远，能量越高，所以 n 是决定电子能量高低的主要因素。

n 值	1	2	3	4	5	6	7	…
电子层	一	二	三	四	五	六	七	…
电子层符号	K	L	M	N	O	P	Q	…
离核平均距离	近 ⟶ 远							

② 角量子数 l

角量子数 l 的取值由主量子数 n 决定，可以取 0,1,2,…,$(n-1)$，有 n 个。光谱学中用小写英文字母 l 表示：

角量子数 l 用来描述原子轨道或电子云的形状，l 的每一个取值对应于一个具有一定能量的亚层或能级，也是决定多电子原子中电子能量的重要因素。

	0	1	2	3	4	5	6	…
亚层的光谱符号	s	p	d	f	g	h	i	…

$n=1$ 时，$l=0$，称为 1s 亚层；$n=2$ 时，$l=0,1$，分别称为 2s 和 2p 亚层；$n=3$ 时，$l=0,1,2$，分别为 3s,3p 和 3d 亚层。因此，同一电子层中有多少电子亚层由角量子数 l 决定，而且角量子数 l 还决定了原子轨道的角度分布，如 s 态呈球形，p 态呈哑铃形，d 态呈花瓣形，f 态较复杂，在此不做要求。

单电子体系的能量完全由主量子数决定，而多电子原子体系的能量不仅取决于主量子数，还与角量子数 l 有关。当 n 相同，l 不同时，l 越大，轨道能级越高，如 $E_{ns}<E_{np}<E_{nd}<E_{nf}$；当 n 不同，l 相同时，n 越大，轨道能级越高，如 $E_{1s}<E_{2s}<E_{3s}$，$E_{2p}<E_{3p}<E_{4p}$。

③ 磁量子数 m

磁量子数 m 是描述原子轨道或电子云在空间伸展方向的参数，m 的允许取值由角量子数 l 决定，可以取 $(2l+1)$ 个值，即从 $-l$ 到 $+l$ 包括 0 在内的一系列整数值，包括 $m=0,\pm1,\pm2,\cdots,\pm l$。每一个取值表示原子轨道在空间的一种伸展方向。

对于一定的 l，m 的取值有多少种，l 亚层中的原子轨道就有多少个。如 $l=0$(s 亚层)时，$m=0$，轨道在空间只有 1 种取向；$l=1$(p 亚层)时，$m=+1,0,-1$，轨道在空间有 3 种取向，即 p 亚层有 3 个等价轨道，分别用 p_x,p_y,p_z 来表示；$l=2$(d 亚层)时，$m=+2,+1,0,-1,-2$，轨道在空间有 5 种取向，即 d 亚层有 5 个等价轨道；$l=3$(f 亚层)时，$m=+3,+2,+1,0,-1,-2,-3$，轨道在空间有 7 种取向，即 f 亚层有 7 个等价轨道。

④ 自旋量子数 m_s

自旋量子数 m_s 是描述电子的自旋方向的量，有顺时针和逆时针两种，取值上分别用 $+\frac{1}{2}$ 和 $-\frac{1}{2}$ 表示，它对电子所处能级没有影响，$m_s=+\frac{1}{2}$，用“↑”符号表示，电子处于正旋状态；$m_s=-\frac{1}{2}$，用“↓”符号表示，电子处于反旋状态。

综上所述，虽然 n,l,m 三者可决定一个原子轨道，但要完整地描述一个电子的运动状态，就需要4个量子数。这有点像用某地(n)、某街(l)、某门牌号(m)和姓名(m_s)才能找到某人一样。

4.2 核外电子排布规则

4.2.1 核外电子的排布规律

原子核外的电子如何排布，直接影响着元素的化学性质。电子在核外的运动状态遵循一定的规律，可以用一组量子数来描述。多电子原子处于基态时，电子排布基本上遵循以下三个原则：

(1) 鲍林(Pauling)不相容原理

鲍林不相容原理有几种表述方式：

① 在同一原子中，不可能存在所处状态完全相同的电子；

② 在同一原子中，不可能存在四个量子数完全相同的电子；

③ 每一轨道只能容纳自旋方向相反的两个电子。

这几种说法都是等效的。

(2) 能量最低原理

在不违背鲍林不相容原理的前提下，核外电子总是优先占据能量最低的轨道，然后再由低到高逐个填入各能级的原子轨道中，使整个原子体系处于最低的能量状态，这就是能量最低原理。图4-4是鲍林(Pauling W)提出的电子填充顺序图，图中圆圈代表轨道。

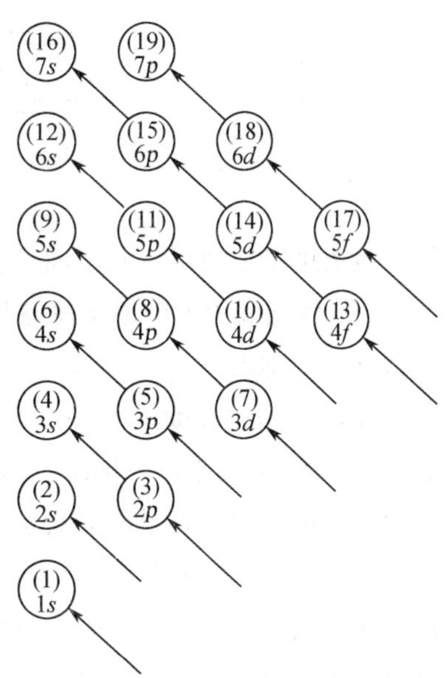

图4-4 电子填入原子轨道的顺序

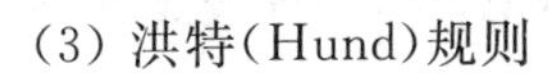
(3) 洪特(Hund)规则

电子在能量相同的轨道(简并轨道)上排布时，总是尽可能分占不同的轨道，且自旋方向相同。这种排布，使原子能量最低，体系最稳定。如碳原子核外有6个电子，其排布方式为

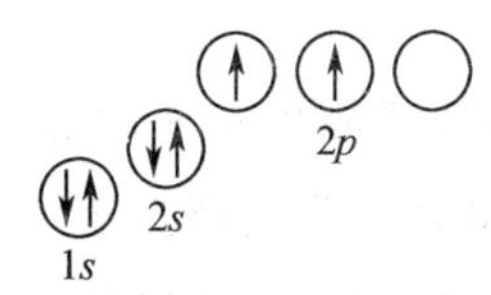

此外，洪特根据光谱实验结果又总结出另一条规则：等价轨道在全充满、半充满或全空的状态是比较稳定的。即

半充满 p^3, d^5, f^7

全充满 p^6, d^{10}, f^{14}

全　空 p^0, d^0, f^0

例如，铬(Cr)原子的外层电子排布是 $3d^5 4s^1$，而不是 $3d^4 4s^2$。铜(Cu)原子的外层电子排布是 $3d^{10} 4s^1$，而不是 $3d^9 4s^2$。

4.2.2 多电子原子的能级图

鲍林根据光谱实验的结果，总结出多电子原子中轨道能级高低的近似情况（如图 4-5 所示），称为近似能级图。

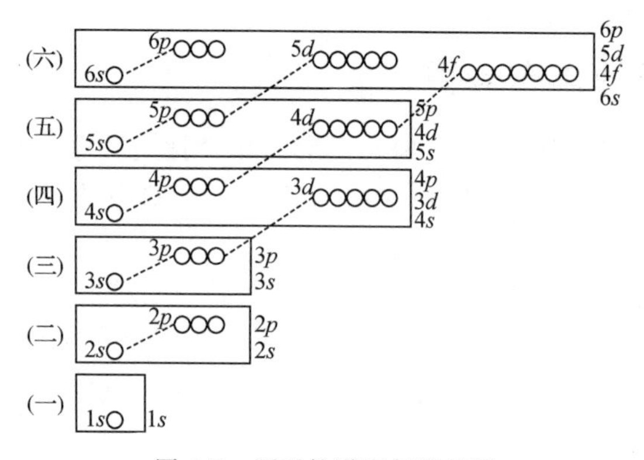

图 4-5　原子轨道近似能级图

该图可以说明以下几个问题：

(1) 将能级相近的原子轨道排为一组，目前分为 7 个能级组，并按照能量从低到高的顺序从下往上排列。

(2) 每个能级组中，每一个小圆圈表示一个原子轨道，将 3 个等价 p 轨道、5 个等价 d 轨道、7 个等价 f 轨道……排成一列，表示在该能级组中它们的能量相等。除第一能级组外，其他能级组中原子轨道的能级也有差别。

(3) 多电子原子中，原子轨道的能级主要由主量子数 n 和角量子数 l 来决定，如：$E_{1s} < E_{2s} < E_{3s} < E_{4s}$，$E_{4s} < E_{4p} < E_{4d} < E_{4f}$。但也有例外的情况，如第四能级组中，$E_{4s} < E_{3d}$，这种能级错位的现象称为“能级交错”。以上原子轨道能级高低变化的情况，可用“屏蔽效应”和“钻穿效应”来加以解释。

*4.2.3 屏蔽效应和钻穿效应

(1) 屏蔽效应

在多电子原子中，一个电子不仅要受到原子核的吸引力，还要受到其他电子的排斥力，从而会使原子核对该电子的吸引力降低。我们将其他电子对某一电子排斥的作用归结为抵消了一部分核电荷，使有效核电荷降低，削弱了核电荷对该电子的吸引作用，称为屏蔽效应。

若有效核电荷数用符号 Z^* 表示，核电荷数用符号 Z 表示，被抵消的核电荷数用符号 σ 表示，则它们有以下的关系：

$$Z^* = Z - \sigma \tag{4-6}$$

式中，σ 称为屏蔽常数，如果屏蔽常数 σ 越大，屏蔽效应就越大，则电子受到吸引的有效核电荷数 Z^* 会减少，电子的能量就升高。因此，知道了屏蔽常数，就可以算出有效核电荷数以及多电子原子中各原子轨道的能量，这就较好地解释了能级交错现象。

(2) 钻穿效应

在多电子原子中，外层电子在离核较远的地方出现的几率最大，但在离核较近的地方出现的可能性也有，我们把这种外层电子由于钻入核附近而使其能量降低的现象称为钻穿效应。电子钻穿的结果，避开了其他电子的屏蔽，起到增加有效核电荷数、降低轨道能量的作用。

对于多电子原子来说，屏蔽效应和钻穿效应是影响轨道电子能量的两个重要因素，两种因素既相互联系又互相制约。一般来说，钻穿效应大的电子受其他电子的屏蔽作用较小，电子的能量较低；反之，则电子的能量较高。

4.2.4 核外电子的排布

根据核外电子的排布规律及多电子原子轨道近似能级图，就可以确定大多数元素的基态原子中电子的排布情况。电子在核外的排布情况称为电子层构型，电子层构型通常有两种表示方法。

(1) 轨道表示式

这种表示方式是用一个小方格或小圆圈代表一个原子轨道，在方格或圆圈下面注明该轨道的能级，方格或圆圈内用箭头表示电子的自旋方向，如

$_7N$ [↑↓] [↑↓] [↑|↑|↑]
1s 2s 2p

$_8O$ (↑↓) (↑↓) (↑↓)(↑)(↑)
1s 2s 2p

这种形式形象而直观。

(2) 电子排布式

电子排布式是在亚层符号的左边注明电子层数，在亚层符号的右上角用阿拉伯数字表示所排列的电子数。如 $4p^3$，4 表示电子层数 $n=4$，是第 4 主层的轨道；p 代表亚层的符号，即 $l=1$，表示属 p 轨道；3 表示在此亚层上的电子数目。根据这一原则，我们可以将原子序数为 13 的铝元素的原子核外电子排布式列为：$1s^2 2s^2 2p^6 3s^2 3p^1$。周期表中各元素基态原子的电子构型见表 4-1。

有时为了简化，常将内层电子构型用“原子实”来代替。所谓“原子实”，是指原子中的内层电子构型与某一稀有气体元素的电子层构型相同部分的实体，用该稀有气体的元素符号加方括号来表示，如 $_{13}Al$ $1s^2 2s^2 2p^6 3s^2 3p^1$ [Ne] $3s^2 3p^1$

表 4-1 各元素原子的电子层结构*

周期	原子序数	元素符号	元素名称	电子层结构																	
				K	L		M			N				O				P			Q
				1s	2s	2p	3s	3p	3d	4s	4p	4d	4f	5s	5p	5d	5f	6s	6p	6d	7s
1	1	H	氢	1																	
	2	He	氦	2																	
2	3	Li	锂	2	1																
	4	Be	铍	2	2																
	5	B	硼	2	2	1															
	6	C	碳	2	2	2															
	7	N	氮	2	2	3															
	8	O	氧	2	2	4															
	9	F	氟	2	2	5															
	10	Ne	氖	2	2	6															
3	11	Na	钠	2	2	6	1														
	12	Mg	镁	2	2	6	2														
	13	Al	铝	2	2	6	2	1													
	14	Si	硅	2	2	6	2	2													
	15	P	磷	2	2	6	2	3													
	16	S	硫	2	2	6	2	4													
	17	Cl	氯	2	2	6	2	5													
	18	Ar	氩	2	2	6	2	6													
4	19	K	钾	2	2	6	2	6		1											
	20	Ca	钙	2	2	6	2	6		2											
	21	Sc	钪	2	2	6	2	6	1	2											
	22	Ti	钛	2	2	6	2	6	2	2											
	23	V	钒	2	2	6	2	6	3	2											
	24	Cr	铬	2	2	6	2	6	5	1											
	25	Mn	锰	2	2	6	2	6	5	2											
	26	Fe	铁	2	2	6	2	6	6	2											
	27	Co	钴	2	2	6	2	6	7	2											
	28	Ni	镍	2	2	6	2	6	8	2											
	29	Cu	铜	2	2	6	2	6	10	1											
	30	Zn	锌	2	2	6	2	6	10	2											
	31	Ga	镓	2	2	6	2	6	10	2	1										
	32	Ge	锗	2	2	6	2	6	10	2	2										
	33	As	砷	2	2	6	2	6	10	2	3										
	34	Se	硒	2	2	6	2	6	10	2	4										
	35	Br	溴	2	2	6	2	6	10	2	5										
	36	Kr	氪	2	2	6	2	6	10	2	6										

续表

周期	原子序数	元素符号	元素名称	电子层结构																	
				K	L		M			N				O				P			Q
				1*s*	2*s*	2*p*	3*s*	3*p*	3*d*	4*s*	4*p*	4*d*	4*f*	5*s*	5*p*	5*d*	5*f*	6*s*	6*p*	6*d*	7*s*
5	37	Rb	铷	2	2	6	2	6	10	2	6			1							
	38	Sr	锶	2	2	6	2	6	10	2	6			2							
	39	Y	钇	2	2	6	2	6	10	2	6	1		2							
	40	Zr	锆	2	2	6	2	6	10	2	6	2		2							
	41	Nb	铌	2	2	6	2	6	10	2	6	4		1							
	42	Mo	钼	2	2	6	2	6	10	2	6	5		1							
	43	Tc	锝	2	2	6	2	6	10	2	6	5		2							
	44	Ru	钌	2	2	6	2	6	10	2	6	7		1							
	45	Rh	铑	2	2	6	2	6	10	2	6	8		1							
	46	Pd	钯	2	2	6	2	6	10	2	6	10									
	47	Ag	银	2	2	6	2	6	10	2	6	10		1							
	48	Cd	镉	2	2	6	2	6	10	2	6	10		2							
	49	In	铟	2	2	6	2	6	10	2	6	10		2	1						
	50	Sn	锡	2	2	6	2	6	10	2	6	10		2	2						
	51	Sb	锑	2	2	6	2	6	10	2	6	10		2	3						
	52	Te	碲	2	2	6	2	6	10	2	6	10		2	4						
	53	I	碘	2	2	6	2	6	10	2	6	10		2	5						
	54	Xe	氙	2	2	6	2	6	10	2	6	10		2	6						
6	55	Cs	铯	2	2	6	2	6	10	2	6	10		2	6			1			
	56	Ba	钡	2	2	6	2	6	10	2	6	10		2	6			2			
	57	La	镧	2	2	6	2	6	10	2	6	10		2	6	1		2			
	58	Ce	铈	2	2	6	2	6	10	2	6	10	1	2	6	1		2			
	59	Pr	镨	2	2	6	2	6	10	2	6	10	3	2	6			2			
	60	Nd	钕	2	2	6	2	6	10	2	6	10	4	2	6			2			
	61	Pm	钷	2	2	6	2	6	10	2	6	10	5	2	6			2			
	62	Sm	钐	2	2	6	2	6	10	2	6	10	6	2	6			2			
	63	Eu	铕	2	2	6	2	6	10	2	6	10	7	2	6			2			
	64	Gd	钆	2	2	6	2	6	10	2	6	10	7	2	6	1		2			
	65	Tb	铽	2	2	6	2	6	10	2	6	10	9	2	6			2			
	66	Dy	镝	2	2	6	2	6	10	2	6	10	10	2	6			2			
	67	Ho	钬	2	2	6	2	6	10	2	6	10	11	2	6			2			
	68	Er	铒	2	2	6	2	6	10	2	6	10	12	2	6			2			
	69	Tm	铥	2	2	6	2	6	10	2	6	10	13	2	6			2			
	70	Yb	镱	2	2	6	2	6	10	2	6	10	14	2	6			2			
	71	Lu	镥	2	2	6	2	6	10	2	6	10	14	2	6	1		2			
	72	Hf	铪	2	2	6	2	6	10	2	6	10	14	2	6	2		2			
	73	Ta	钽	2	2	6	2	6	10	2	6	10	14	2	6	3		2			
	74	W	钨	2	2	6	2	6	10	2	6	10	14	2	6	4		2			
	75	Re	铼	2	2	6	2	6	10	2	6	10	14	2	6	5		2			
	76	Os	锇	2	2	6	2	6	10	2	6	10	14	2	6	6		2			
	77	Ir	铱	2	2	6	2	6	10	2	6	10	14	2	6	7		2			
	78	Pt	铂	2	2	6	2	6	10	2	6	10	14	2	6	9		1			
	79	Au	金	2	2	6	2	6	10	2	6	10	14	2	6	10		1			
	80	Hg	汞	2	2	6	2	6	10	2	6	10	14	2	6	10		2			
	81	Tl	铊	2	2	6	2	6	10	2	6	10	14	2	6	10		2	1		
	82	Pb	铅	2	2	6	2	6	10	2	6	10	14	2	6	10		2	2		
	83	Bi	铋	2	2	6	2	6	10	2	6	10	14	2	6	10		2	3		
	84	Po	钋	2	2	6	2	6	10	2	6	10	14	2	6	10		2	4		
	85	At	砹	2	2	6	2	6	10	2	6	10	14	2	6	10		2	5		
	86	Rn	氡	2	2	6	2	6	10	2	6	10	14	2	6	10		2	6		

续表

周期	原子序数	元素符号	元素名称	电子层结构																	
				K	L		M			N				O				P			Q
				1*s*	2*s*	2*p*	3*s*	3*p*	3*d*	4*s*	4*p*	4*d*	4*f*	5*s*	5*p*	5*d*	5*f*	6*s*	6*p*	6*d*	7*s*
	87	Fr	钫	2	2	6	2	6	10	2	6	10	14	2	6	10		2	6		1
	88	Ra	镭	2	2	6	2	6	10	2	6	10	14	2	6	10		2	6		2
	89	Ac	锕	2	2	6	2	6	10	2	6	10	14	2	6	10		2	6	1	2
	90	Th	钍	2	2	6	2	6	10	2	6	10	14	2	6	10		2	6	2	2
	91	Pa	镤	2	2	6	2	6	10	2	6	10	14	2	6	10	2	2	6	1	2
	92	U	铀	2	2	6	2	6	10	2	6	10	14	2	6	10	3	2	6	1	2
	93	Np	镎	2	2	6	2	6	10	2	6	10	14	2	6	10	4	2	6	1	2
	94	Pu	钚	2	2	6	2	6	10	2	6	10	14	2	6	10	6	2	6		2
	95	Am	镅	2	2	6	2	6	10	2	6	10	14	2	6	10	7	2	6		2
	96	Cm	锔	2	2	6	2	6	10	2	6	10	14	2	6	10	7	2	6	1	2
	97	Bk	锫	2	2	6	2	6	10	2	6	10	14	2	6	10	9	2	6		2
7	98	Cf	锎	2	2	6	2	6	10	2	6	10	14	2	6	10	10	2	6		2
	99	Es	锿	2	2	6	2	6	10	2	6	10	14	2	6	10	11	2	6		2
	100	Fm	镄	2	2	6	2	6	10	2	6	10	14	2	6	10	12	2	6		2
	101	Md	钔	2	2	6	2	6	10	2	6	10	14	2	6	10	13	2	6		2
	102	No	锘	2	2	6	2	6	16	2	6	10	14	2	6	10	14	2	6		2
	103	Lr	铹	2	2	6	2	6	16	2	6	10	14	2	6	10	14	2	6	1	2
	104	Rf	𬬻	2	2	6	2	6	10	2	6	10	14	2	6	10	14	2	6	2	2
	105	Db	𬭊	2	2	6	2	6	10	2	6	10	14	2	6	10	14	2	6	3	2
	106	Sg	𬭳	2	2	6	2	6	10	2	6	10	14	2	6	10	14	2	6	4	2
	107	Bh	𬭛	2	2	6	2	6	10	2	6	10	14	2	6	10	14	2	6	5	2
	108	Hs	𬭶	2	2	6	2	6	10	2	6	10	14	2	6	10	14	2	6	6	2
	109	Mt	鿏	2	2	6	2	6	10	2	6	10	14	2	6	10	14	2	6	7	2

* 仅示 1～109 号元素。

4.3 电子层结构与元素周期系

1869 年，俄国化学家门捷列夫总结出了元素周期律。它的内容是：元素的性质随着原子序数（核电荷数）的递增而呈周期性地变化。而原子结构的研究证明，原子的外电子层构型是决定元素性质的主要因素，各元素原子的外电子层构型则是随着核电荷数的递增而呈周期性地重复排列的。因此，原子核外电子排布的周期性变化正是元素周期性规律的本质原因，元素周期表则是各元素原子核外电子排布呈周期性变化的反映。

4.3.1 周期与能级组

元素周期表中，共有 7 个横排，每一横排上的元素组成 1 个周期，共分 7 个周期，第一、二、三周期元素相对较少，称为短周期；第四、五、六周期相对而言元素较多，称为长周期；第七周期目前尚未排满，称为未完成周期。除第一周期从氢开始外，其余各周期均从活泼碱金

属开始，到稀有气体元素结束。元素周期的划分以及每个周期含有多少元素都与相应的能级组有密切关系，每个能级组对应一个周期，每周期中元素的数目就是能级组电子的最大容量数（见表 4-2）。

表 4-2 能级组与周期的关系

能级组	1*s*	2*s*2*p*	3*s*3*p*	4*s*3*d*4*p*	5*s*4*d*5*p*	6*s*4*f*5*d*6*p*	7*s*5*f*6*d*7*p*
能级组数	一	二	三	四	五	六	七
周期数	1	2	3	4	5	6	7
电子层数（最外层主量子数）	1	2	3	4	5	6	7
元素数目	2	8	8	18	18	32	26（未完）
最大电子容量	2	8	8	18	18	32	未满

4.3.2 族

元素周期表将性质相似的元素排成纵行，称为族。共有 8 个主族（A 族），第ⅧA 族为稀有气体，以及 8 个副族（B 族），第ⅧB 族占了 3 个纵行。副族又称过渡元素，其中ⅢB 族的第 57 号元素 La（镧）的位置代表 57～71 号的 15 种元素，称为镧系元素；第 89 号元素 Ac（锕）的位置代表 89～103 号的 15 种元素，称为锕系元素。镧系和锕系统称为内过渡元素。

4.3.3 区

根据各元素原子的核外电子排布以及外电子层构型的特点，可将长式周期表中的元素分为五个区，如图 4-6 所示。

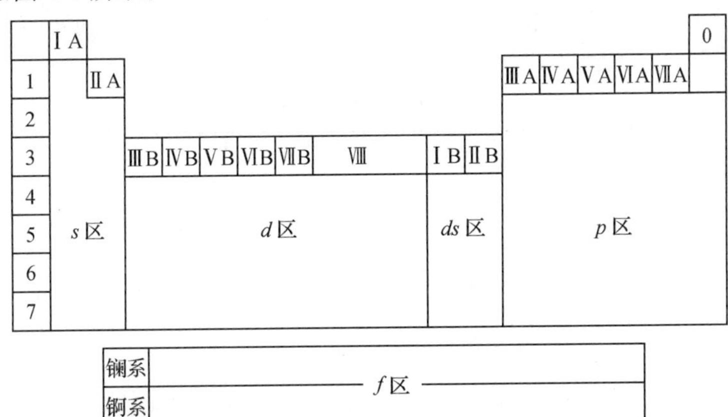

图 4-6 周期系中元素的分区

(1) *s* 区：价电子构型为 $ns^{1\sim2}$；

(2) *p* 区：价电子构型为 $ns^2np^{1\sim6}$；

(3) *d* 区：价电子构型为 $(n-1)d^{1\sim8}ns^2$（少数例外，如 Cr：$3d^54s^1$，Pd：$4d^{10}$）；

(4) *ds* 区：价电子构型为 $(n-1)d^{10}ns^{1\sim2}$；

(5) *f* 区：价电子构型为 $(n-2)f^{1\sim14}ns^2$（有例外）。

s 区元素是活泼金属元素（H 除外）。*p* 区包括金属元素和除氢外的全部非金属元素，其中包括最活泼的非金属——卤素和最不活泼的非金属元素——稀有气体元素。*s* 区和 *p* 区

元素都是主族元素。d 区和 ds 区组成过渡元素，第四、五、六周期的过渡元素分别称为第一、二、三过渡系元素。周期表下部 f 区是镧系和锕系元素，其中镧和锕在周期表第六和第七周期ⅢB族各只占一个位置，f 区元素因最外层有 2 个 s 电子，所以都为活泼金属。d，ds，f 区元素均属于副族元素，且全部是金属元素。

4.3.4 元素性质的周期性

元素周期系的本质在于元素原子的电子层结构的周期性。元素的许多性质及其递变规律可以从原子的电子层结构及其周期性变化方面得到解释，我们从原子半径、电离能、电子亲和性和电负性等性质的递变规律及与原子电子层结构的关系进行讨论。

(1) 原子半径

电子在原子核外的运动没有确定的轨道，只是按一定的概率分布出现在原子核周围，因此无法说出单独一个原子的大小。任何原子半径的测定是假设原子为球形，然后根据实验的测定和间接计算方法求得的。原子半径常用的有三种，即共价半径、范德华半径和金属半径。

① 共价半径——同种元素的两个原子，以共价单键连接时，它们核间距离的一半称为共价半径。

② 金属半径——在金属晶格中，相邻金属原子核间距离的一半称为原子的金属半径。

③ 范德华半径——两个分子相互接近时，引力和斥力达到平衡时分子间保持一定的距离。相邻两个分子中相互接触的两个原子的核间距离的一半叫做范德华半径。通常情况下，范德华半径比较大，而金属半径比共价半径大一些。

在讨论原子半径在周期系中的变化时，我们采用的是共价半径。而稀有气体（ⅧA族元素）通常为单原子分子，只能用范德华半径。表 4-3 列出了周期系中部分元素的原子半径。

表 4-3　原子半径

ⅠA	ⅡA	ⅢB	ⅣB	ⅤB	ⅥB	ⅦB	Ⅷ			ⅠB	ⅡB	ⅢA	ⅣA	ⅤA	ⅥA	ⅦA	ⅧA
H																	He
32																	93
Li	Be											B	C	N	O	F	Ne
123	89											82	77	70	66	64	112
Na	Mg											Al	Si	P	S	Cl	Ar
154	136											118	117	110	104	99	154
K	Ca	Sc	Ti	V	Cr	Mn	Fe	Co	Ni	Cu	Zn	Ga	Ge	As	Se	Br	Kr
203	174	144	132	122	118	117	117	116	115	117	125	126	122	121	117	114	169
Rb	Sr	Y	Zr	Nb	Mo	Tc	Ru	Rh	Pd	Ag	Cd	In	Sn	Sb	Te	I	Xe
216	191	162	145	134	130	127	125	125	123	134	148	144	140	141	137	133	190
Cs	Ba		Hf	Ta	W	Re	Os	Ir	Pt	Au	Hg	Tl	Pb	Bi	Po	At	Rn
235	198		144	134	130	128	126	127	130	134	144	148	147	146	146	145	220

镧系元素

La	Ce	Pr	Nd	Pm	Sm	Eu	Gd	Tb	Dy	Ho	Er	Tm	Yb	Lu
169	165	164	164	163	162	185	162	161	160	158	158	158	170	158

原子半径在周期表中的变化规律可归纳为：

① 同一主族自上而下，原子半径逐渐增大。这是因为随电子层数的逐渐增加，同一副族自上而下半径一般也增大，但增幅不大，特别是第五和第六周期的副族元素，它们的原子半径十分接近，这是镧系收缩所造成的结果。

② 同一周期从左到右，原子半径逐渐减小，但主族元素比副族元素减小的幅度大得多。这是因为主族元素从左到右，新增加的电子都填充在最外层，它对处于同一层的电子屏蔽作用较小，故每向右移动一元素，有效核电荷增加。副族元素从左到右新增加的电子填充在次外层 d 轨道上，它对外层电子屏蔽作用较大，故有效核电荷增加。所以副族元素比主族元素半径减小缓慢得多。

(2) 电离能和电子亲和能

① 电离能 I

处于基态的气态原子失去一个电子形成气态一价正离子时所需能量称为元素的第一电离能(I_1)。元素气态一价正离子失去一个电子形成气态二价正离子时所需能量称为元素的第二电离能(I_2)。第三、四电离能依此类推，并且 $I_1 < I_2 < I_3 < I_4 \cdots$，由于原子失去电子必须消耗能量克服核对外层电子的引力，所以电离能总为正值，单位常用 $kJ \cdot mol^{-1}$。通常，不特别说明时指的都是第一电离能，其变化趋势见表 4-4。

元素的第一电离能 I_1 的大小与原子的核外电子层数和原子半径及有效核电荷数相关。一般说来，同一周期的元素从左到右有效核电荷数增大。原子半径减小，核对外层电子吸引力增大，因此电离势增大。此外，电子层结构也有一定影响，电子层结构越稳定，电离能也越大。例如，稀有气体具有最稳定的电子结构，所以在同一周期中它的电离能最大。

表 4-4　元素的第一电离能

ⅠA	ⅡA	ⅢB	ⅣB	ⅤB	ⅥB	ⅦB	Ⅷ			ⅠB	ⅡB	ⅢA	ⅣA	ⅤA	ⅥA	ⅦA	ⅧA
H																	He
1312																	2372
Li	Be											B	C	N	O	F	Ne
520	900											801	1086	1402	1314	1681	2081
Na	Mg											Al	Si	P	S	Cl	Ar
496	738											578	787	1012	1000	1251	1521
K	Ca	Sc	Ti	V	Cr	Mn	Fe	Co	Ni	Cu	Zn	Ga	Ge	As	Se	Br	Kr
419	590	631	658	650	653	717	759	758	737	746	906	579	762	944	941	1140	1351
Rb	Sr	Y	Zr	Nb	Mo	Tc	Ru	Rh	Pd	Ag	Cd	In	Sn	Sb	Te	I	Xe
403	550	616	660	664	685	702	711	720	805	731	868	558	709	832	869	1008	1170
Cs	Ba	La	Hf	Ta	W	Re	Os	Ir	Pt	Au	Hg	Tl	Pb	Bi	Po	At	Rn
376	503	538	654	761	770	760	840	880	870	890	1007	589	716	703	812	912	1037

La	Ce	Pr	Nd	Pm	Eu	Gd	Tb	Dy	Ho	Er	Tm	Yb	Lu
538	528	523	530	536	547	592	564	572	581	589	597	603	524

周期表中部分元素的第一电离能变化如图 4-7 所示。

a. 同周期从左到右，电离能总的趋势是逐渐增大，增大的幅度随周期数的增大而减小。这是因为同周期元素的电子层数相同，从左到右有效核电荷数依次增大，原子半径逐渐减

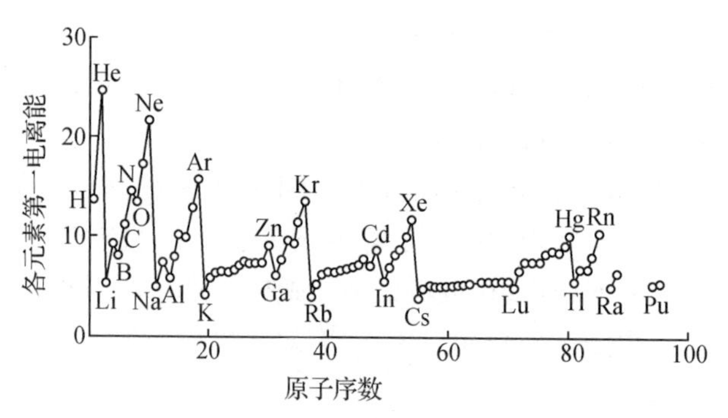

图 4-7　第一电离能与原子序数的关系

小，核对外层电子的引力依次增强，所以电离能逐渐增大。但有些元素的电离能比相邻元素的电离能高些，出现了变化，如氮的比氧大，这些次序的颠倒主要是因为这些元素的外电子层结构达到了全充满或半充满的稳定结构，使它们的电离能突然增大。

b. 同主族自上而下，电离能依次减小，所以元素的金属性依次增加。这是因为同一主族元素的外电子构型相同，从上到下虽然有效核电荷数逐渐增加，但由于电子层数递增，使原子半径显著增大，核对外层电子的引力逐渐减弱，所以电离能逐渐减小。

c. 一般来说，具有 p^3，d^5，f^7 等半充满电子构型的元素都有较大的电离能，即比其前、后元素的电离能都要大。

d. 稀有气体原子与外层电子为 ns^2 结构的碱土金属以及具有 $(n-1)d^{10}ns^2$ 构型的ⅡB族元素，都属于轨道全充满的构型，都具有较大的电离能。

e. 同一周期过渡元素和内过渡元素，由左向右电离能增大的幅度不大，且变化没有规律。

② 电子亲和能

气态原子获得一个电子形成气态－1 价离子所释放的能量，称为该元素的第一电子亲和能，符号为 E，单位常用 $kJ \cdot mol^{-1}$。电子亲和能正负号的规定与焓的正负号规定相反，即放热为正，吸热为负。电子亲和能越大，表示该元素的原子越易获得电子。

在周期表中，电子亲和能变化规律与电离能变化规律基本上相同，即同一周期从左到右总趋势是逐渐增加，同一主族从上到下总趋势是逐渐减小。但都有例外，例如同一主族元素中，电子亲和能最大的不是第二周期元素而是第三周期元素，这是因为第二周期元素原子半径特别小，电子间斥力很强，以致加合一个电子时，释放的能量减小；而第三周期元素的原子半径较大，电子间斥力显著减小，因而加合电子时，释放的能量相应增大。

电子亲和能是衡量元素非金属性强弱的一个重要参数。电子亲和能（指放出的能量）越大，表示元素的原子越容易得到电子，元素的非金属性越强；反之，电子亲和能减小，表示元素的原子越难得到电子，元素的非金属性越弱。

(3) 电负性

电离能和电子亲和能是原子具有的双重性质，元素的电负性是这两种性质的综合表现。所谓电负性，是指分子内原子吸引成键电子的能力，元素电负性越大，原子在分子内吸引成键电子能力越强。鲍林以最活泼的非金属氟为标准，规定其电负性为 4.0，然后通过对比得到其他元素的电负性（见表 4-5），故电负性是一个相对数值，没有单位。

表 4-5　元素的电负性

1	2	3	4	5	6	7	8	9	10	11	12	13	14	15	16	17
H 2.1																
Li 1.0	Be 1.5											B 2.0	C 2.5	N 3.0	O 3.5	F 4.0
Na 0.9	Mg 1.2											Al 1.5	Si 1.8	P 2.1	S 2.5	Cl 3.0
K 0.8	Ca 1.0	Sc 1.3	Ti 1.5	V 1.6	Cr 1.6	Mn 1.5	Fe 1.8	Co 1.6	Ni 1.8	Cu 1.9	Zn 1.6	Ga 1.6	Ge 1.8	As 2.0	Se 2.4	Br 2.8
Rb 0.8	Sr 1.0	Y 1.2	Zr 1.4	Nb 1.6	Mo 1.8	Tc 1.9	Ru 2.2	Rh 2.2	Pd 2.2	Ag 1.9	Cd 1.7	In 1.7	Sn 1.8	Sb 1.9	Te 2.1	I 2.5
Cs 0.8	Ba 0.9	La 1.1	Hf 1.3	Ta 1.5	W 2.4	Re 1.9	Os 2.2	Ir 2.2	Pt 2.2	Au 2.4	Hg 1.9	Tl 1.5	Pb 1.5	Bi 1.9	Po 2.0	At 2.2
Fr 0.7	Ra 0.9	Ac 1.1														

由表 4-5 可见，同周期主族元素，从左到右，电负性递增，表示元素的非金属性逐渐增强，金属性逐渐减弱；同一主族元素，自上而下，电负性一般表现为递减，表示元素的金属性逐渐增强，非金属性逐渐减弱。

在实际工作中，当遇到不熟悉其性质的物质，可以根据其组成元素在周期表中的位置和元素基本性质的周期性来估计这些物质的某些基本性质。如已知磷酸钠的化学式是 Na_3PO_4，可推测砷酸钾的化学式是 K_3AsO_4，因为 K 与 Na 同族，P 与 As 同族。

4.4　化学键和分子结构

物质的性质取决于物质分子的性质，而分子的性质又由分子的内部结构决定。因此研究原子是怎样结合成分子的，对于了解物质的性质及其变化规律具有十分重要的意义。

分子结构通常包括下列内容：一是分子的空间构型或分子形状，它影响着物质的许多理化性质，如极性、熔沸点等；二是化学键，在各种物质分子中，通常把分子内直接相邻的原子之间强烈的相互作用称为化学键。化学键可分为：

(1) 离子键

由原子得失电子后，生成的正、负离子之间靠静电引力而形成的化学键叫做离子键，具有离子键的物质称为离子化合物。离子键的主要特征是没有方向性和饱和性。离子是带电体，它的电荷分布是球形对称的，所以它对各个方向的吸引力是一样的(没有方向性)。只要空间许可，一个离子可以同时和几个电荷相反的离子相吸引(没有饱和性)。当然，这并不意味着每个正、负离子周围的相反电荷离子的数目可以是任意的。实际上，在离子晶体中，每一个正、负离子周围排列的相反电荷离子的数目都是固定的。例如，在 NaCl 晶体中，每个 Na^+ 周围有 6 个 Cl^-，每个 Cl^- 周围也有 6 个 Na^+。

(2) 金属键

金属晶体中,依靠共用一些能够流动的自由电子,使金属原子或离子结合在一起形成的化学键叫做金属键,金属键主要存在于固态或液态金属以及合金中。

(3) 共价键

原子间通过共用电子对结合而成的化学键称为共价键。本章主要讨论共价键的价键理论、杂化轨道理论,同时对分子间作用力、氢键也作简单介绍。

4.4.1 共价键理论

1916 年,美国化学家路易斯(Lewis G N)提出了共价学说,建立了经典的共价键理论。他认为 H_2,N_2 的两个原子间是以共用电子对吸引两个相同的原子核,电子共用成对后每个原子都达到稳定的稀有气体的原子结构:

H∶H　　　∶N⋮⋮N∶

经典共价键理论初步揭示了共价键与离子键的区别,但由于它把电子看成是静止不动的负电荷,因而随着人们对物质结构的进一步认识,该理论产生了许多矛盾。如路易斯理论无法解释在许多化合物中原子外围电子数少于 8(如 $BeCl_2$ 中的 Be)或多于 8(如 PCl_5 中的 P)仍能稳定存在的事实,也无法解释带负电荷的电子之间为何不相互排斥反而可配对成键的原因,更不能说明共价键的特性——具有方向性和饱和性。直到 1927 年,海特勒(Heitler W H)和伦敦(London W)用量子力学处理氢分子体系获得成功后,在此基础上建立了现代价键理论(VB 法)和分子轨道理论(MO 法),上述问题才逐渐得到比较满意的解释。

*4.4.2 现代价键理论

(1) H_2 共价键的形成和本质

从量子力学的原理来处理 H 原子形成 H_2 分子时,出现基态和排斥态两种情况:

① 基态

当两个 H 原子从远处彼此接近时,它们之间的相互作用力渐渐增大。图 4-8 表示了 H_2 形成过程中能量随核间距的变化。如果自旋方向相反,在到达平衡距离 R_0 以前,随着 R 的减小,电子运动的空间轨道发生重叠,电子在两核间出现机会较多,即电子密度较大,体系的能量随着 R 的减小而不断降低。直到 $R=R_0$,能量达到最低,原子间的相互作用主要表现为吸引,这种吸引作用使 H 原子生成 H_2 分子时放出能量,以达到稳定状态,这种状态称为 H_2 分子的基态。在达到平衡并进一步缩小距离时,原子核之间存在斥力,使体系的能量迅速升高,这种排斥作用又将 H 原子核推回平衡位置。因此,稳定状态的 H_2 分子中的两个原子,是在平衡距离 R_0 附近振动,故 R_0 为 H_2 的核间距离。

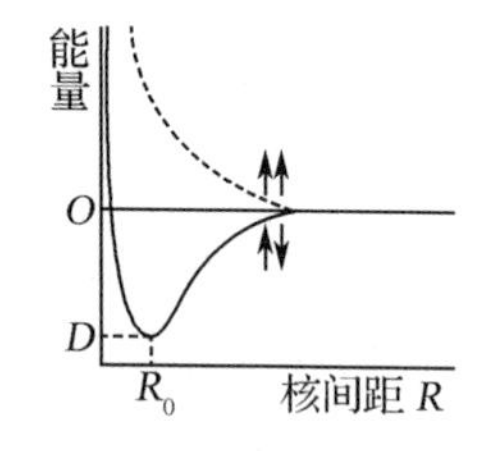

图 4-8　H_2 形成过程能量随核间距离的变化

② 排斥态

当两个电子自旋方向相同的 H 原子互相靠近时,不发生重叠,整个体系能量升高,两个 H 原子不可能结合成 H_2 分子,这种状态称为 H_2 分子的排斥态。

(2) 价键理论的基本要点

将量子力学处理 H_2 分子的方法进行发展得到的价键理论，其基本要点如下：

① 自旋方向相反的未成对电子的原子相互接近时，可形成稳定的共价键。

② 成键电子的原子轨道重叠越多，两个核间的电子云密度也越大，形成的共价键越稳定，称为原子轨道最大重叠原理。

(3) 共价键的特征

① 饱和性

一个原子有几个未成对电子时，便可和几个自旋方向相反的电子配对成键。这便是共价键的“饱和性”。例如，H 原子的电子和另一个 H 原子的电子配对后，形成 H_2，H_2 则不能再与第三个原子配对了，所以不可能有 H_3 生成。

② 方向性

根据原子轨道的最大重叠原理，共价键的形成将沿着原子轨道最大重叠的方向进行，这样两核间的电子云最密集，形成的共价键就最牢固。这就是共价键的方向性。例如，氢原子的 1s 电子与氯原子的一个未成对电子(设处于 $2p_x$ 轨道)成键时，只有沿着 x 轴的方向才能达到最大限度的重叠。如图 4-9 中(a)所示的方向，而(b)，(c)所示的方向均不能达到最大限度的重叠。

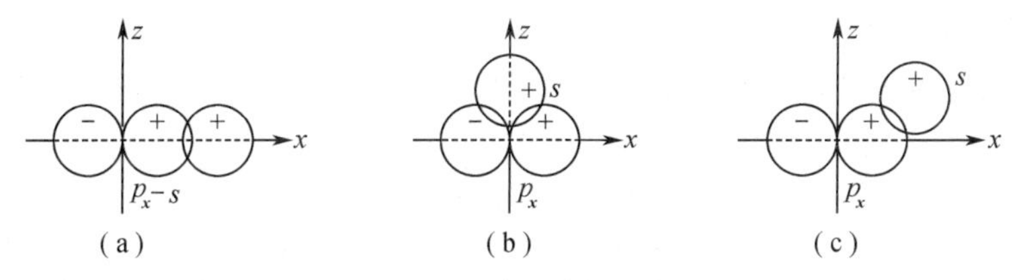

图 4-9 HCl 分子成键示意图

(4) 共价键的类型

按原子轨道重叠方式的不同，可以将共价键分为 σ 键和 π 键两种类型(如图 4-10 所示)。

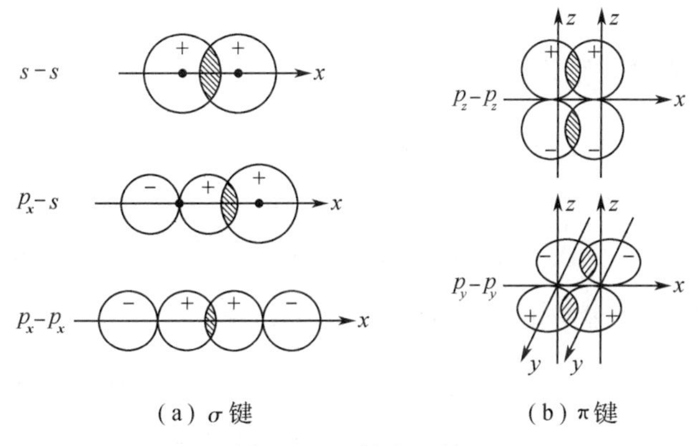

图 4-10 σ 键和 π 键

① σ 键

当两个原子轨道沿着键轴的方向以“头碰头”的方式重叠，即沿电子概率密度(电子云)最大方向头碰头重叠，形成的共价键为 σ 键。σ 键的特点是轨道重叠部分沿键轴呈圆柱对

称，由于原子轨道在轴向上能发生最大限度重叠，所以σ键键能大，稳定性高。

② π键

当两个原子轨道沿着键轴方向以平行或“肩并肩”方式重叠，形成的共价键称为π键。π键的特点是轨道重叠部分对通过键轴的平面呈镜面反对称，电子密集在键轴的上面和下面。

通常共价单键都是σ键，共价双键包含1个σ键和1个π键，共价叁键包含1个σ键和2个π键。

4.4.3 杂化轨道理论

原子轨道在成键的过程中并不是一成不变的。同一原子中能量相近的某些原子轨道，在成键过程中重新组合成一系列能量相等的新轨道，从而改变了原有轨道的状态。这一过程称为“轨道杂化”，所形成的新轨道叫做“杂化轨道”(如图4-11 所示)。杂化轨道理论的要点包括：

(1) 只有能量相近的原子轨道才能进行杂化，同时只有在形成分子的过程中才会发生杂化，而孤立的原子是不可能发生杂化的。

(2) 杂化轨道的成键能力比原来未杂化轨道的成键能力强。因为杂化后原子轨道的形状发生变化，电子云分布集中在某一方向上，比未杂化轨道的电子云分布更为集中，重叠程度增大，成键能力增强。

(3) 杂化轨道的数目等于参加杂化的原子轨道的总数，即n个原子轨道杂化就形成n个杂化轨道。

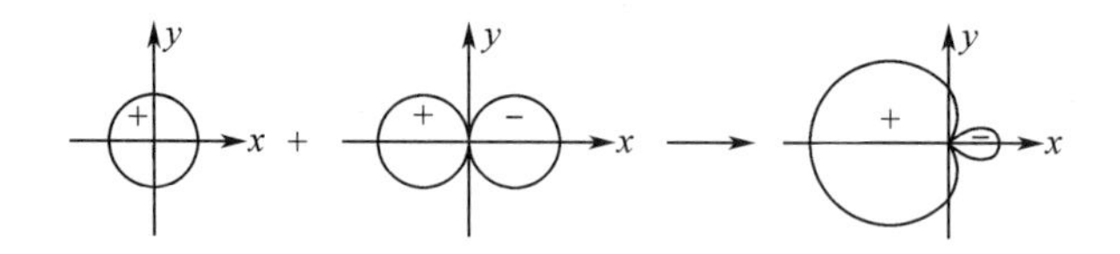

图4-11　一个s轨道与一个p轨道经杂化所得的杂化轨道形状

4.4.4 杂化轨道的类型

根据参加杂化的原子轨道类型及数目的不同，可将杂化轨道分成以下几类。

(1) sp杂化轨道

由一个ns轨道和一个np轨道发生的杂化，称为sp杂化，杂化后形成的两个等同的sp杂化轨道，其特点是每个sp杂化轨道中含有$\frac{1}{2}$个s轨道和$\frac{1}{2}$个p轨道的成分。sp杂化轨道间夹角为180°，呈直线型，气态的$BeCl_2$分子中Be原子属于这种类型的杂化。Be原子的电子构型是$1s^2 2s^2$，从表面看基态的Be原子似乎不能形成共价键，但是在激发态下，Be的一个$2s$电子可以进入$2p$轨道，使Be原子的电子结构成为$1s^2 2s^1 2p^1$。与此同时，Be原来的$2s$轨道和一个刚跃进一个电子的$2p$轨道发生杂化，形成两个sp杂化轨道，Be原子的两个sp杂化轨道分别与Cl原子的$3p$轨道重叠形成两个Be-Cl σ键。由于杂化轨道间的夹角为180°，

所以形成的 $BeCl_2$ 分子的空间结构是直线型的，如图 4-12 所示。

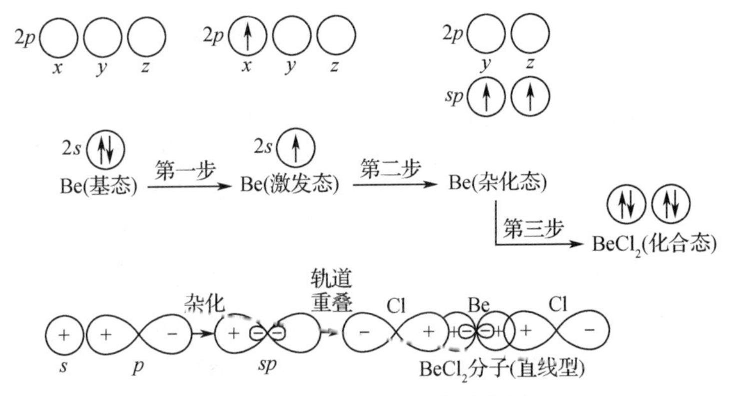

图 4-12 $BeCl_2$ 分子形成示意图

(2) sp^2 杂化轨道

由一个 ns 轨道和两个 np 轨道组合产生的杂化，杂化后形成三个等同的 sp^2 杂化轨道，每一个 sp^2 杂化轨道含有 $\frac{1}{3}$ 个 s 轨道和 $\frac{2}{3}$ 个 p 轨道的成分。

例如 BF_3 分子的形成，B 原子的价电子层结构为 $2s^2 2p^1$，成键时 B 原子中的一个 $2s$ 电子可以被激发到一个空的 $2p$ 轨道，使基态的 B 原子转变为激发态的 B 原子（$2s^1 2p^2$），与此同时，B 原子的 $2s$ 轨道与各填有一个电子的两个 $2p$ 轨道发生 sp^2 杂化，形成三个等同的 sp^2 杂化轨道（如图 4-13 所示）。

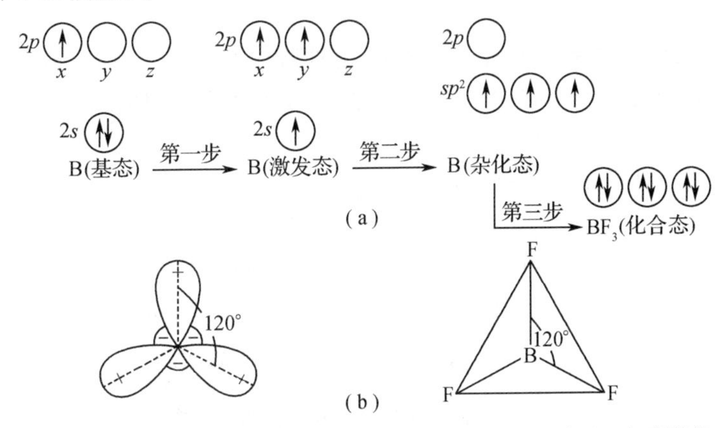

图 4-13 BF_3 分子形成 sp^2 杂化轨道空间取向和 BF_3 平面三角形结构

(3) sp^3 杂化轨道

由一个 ns 轨道和三个 np 轨道杂化形成的轨道叫做 sp^3 杂化轨道，CH_4 中的 C 原子就是采用这种杂化方式。由于 C 原子的 $2s$ 和 $2p$ 轨道能量比较接近，$2s$ 轨道的成对电子有一个被激发到 $2p$ 轨道上，与此同时，一个 s 轨道与三个 p 轨道杂化而成能量等同的四个 sp^3 杂化轨道（如图 4-14 所示）。

其中每个 sp^3 杂化轨道含有 $\frac{1}{4}$ 个 s 轨道和 $\frac{3}{4}$ 个 p 轨道的成分，四个 sp^3 杂化轨道与四个 H 原子的 $1s$ 轨道重叠形成四个 sp^3-$s\ \sigma$ 键，构成具有正四面体空间结构的 CH_4 分子。

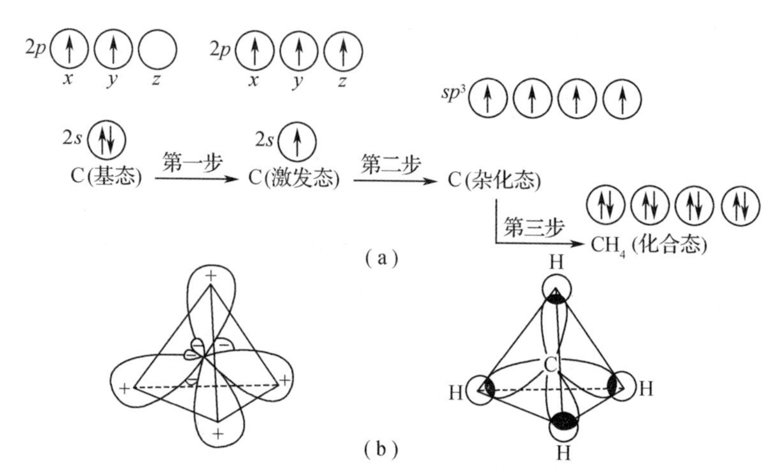

图 4-14　C 原子的轨道杂化和 CH_4 分子的立体结构

4.4.5　分子间的作用力与氢键

(1) 分子的极性

任何原子和由原子组成的分子都是由带正电荷的原子核和带负电荷的电子组成的。正如物体有重心一样，任何一个分子都有正电荷重心和负电荷重心，当正、负电荷重心重合时，该分子称为非极性分子，当正、负电荷不重合时，即形成正、负电的两极——偶极，称为极性分子。

(2) 分子间作用力

气体能凝结成液体，固体表面有吸附现象，毛细管内的液面会上升，粉末可压成薄片等，这些现象都证明分子与分子间有作用力存在，称为分子间力，也称范德华力，但分子间作用力不是化学键。

范德华力一般包括三个部分：取向力、诱导力、色散力。

① 取向力

它产生于极性分子之间。当两个极性分子充分接近时，产生同极相斥，异极相吸，使分子偶极定向排列而产生的静电作用力叫做取向力（如图 4-15 所示）。

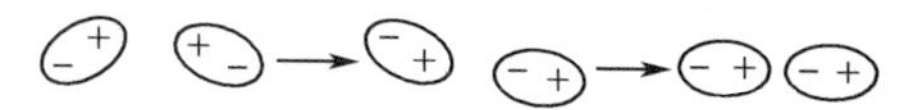

图 4-15　两个极性分子相互作用示意图

② 诱导力

当极性分子与非极性分子充分接近时，极性分子使非极性分子变形而产生的偶极称诱导偶极。诱导偶极与固有偶极间的作用力叫诱导力。当然，在极性分子之间也存在诱导力（如图 4-16 所示）。

图 4-16　极性分子与非极性分子相互作用示意图

③ 色散力

在非极性分子中，本身没有偶极，不存在取向力，也不能产生诱导力，但由于电子的运动和原子核的振动，经常使电子云和原子核在某一瞬间发生瞬间位移，使正、负电荷重心不相重合，产生瞬时偶极。虽然瞬时偶极存在的时间极短，但在不断地重复着，使得这些瞬时偶极总是保持着相互吸引，分子之间始终存在作用力，我们把这种力叫做色散力。色散力的大小主要与分子的变形性有关，一般来说，分子的体积越大，其变形性越大，则色散力也越大。

既然色散力产生于原子核和电子作相对位移时所产生的瞬间偶极，因此它普遍存在于各种分子之间。

由上可知，取向力存在于极性分子之间，诱导力存在于极性分子和非极性分子之间、极性分子和极性分子之间，而色散力则存在于任何分子间。

综上所述，分子间力具有下述特性：a. 它是存在于分子间的一种作用力；b. 分子间力没有方向性和饱和性；c. 它是近距离的作用力，作用范围约为几百皮米(pm)；d. 三种作用力中色散力是主要的，诱导力是次要的，取向力只是在较大的极性分子间占一定的比例。

分子间作用力与物质的熔点、沸点、聚集状态、溶解度等性质有十分紧密的关系：一般分子间作用力越大，物质的熔、沸点越高，聚集状态从气态过渡到固态。如 F_2，Cl_2，Br_2，I_2 都是非极性分子，随着相对分子质量的增大，分子间色散力逐渐增大，从而熔、沸点依次升高，且常温常压下 F_2，Cl_2 为气态，Br_2 为液态，I_2 呈固态。

(3) 氢键

实验证明，有些物质的一些物理性质具有反常现象。如水的比热特别大，水的密度在 277 K 时最大，水的沸点比氧族同类氢化物的沸点高等。同样，NH_3，HF 也具有类似反常的物理性质。人们为了解释这些反常的现象，提出了氢键学说。

研究结果表明，当氢原子与电负性很大、半径又很小的原子(氟、氧或氮等)形成共价型氢化物时，由于二者电负性相差甚大，共用电子对强烈地偏向于电负性大的原子一边，而使氢原子几乎变成裸露的质子，且具有极强的吸引电子的能力，这样氢原子就可以和另一个电负性大且含有孤对电子的原子产生强烈的静电吸引，这种吸引力就叫氢键。

$$X—H\cdots Y$$

① 氢键的特点

a. 饱和性

氢原子很小，在它周围容不下两个或两个以上的电负性很强的原子，这使得一个氢原子只能形成一个氢键。即每一个 X—H 只能与一个 Y 原子形成氢键。

b. 方向性

氢键的方向性是指 Y 原子与 X—H 形成氢键时，为减少 X 与 Y 原子电子云之间的斥力，应使氢键的方向与 X—H 键的键轴在同一方向，即使 X—H…Y 在同一直线上。

② 氢键的类型

a. 分子间氢键

氢键在分子之间生成的称为分子间氢键。通过分子间氢键，分子可以缔合成多聚体。例如常温下，水中除有 H_2O 外，尚有 $(H_2O)_2$，$(H_2O)_3$。

由于分子缔合使分子的变形性增大及“相对分子质量”增加，使分子间作用力增加，物质的熔点和沸点随之升高。

b. 分子内氢键

氢键不仅在分子间形成，也能在分子内形成，在分子内形成的氢键称为分子内氢键。如邻硝基苯酚，或在苯酚邻位上有—CHO，—COOH，—OH 等时，均可形成氢键。

分子间氢键　　　　分子内氢键

物质的许多理化性质都要受到氢键的影响，如熔点、沸点、溶解度等。形成分子间氢键时，化合物的熔、沸点会显著升高。这是由于要使液体气化或固体熔化，不仅要破坏分子间的范德华力，还必须给予额外的能量去破坏分子间的氢键。

氢键能准确地保持生物大分子的形状。例如，脱氧核糖核酸（简称 DNA）是一种特别复杂的生物大分子，其组分基团（核苷酸）被排列在由两个内部连锁的链组成的双螺旋结构中，在一个叫做“复制”的过程中，两条链发生解链，各自通过氢键形成而复制出与之互补的另一条链，于是形成两个新的 DNA 分子。DNA 链中核苷酸及其碱基的特定顺序，决定了所谓的遗传密码，指导着生物体中各种蛋白质的合成。所以，上述复制过程得以把遗传特征一代一代地遗传下来。氢键是保持 DNA 分子双螺旋结构形状的主要原因。氢键由于键能小，容易快速地拆开及重新形成，因而便于复制过程的进行。倘若要拆开等物质的量的共价键，则耗能很大，同时也会破坏生物体本身。

本章小结及学习要求

1. 原子、分子、电子等微观粒子具有波粒二象性，其运动规律与宏观物体不同，必须用量子力学来描述它。

2. 原子轨道及其相应的电子云的能量、形状和取向，可由主量子数 n、角量子数 l 和磁量子数 m 来确定。但要完整地描述一个电子的运动状态，还需要包括电子自旋部分，它由自旋量子数 m_s 来确定。

3. 按照能量最低原理和鲍林（Pauling）不相容原理，可得出一般元素原子的核外电子排布，但也有不少例外。必须注意，电子的真实排布应以实验为依据。

4. 元素性质呈周期性变化

（1）原子半径的递变规律：在短周期中，从左到右原子半径依次减小。在长周期中，主族元素原子半径的递变规律和短周期相似。副族元素原子半径递变缓慢。

在同族中，主族元素自上而下原子半径逐渐增大，副族元素从上到下原子半径变化不明显。

（2）电负性的递变规律：在同一周期中，自左到右电负性依次增大，金属性逐渐减弱，非金属性逐渐增强。在同族里，从上而下电负性逐渐减小，金属性逐渐增强，非金属性逐渐减弱。

5. 化学键由分子内粒子间强烈的相互作用而形成，它说明原子是如何形成分子的。

离子键是原子间以正、负离子的静电引力所产生的化学结合力。离子键的特征是没有方向性和饱和性。

共价键是原子间靠共用电子对所产生的化学结合力。共价键有 σ 键与 π 键两种类型，其特征是有方向性和饱和性。

6. 分子有极性分子和非极性分子两种类型。它不但与键的极性有关,而且与分子的构型有关。

7. 分子间作用力包括取向力、诱导力和色散力,它没有方向性和饱和性。分子间作用力存在于各种分子之间,对物质的性质影响很大。

8. 分子间除范德华力外,还有一种特殊的力——氢键。氢键有分子间氢键和分子内氢键。氢键的形成对物质的性质有一定影响。

【阅读材料】

门捷列夫与元素周期表

在19世纪初期,人们已经发现了不少元素。在这些元素的状态和性质方面,有些极为相似,有些则完全不同,有些元素在某些性质方面很相似,但在另一些方面却又差别很大。化学家们很自然地产生了一种寻求元素之间内在联系,从而把元素进行科学分类的要求。科学家们在这方面做了不少的工作,曾发表了部分元素间相互联系的论述。

1829年,德国段柏莱纳根据元素性质的相似性,提出"三素组"的分类法,并指出每组中间元素的相对原子质量大约等于两端的元素相对原子质量的平均值。但他当时只排了五个三素组,还有许多元素没找到其间相互联系的规律。

1864年,德国迈耶按元素的相对原子质量顺序把元素分成六组,使化学性质相似的元素排在同一纵行里,但也没有指出相对原子质量跟所有元素之间究竟有什么联系。

1865年,英国纽兰兹把当时所知道的元素按相对原子质量增加的顺序排列,发现每个元素与它的位置前后的第七个元素有相似的性质。他称这个规律为"八音律"。他的缺点在于机械地看待相对原子质量,把一些元素(Mn,Fe等)放在不适当的位置上而把表排满,没有考虑发现新元素的可能性。

直到1868年,迈耶发表了著名的原子体积周期性图解,都未找出元素间最根本的内在联系,但却一步步地向真理逼近,为发现元素周期律开辟了道路。

俄国化学家门捷列夫总结了前人的经验,经过长期研究,花了很大的精力寻求化学元素间的规律,终于在1869年发现了化学元素周期律。一位彼得堡小报的记者向他打听成功的奥秘:"你是怎样想到你的周期律的?"门捷列夫哈哈笑着答道:"这个问题我大约考虑了28年,而他们却认为,坐着不动,5个戈比1行、5个戈比1行地写着,突然就成了。事情并不是这样!"

门捷列夫的"周期表"比纽兰兹的"八音律"元素表更为复杂,也更接近我们今天认为是正确的东西。当某一元素的性质使他不能按相对原子质量排列时,门氏就大胆地把它的位置调换一下。他这样做的根据是元素的性质比元素的相对原子质量更为重要,后来终于证明他这样做是正确的。例如碲的相对原子质量是127.61,如果按相对原子质量排,它应排在碘的后面,因碘的相对原子质量是126.91。但是,在周期表中,门捷列夫把碲提到碘的前面,以便使它位于性质和它极为相似的硒的下面,并使碘位于性质和碘极为相似的溴的下面。

最重要的一点,在排列不致违背既定的原则时,门捷列夫就毫不犹豫地在周期表中留出空位,并以一种似乎是非常大胆的口气宣布:位于空位的元素将来一定会被发现。不仅如此,他还用表中待填补进去的元素的上、下两个元素的特性作为参考,指出它们的大致性状。他所预言的三种元素,在他在世时全部都已被发现了。因此,他亲眼看到了他提出的这个体系的胜利,这多让人高兴!

1875年,法国化学家德布瓦博德朗发现了第一个待填补的元素,定名为镓。1879年,瑞典化学家尼尔森发现了第二个待填补的元素,定名为钪。1886年,德国化学家文克勒又发现第三个待填补的元素,定名为锗。这三个元素的性状都和门捷列夫的预言几乎完全相符。门捷列夫由此而闻名于全世界,他光荣地担任了世界上一百多个科学团体的名誉会员。

门捷列夫的兴趣非常广泛,他对物理学、化学、气象学、流体力学等学科都有许多贡献。他的生活却十

分简朴，他的衣服式样常常落后别人十年甚至二十年，但他毫不在乎地说："我的心思在周期表上，不在衣服上。"

门捷列夫的一生，可用他自己的"人的天资越高，他就应该更多地为社会服务"来说明之。

门捷列夫1834年2月7日出生于一个多子女家庭。父亲是一位中学校长，他出生那年，父亲突然双目失明，不得不停止工作。门捷列夫在艰难的环境中成长。不久，父母先后去世，门捷列夫进入一个边远城市的中学上学，那里教育水平很差。在大学一年级时，他是全班28名学生中的第25名。但他奋起直追，大学毕业时便跃居第一名，荣获金质奖章，23岁时成为副教授，31岁时成为教授。

门捷列夫在写作《有机化学》一书时，几乎整整两个月没有离开书桌。他在1869年至1871年写成《化学原理》。他还在溶液水化理论、气体压力、液体的膨胀、气体的临界温度、煤的地下气化等研究方面做出了贡献。晚年，为了研究日食和气象，他自费建造热气球。热气球制好后，原设计坐两人，由于充气不够，只能坐一个人。他不顾朋友的劝阻，毅然跨进热气球吊篮里，成功地观察了日食。这种不怕艰险献身科学的精神，深深感动了他的朋友们。

门捷列夫年过七旬后，积劳成疾，双目半盲。但他仍然每天清早开始工作，一口气写到下午五点半，饭后又接着写作。1907年1月20日清晨5时，他因肺炎逝世，时年73岁。当时他面前的写字台上还放着一本未写完的关于科学和教育的著作。在他临去世时，手里还握着笔。长长的送葬队伍达几万人之多，队伍前面，既不是花圈，也不是遗像，而是几十位学生抬着的大木牌，牌上画着化学元素周期表——他一生的主要功绩！

习　题

4-1 区别下列概念：

(1) 定态、基态和激发态；

(2) 波长、波数和频率；

(3) 电子的粒性和波性；

(4) 核电荷与有效核电荷；

(5) 共价半径、金属半径和范德华半径；

(6) 离子化合物与共价化合物；

(7) 极性键与非极性键；

(8) 极性分子与非极性分子。

4-2 玻尔理论有哪几条主要假设？说明什么问题？玻尔理论有哪些缺点？

4-3 四个量子数各自的意义是什么？它们的取值有何联系？

4-4 离子键和共价键有什么不同？离子化合物和共价化合物在性质上有什么不同？

4-5 下列各组量子数中哪些是错误的？为什么？

(1) $n=3, l=2, m=+2, m_s=+\frac{1}{2}$；

(2) $n=3, l=0, m=-1, m_s=+\frac{1}{2}$；

(3) $n=2, l=2, m=+2, m_s=-\frac{1}{2}$；

(4) $n=2, l=-1, m=0, m_s=-\frac{1}{2}$。

4-6 选择题(每题只有一个答案是正确的)：

(1) 决定多电子原子电子能量的量子数为(　　)。

A. n, l, m　　B. n, l　　C. n　　D. n, l, m, m_s

(2) 在原子中填充电子必须遵循能量最低原理，这里的能量最低是指(　　)。

A. 原子总能量　　B. 电子核势能　　C. 原子轨道能　　D. 电子动能

(3) 在周期表中(　　)区的原子不可能出现最外层只有一个 $l=0$ 的电子。

A. s　　B. p　　C. d　　D. ds

(4) 下列分子或离子中，空间构型为"V"形的是(　　)。

A. CS_2　　B. HCN　　C. H_2S　　D. $HgCl_2$

(5) 下列化合物分子间不存在氢键的有(　　)。

A. H_3BO_3　　B. N_2H_4　　C. C_6H_6　　D. $C_6H_5NH_2$

4-7 完成下列表格：

原子序数	电子排布	价电子构型	周期	族	元素分区
24					
	$1s^2 2s^2 2p^6 3s^2 3p^6 3d^{10} 4s^2 4p^5$				
		$4d^{10} 5s^2$			
			六	ⅡA	

4-8 A,B两元素,A原子的M层和N层的电子数分别比B原子的M层和N层的电子数多8个和3个。写出A,B两原子的电子排布式和元素符号,并指出推理过程。

4-9 判断下列分子是否具有极性。

H_2　NO　HF　H_2S　$HgBr_2$　HCN　CH_4　PH_3　SO_2

4-10 指出具有下列性质的元素(稀有气体除外)：

(1) 原子半径最大和最小；　　(3) 电负性最大和最小；

(2) 电离能最大和最小；　　(4) 电离亲和能最大。

4-11 指出下列各分子的中心原子是采用哪种杂化类型成键的,并指出其几何构型。

$HgCl_2$　BBr_3　SiH_4　CCl_4　PH_3　H_2S

4-12 指出下列各组物质的分子间存在何种作用力。

(1) CCl_4 和 C_2H_6　　(2) NH_3 和 C_6H_6　　(3) CH_3COOH 和 H_2O

(4) CO_2 和 H_2O　　(5) $CHCl_3$ 和 CH_2Cl_2　　(6) HCHO 和 C_2H_5OH

4-13 下列化合物中,哪些化合物自身分子间能形成氢键?

$CHCl_3$　H_2O_2　CH_3CHO　H_3BO_3

H_3PO_4　$(CH_3)_2O$　CH_3COCH_3　$C_6H_5NH_2$

第5章　分析化学概论

分析化学是研究物质化学组成的分析方法及其有关理论的一门学科。本章将重点介绍定量分析中的误差及其表示方法、测定值的修约和计算规则及滴定分析的基本原理和有关计算等。

5.1　概述

5.1.1　分析化学的任务和作用

分析化学是化学学科的一个重要分支，现代分析化学可以认为是化学信息的科学，包括各种化学信息的产生、获得和处理的研究。

在实际工作中，首先必须了解物质含有哪些组分，然后根据待测组分的含量、性质和对测定的具体要求选择适当的定量分析方法。分析化学的任务是：

(1) 鉴定物质的化学组成(包括元素、离子、基团、化合物等)；

(2) 推测物质的化学结构；

(3) 测定物质中有关组分的含量等。

分析化学在化学各学科的发展中都有着很大的实用意义，而且，它与其他学科领域也有着密切的关系，如物理学、医药学、环境科学、海洋学、天文学、考古学等。分析化学在工农业生产、国防建设和科学研究中都有很大的实际意义。例如在工业生产上，对于矿山的开采、原料的选择、工艺流程的控制、成品的检验、新产品的试制以及环境的监测与“三废”(废水、废气、废渣)的处理和利用等，都必须以化学分析结果为重要依据，确保产品质量。在农业生产中，土壤的性质、灌溉用水、作物生长过程研究以及化肥、农药等科学种田措施，都要用到分析化学。在国防建设上，像人造卫星、核武器的研究和生产以及半导体材料、原子能材料、各种特殊材料的研究和生产也都要应用分析化学。因此，人们常把分析化学称为生产、科研的“眼睛”。由此可见，分析化学在为我国实现工业、农业、国防和科学技术现代化的宏伟蓝图中起着重要的作用。

分析化学不仅对化学各学科的发展起着重要的作用，许多化学定律及理论都是用分析化学方法加以确证的，只要涉及化学现象，几乎都需要分析测试。生物学的各专业都经常需要利用分析化学去解决科学研究中的许多具体问题。特别是近年来，微量元素与人体健康的关系受到重视，分析化学在生物学中的实用意义就更加显著了。例如，研究人体中的生命元素，包括人体必需的宏量元素和微量元素，还有一些有害元素，以及它们在生物体内的含量和作用等。总之，只要涉及化学现象，分析化学就被作为一种重要的手段广泛地应用到科学研究工作中。又如研究动植物的生长与化学元素的关系，也需借助于分析化学。因此，分析化学是生物学科各专业的一门很重要的基础课程。

分析化学是一门实践性很强的学科，因此，学生在学习中必须十分重视实验基本操作的训练，加强理论联系实际。通过本课程的学习，学生要掌握分析化学的基本原理和主要的分析测定的方法，树立准确的“量”的概念；在实验课中，培养严格、认真和实事求是的科学态度及严谨细致的实验作风，正确掌握科学实验技能，培养和提高分析问题、解决问题的能力。

5.1.2 分析方法的分类

根据分析工作的目的和任务、分析对象、测定原理、操作方法和具体要求的不同，分析方法分为许多种类。

(1) 定性分析、定量分析和结构分析

根据分析工作的目的不同，分析方法可分为定性分析(qualitative analysis)、定量分析(quantitative analysis)和结构分析(structural analysis)：定性分析的任务是鉴定物质由哪些元素、原子团、官能团或化合物所组成；定量分析的任务是测定物质中有关组分的含量；结构分析的任务是研究物质的分子结构或晶体结构，以及状态分析、表面分析和微区分析等。

(2) 无机分析和有机分析

根据分析对象的不同，分析方法可以分为无机分析(inorganic analysis)和有机分析(organic analysis)。无机分析的对象是无机物，通常要求鉴定试样是由哪些元素、离子、原子团或化合物组成的，以及测定各种成分的含量，有时也要求测定它们的存在形式(物相分析)。有机分析的对象是有机物，它除了鉴定组成元素外，主要是进行官能团分析和结构分析。

(3) 化学分析和仪器分析

根据分析方法所依据的物理或化学性质，分析方法又可分为化学分析法(chemical analysis)和仪器分析法(instrumental analysis)。

① 化学分析法

以物质的化学反应为基础的分析方法称为化学分析法，它是分析化学的基础，历史悠久，所以又称经典分析法。化学分析法主要有重量分析法和滴定分析法。

a. 重量分析法

重量分析法中以沉淀法为主，它是通过称量反应产物(沉淀)的质量以确定被测组分在试样中含量的方法。如测定试样中氯的含量时，先称取一定量试样，将其转化为溶液，然后在一定条件下加入 $AgNO_3$ 沉淀剂，使之生成 AgCl 沉淀，经过滤、洗涤、烘干、称量，最后通过化学计量关系求得试样中氯的含量。该法准确度高，适用于含量为1%以上的常量组分分析，但操作费时、繁琐。

b. 滴定分析法

它是先将试样转化成溶液，在适宜的反应条件下，再用一种已知准确浓度的试剂溶液(标准溶液)，由滴定管滴加到试样溶液中，利用适当的化学反应(酸碱反应、配位反应、沉淀反应或氧化还原反应等)并使其定量进行后，通过指示剂测出到达化学计量点时所消耗标准溶液的体积，然后根据反应的化学计量关系求得被测组分的含量。该法准确度高，适用于常量分析，较重量法简便、快捷，因此应用非常广泛。

② 仪器分析法

以物质的物理性质和物理化学性质为基础的分析方法称为物理化学分析法。这类方法都需要较特殊的仪器，故一般又被称为仪器分析法。最主要的有以下几种：

a. 光学分析法

通常包括吸光光度法(包括比色法、可见和紫外吸光光度法、红外吸光光度法等)和发射光谱分析法(包括发射光谱法、火焰光度法等)，是根据物质受到热能或电能的激发后所发射的特征光谱来进行定性及定量分析的方法。原子吸收光谱分析法，是基于被测物质所产生的原子蒸气对其特征谱线的吸收作用来进行定量分析的方法。

b. 电化学分析法

是根据被分析溶液的各种电化学性质来确定其组成及含量的分析方法。主要包括电位分析法、极谱分析法、电解分析法、电导分析法等。

c. 色谱分析法

主要有液相层析法(包括柱层析、纸层析、薄层层析等)、气相层析法等。

现代仪器分析法还有质谱法，核磁共振波谱法，传感器、电子探针和离子探针微区分析法以及放射化学分析法等。

以上各种分析方法各有特点，也各有一定的局限性，通常要根据被测物质的性质、组成、含量和对分析结果准确度的要求等来选择最适当的分析方法进行测定。此外，绝大多数仪器分析测定的结果必须与已知标准作比较，所用标准往往需用化学分析法进行测定，因此化学分析法和仪器分析法是互为补充的。

(4) 常量分析、半微量分析、微量分析和超微量分析

根据试样的用量及操作方法不同，可分为常量分析(macro analysis)、半微量分析(little analysis in half)、微量分析(little analysis)和超微量分析(trace analysis)(见表 5-1)。

表 5-1　各种分析方法的试样用量

方　法	试样重量(mg)	试样体积(mL)
常量分析	>100	>10
半微量分析	10～100	1～10
微量分析	0.1～10	0.01～1
超微量分析	<0.1	<0.01

必须指出，上述分析方法的试样用量并非被测组分的含量。通常根据被测组分的百分含量(质量分数或体积分数)，又粗略地分为常量(>1%)、微量(0.01%～1%)和痕量(<0.01%)成分的分析。

5.1.3　定量分析的一般程序

定量分析的一般程序大致可分为试样的采集、分解制备、预处理、测定和分析结果的计算等步骤。

(1) 试样的采集

从大量的分析对象中抽取一小部分作为分析材料的过程称为取样，所取的分析材料称

为试样或样品。分析测定中所需试样的量较少，一般在零点几克至几克，而可供测定的物质往往是大量的，如测定河水的水质，空气污染程度，进行土壤、矿石分析等。为保证所采集到的部分试样具有与整体试样完全相同的性质，一般都要遵守如下规则：首先，根据样品的性质和测定要求确定取样量；其次，试样的组成与整体物质的组成应一致，确保试样的代表性；最后，对所采集的试样必须妥善保存，避免因吸湿、光照、风化或与空气接触而发生变化，以及由容器壁的侵蚀导致污染等。采样的具体方法依分析的对象而定：

a. 采集气体试样：根据待测组分在大气中的存在状态、浓度以及测定方法的灵敏度，选用适当的大气采样设备，在短时间内采集需要的样品，并立即测定。

b. 采集液体试样：如测定水样，采样点的布设原则依被测对象而异。如检测江河、湖泊、海洋或表层水、深层水、污水、天然水等水样时，采样方法均不同。实际工作中，各领域针对测定对象，有各自适当的采样原则和方法。

c. 采集固体试样：依分析材料的性质、均匀程度、数量多寡以及分析项目的不同而异，通常按多点采样原则采集原始样品，原始样取好后，再经破碎、过筛、混合和缩分，制成分析试样。常用的缩分法为四分法，即把原始试样堆成台锥形，尖端稍加削平，通过顶部中心分为十字形四等分，弃去对角线两部分，如此缩分直到所需量为止。

(2) 试样的贮存、分解和制备

在处理和保存试样的过程中，应防止试样被污染、吸附损失、分解、变质等。例如，蛋白质和酶容易变性失活，应放置在稳定的条件下贮存或取样后立刻进行分析。对生物体液有时可直接进行分析。若蛋白质的存在对某些组分的测定有干扰，应事先除去。试样为固体时，应先处理成溶液，分解试样可用溶剂或熔剂处理。熔融法一般仅用于溶剂不能分解的物质，因此，必须先选择合适的试样分解方法将待测组分转化成溶液之后再进行测定。

(3) 试样的预处理

在分析工作中，除少数分析方法(如差热分析、发射光谱、红外光谱等)为干法外，大多为湿法分析，即先将试样分解后制成溶液再进行分析。因此，应称取一定质量的试样进行预处理。试样的预处理是定量分析的首要步骤，应满足以下两个条件：

① 试样必须分解完全，待测组分不应损失且其状态应有利于测定。

② 分解过程中不应引入干扰物质和待测组分。试样的性质不同，预处理的方法也不同。无机物试样的处理方法通常有酸溶、碱溶和熔融法。若生物样品中有机物的测定较多，通常可通过溶剂萃取、挥发和蒸馏的方法分离后再进行测定。

经过预处理后的试样，有的将全部用于分析；有的先定量地稀释到一定体积，然后再取其中的一部分进行分析。在分析测定前，有的还要分离或掩蔽干扰成分、调节酸碱度、进行氧化还原处理等。总之，预处理是为了保证能够方便准确地进行测定。

(4) 分析测定

根据被测组分和共存组分的含量和性质，以及对分析结果准确度的要求等许多因素，选择合适的测定方法。

(5) 计算分析结果

根据试样质量、测定所得的数据和分析测定中有关化学反应的计量关系，计算试样中被测组分的含量。常量成分的分析结果多以质量分数(%)来表示，痕量成分则分别以 10^6 分

之几如 $\mu g \cdot g^{-1}$ 或 $mg \cdot kg^{-1}$（固相混合物）、$\mu L \cdot L^{-1}$（液体或气体的体积混合物）和 $mg \cdot L^{-1}$（固体物质的水溶液）来表示。对分析结果应进行评价，判断分析结果的可靠性。

5.2 定量分析中的误差

在实际测定过程中，由于某些主观和客观的因素，测定结果不可避免地会产生误差。误差是客观存在的，为此，有必要探讨误差产生的原因及出现的规律，从而采取相应措施减小误差对测量结果的影响。

5.2.1 误差的分类

误差是指分析结果与真实值之间的差值。定量分析的目的是要获得被测物的准确含量，即不仅要测出数据，且它与真实含量应接近，准确是最主要的目的。但是，在实际的分析过程中，即使是技术十分熟练的人，用最可靠的方法和最先进的仪器测得的结果，也不可能绝对准确。对同一试样，测定同一组分，用相同的方法，同一个人在相同条件下进行多次测定（称平行测定）也难以得到完全相同的结果，即误差是客观存在的。产生误差的原因很多，按其性质一般可分为三类。

(1) 系统误差

系统误差（systematic errors）又称为可测误差，是由于某些可确定性（固定）原因所造成的，它使测定结果系统偏高或偏低，在同一条件下重复测定时可重复出现。这种误差的大小、正负往往可以测定出来，若设法找出原因就可以采取办法减小或消除，从而提高分析结果的准确度。产生系统误差的主要原因有：

① 方法误差

指分析方法本身有缺陷或不够完善所造成的误差。例如，重量分析中沉淀的溶解、共沉淀现象，滴定分析中反应进行不完全、干扰离子的影响，滴定终点与化学计量点不符合以及副反应的发生等，系统地使测定结果偏高或偏低。

② 仪器误差

由于所用仪器本身不够准确或未经校准所引起的误差。如砝码锈蚀、滴定管刻度不均匀等。

③ 试剂误差

由于试剂或蒸馏水不纯，其中含有微量被测物质或干扰离子而带来的误差，尤其是基准物质纯度不高时影响更大。此外，实验器皿因被侵蚀也可引入外来组分。这种误差可通过空白试验来检查，并在一定条件下可扣除。

④ 操作误差

这种误差源于操作人员的主观因素，是因分析人员所掌握的分析操作技术与正确的分析操作要求有差别所引起的。例如，在称取试样时未注意试样的吸湿；在辨别滴定终点颜色时，有的人偏深，有的人偏浅；还有的人有一种“先入为主”的习惯，即在得到第一个测定值后，往往主观上使第二个值、第三个值尽量与第一个测定值相符合，从而引起主观误差。

(2) 偶然误差

偶然误差(accidental errors 或 indeterminate errors)又称随机误差(random errors)。它是由一些随机的、偶然的原因造成的,如测定时环境的温度、压强、湿度等的微小变化或仪器性能的微小波动等。因此偶然误差表现出有时大、有时小、有时正、有时负的特点,所以又可称为不定误差。即使是一位很熟练的分析人员,在相同的条件下很仔细地对同一试样进行多次测定,由于偶然误差的影响,也不会得到完全一致的分析结果,而是有高有低。虽然对偶然误差的产生难以找出确定的原因,但如果进行多次测定,便会发现数据的分布符合一般的统计规律。在分析化学中偶然误差可按正态分布规律进行处理。正态分布就是通常所谓的高斯分布。正态分布曲线呈对称钟形,两头小,中间大(如图 5-1 所示)。这种正态分布曲线直观地反映出偶然误差的规律性:

① 绝对值大小相等的正误差和负误差出现的概率相等,呈对称形式;

② 小误差出现的概率大,大误差出现的概率小,出现很大误差的概率极小。

偶然误差具有一定的规律性,因此可求出偶然误差或测量值出现在某区间内的概率,例如偶然误差在 $u=\pm1$ 区间,即测量值 x_i 在 $\mu\pm1\sigma$ 区间的出现概率是 68.3%(见表 5-2)。

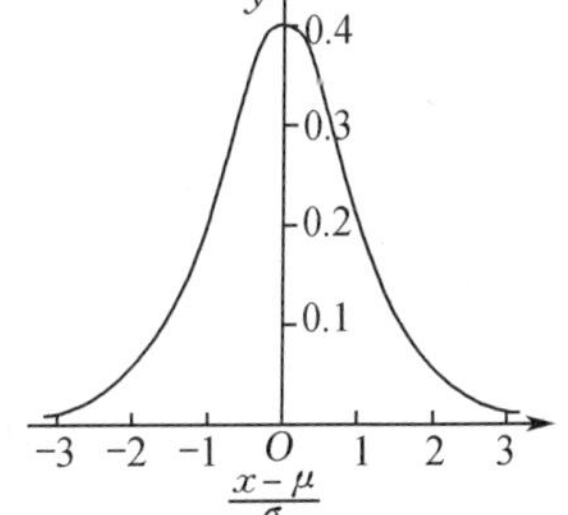

图 5-1 标准正态分布曲线

表 5-2 随机误差、测量值出现的区间及概率

偶然误差出现的区间(以 σ 为单位)	测量值出现的区间	概 率
$u=\pm1$	$x_i=\mu\pm1\sigma$	68.3%
$u=\pm1.96$	$x_i=\mu\pm1.96\sigma$	95.1%
$u=\pm2$	$x_i=\mu\pm2\sigma$	95.5%
$u=\pm2.58$	$x_i=\mu\pm2.58\sigma$	99.0%
$u=\pm3$	$x_i=\mu\pm3\sigma$	99.7%

由此可见,偶然误差超过 $\pm3\sigma$ 的测量值出现的概率是很小的,仅有 0.3%。

(3) 过失

在定量分析中,除系统误差和偶然误差外,还有一类过失(gross mistake),是指工作中的差错,一般是因粗枝大叶或违反操作规程所引起的错误。例如溶液溅失、沉淀穿滤、加错试剂、读错刻度、记录和计算错误等,往往引起分析结果有较大的误差。这种过失不能算做偶然误差,如证实是过失引起的,应弃去此结果。

5.2.2 准确度和精密度

准确度(accuracy)表示分析结果与真实值接近的程度,准确度的高低可用误差来衡量。误差越小,表示测定结果与真实值越接近,则分析结果越准确,准确度越高;反之,误差越大,准确度越低。但在实际工作中,真实值一般是不知道的,人们只能确定一些相对准确的物质和分析结果作为真实值。例如分析天平的砝码,各种基准物质如纯锌、重铬酸钾等,以及国家颁布的某些标准试样的标准值常被当成真实值处理。

精密度(precision)表示各次测定结果相互接近的程度,精密度的高低可用偏差来衡量。

在实际工作中，如分析工作者在同一条件下，对某一试样平行测定几份，所得数据相互比较接近，则说明分析结果的精密度高。

定量分析中准确度与精密度关系如何呢？精密度差说明测定结果的重现性差，所得结果不可靠；但是精密度高的测定值不一定准确度也高。只有从精密度和准确度两个方面综合衡量测定结果的优劣，二者都高的测定结果才是可信的。准确度与精密度的关系可用图 5-2 表示，图中标出甲、乙、丙、丁四人对同一试样中铝含量的分析结果。由图可见，甲的结果准确度与精密度均好，结果可靠；乙的结果精密度虽高但准确度差，说明在测定过程中存在系统误差；丙的分析结果十分分散，准确度和精密度都很差，结果自然不可靠；丁的结果精密度非常差，尽管由于较大的正、负误差恰好相互抵消而使平均值接近真实值，但并不能说明其测定结果的准确度高，显然丁的结果只是偶然的巧合，并不可靠。由此可见，准确度高必然精密度高，但精密度高却不一定准确度高。精密度是保证准确度的前提，精密度低说明所测得的结果不可靠，当然其准确度也就不高。

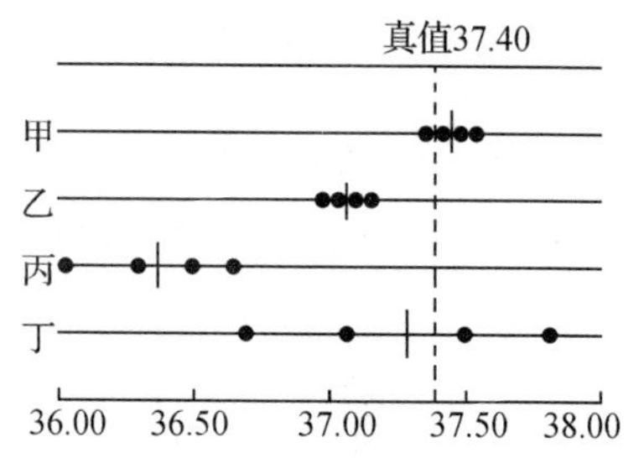

图 5-2　准确度与精密度的关系（不同工作者分析同一试样的结果）

·表示单次测量结果　|表示平均值

定量分析中对精密度的要求各不相同。当操作方法比较简单时，一般要求相对偏差在 0.1%～0.2%；对混合试样或试样均匀性较差时，随分析成分含量的不同，对精密度的要求也不相同。但必须明确的是，为了保证分析结果的质量，分析数据必须具备一定的准确度和精密度。

5.2.3　误差和偏差

(1) 绝对误差与相对误差

误差是用来衡量准确度的高低的，可分为绝对误差(E_a)和相对误差(E_R)。

绝对误差(E_a)：表示测定值(X)与真实值(X_T)之差。

$$E_a = X - X_T \tag{5-1}$$

测定值大于真实值时，E_a 为正值，表示测定结果偏高；测定值小于真实值时，E_a 为负值，表示测定结果偏低。

例如，称取某试样的质量为 1.836 4 g，其真实质量为 1.836 3 g，测定结果的 E_a 为：1.836 4 g－1.836 3 g＝＋0.000 1 g。如果称取另一试样的质量为0.183 6g，真实质量为 0.183 5 g，测定结果的 E_a 为：0.183 6 g－0.183 5 g＝＋0.000 1 g。上述两试样的质量相差近 10 倍，它们测定结果的绝对误差相同，但其误差在真实值中所占的比例未能反映出来。因此，要引入相对误差的概念。

相对误差(E_R)：表示绝对误差在真实值中所占的比率，即

$$E_R = E_a / X_T \tag{5-2}$$

在上例中，两次称量的相对误差分别为

$$\frac{+0.000\,1}{1.836\,3} \times 100\% = +0.005\%, \quad \frac{+0.000\,1}{0.183\,5} \times 100\% = +0.05\%$$

计算表明，由于两试样的质量不同，它们测定结果的绝对误差虽然相同，但相对误差不同；试样质量较大时，称量的相对误差则较小，显然，测定的准确度就比较高。

绝对误差往往不能全面地反映测量误差对分析结果的影响程度，相对误差则可以。另外需要说明的是，一个量的真实值要通过测量来获得。任何测量方法和测量过程都难免有误差，因而真实值不可能准确知道，分析化学上所谓的真实值是由具有丰富经验的工作人员采用多种可靠的分析方法反复多次测定得出的相对比较准确的结果。

(2) 绝对偏差和相对偏差

偏差是用来衡量测定值精密度高低的尺度。偏差大，表示精密度低；偏差小，则精密度高。偏差是指单次测定值(x)与一组平行测定值的平均值($\overline{x}$)之间的差值，也有绝对偏差和相对偏差之分。

① 绝对偏差：指一组平行测定值中单次测定值与算术平均值之间的差值，简称偏差，用 d 表示。数学表达式为

$$绝对偏差(d)=个别测定值(x)-算术平均值(\overline{x}) \tag{5-3}$$

② 相对偏差：指偏差在测定值的算术平均值中所占的百分率，用 R_d 表示。数学表达式为

$$相对偏差(R_d)=\frac{绝对偏差(d)}{算术平均值(\overline{x})} \tag{5-4}$$

相对偏差的正、负由绝对偏差的符号决定。

(3) 平均偏差与相对平均偏差

绝对偏差和相对偏差是表示单次测量结果对平均值的偏差，衡量一组数据的精密度可用平均偏差。

平均偏差($\overline{d}$)：指各单次测量偏差的绝对值的平均值。数学表达式为

$$\overline{d}=\frac{|x_1-\overline{x}|+|x_2-\overline{x}|+\cdots+|x_n-\overline{x}|}{n} \tag{5-5}$$

$$\overline{d}=\frac{\sum_{i=1}^{n}|x_i-\overline{x}|}{n} \tag{5-6}$$

式中，n 为测量次数，$\overline{d}$均为正值。

相对平均偏差($\overline{d}_r$)：指平均偏差在测定值的算术平均值中所占的百分率。即

$$\overline{d}_r=\frac{\overline{d}}{\overline{x}} \tag{5-7}$$

【例 5-1】 测定某 HCl 与 NaOH 溶液的体积比。4 次测定结果见下表所列：

测定次数	1	2	3	4
$V(HCl)/V(NaOH)$	1.001	1.005	1.000	1.002

求平均偏差和相对平均偏差。

【解】 各次测量值的算术平均值为

$$\overline{x}=\frac{1.001+1.005+1.000+1.002}{4}=1.002$$

各次测量值的绝对偏差分别为

$$d_1=1.001-1.002=-0.001$$
$$d_2=1.005-1.002=+0.003$$
$$d_3=1.000-1.002=-0.002$$
$$d_4=1.002-1.002=0.000$$

平均偏差为

$$\overline{d}=\frac{\sum_{i=1}^{n}|x_i-\overline{x}|}{n}=\frac{(|-0.001|+|0.003|+|-0.002|+|0.000|)}{4}$$
$$=0.002$$

相对平均偏差为

$$\overline{d}_r=\frac{\overline{d}}{\overline{x}}\times 100\%=\frac{0.002}{1.002}\times 100\%=0.2\%$$

*(4) 标准偏差、相对标准偏差和平均值的标准偏差

当一批测定所得数据的分散程度较大时，仅从其平均偏差不能说明精密度的高低，需采用标准偏差来衡量其精密度。对有限次测定而言，标准偏差的定义为

$$S=\sqrt{\frac{\sum_{i=1}^{n}(x_i-\overline{x})^2}{n-1}} \tag{5-8}$$

式中，$n-1$ 称为自由度，因为 n 次测量中只有 $n-1$ 个独立变化的偏差。由于标准偏差的计算是将单次测量的绝对偏差平方后再求和，所以它比平均偏差更灵敏地反映出测量结果的离散程度。相对标准偏差也称变异系数，它定义为标准偏差在测定值的平均值中所占的百分率。数学表达式为

$$S_r=\frac{S}{\overline{x}} \tag{5-9}$$

对有限次测定而言，平均值的标准偏差的定义为

$$\delta_{\overline{x}}=\frac{S}{\sqrt{n}} \tag{5-10}$$

即与测定次数的平方根成反比。增加测定次数可以提高测定结果与真实值之间的符合程度，但过多地增加测定次数对减小测定误差并无多大实际意义。

【例 5-2】 甲、乙两人对同一试样中某组分的 10 次测定结果的绝对偏差值如下：

甲：+0.3，+0.2，−0.4，+0.2，−0.1，+0.4，0.0，+0.3，+0.2，−0.3(%)

乙：0.0，+0.1，−0.7，+0.2，+0.1，0.0，+0.9，0.0，+0.3，+0.1(%)

分别计算甲、乙两人测定结果的标准偏差，并比较甲、乙两人测定结果的精密度。

【解】

$$S_{甲}=\sqrt{\frac{\sum_{i=1}^{n}(x_i-\overline{x})^2}{n-1}}=\sqrt{\frac{(+0.3)^2+(+0.2)^2+\cdots+(+0.2)^2+(-0.3)^2}{10-1}}(\%)$$
$$=0.28\%$$

$$S_{乙}=\sqrt{\frac{\sum_{i=1}^{n}(x_i-\overline{x})^2}{n-1}}=\sqrt{\frac{(0.0)^2+(+0.1)^2+\cdots+(+0.3)^2+(+0.1)^2}{10-1}}(\%)$$

$$=0.40\%$$

因为 $S_{甲}<S_{乙}$，可见甲数据的精密度比乙的高。

*(5) 相差和极差

对于一般只做两次平行测定的实验，可用相差表示精密度。

$$相差=|x_2-x_1| \tag{5-11}$$

$$相对相差=\left|\frac{x_1-x_2}{\overline{x}}\right| \tag{5-12}$$

极差是一组数据中最大值与最小值之差。即

$$R=x_{max}-x_{min} \tag{5-13}$$

极差越大，表明数据间分散程度越大，精密度越低。对要求不高的测定，极差可反映出一组平行测定数据的精密度。

5.2.4 减小误差的方法

从误差产生的原因来看，为了提高分析结果的准确度，必须尽可能地减小系统误差和偶然误差，并杜绝过失。

(1) 减小系统误差的方法

由于系统误差是由确定的原因引起的，误差的绝对值和符号恒定，因此可通过下列方法减小误差。

① 对照试验

选用公认的标准方法与所采用的分析方法进行对照试验，找出校正数据，减小方法误差；或用所选定的方法对已知组分的标准试样进行测定，将测定值与标准值比较，找出校正系数，进而校正试样的分析结果。

② 空白试验

由试剂、蒸馏水及容器中所含杂质等引起的系统误差可通过空白试验加以检验和减小，即在不加试样的条件下，按照与试样分析相同的操作步骤和测定条件进行试验，所得结果称为空白值。若空白值较低，则从试样测定结果中减去空白值，就可得到较可靠的测定结果；若空白值较高，则应更换或提纯所用的试剂，改用纯度更高的溶剂并采用更合适的分析器皿。

③ 仪器校正

若仪器测量结果不准确，可在分析前校正仪器，找出仪器的误差校正值。例如，在精确的分析过程中，要对滴定管、移液管、容量瓶、砝码等进行校准；至于分析中个人操作引起的习惯性的误差，只有靠加强严格的操作训练，提高操作技术水平来加以避免。

④ 方法校正

某些分析方法的系统误差可用其他方法直接校正，选用公认的标准方法与所采用的方法进行比较，从而找出校正数据，减小方法误差。

(2) 减小偶然误差的方法

克服偶然误差的影响，一般可通过增加测定次数来实现。在校正系统误差的条件下，平行测定次数越多，平均值越接近真实值。但过多地增加测定次数，人力、物力、时间上耗费过多，通常要求平行测定 3～4 次，以获得较准确的分析结果。

5.3 有效数字及其运算规则

在定量分析中，为了获得准确的分析结果，除了消除各种误差，还要正确记录实验数据并正确进行运算，所以要学习有效数字和运算规则。

5.3.1 有效数字的概念

有效数字(significant figure)是指在分析测定中实际上能测量到的有实际意义的数字，它不但反映测量的“量”的多少，而且反映测量的准确程度。有效数字由准确数字加上最后一位估计的不准确数字组成。有效数字保留的位数与仪器的精度有关，例如，用刻度为 0.1 mL 的滴定管测量溶液体积为 24.00 mL，表示可能产生±0.01 mL 的误差，“24.00”数字中，前 3 位是准确的，后 1 位“0”是估读的，但它们都是实际测量值，全部有效，所以是 4 位有效数字，有效数字中有 1 位不确定数字。记录有效数字时，应该注意以下几项规则：

(1) “0”在数据中具有的双重意义。数据中的“0”是否为有效数字，要看它的作用。如果作为普通数字使用，它就是有效数字。例如用分析天平称得某坩埚质量为 11.132 0 g，为 6 位有效数字，数据中除了最后一位“0”欠准确外，其余各位都是准确的，但如果将坩埚质量的单位用“kg”表示，写成 0.011 132 0 kg，前面的两个“0”只起定位作用，后面的一个“0”才是有效数字。即改变单位不能任意改变有效数字的位数。

(2) 为了避免混淆，宜用指数形式表示某些数据。整数末尾的“0”意义往往不明确，如 1 500，其有效数字可能是 4 位、3 位或2 位，因此在记录数据时应根据测量精度将结果写成指数形式，即 1.500×10^3 (4 位)，1.50×10^3(3 位)，1.5×10^3 (2 位)。

(3) 对于分析化学中常用的 pH，pM，lg$K$ 等对数和负对数值，有效数字只取决于它们小数点后面数字的位数。

pH，pM，lg$K$ 等值的整数部分是相应数据中 10 的方次，只起定位作用。如 pH＝4.00，有效数字为 2 位，说明 $c(H^+)=1.0\times10^{-4}$ mol·L^{-1}；又如 $\lg1.6\times10^5=5.20$，这里 1.6×10^5 为 2 位有效数字，取对数后 5 为相应数据中 10 的方次，小数点后面的 2 位数字为有效数字。

(4) 在记录实验数据时，不能将尾数为“0”的有效数字任意增减，如把 0.10 mL 写成 0.1 mL；将 0.485 0 g 写成 0.485 g 等。这样做会使数据的不确定程度增大，以致在计算结果时造成混乱和错误。

(5) 有效数字不因单位的改变而改变，如 1.01 mL 可写为 1.01×10^{-3} L。

(6) 在计算中表示倍数、分数等的数字为非测量数字，如 $\frac{1}{3}=0.\dot{3}$，认为其有效数字是无限多位，即它是准确值，无估计值，其有效数字的位数一般与题意相符，对相对原子质量、相对分子质量等的取值也应与题意相符。

5.3.2 有效数字的修约与运算

对分析数据进行处理时，必须合理保留有效数字而弃去多余的尾数，这个过程称为有效数字的修约(rounding)。当对实验数据进行计算时，每个测量数据的误差都会传递到分析结果中，因此计算结果也只能具有一位不确定数字，即计算结果所有的数字都是有效数字。判断最后结果的保留位数应根据采用的计算方式而定，并在计算前先按有效数字的修约规则进行修约后再计算结果。

数字的修约规则：一般采取“四舍六入五成双”的原则，当尾数≤4 时将其舍去；当尾数≥6 时就进一位，当尾数＝5 而后面还有不为零的任何数时，则进一位；当尾数＝5 而后面无数或为零时，若“5”前面为偶数(包括零)则舍去，为奇数则进一位。总之，这一方法使“5”的前一位成偶数。数字修约时应注意一次完成，如修约 11.454 9 为整数，正确的是 11.454 9→11，而不应为 11.454 9→11.455→11.46→11.5 然后 12。

有效数字的运算规则包括：

(1) 加减运算

几个数据相加或相减，其和或差的有效数字的位数应和其中绝对误差最大的(即小数点后位数最少的)那个数据相一致。确定位数后，先修约，然后进行计算。

【例 5-3】 20.32＋8.425 4－0.055 0＝?

【解】 20.32＋8.43－0.06＝28.69

在上述数据中，20.32 的绝对误差最大(±0.01)，其小数点后位数最少(2 位)，所以计算结果的有效数字应与 20.32 的小数位数相同，即保留 2 位。

(2) 乘除运算

与加减运算不同，在进行乘除运算时，是以几个数据中相对误差最大的(即有效数字位数最少的)那个数字为依据来修约数据，然后进行计算。

【例 5-4】 0.021 2×22.62÷0.292 15＝?

【解】 0.021 2×22.6÷0.292＝1.64

在上述数据中，0.021 2 的相对误差最大(±0.5%)，而最后计算结果的相对误差为(±0.01/1.64)×100%＝±0.6%。它与前者是相对应的，且有效数字的位数相同(3 位)。因此，在进行乘除运算时，其积或商保留的位数取决于其中相对误差最大或有效数字位数最少的那个数。

(3) 关于分数与倍数的计算

在计算中如遇到分数或倍数时，例如 $w(\mathrm{Fe})=\dfrac{2m(\mathrm{Fe})}{m(\mathrm{Fe_2O_3})}\times 100\%$，$n(\mathrm{Fe_2O_3})=\dfrac{5}{2}n(\mathrm{KMnO_4})$。其中倍数 2 及分数$\dfrac{5}{2}$为非测量值，可看成无限位有效数字。

(4) 有效数字运算规则在分析化学中的应用

① 记录测量结果时，只应保留最后一位不确定数字(估计数字)。

② 对于高含量组分(>10%)的测定，一般要求分析结果保留 4 位有效数字；对于中含量组分(1%～10%)一般要求保留 3 位有效数字；对于微量组分(<1%)一般只要求保留

2位有效数字。通常以此为标准，报出分析结果。

③ 在计算分析结果之前，先根据所采用的运算方法（加减或乘除）确定欲保留的位数，然后按照数字修约规则对各数据进行修约。先修约，后计算，最终计算结果保留几位有效数字，一定要与事先确定的情况一致。

④ 在分析化学计算中，当涉及各种常数时，一般视为是准确的，不考虑其有效数字的位数。对于各种化学平衡的计算（如计算平衡时某离子浓度），一般保留2位或3位有效数字。

⑤ 若某一数据的第一位数字大于或等于8，则其有效数字的位数可多算一位，如8.19虽只有3位，但可看成4位有效数字。

5.4 滴定分析法

滴定分析法（titrimetry）是指用滴定方式来测定试样溶液中待测组分含量的一种定量分析方法，适用于待测组分含量在1%以上的体系，不适于痕量组分的测定。滴定分析法所用仪器简单，操作简便、快捷，分析结果的准确度高（一般情况下相对误差在0.2%左右），被广泛应用于科研和生产中，成为化学分析中最重要的分析方法之一。本节将对滴定分析法的基本概念、方法分类、滴定方式、滴定分析法中的共性问题以及常用的计算方法加以讨论。

5.4.1 滴定分析法的基本概念

滴定分析法的过程是将滴定剂（标准溶液）由滴定管逐滴加到被测物质的溶液中，当反应达到化学计量点时，由指示剂的颜色变化指示终点的到达。

(1) 标准溶液（standard solution）：又称滴定剂，是已知准确浓度的溶液。

(2) 待滴定液：待测定的未知试样溶液（试液）。

(3) 滴定（titration）：将滴定剂由滴定管滴加到被测物质溶液中的操作过程。

(4) 化学计量点（stoichiometric point）：标准溶液和待测组分按化学计量关系恰好完全反应的这一点简称计量点（或理论终点、等量点）。

(5) 滴定终点（titration end-point）：为了确定计量点，通常在试液中加入一种合适的指示剂，当滴定至等量点附近时，指示剂的颜色发生突变，此时终止滴定。根据指示剂变色而终止滴定的这一点称为滴定终点，简称终点，它是滴定过程终止的信号。

(6) 滴定终点误差（titration end-point error）：在实际的滴定分析操作中，指示剂并不一定恰好在等量点时变色，滴定终点与等量点不一定完全符合，由此而造成的分析误差称为滴定误差。

(7) 标定（standardization）：确定标准溶液浓度的过程。

5.4.2 滴定分析法的分类

根据滴定反应类型，滴定分析法可分为以下四种：

(1) 酸碱滴定法（acid-base titration）

又称中和法，是以酸碱反应为基础，用酸（或碱）标准溶液测定碱（或酸）待测组分含量的方法。在水溶液中酸碱反应的实质为

$$H^+ + OH^- \rightleftharpoons H_2O$$

本法主要用于酸、碱、弱酸盐或弱碱盐的测定。

(2) 配位滴定法(complexometric titration)

又称络合滴定法,是以配位反应为基础的滴定分析方法。此法中,配位剂通常作标准溶液滴定待测物质,从而形成配合物。如用 EDTA 标准溶液滴定 Ca^{2+},其配位反应方程式为

$$Ca^{2+} + H_2Y^{2-} = [CaY]^{2-} + 2H^+$$

本法用于测定多种金属或非金属元素,有着广泛的实际应用。

(3) 氧化还原滴定法(redox titration)

是以氧化还原反应为基础的滴定分析法。如用 $KMnO_4$ 标准溶液滴定 Fe^{2+},其反应方程式为

$$MnO_4^- + 5Fe^{2+} + 8H^+ = Mn^{2+} + 5Fe^{3+} + 4H_2O$$

(4) 沉淀滴定法(precipitation titration)

是以沉淀反应为基础的滴定分析方法。如用 $AgNO_3$ 标准溶液测定样品溶液中的 Cl^- 的浓度,其反应方程式为

$$Ag^+ + Cl^- \rightleftharpoons AgCl\downarrow$$

5.4.3 滴定分析法对化学反应的要求

化学反应很多,并不是所有反应都能用滴定分析法。以化学反应为基础的滴定分析法对化学反应有如下要求:

(1) 反应能定量地完成,即反应按化学反应方程式所确定的计量关系进行,无副反应发生,或副反应与滴定反应相比完全可以忽略不计。

(2) 滴定反应完全。一般要求反应达到99.9%左右。

(3) 试液中若存在杂质干扰主反应,必须有合适的消除杂质干扰的方法。

(4) 反应能迅速完成,如果反应速率慢,可通过加热或加催化剂来加速反应进行。

(5) 有简便合适的确定终点的方法。常用的就是加入合适的指示剂,也可由滴定过程中电位的突变来指示终点。

其中(1)、(2)两条是滴定分析法定量计算的依据。

5.4.4 滴定方式

滴定分析法中常用到的滴定方式有以下四种:

(1) 直接滴定(direct titration)

凡是待测物质与滴定剂之间的反应能满足上述条件,都可以用标准溶液直接滴定待测物质,这种滴定方式为直接滴定。它是滴定分析中最基本、最常用的方式,如用 NaOH 标准溶液滴定醋酸溶液。这种直接滴定方式操作简便、准确度高,分析结果的计算也较简单。

若反应不完全符合上述要求,就需要采用下述的其他方式进行滴定。

(2) 返滴定(back titration)

当滴定反应速率较慢或者没有合适的指示剂以及待测物质是固体需要溶解时,常采用返滴定方式。返滴定法是先向待测物质中准确加入一定量的过量标准溶液与其充分反应,然后再用另一种标准溶液滴定剩余的前一种标准溶液,最后根据反应中所消耗的两种标准溶液的物质的量,求出待测物质的含量。返滴定法又叫回滴法。如固体 $CaCO_3$ 因不溶于水

而不能用HCl标准溶液直接滴定，因此在测定时，先加入一定量的过量HCl标准溶液，待两者反应完全进行后，再用NaOH标准溶液回滴剩余的HCl标准溶液，由消耗的HCl和NaOH的物质的量之差即可求出固体$CaCO_3$的含量。

(3) 置换滴定(replacement titration)

当被测物质与滴定剂不能按化学计量关系定量进行时，可以通过它与另一种物质起反应，置换出一定量能被滴定的物质，然后用适当的滴定剂滴定被置换出来的物质。这种方法称为置换滴定法。例如，$Na_2S_2O_3$标准溶液不能直接滴定$K_2Cr_2O_7$溶液，因它们之间的反应无确定的化学计量关系，但是$K_2Cr_2O_7$在酸性溶液中可以与KI反应生成I_2，而I_2与$Na_2S_2O_3$在一定条件下的反应有确定的化学计量关系。因此通过$Na_2S_2O_3$标准溶液滴定被$K_2Cr_2O_7$置换出来的I_2，可测得$K_2Cr_2O_7$的含量。

(4) 间接滴定(indirect titration)

当某些物质不能与滴定剂直接发生化学反应，或者能发生反应但并不一定按化学反应式进行，或者伴有副反应发生时，可采用间接滴定的方式进行测定。即先加入适当的试剂与待测物质发生化学反应，使其定量地转化为另外一种能被直接滴定的物质，从而达到间接测定的目的。如测定铵盐中的含氮量，由于NH_4^+的酸性太弱，不能用NaOH直接滴定，故需加入甲醛，使其与铵盐反应，定量生成六亚甲基四胺盐和H^+后，再用NaOH标准溶液进行滴定。又如高锰酸钾法测钙也是采用间接滴定的方式进行，采用$(NH_4)_2C_2O_4$将Ca^{2+}沉淀为草酸钙，再用H_2SO_4将沉淀溶解，用$KMnO_4$滴定$C_2O_4^{2-}$，从而求出Ca^{2+}含量。

5.4.5 基准物质和标准溶液

(1) 试剂的规格

化学试剂是纯度较高的化学制品，试剂的规格或等级是以其中所含杂质的多少来划分的，在一般情况下，可分为以下四个等级：

① 一级品：即优级纯，通常又称保证试剂(G. R.)。这种试剂的纯度很高，适于精密的分析和科学研究工作。

② 二级品：即分析纯，通常又称分析试剂(A. R.)。其纯度较一级品略差，适于一般的分析和科学研究工作。

③ 三级品：即化学纯(C. R.)。其纯度较二级品相差较多，适于工矿日常生产、学校教学等工作。

④ 四级品：即实验试剂(L. R.)。该级品杂质含量较多，纯度较低，常用作辅助试剂(如发生或吸收气体、配制洗液等)。

此外，还有光谱纯试剂、超纯试剂和基准试剂等。

(2) 基准物质(primary standard substance)

在滴定分析法中，需要已知准确浓度的标准溶液，否则无法计算分析结果。但不是什么试剂都可以用来直接配制标准溶液的，能够用于直接配制或标定标准溶液浓度的物质，称为基准物质或基准试剂，如符合要求的重铬酸钾、邻苯二甲酸氢钾等。作为基准物质必须符合下列条件：

① 有确定的化学组成，若含结晶水，其含量应与化学式相符。如硼砂

($Na_2B_4O_7 \cdot 10H_2O$)、草酸($H_2C_2O_4 \cdot 2H_2O$)等。

② 试剂的纯度高,一般要求纯度在 99.9%以上,杂质含量应少到不影响分析结果的准确性。

③ 稳定性高,在一般情况下其物理性质和化学性质非常稳定,如不挥发,不吸湿,不易与空气中的 CO_2、O_2 发生反应,加热亦不易分解等,从而在配制和贮存时不易变质。

④ 试剂参加反应时,应按化学反应式定量地进行,没有副反应。

⑤ 尽量采用摩尔质量较大的物质,以减小称量误差。

常用的基准物质有纯金属和纯化合物,如 Cu, Zn 和 Na_2CO_3, $CaCO_3$, NaCl 等。

在滴定分析中,待测物质的含量是根据所消耗标准溶液的浓度和体积计算出来的,因此标准溶液的准确性直接影响测定结果的准确性。正确地配制标准溶液及准确地标定其浓度,对于提高分析结果的准确度至关重要。

(3) 标准溶液的浓度

在滴定分析中,标准溶液的浓度常用物质的量浓度(concentration of amount-of-substances)和滴定度(titer)表示。

① 物质的量浓度

$$c = n / V \tag{5-14}$$

物质的量浓度的常用单位为 $mol \cdot L^{-1}$ 或 $mol \cdot dm^{-3}$。

【例 5-5】 称取 1.129 6 g $K_2Cr_2O_7$ 在容量瓶中配制成 250 mL 标准溶液。试求 $n(K_2Cr_2O_7)$, $n\left(\frac{1}{6}K_2Cr_2O_7\right)$ 及 $c(K_2Cr_2O_7)$, $c\left(\frac{1}{6}K_2Cr_2O_7\right)$。

【解】

$$n(K_2Cr_2O_7) = \frac{m(K_2Cr_2O_7)}{M(K_2Cr_2O_7)} = \frac{1.129\,6}{294.18} = 0.003\,839\,8\ (mol)$$

$$n\left(\frac{1}{6}K_2Cr_2O_7\right) = \frac{m(K_2Cr_2O_7)}{M\left(\frac{1}{6}K_2Cr_2O_7\right)} = \frac{1.129\,6}{\frac{1}{6}\times 294.18} = 0.023\,039\ (mol)$$

$$c(K_2Cr_2O_7) = \frac{n(K_2Cr_2O_7)}{V} = \frac{0.003\,839\,8}{250.00\times 10^{-3}} = 0.015\,36\ (mol \cdot L^{-1})$$

$$c\left(\frac{1}{6}K_2Cr_2O_7\right) = \frac{n\left(\frac{1}{6}K_2Cr_2O_7\right)}{V} = \frac{0.023\,039}{250.00\times 10^{-3}} = 0.092\,16\ (mol \cdot L^{-1})$$

② 滴定度

在实际应用中,常用滴定度表示标准溶液的浓度。滴定度($T_{A/B}$)是指 1 mL 溶质 A 的标准溶液可滴定的或相当于可滴定的被测物质 B 的质量,单位为 $g \cdot mL^{-1}$ 或 $mg \cdot mL^{-1}$。$KMnO_4$ 溶液对 Fe_2O_3 的滴定度表示为 $T(KMnO_4/Fe_2O_3) = 0.008\,124\ g \cdot mL^{-1}$,表示 1mL $KMnO_4$ 溶液可将 0.008 124 g Fe_2O_3 所产生的 Fe^{2+} 滴定为 Fe^{3+}。也就是说,1mL $KMnO_4$ 溶液相当于可滴定 0.008 124 g Fe_2O_3。

标准溶液的物质的量浓度与滴定度的不同之处在于前者只表示单位体积中含有多少物质的量;而后者则是针对被测物质而言的,将被测物质的质量与滴定剂的体积用量联系了起来。在分析对象比较固定的情况下,为了简化计算,常用滴定度来表示标准溶液的浓度。

【例 5-6】 在用 $K_2Cr_2O_7$ 法测铁的实验中，$K_2Cr_2O_7$ 标准溶液浓度为 0.015 60 mol·L^{-1}，求滴定度 $T(K_2Cr_2O_7/Fe^{2+})$。

【解】 其滴定反应为

$$6Fe^{2+}+Cr_2O_7^{2-}+14H^{+} = 6Fe^{3+}+2Cr^{3+}+7H_2O$$

$$T(K_2Cr_2O_7/Fe^{2+})=\frac{m(Fe^{2+})}{V(K_2Cr_2O_7)}=\frac{n(Fe^{2+})\times M(Fe^{2+})}{V(K_2Cr_2O_7)}$$

$$=\frac{6n(K_2Cr_2O_7)\times M(Fe^{2+})}{V(K_2Cr_2O_7)}=6c(K_2Cr_2O_7)\times M(Fe^{2+})$$

$$=6\times 0.015\,60\times 55.85\times 10^{-3}=5.228\times 10^{-3}(g\cdot mL^{-1})$$

(4) 标准溶液的配制和标定

标准溶液的配制，通常有直接法和间接法两种。

① 直接法

按照实际需要准确称取一定质量的基准物质，待完全溶解后，在室温下定量转入容量瓶中，加蒸馏水稀释至刻度，并摇匀制成一定体积的溶液，根据所称基准物的质量和容量瓶的体积，即可直接计算出标准溶液的准确浓度。这种用基准物质直接配制准确浓度标准溶液的方法称为直接配制法。例如，称取 4.130 g 重铬酸钾（基准试剂），用水溶解后，在 1 L 容量瓶中配制成相应溶液，它的浓度是 0.015 00 mol·L^{-1}。

② 间接法

该法又称标定法。有许多试剂由于不易提纯和保存或组成不固定，不能用直接法配制标准溶液，这时可采用间接法。即先用这类试剂配制成接近于所需浓度的溶液，然后选用一种基准物质（或已用基准物质标定过的标准溶液）来确定它的浓度，这种测定标准溶液浓度的过程称为标定。例如，需要 0.1 mol·L^{-1} HCl 标准溶液时，先配成浓度大约 0.1 mol·L^{-1}的 HCl 溶液，然后用基准 Na_2CO_3 或 NaOH 标准溶液标定，即可求得 HCl 溶液的准确浓度。又如 NaOH 纯度不高且易吸收空气中的 CO_2 和水分，$KMnO_4$ 或 $Na_2S_2O_3$ 试剂不纯且易分解，配制这类试剂的标准溶液时亦应采用间接法，一般应标定 3 次左右，并计算标准溶液浓度的平均值，要求相对偏差不大于 0.2%。配制和标定用的量器（滴定管、移液管、容量瓶等）必要时需进行校准。

在一般情况下，标定的方式也有两种，即用基准物质标定和与标准溶液比较。

a. 用基准物质标定

准确称取一定量的基准物质溶解后，在一定条件下用待标定的溶液滴定，根据所消耗的待标定溶液的体积和基准物质的质量，还有两者反应的计量关系等，计算出该溶液的准确浓度。

b. 与标准溶液比较

准确吸取一定体积的待标定溶液，然后用另外一种已知准确浓度的标准溶液滴定，依据两溶液所消耗的体积及标准溶液的浓度等，便可计算出待标定溶液的浓度。

5.4.6 滴定分析中的计算

计算是定量分析中一个非常重要的环节。根据分析方法和要求的不同，计算的方法也是多种多样的。特别是滴定分析法的计算比较复杂，包括标准溶液的配制、滴定剂与被滴物之间反应的计量关系以及分析结果的计算等。如果概念不清，或者运算方法不对，就容易发生差错，造成严重后果。

(1) 被滴物的量(n_A)与滴定剂的量(n_B)之间的关系

设被滴物(A)与滴定剂(B)之间的反应为

$$aA + bB = cC + dD$$

若 A 与 B 反应的系数 $a:b=1:1$，当达到化学计量点时，被滴物的物质的量 $c_A V_A$ 与滴定剂的物质的量 $c_B V_B$ 相等，即 $c_A V_A = c_B V_B$

若 A 与 B 反应的系数比为 $a:b$ 时，则 $c_A V_A : c_B V_B = a:b$，即

$$c_A V_A = \frac{a}{b} \times c_B V_B$$

$\frac{a}{b}$是 A 物质与 B 物质反应时的计量系数比，它表示 1 mol A 物质相当于$\frac{a}{b}$mol B 物质。

被滴物的物质的量 n_A 可以用 $n_A = m_A / M_A$ 表示，则

$$c_A V_A = m_A / M_A$$

因此

$$m_A = \frac{a}{b} c_B V_B \cdot M_A \quad (5\text{-}15)$$

【例 5-7】 用无水 Na_2CO_3 标定 HCl 溶液浓度时，0.688 0 g Na_2CO_3 消耗 26.74 mL HCl 溶液，计算 HCl 溶液的浓度。

【解】

$$Na_2CO_3 + 2HCl = 2NaCl + CO_2 + H_2O$$

由反应式，有

$$\frac{m_{Na_2CO_3}}{M_{Na_2CO_3}} : (c_{HCl} \cdot V_{HCl}) = 1:2$$

故

$$c_{HCl} = \frac{2 \times \frac{0.688\,0}{106.0}}{26.74 \times 10^{-3}} = 0.485\,5\ (\text{mol} \cdot \text{L}^{-1})$$

【例 5-8】 称取基准试剂邻苯二甲酸氢钾($KHC_8H_4O_4$)0.540 4 g，在指定 NaOH 溶液的浓度滴定中用去 NaOH 溶液 24.62 mL。求 NaOH 溶液的浓度为多少？

【解】 以邻苯二甲酸氢钾($KHC_8H_4O_4$)为基准物质，其滴定反应为

$$KHC_8H_4O_4 + NaOH = KNaC_8H_4O_4 + H_2O$$

因为

$$n(KHC_8H_4O_4) = n(NaOH)$$

即

$$\frac{m(KHC_8H_4O_4)}{M(KHC_8H_4O_4)} = c(NaOH) \times V(NaOH)$$

所以

$$c(NaOH) = \frac{0.540\,4}{204.2 \times 24.62 \times 10^{-3}} = 0.107\,5(\text{mol} \cdot \text{L}^{-1})$$

(2) 被测物的质量分数的计算

滴定分析的结果，通常以被测物的质量分数 $w(\%)$来表示。即

$$w(\%) = \frac{m}{m_0} \times 100\% \quad (5\text{-}16)$$

式中，m_0 为试样的质量；m 为被测物的质量。而滴定分析中，被测物的质量 m 可由标准溶液的浓度、滴定中所消耗的体积，以及被滴物与滴定剂反应的计量比($a:b$)和被测物的摩尔质

量的乘积求得，即

$$m=(cV)_{\text{滴定剂}}\times\left(\frac{a}{b}\right)\times M_{\text{被测物}} \tag{5-17}$$

故得

$$w(\%)=\frac{(cV)_{\text{滴定剂}}\times\left(\frac{a}{b}\right)\times M_{\text{被测物}}}{m_0}\times 100\% \tag{5-18}$$

【例 5-9】 称取 NaOH 试样 7.000 g，溶于水后，注入 250 mL 容量瓶中稀释至刻度。移取该试液 200.00 mL，用去 0.700 0 $mol \cdot L^{-1}$ 的 HCl 溶液 20.35 mL 滴定至终点，求试样中 NaOH 的质量分数。

【解】

$$NaOH+HCl=\!=\!=NaCl+H_2O$$

根据公式(5-18)，有

$$w(\%)=\frac{(cV)_{HCl}\times\left(\frac{a}{b}\right)\times M_{NaOH}}{m_0}\times 100\%$$

$$=\frac{0.700\,0\times 20.35\times 10^{-3}\times 1\times 40.00}{7.00\,0\times\frac{200.00}{250.00}}\times 100\%=10.18\%$$

【例 5-10】 滴定 0.286 0 g 草酸($H_2C_2O_4 \cdot 2H_2O$)试样，用去浓度为0.102 1 $mol \cdot L^{-1}$ 的 NaOH 溶液 20.60 mL，求草酸试样中 $H_2C_2O_4 \cdot 2H_2O$ 的质量分数。

【解】 其滴定反应为

$$H_2C_2O_4+2NaOH=\!=\!=Na_2C_2O_4+2H_2O$$

因为

$$n(H_2C_2O_4):n(NaOH)=1:2$$

已知

$$M(H_2C_2O_4 \cdot 2H_2O)=126.07\ g \cdot mol^{-1}$$

所以

$$w(\%)=\frac{(cV)_{NaOH}\times\left(\frac{a}{b}\right)\times M_{H_2C_2O_4 \cdot 2H_2O}}{m_0}\times 100\%$$

$$=\frac{0.102\,1\times 20.60\times 10^{-3}\times 0.500\,0\times 126.07}{0.286\,0}\times 100\%$$

$$=46.36\%$$

本章小结及学习要求

1. 经典分析化学的任务是进行物质的成分分析。它包括定性分析和定量分析。定性分析是确定物质由哪些元素、离子、原子团和有机官能团等所组成。定量分析是测定物质中有关各组分的含量。

2. 准确度是指测定值与真实值相符合的程度，测定值与真实值之差称为误差。准确度的高低可用绝对误差和相对误差来表示。精密度是指在相同条件下平行测定结果的相符合的程度，可用偏差和标准偏差来表示。准确度和精密度既有区别又有联系，精密度高不一定准确度也高；但准确度高，精密度一定也高。

3. 误差是指分析结果与真实值之间的数值差，根据其性质一般可分为系统误差、偶然误差和过失误差三类。其中系统误差又可分为方法误差、仪器误差、试剂误差和操作误差四种。系统误差可通过对照试验、空白试验、仪器校正、方法校正等手段消除；而偶然误差可通过多次测定来减小，一般平行测定 3 次～4 次即可。

4. 在分析工作中实际能测量到的数字叫做有效数字，对于有效数字的运算必须遵循相应的运算规则。

对有效数字的修约，也应满足“四舍六入五成双”的规则。

5. 滴定分析是用标准溶液滴定被测定物质溶液，当反应达到计量点时，从标准溶液的用量计算被测物质的含量。化学计量点的确定，通常利用指示剂颜色的突变来判断。指示剂发生颜色变化的转变点，称为滴定终点。滴定终点与等量点之间往往存在微小差别，由此而引起的分析误差称为滴定终点误差。

6. 标准溶液以物质的量浓度和滴定度表示。标准溶液的配制方法有直接法和间接法两种。直接法是准确称取一定量基准物质，溶解后配成一定体积的溶液，根据物质的质量和溶液的体积等计算出标准溶液的准确浓度。间接法是先配成近似浓度，然后用基准物质进行标定，求算出标准溶液的准确浓度。

7. 滴定分析的计算应掌握以下四点：物质的量与物质的质量之间的关系、溶质物质的量与溶液浓度之间的关系、被滴物的量(n_A)与滴定剂的量(n_B)之间的关系和被测物质量分数的计算。

【阅读材料】

分析化学在生产生活中的应用

分析化学是研究物质及其变化规律的重要方法之一，它在人们的生产生活中发挥着重要的作用。

1. 分析化学与食品安全

食品安全是一个相对的概念，所谓不安全的食品就是指人们食用以后会出现各种不适感觉或者长期积累引起某些代谢功能的异常。利用分析化学手段对食品的成分、性质等进行测定是分析化学的一大类应用，更是食品安全的有效保障。近年来在我国相继发生的食品安全事件，一方面充分暴露出我国在食品安全监管领域的漏洞，另一方面也必将推动分析化学的继续发展。

2. 分析化学与药物分析

药物是预防、治疗、诊断疾病和帮助机体恢复正常机能的物质。药品质量的优劣直接影响到药品的安全性和有效性，关系到用药者的健康与生命安危。虽然药品也属于商品，但由于其特殊性，对它的质量控制远较其他商品严格。因此，必须运用各种有效手段，包括物理、化学、物理化学、生物学以及微生物学的方法，通过各个环节全面保证、控制与提高药品的质量。传统的药物分析大多是应用化学方法分析药物分子，控制药品质量，然而现代药物分析无论是分析领域还是分析技术都已经大大拓展。目前药物分析中常用的方法有许多种，如基于化学反应的重量法和各种容量法，基于光学或谱学的紫外、可见、红外、荧光、核磁共振、各种计算分光光度法等，基于电化学的各种极谱法、伏安法、库仑法、离子选择电极及各种传感器等，基于分离技术的纸色谱、薄层色谱、气相色谱、高效色谱、离子色谱等。

3. 分析化学与化妆品研究

化妆品与人们的生活密切相关，已成为必不可少的消费品之一。与此同时，化妆品的安全性已经日益成为广大消费者关注的问题。在化妆品中添加某些物质可以提高其护理功效，但剂量过高会对机体产生伤害，甚至带来严重后果。例如，糖皮质激素可以抑制纤维细胞增生，因而对皮肤具有一定的嫩白作用。但如果长期使用含该物质剂量偏高的化妆品，会引发血糖升高、高血压、骨质疏松、免疫功能下降及肥胖等危害。又如，化妆品中添加雌激素、雄激素、孕激素等性激素，在短时间内能促进毛发生长，防止皮肤老化，有除皱、增加皮肤弹性等作用，但长久使用会导致色素沉积、皮肤萎缩变薄，对肝功能、心血管系统等均有不良影响，甚至具有致癌性，引发细胞癌、乳腺癌、卵巢癌等疾病。故化妆品的生产及产品检验中，都是运用分析化学方法检测和控制其有效成分，保障化妆品的安全有效。

4. 分析化学与环境监测

环境分析化学就是研究环境中污染物的种类、成分以及如何对环境中化学污染物进行定性分析和定量分析的一个学科。其研究的领域非常宽广，对象也相当复杂，包括大气、水体、土壤、底泥、矿物、废渣，以及植物、动物、食品、人体组织等。环境分析化学所测定的污染元素或化合物的含量很低，特别是在环境、野生动植物和人体组织中的含量极微，其绝对含量往往在百万分之一克水平以下。目前经常使用的环境分析方

法有比色分析、离子选择性电极、x射线荧光光谱、原子吸收光谱、极谱、气相色谱、液相色谱等自动分析方法及相应的仪器。

我们认为，分析化学对人类生活的作用会日益凸显，关于分析化学与人类生活关系的研究也会一直伴随着这个学科的发展和人类的进步。

习　题

5-1 分析化学的方法有哪些？分类依据是什么？

5-2 定量分析的一般程序是什么？

5-3 常用于标定HCl和NaOH溶液浓度的基准物质有哪些？

5-4 下列有关随机误差的论述不正确的是（　　）。

A. 随机误差在分析中是不可避免的

B. 随机误差出现正误差和负误差的机会相等

C. 随机误差具有单向性

D. 随机误差是由一些不确定的偶然因素造成的

5-5 下列各数中，有效数字位数为4位的是（　　）。

A. $c(H^+)=0.000\ 3\ mol \cdot L^{-1}$　　B. pH=10.42

C. $w(MgO)=19.906\%$　　D. 4.000

5-6 以下试剂能作为基准物质的是（　　）。

A. 优级纯的NaOH　　B. 分析纯的$CaCO_3$

C. 100 ℃干燥过的CaO　　D. 99.99%的纯锌

5-7 下列情况引起的误差属于哪种误差？

(1) 称量过程中天平零点有微小波动；　(2) 分析用试剂中含有微量待测组分；

(3) 滴定过程中，滴定剂不慎滴在外面；　(4) 滴定管刻度均匀性差；

(5) 读取滴定管读数时，最后一位数字估测不准。

5-8 有甲、乙两人，甲测定含铁量为80.40%(真实值)的铁样品中的铁，测定结果为80.45%(测定值)；乙测定含铁量为2.01%(真实值)的铁样品中的铁，测定结果为2.06%。计算其各自的绝对误差。

5-9 分析某铁矿石中铁的含量时，测定值为53.25%，真实值为53.35%，计算分析结果的绝对误差和相对误差。

5-10 分析某试样的含氮量，测定数据如下：37.45%，37.20%，37.50%，37.30%，37.25%。试计算其算术平均值、平均偏差、相对平均偏差、标准偏差和相对标准偏差。

5-11 测定某亚铁盐中铁的质量分数(%)分别为38.04，38.02，37.86，38.18，37.93。计算其算术平均值、平均偏差、相对平均偏差。

5-12 某试样甲、乙二人的分析结果分别为：

甲：40.15%，40.15%，40.14%，40.16%；　乙：40.25%，40.01%，40.01%，40.26%

问：谁的结果可靠？为什么？

5-13 下列数值各为几位有效数字？

(1) 2.20×10^{-9}　(2) 5.000　(3) 0.002　(4) 2.010×10^{-5}

(5) 0.000 54　(6) 54.000　(7) 1 000.003

5-14 下列pH的值各为几位有效数字？

(1) pH=0.75　(2) pH=2.75　(3) pH=0.05　(4) pH=5.7

5-15 根据有效数字修约规则，将下列数据修约到小数点后第三位：

(1) 3.141 592 6　　(2) 0.517 29　　(3) 15.474 546

(4) 0.378 502　　(5) 3.691 688　　(6) 2.362 568

5-16 依有效数字运算规则进行计算：

(1) 50.2+2.51−0.658 1　　(2) 0.012 1+25.66/2.715 6

(3) 2.386+5.2+4.65　　(4) 0.012 0×25.25×1.057 80

(5) $\dfrac{0.0982\times\dfrac{20.00-14.39}{100.0}\times\dfrac{162.206}{3.000}}{0.4182}\times100\%$

5-17 准确称取基准试剂 $K_2Cr_2O_7$ 2.458 16 g，溶解后全部转移至500 mL容量瓶中，用水稀释到刻度，求此溶液的浓度 $c(K_2Cr_2O_7)$，$c\left(\frac{1}{6}K_2Cr_2O_7\right)$。

5-18 称取纯 $K_2Cr_2O_7$ 5.883 6 g，配制成 1 000 mL 溶液，则此溶液的浓度 $c(K_2Cr_2O_7)$ 为多少？若用此溶液测定铁，则滴定度 $T(K_2Cr_2O_7/Fe^{2+})$ 为多少？

5-19 用 $K_2Cr_2O_7$ 标准溶液滴定 Fe^{2+} 时，1 mL $K_2Cr_2O_7$ 标准溶液相当于 5.585 mg 的铁，则此溶液对铁的滴定度为多少？如果滴定中消耗 $K_2Cr_2O_7$ 标准溶液 20.00 mL，则铁的含量为多少毫克？

5-20 以间接法配制浓度约为 0.1 $mol\cdot L^{-1}$ 的 HCl 溶液，现用基准物质 Na_2CO_3 标定。准确称取基准试剂无水 Na_2CO_3 0.125 6 g，置于 250 mL 锥形瓶中，加入 20 mL～30mL 蒸馏水溶解后，加入甲基橙指示剂，用 HCl 溶液滴定，终点消耗的体积为 21.30 mL，求 HCl 溶液的浓度。

5-21 试计算 30 mL 0.10 $mol\cdot L^{-1}$ H_2SO_4 溶液中所含 H_2SO_4 的克数。

5-22 欲配制 0.050 0 $mol\cdot L^{-1}$ $K_2Cr_2O_7$ 标准溶液 500 mL，需称取重铬酸钾多少克？

5-23 移取 0.025 00 $mol\cdot L^{-1}$ Zn^{2+} 标准溶液 25.00 mL，用 EDTA 溶液滴定至终点，消耗其体积 23.65 mL，计算 EDTA 溶液的浓度。

5-24 大理石样品(主要成分 $CaCO_3$)0.502 4 g，加入0.501 0 $mol\cdot L^{-1}$ HCl溶液 26.00 mL 溶解后，再用 0.490 0 $mol\cdot L^{-1}$ NaOH 溶液回滴过量的 HCl，消耗的 NaOH 溶液为 13.00 mL，求 $CaCO_3$ 的含量。

5-25 不纯 K_2CO_3 试样 0.500 0 g，滴定时用去 0.106 4 $mol\cdot L^{-1}$ HCl 溶液 27.31 mL，计算试样 K_2CO_3 和 K_2O 的含量。

5-26 分析不纯的 $CaCO_3$(其中不含干扰物质)，称取试样 0.500 0 g，加入浓度为0.250 0 $mol\cdot L^{-1}$ 的 HCl 标准溶液 50.00 mL。煮沸除去 CO_2，用浓度为 0.101 2 $mol\cdot L^{-1}$ 的 NaOH 标准溶液返滴定过量的 HCl 溶液，消耗 NaOH 标准溶液 10.84 mL。求 $CaCO_3$ 的质量分数。

5-27 称取 NaCl 试样 2.000 g，用水溶解后在 250 mL 容量瓶中稀释至刻度。移取试液 25.00 mL，用 0.100 $mol\cdot L^{-1}$ $AgNO_3$ 溶液 33.00 mL 滴定至终点，试计算试样中 NaCl 的质量分数。

第6章　酸碱平衡和酸碱滴定法

酸和碱是两类十分重要的化学物质，包括无机化合物和有机化合物。酸碱的化学反应大多数是在水溶液中进行的，强酸(强碱)在水溶液中完全解离，而弱酸(弱碱)在水中仅部分解离，绝大部分仍以分子形式存在，在分子和离子之间存在动态平衡。酸碱平衡是水溶液体系中四大平衡之一，在生产和日常生活中占据着非常重要的位置。以酸碱反应为基础建立起来的酸碱滴定法是一种应用极为广泛的滴定分析方法。

6.1　酸碱质子理论

6.1.1　电解质溶液

电解质水溶液都能导电。不同电解质的导电能力相差很大，其主要原因之一是它们在水溶液中的解离程度的差别很大。强电解质在水溶液中几乎全部解离，主要以正、负离子的形式存在于溶液中，故具有强的导电性；弱电解质主要以分子状态存在于溶液中，离子浓度较小，故导电性差。必须指出，强电解质与弱电解质之间并没有绝对严格的界限，两者的划分只是相对的。

(1) 电解质溶液

酸、碱和盐都是电解质。大多数盐和强碱是离子型化合物，它们溶于水时，完全解离为阴、阳离子，如 $NaCl = Na^+ + Cl^-$

大多数强酸溶于水时也完全解离，同时可形成水合离子：

$$H_2SO_4 = 2H^+ + SO_4^{2-} \qquad H^+ + H_2O \rightleftharpoons H_3O^+$$

强酸、强碱和大多数盐在水溶液中几乎全部以离子形式存在，故称它们为强电解质。

弱酸和弱碱在水溶液中，大部分以分子形式存在，只有少部分发生解离，故称它们为弱电解质。如乙酸(简写成 HAc)： $HAc \rightleftharpoons H^+ + Ac^-$

(2) 弱电解质溶液的解离平衡

① 解离度

各种弱酸、弱碱以及汞、铬、锌的一些卤化物及氰化物等都属于弱电解质。弱电解质在水溶液中只能部分解离，其解离是可逆的并存在解离平衡。为了定量地表示电解质在水溶液中的解离程度大小，引入"解离度"这个概念。解离度 α 就是电解质在水溶液中达到平衡时的解离百分率，可用下式表示：

$$\alpha = \frac{\text{已解离的电解质分子数}}{\text{溶液中原有电解质分子数}} \times 100\% \tag{6-1}$$

如在 25℃，0.1 mol·L^{-1} HAc 的 $\alpha = 1.3\%$，这表示达到解离平衡时，平均每1 000个

HAc分子中有13个分子解离为H^+和Ac^-。

② 影响解离度α的因素

a. α和电解质的性质有关。

b. α和浓度有关，α随着溶液的稀释而增大。在一般情况下，溶液越稀，离子间碰撞结合成分子的可能性就越小，α就越大。例如在25 ℃时，0.100 mol·L^{-1} HAc的$\alpha=1.3\%$，0.010 mol·L^{-1} HAc的$\alpha=4.2\%$。因此，提到电解质的α，就必须指明该溶液的浓度。

c. 温度对一般电解质的α影响不大，只有水是例外。当温度升高时，水的α明显增大。

d. α和溶剂的介电常数有关。在介电常数较小的溶剂中电解质离子间静电引力较大，不易解离，α就小；反之，则α就大。例如HCl在水中很易解离，在乙醇中解离度就很小，而在苯中则几乎不解离。动物的体液有较大的介电常数，所以电解质在生物体液中往往有很大的离子浓度，这对于电解质在生物体中的作用有着重要意义。

e. 同离子效应和盐效应对解离度α的影响见6.2.2及6.2.3。

6.1.2 酸碱的定义和共轭酸碱对

人们对于酸碱的认识是从对它们的感观开始的，认为酸是具有酸味的物质，碱是具有涩味和滑腻感的物质。在18世纪后期，化学研究才使人们从物质本身的内在性质来认识酸碱，提出氧元素是酸的必要成分。在19世纪初叶，盐酸、氢碘酸、氢氰酸等均已被发现，分析结果表明这些酸都不含氧而都含氢，于是又认为氢是酸的基本元素。到了19世纪80年代，在电离理论创立后，首先提出现代酸碱理论的是瑞典化学家阿仑尼乌斯(Arrhenius)，他的酸碱电离理论认为：在水中电离生成的阳离子全部为氢离子的物质为酸；在水中电离生成的阴离子全部为氢氧根离子的物质为碱；所谓酸碱反应，其实质是在水溶液中，酸解离出的氢离子与碱解离出的氢氧根离子结合生成水的反应。电离理论对化学科学的发展起了积极的作用，影响深远，对处理水溶液中的酸碱反应至今仍有十分重要的作用。但电离理论也具有明显的局限性，首先，电离理论将酸、碱这两种密切相关的物质完全割裂开来，并将酸、碱及酸碱反应仅限于水溶液中；其次，该理论还将碱限制为氢氧化物。电离理论的这些不足，促使人们更进一步研究和思考酸、碱及酸碱反应的本质。随着科学的发展，人们对酸、碱的认识逐渐深入，于是便产生了布朗斯特-劳莱(Bronsted J N-Lowry T M)的酸碱质子理论和路易斯(Lewis G N)的酸碱电子理论。

酸碱质子理论认为：凡能给出质子的物质是酸，凡能接受质子的物质是碱；能给出多个质子的物质是多元酸，能接受多个质子的物质是多元碱。

酸和碱不是孤立的，酸(HA)给出质子后变为碱(A^-)，碱(A^-)接受质子后变为酸(HA)，其间可以相互转化，这种酸碱之间相互联系、相互依存的关系称为共轭关系。我们称HA和A^-为共轭酸碱对(conjugated pair of acid-base)。

$$\underset{\text{酸}}{HA} \rightleftharpoons \underset{\text{碱}}{A^-} + \underset{\text{质子}}{H^+}$$

例如，下列可逆号左侧的各物质，在一定条件下均能给出质子，故它们皆为酸；可逆号右侧各物质均能接受质子，故它们皆为碱。

$$
\begin{array}{llll}
\text{酸} & \rightleftharpoons & \text{碱} & + \text{质子} \\
HCl & \rightleftharpoons & Cl^- & + H^+ \\
NH_4^+ & \rightleftharpoons & NH_3 & + H^+ \\
H_2CO_3 & \rightleftharpoons & HCO_3^- & + H^+ \\
HCO_3^- & \rightleftharpoons & CO_3^{2-} & + H^+ \\
H_3PO_4 & \rightleftharpoons & H_2PO_4^- & + H^+ \\
H_2PO_4^- & \rightleftharpoons & HPO_4^{2-} & + H^+ \\
HAc & \rightleftharpoons & Ac^- & + H^+ \\
H_2O & \rightleftharpoons & OH^- & + H^+
\end{array}
$$

从以上关系式可看出：

(1) 仅相差1个质子的一对酸、碱(HA-A^-)称为共轭酸碱对。HA是A^-的共轭酸，A^-是HA的共轭碱。例如NH_4^+是NH_3的共轭酸，NH_3是NH_4^+的共轭碱。

(2) 在酸碱质子理论中，酸和碱可以是中性分子，也可以是阳离子或阴离子。在质子理论的概念中，没有盐的概念，如$(NH_4)_2SO_4$中NH_4^+是酸，SO_4^{2-}是碱。

(3) 在上述表示酸碱共轭关系的反应中，有些物质如H_2O，HCO_3^-等，在一定条件下能给出质子，可以作为酸参加反应，在另一条件下又能接受质子，可以作为碱参加反应，此类物质称为两性物质(amphoteric compound)。

(4) 在一对共轭酸碱对中，共轭酸的酸性越强，其共轭碱的碱性越弱；共轭酸的酸性越弱，其共轭碱的碱性越强。表6-1列出了一系列的物质的酸碱性和酸碱的相对强度。

表6-1 常见的共轭酸碱对

酸		共轭碱	
名　称	化学式	名　称	化学式
高氯酸	$HClO_4$	高氯酸根离子	ClO_4^-
硝酸	HNO_3	硝酸根离子	NO_3^-
盐酸	HCl	氯离子	Cl^-
硫酸	H_2SO_4	硫酸氢根离子	HSO_4^-
水合氢离子	H_3O^+	水	H_2O
亚硝酸	HNO_2	亚硝酸根离子	NO_2^-
醋酸	HAc	醋酸根离子	Ac^-
氢硫酸	H_2S	硫氢根离子	HS^-
磷酸二氢根离子	$H_2PO_4^-$	磷酸氢根离子	HPO_4^{2-}
铵离子	NH_4^+	氨	NH_3
碳酸氢根离子	HCO_3^-	碳酸根离子	CO_3^{2-}
磷酸氢根离子	HPO_4^{2-}	磷酸根离子	PO_4^{3-}
水	H_2O	氢氧根离子	OH^-

因此，在质子理论中，酸和碱不是决然对立的两类物质，而是有内在联系的，可以说酸中有碱，碱可变酸，它们具有相互依存的共轭关系。酸和碱的本质区别仅在于对质子亲和力的不同。

6.1.3 酸碱的强弱

在水溶液中，酸的解离就是酸与水之间的质子转移反应，即酸给出质子转变为其共轭碱，而水接受质子转变为其共轭酸（H_3O^+）；碱的解离就是碱与水之间的质子转移反应，即碱接受质子转变为其共轭酸，而水给出质子转变为其共轭碱（OH^-）。在水溶液中酸将质子给予水分子的能力越强，其酸性就越强，反之就越弱；碱从水分子中夺取质子的能力越强，其碱性就越强，反之就越弱。酸碱的强度可由其解离反应的标准平衡常数 $K_a^\ominus$ 或 $K_b^\ominus$ 的大小来衡量。$K_a^\ominus$ 或 $K_b^\ominus$ 在温度一定时为常数，其值越大，表示相应酸（碱）的酸（碱）性越强。

在 298 K 时，一元弱酸 HAc 的解离为

$$HAc + H_2O \rightleftharpoons H_3O^+ + Ac^-$$

为了书写方便，该反应常常简化为 $HAc \rightleftharpoons H^+ + Ac^-$

$$K_a^\ominus = \frac{c_r(H^+) \cdot c_r(Ac^-)}{c_r(HAc)} = 1.76 \times 10^{-5}$$

同理，一元弱碱的解离为 $Ac^- + H_2O \rightleftharpoons HAc + OH^-$

$$K_b^\ominus = \frac{c_r(HAc) \cdot c_r(OH^-)}{c_r(Ac^-)} = 5.68 \times 10^{-10}$$

多元弱酸、弱碱的解离是分步进行的，如 H_2CO_3 的解离为

$$H_2CO_3 \rightleftharpoons H^+ + HCO_3^- \quad K_{a_1}^\ominus = \frac{c_r(HCO_3^-) \cdot c_r(H^+)}{c_r(H_2CO_3)} = 4.30 \times 10^{-7}$$

$$HCO_3^- \rightleftharpoons H^+ + CO_3^{2-} \quad K_{a_2}^\ominus = \frac{c_r(CO_3^{2-}) \cdot c_r(H^+)}{c_r(HCO_3^-)} = 5.61 \times 10^{-11}$$

各种常见弱电解质的解离平衡常数见附录Ⅱ。

不同弱电解质的解离常数不同，解离常数的大小与弱电解质的性质及温度有关，与浓度无关。解离常数 $K^\ominus$ 越大，解离程度越大。解离常数是化学平衡常数的一种表现形式。

6.1.4 水的质子自递平衡

水是两性物质，既可作为酸给出质子，又可作为碱接受质子，与之相应的两个半反应为

$$H_2O \rightleftharpoons H^+ + OH^-$$

$$H_2O + H^+ \rightleftharpoons H_3O^+$$

因此，在两个水分子之间发生的质子传递反应方程式为

$$H_2O + H_2O \rightleftharpoons H_3O^+ + OH^-$$

该反应称为水的质子自递反应，也就是水的解离反应。简写为

$$H_2O \rightleftharpoons H^+ + OH^-$$

该反应的标准平衡常数 $K_w^\ominus$ 称为水的离子积常数，简称离子积，其表达式为

$$K_w^\ominus = c_r(H_3O^+) \cdot c_r(OH^-) \qquad (6\text{-}2)$$

$K_w^\ominus$ 的大小与浓度、压力无关，而与温度有关，温度一定时，$K_w^\ominus$ 是一个常数。295 K 时，$K_w^\ominus = 1.0 \times 10^{-14}$；温度升高，$K_w^\ominus$ 增大（见表 6-2）。

表 6-2 水的离子积常数与温度的关系

温度/K	273	291	295	298	323	373
$K_w^\ominus$	1.3×10^{-15}	7.4×10^{-15}	1.0×10^{-14}	1.27×10^{-14}	5.6×10^{-14}	7.4×10^{-13}

6.1.5 共轭酸碱对 $K_a^\ominus$ 和 $K_b^\ominus$ 的关系

共轭酸碱具有相互依存的关系，其 $K_a^\ominus$ 与 $K_b^\ominus$ 之间也有着一定的联系。

(1) 一元弱酸的 $K_a^\ominus$ 与 $K_b^\ominus$ 之间的关系

某一元弱酸 HA 的 $K_a^\ominus$ 与其共轭碱 A^- 的 $K_b^\ominus$ 之间的关系为

$$HA \rightleftharpoons H^+ + A^- \qquad K_a^\ominus = \frac{c_r(A^-)\cdot c_r(H^+)}{c_r(HA)}$$

$$A^- + H_2O \rightleftharpoons HA + OH^- \qquad K_b^\ominus = \frac{c_r(OH^-)\cdot c_r(HA)}{c_r(A^-)}$$

295 K 时，
$$K_a^\ominus \cdot K_b^\ominus = \frac{c_r(A^-)\cdot c_r(H^+)}{c_r(HA)} \cdot \frac{c_r(OH^-)\cdot c_r(HA)}{c_r(A^-)}$$

$$= c_r(H^+)\cdot c_r(OH^-) = K_w^\ominus \tag{6-3}$$

两边同时取负对数，得
$$pK_a^\ominus + pK_b^\ominus = pK_w^\ominus = 14.00 \tag{6-4}$$

因此，某酸的酸性越强，其共轭碱的碱性就越弱；某碱的碱性越强，其共轭酸的酸性就越弱。同时，已知 $K_a^\ominus$ 可求 $K_b^\ominus$，已知 $K_b^\ominus$ 可求 $K_a^\ominus$。

【例 6-1】 已知 NH_3 在 25 ℃时的 $K_b^\ominus = 1.77\times10^{-5}$，求其共轭酸 NH_4^+ 的 $K_a^\ominus$。

【解】 根据公式 $K_a^\ominus \cdot K_b^\ominus = K_w^\ominus$，有

$$K_a^\ominus = \frac{K_w^\ominus}{K_b^\ominus} = \frac{1.0\times10^{-14}}{1.77\times10^{-5}} = 5.6\times10^{-10}$$

(2) 多元弱酸、弱碱的 $K_a^\ominus$ 与 $K_b^\ominus$ 之间的关系

多元弱酸（或多元弱碱）在水中的质子传递反应是分步进行的，情况较为复杂。例如某二元弱酸 H_2A，其质子传递反应分两步进行，每一步都有相应的质子传递平衡及平衡常数。

第一步：
$$H_2A \rightleftharpoons H^+ + HA^- \qquad K_{a_1}^\ominus = \frac{c_r(H^+)\cdot c_r(HA^-)}{c_r(H_2A)}$$

第二步：
$$HA^- \rightleftharpoons H^+ + A^{2-} \qquad K_{a_2}^\ominus = \frac{c_r(A^{2-})\cdot c_r(H^+)}{c_r(HA^-)}$$

A^{2-} 是二元弱碱，其质子传递反应亦分两步进行。

第一步：
$$A^{2-} + H_2O \rightleftharpoons HA^- + OH^- \qquad K_{b_1}^\ominus = \frac{c_r(HA^-)\cdot c_r(OH^-)}{c_r(A^{2-})}$$

第二步：
$$HA^- + H_2O \rightleftharpoons H_2A + OH^- \qquad K_{b_2}^\ominus = \frac{c_r(H_2A)\cdot c_r(OH^-)}{c_r(HA^-)}$$

由于 H_2A 和 HA^- 是一对共轭酸碱对：

$$K_{a_1}^\ominus \cdot K_{b_2}^\ominus = K_w^\ominus \tag{6-5}$$

HA^- 和 A^{2-} 也是一对共轭酸碱对：

$$K_{a_2}^{\ominus} \cdot K_{b_1}^{\ominus} = K_w^{\ominus} \tag{6-6}$$

多元弱酸、弱碱的 $K_a^{\ominus}$ 与 $K_b^{\ominus}$ 之间的关系也可通过上述方法进行推导，如三元弱酸中相应共轭酸碱对的 $K_a^{\ominus}$ 与 $K_b^{\ominus}$ 之间有以下关系：

$$K_{a_1}^{\ominus} \cdot K_{b_3}^{\ominus} = K_w^{\ominus}$$

$$K_{a_2}^{\ominus} \cdot K_{b_2}^{\ominus} = K_w^{\ominus}$$

$$K_{a_3}^{\ominus} \cdot K_{b_1}^{\ominus} = K_w^{\ominus} \tag{6-7}$$

【例 6-2】 已知 H_2S 水溶液的 $K_{a_1}^{\ominus}=9.1\times10^{-8}$，$K_{a_2}^{\ominus}=1.1\times10^{-12}$，试计算 S^{2-} 的 $K_{b_1}^{\ominus}$ 和 $K_{b_2}^{\ominus}$。

【解】 因为 $K_{a_1}^{\ominus}(H_2S) \cdot K_{b_2}^{\ominus}(S^{2-}) = K_w^{\ominus}$

$K_{a_2}^{\ominus}(H_2S) \cdot K_{b_1}^{\ominus}(S^{2-}) = K_w^{\ominus}$

所以

$$K_{b_1}^{\ominus}(S^{2-}) = \frac{K_w^{\ominus}}{K_{a_2}^{\ominus}(H_2S)} = \frac{1.0\times10^{-14}}{1.1\times10^{-12}} = 9.1\times10^{-3}$$

$$K_{b_2}^{\ominus}(S^{2-}) = \frac{K_w^{\ominus}}{K_{a_1}^{\ominus}(H_2S)} = \frac{1.0\times10^{-14}}{9.1\times10^{-8}} = 1.1\times10^{-7}$$

6.2 酸碱平衡的移动

酸碱平衡和其他化学平衡一样，也是一个暂时的、相对的动态平衡。当外界条件发生改变时，旧的平衡就会被破坏，经过分子或离子之间的相互反应，在新的条件下建立起新的平衡，这就是酸碱平衡的移动。

6.2.1 浓度对酸碱平衡的影响

在前面我们提到，为了定量地表示弱电解质在水溶液中的解离程度，引用了解离度 α 的概念。与弱酸或弱碱的解离平衡常数 $K_a^{\ominus}$ 与 $K_b^{\ominus}$ 不同，解离度 α 除与电解质的性质和温度有关外，还与电解质的浓度有关。对于浓度为 c_r 的某一元弱酸 HA，在水溶液中达到解离平衡时：

$$HA \rightleftharpoons H^+ + A^-$$

	HA	H^+	A^-
起始浓度/$(mol \cdot L^{-1})$	c	0	0
平衡浓度/$(mol \cdot L^{-1})$	$c-c\alpha$	$c\alpha$	$c\alpha$

$$K_a^{\ominus} = \frac{c_r(H^+) \cdot c_r(A^-)}{c_r(HA)} = \frac{c_r\alpha^2}{1-\alpha}$$

弱电解质的 α 一般很小，$1-\alpha\approx1$，故 $K_a^{\ominus}=c_r\alpha^2$

$$\alpha = \sqrt{\frac{K_a^{\ominus}}{c_r}} \tag{6-8}$$

式(6-8)称为稀释定律。它说明，在一定温度下，弱电解质的解离度与其浓度的平方根成反比，溶液越稀，解离度越大。由于解离度 α 随浓度而改变，所以，一般用 $K_a^{\ominus}$ 与 $K_b^{\ominus}$ 来表

示酸碱的强度。上式同样适用于弱碱的解离平衡,只是用 $K_b^{\ominus}$ 取代 $K_a^{\ominus}$。

但必须注意,弱酸、弱碱经稀释后,虽然解离度增大,但溶液中的 $c_r(H^+)$ 或 $c_r(OH^-)$ 并没有升高,而是降低了,这是因为溶液在稀释时,解离度 α 增大的倍数总是小于溶液稀释的倍数。

6.2.2 同离子效应

今有试管 1 和 2,分别向试管中加入 10 mL 浓度为 1 mol·L^{-1} 的 HAc 溶液,再加甲基橙指示剂 2 滴,试管中的溶液呈红色,这证明 HAc 溶液为酸性。若向试管 1 中再加入少量固体 NaAc,振荡摇匀,和试管 2 比较,则发现试管 1 中的溶液红色渐褪,最后变成黄色溶液(甲基橙在酸中为红色,在弱酸性或碱性中为黄色)。该实验表明,试管 1 中的溶液因加入了 NaAc 后,HAc 溶液的酸度降低了。这是由于 HAc-NaAc 溶液中存在下列解离平衡:

$$HAc \rightleftharpoons H^+ + Ac^-$$

$$NaAc = Na^+ + Ac^-$$

由于 NaAc 为强电解质,在试管 1 中完全解离为 Na^+ 和 Ac^-,从而使溶液中 Ac^- 的总浓度增大,使 HAc 的解离平衡向左移动,HAc 浓度增大,而 H^+ 浓度减小,从而降低了 HAc 的解离度。

这种在已建立了解离平衡的弱酸或弱碱溶液中加入其共轭碱或共轭酸,从而使平衡向着降低弱酸或弱碱解离度方向移动的作用,称为同离子效应(commonion effect)。

【例 6-3】 计算下列两种溶液的解离度 α:(1) 0.10 mol·L^{-1} HAc 溶液;(2) 0.10 mol·L^{-1} HAc 溶液中加入少量 NaAc 固体,使 $c(NaAc)=0.10$ mol·L^{-1}。[已知$K_a^{\ominus}(HAc)=1.76\times10^{-5}$。]

【解】 (1) 根据公式(6-8)可得

$$\alpha=\sqrt{\frac{K_a^{\ominus}}{c_r}}=\sqrt{\frac{1.76\times10^{-5}}{0.10}}=1.3\times10^{-2}=1.3\%$$

(2) 加入 NaAc 固体后,同离子效应使 HAc 解离度 α 变小,则

$$c_r(HAc)\approx0.10,\quad c_r(Ac^-)\approx0.10$$

根据反应

$$HAc \rightleftharpoons Ac^- + H^+$$

$$K_a^{\ominus}=\frac{c_r(H^+)\cdot c_r(Ac^-)}{c_r(HAc)}=\frac{c_r(H^+)\cdot 0.10}{0.10}=1.8\times10^{-5}$$

$$c_r(H^+)=1.8\times10^{-5}$$

则

$$\alpha=\frac{c_r(H^+)}{c_r(HAc)}=\frac{1.8\times10^{-5}}{0.10}=0.018\%$$

6.2.3 盐效应

向 HAc 溶液中加入不含相同离子的强电解质如 NaCl,KNO_3 等时,由于溶液中离子间相互牵制作用增强,Ac^- 和 H^+ 结合成分子的机会减少,而使弱电解质 HAc 的质子传递平衡向右移动。当建立新平衡时,HAc 的解离度略有增加。实验发现,如果在 0.10 mol·L^{-1} HAc 溶液中加入 0.10 mol·L^{-1} NaCl 溶液时,HAc 的解离度将由 1.3%增至 1.68%。这

种在弱电解质溶液中加入与弱电解质不含相同离子的某一强电解质时，使弱电解质的解离度增加的效应称为盐效应(salt effect)。

需要指出的是，在发生同离子效应时，总伴随着盐效应的发生。但同离子效应的影响比盐效应要大得多，当它们共存时，主要考虑同离子效应。所以，一般情况下，不考虑盐效应对解离平衡的影响。

6.3 酸碱溶液中 H^+ 浓度的计算

6.3.1 水溶液的 pH

根据式(6-2)水的离子积公式，可以得到一个重要规律：水溶液中 H^+ 和 OH^- 浓度的乘积在一定温度下总是一个常数。这一规律同时指明了这两种离子的依存关系以及它们之间的数量关系。

水的离子积不仅适用于纯水，也适用于所有稀水溶液。由于 $c(H^+)$ 和 $c(OH^-)$ 的乘积是一个常数，因此若已知溶液中 $c(H^+)$，就可简单地算出溶液中 $c(OH^-)$。由于许多化学反应和几乎全部的生物生理现象都是在 $c(H^+)$ 较小的溶液中进行，计算和使用很不方便，因此常用 pH 表示此类溶液的酸碱性：

$$pH=-\lg c(H^+) \tag{6-9}$$

既然 H^+ 表示酸的特征，OH^- 表示碱的特征，那么在水溶液中，中性是指 $c(H^+)=c(OH^-)$，酸性是指 $c(H^+)>c(OH^-)$，碱性是指 $c(H^+)<c(OH^-)$。即在室温(295 K)下：

酸性：$c(H^+)>1.0\times10^{-7}\ mol\cdot L^{-1}$，即 $pH<7.00$

中性：$c(H^+)=1.0\times10^{-7}\ mol\cdot L^{-1}$，即 $pH=7.00$

碱性：$c(H^+)<1.0\times10^{-7}\ mol\cdot L^{-1}$，即 $pH>7.00$

因此，水溶液的酸性、中性和碱性可以用 pH 统一表示。

也可以用 pOH 表示溶液的酸碱性，pOH 是 $c(OH^-)$ 的负对数值，即

$$pOH=-\lg c(OH^-) \tag{6-10}$$

由于 $c(H^+)\cdot c(OH^-)=10^{-14}$，故

$$pH+pOH=14.00 \tag{6-11}$$

【例 6-4】 饱和 H_2S 溶液的 $c(H^+)=7.6\times10^{-5}\ mol\cdot L^{-1}$，求此溶液的 pH 和 pOH。

【解】 $pH=-\lg(7.6\times10^{-5})=4.12$，$pOH=14.00-4.12=9.88$

pH，pOH，$c(H^+)$，$c(OH^-)$ 与溶液酸碱性之间的关系见表 6-3。

表 6-3 pH，pOH，$c(H^+)$，$c(OH^-)$ 与溶液酸碱性之间的关系

	← 酸性增强				中性		碱性增强 →		
pH	0	2	4	6	7	8	10	12	14
$c(H^+)$	10^0	10^{-2}	10^{-4}	10^{-6}	10^{-7}	10^{-8}	10^{-10}	10^{-12}	10^{-14}
$c(OH^-)$	10^{-14}	10^{-12}	10^{-10}	10^{-8}	10^{-7}	10^{-6}	10^{-4}	10^{-2}	10^0
pOH	14	12	10	8	7	6	4	2	0

6.3.2 酸碱溶液 pH 的计算

(1) 强酸、强碱溶液

强酸、强碱在水中几乎全部解离，在一般情况下，酸度的计算较为简单。例如浓度为 0.3 $mol \cdot L^{-1}$的 HCl 溶液，其酸度(H^+浓度)也是 0.3 $mol \cdot L^{-1}$，溶液的 pH=0.5。但是，如果强酸或强碱溶液的浓度小于 10^{-6} $mol \cdot L^{-1}$时，即与纯水中的 H^+浓度($10^{-7} mol \cdot L^{-1}$)接近时，求算这种溶液的酸度除需考虑酸或碱本身解离出来的 H^+或 OH^-浓度之外，还必须考虑因水的质子自递作用提供的 H^+或 OH^-。

(2) 一元弱酸、弱碱溶液

如一元弱酸 HAc，设其浓度为 c $mol \cdot L^{-1}$，在水中的解离反应为

$$HAc \rightleftharpoons H^+ + Ac^-$$

$$K_a^{\ominus} = \frac{c_r(H^+) \cdot c_r(Ac^-)}{c_r(HAc)}$$

当 $c_r K_a^{\ominus} > 20 K_w^{\ominus}$ 时，已解离的酸极少，$c_r(Ac^-) = c_r(H^+)$，$c_r(HAc) = c_r - c_r(H^+) \approx c_r$，

则有

$$K_a^{\ominus} = \frac{c_r(H^+) \cdot c_r(Ac^-)}{c_r(HAc)} = \frac{c_r^2(H^+)}{c_r} \tag{6-12}$$

即

$$c_r(H^+) = \sqrt{c_r K_a^{\ominus}} \tag{6-13}$$

上式是计算一元弱酸溶液中 H^+浓度的最简式。一般来说，当 $c_r K_a^{\ominus} > 20 K_w^{\ominus}$(可以忽略因水的质子自递作用产生的 H^+)，且 $c_r / K_a^{\ominus} > 500$(可以忽略 HA 的解离度对其自身浓度的影响)时，才可采用此简化公式计算，其误差小于 5%。

同理可求得一元弱碱溶液中计算 OH^-浓度的最简式为

$$c_r(OH^-) = \sqrt{c_r K_b^{\ominus}} \quad (c_r K_b^{\ominus} > 20 K_w^{\ominus}，且\ c_r / K_b^{\ominus} > 500) \tag{6-14}$$

当 $c_r K_a^{\ominus} > 20 K_w^{\ominus}$ 但 $c_r / K_a^{\ominus} < 500$ 时，可以忽略因水的质子自递作用产生的 H^+，但因解离度不太小(>5%)，故不可忽略因一元弱酸的解离对其自身浓度的影响，则此时一元弱酸溶液中 H^+浓度的表示式为

$$c_r(H^+) = \frac{-K_a^{\ominus} + \sqrt{K_a^{\ominus 2} + 4 c_r K_a^{\ominus}}}{2} \quad (c_r / K_a^{\ominus} < 500) \tag{6-15}$$

【例 6-5】 计算 0.10 $mol \cdot L^{-1}$ NH_4NO_3 溶液的 pH。(NH_3 的 $K_b^{\ominus} = 1.77 \times 10^{-5}$。)

【解】 因为 $c_r \cdot K_a^{\ominus} = 0.10 \times \frac{1.0 \times 10^{-14}}{1.77 \times 10^{-5}} = 5.6 \times 10^{-11} > 20 K_w^{\ominus}$

$$c_r / K_a^{\ominus} = \frac{0.10 \times 1.77 \times 10^{-5}}{1.0 \times 10^{-14}} > 500$$

因此可以用最简式进行计算：

$$c_r(H^+) = \sqrt{c_r K_a^{\ominus}} = \sqrt{5.6 \times 10^{-11}} = 7.5 \times 10^{-6}$$

$$pH = -\lg c_r(H^+) = 5.13$$

【例 6-6】 计算 0.10 $mol \cdot L^{-1}$ 一氯乙酸($CH_2ClCOOH$)溶液的 pH。($K_a^{\ominus} = 1.4 \times 10^{-3}$。)

【解】 因为 $c_r \cdot K_a^{\ominus} = 0.10 \times 1.4 \times 10^{-3} > 20 K_w^{\ominus}$

$$c_r/K_a^\ominus=0.10/1.4\times10^{-3}<500$$

因此应用式(6-15)进行计算：

$$c_r(H^+)=\frac{-K_a^\ominus+\sqrt{K_a^{\ominus2}+4\cdot c_r\cdot K_a^\ominus}}{2}$$

$$=\frac{-1.4\times10^{-3}+\sqrt{(1.4\times10^{-3})^2+4\times0.10\times1.4\times10^{-3}}}{2}$$

$$=1.1\times10^{-2}$$

$$pH=-\lg c_r(H^+)=1.96$$

(3) 多元弱酸、多元弱碱溶液

以二元酸 H_2A 为例，设其浓度为 c mol·L^{-1}，它在水中有二级解离：

$$H_2A \rightleftharpoons HA^- + H^+ \qquad K_{a_1}^\ominus=\frac{c_r(H^+)\cdot c_r(HA^-)}{c_r(H_2A)}$$

$$HA^- \rightleftharpoons A^{2-} + H^+ \qquad K_{a_2}^\ominus=\frac{c_r(A^{2-})\cdot c_r(H^+)}{c_r(HA^-)}$$

当 $K_{a_1}^\ominus \gg K_{a_2}^\ominus$ 时，说明二级解离比一级解离困难得多，因此可忽略二级解离的影响，将二元弱酸近似为一元弱酸处理。在实际计算时，若同时还具备 $c_rK_{a_1}^\ominus>20K_w^\ominus$ 且 $c_r/K_{a_1}^\ominus>500$，则可采用以下最简式计算：

$$c_r(H^+)=\sqrt{c_rK_{a_1}^\ominus} \tag{6-16}$$

多元弱碱在溶液中的质子传递也是分步进行的，与多元弱酸相似。根据类似的条件，一元弱碱溶液的 $c_r(OH^-)$ 可由下式计算为

$$c_r(OH^-)=\sqrt{c_rK_{b_1}^\ominus} \quad (K_{b_1}^\ominus\gg K_{b_2}^\ominus,\ c_rK_{b_1}^\ominus>20K_w^\ominus \text{ 且 } c_r/K_{b_1}^\ominus>500) \tag{6-17}$$

【例 6-7】 计算 0.10 mol·L^{-1} H_2S 水溶液的 pH。(H_2S 的 $K_{a_1}^\ominus$ 为 9.1×10^{-8}，$K_{a_2}^\ominus$ 为 1.1×10^{-12}。)

【解】 因为 $K_{a_1}^\ominus\gg K_{a_2}^\ominus$，故计算 H^+ 浓度时只考虑 H_2S 的一级解离，又

$$c_rK_a^\ominus=0.10\times9.1\times10^{-8}>20K_w^\ominus$$

$$c_r/K_a^\ominus=0.10/9.1\times10^{-8}>500$$

因此，可以按式(6-16)进行计算：

$$c_r(H^+)=\sqrt{c_rK_{a_1}^\ominus}=\sqrt{0.10\times9.1\times10^{-8}}=9.5\times10^{-5}$$

$$pH=-\lg c_r(H^+)=4.02$$

*(4) 两性物质溶液

两性物质在溶液中既能起酸的作用，又能起碱的作用。以浓度为 c_r mol·L^{-1} 的酸式盐 NaHA 为例，其反应方程式为 $HA^-+H_2O\rightleftharpoons H_2A+OH^-$

$$HA^-\rightleftharpoons H^++A^{2-}$$

若 $K_{a_1}^\ominus$ 与 $K_{a_2}^\ominus$ 相差较大，且 $c_rK_{a_2}^\ominus>20K_w^\ominus$，$c_r/K_{a_1}^\ominus>20$，则 NaHA 溶液中 H^+ 浓度可按下式作近似计算：

$$c_r(H^+)=\sqrt{K_{a_1}^\ominus\cdot K_{a_2}^\ominus} \tag{6-18}$$

一般来说，两性物质溶液中 $c_r(H^+)$ 等于其相邻的两对共轭酸碱的酸式解离平衡常数乘积的平方根。如

$$NaH_2PO_4\ 溶液 \qquad c_r(H^+)=\sqrt{K_{a_1}^{\ominus}\cdot K_{a_2}^{\ominus}}$$

$$Na_2HPO_4\ 溶液 \qquad c_r(H^+)=\sqrt{K_{a_2}^{\ominus}\cdot K_{a_3}^{\ominus}}$$

【例 6-8】 计算 0.10 $mol\cdot L^{-1}$ $NaHCO_3$ 溶液的 pH。（H_2CO_3 的 $K_{a_1}^{\ominus}$ 为4.30×10^{-7}，$K_{a_2}^{\ominus}$ 为 5.61×10^{-11}。）

【解】

$$c_r\cdot K_{a_2}^{\ominus}=0.10\times5.61\times10^{-11}>20K_w^{\ominus}$$

$$c_r/K_{a_1}^{\ominus}=0.10/4.30\times10^{-7}>20$$

因此，可以按式(6-18)进行计算：

$$c_r(H^+)=\sqrt{K_{a_1}^{\ominus}\cdot K_{a_2}^{\ominus}}=\sqrt{4.30\times10^{-7}\times5.61\times10^{-11}}=4.91\times10^{-9}$$

$$pH=-\lg c_r(H^+)=8.31$$

表 6-4 列出了几种常见氨基酸的酸式解离平衡常数。

表 6-4　几种常见氨基酸的酸式解离平衡常数

名　称	分子式	$K_{a_1}^{\ominus}$	$K_{a_2}^{\ominus}$	$K_{a_3}^{\ominus}$
甘氨酸	H_2NCH_2COOH	4.46×10^{-3}	1.86×10^{-10}	
丝氨酸	$HOCH_2CH(NH_2)COOH$	6.3×10^{-3}	5.61×10^{-10}	
天门冬氨酸	$HOOCH_2CCH(NH_2)COOH$	8.3×10^{-3}	1.15×10^{-4}	1.05×10^{-10}
半胱氨酸	$HSCH_2CH(NH_2)COOH$	1.10×10^{-2}	4.36×10^{-9}	5.25×10^{-1}

6.4　缓冲溶液

溶液的酸度对许多化学反应和生物化学反应有着重要的影响，只有将溶液的 pH 严格控制在一定范围内，这些反应才能顺利地进行。而要将溶液的 pH 保持在一定范围之内，就必须依靠缓冲溶液来控制。溶液的这种能对抗少量外来强碱、强酸或适度稀释的影响，而使其 pH 不易发生显著改变的作用，叫做缓冲作用。

6.4.1　缓冲溶液的组成和原理

为便于了解缓冲溶液的概念，先分析两个实验现象。在一定条件下，纯水的 pH 为 7.00，如果在 50 mL 纯水中加入 1.0 $mol\cdot L^{-1}$ HCl 溶液 0.05 mL，则溶液的 pH 由 7.00 降低到 3.00，即 pH 改变了 4 个单位，可见纯水不具有保持 pH 相对稳定的性能。但如果在 50 mL 含有 0.10 $mol\cdot L^{-1}$ HAc 和 0.10 $mol\cdot L^{-1}$ NaAc 的混合溶液中，加入 1.0 $mol\cdot L^{-1}$ HCl 溶液 0.05 mL，则溶液的 pH 由 4.76 降低到 4.75，即 pH 仅改变了 0.01 个单位。

实验结果表明，向 HAc-NaAc 这样的弱酸及其共轭碱所组成的溶液中，加入少量强酸或强碱时，溶液的 pH 改变较小。我们把具有保持 pH 相对稳定的性能的溶液叫做缓冲溶液。缓冲溶液一般由弱酸及其共轭碱或弱碱及其共轭酸组成，如 $HAc-Ac^-$，$NH_3-NH_4^+$，$HCO_3^--CO_3^{2-}$，$H_2PO_4^--HPO_4^{2-}$ 等。缓冲溶液的特点是在一定的 pH 范围内可以减小或消除少量酸碱的影响。

缓冲溶液为什么具有对抗少量外界强酸、强碱或稀释的作用呢？

现在我们以醋酸缓冲液系(HAc-NaAc)为例来说明缓冲作用原理。它们的解离反应如下：

$$HAc \rightleftharpoons H^{+} + Ac^{-}$$

$$NaAc = Na^{+} + Ac^{-}$$

由于大量 Ac^{-} 的存在，对 HAc 的解离平衡产生同离子效应，因此互为共轭酸碱的 HAc 和 Ac^{-} 相互抑制了对方的解离，故在 HAc 和 NaAc 缓冲溶液中有大量的 HAc 和 Ac^{-} 存在，而 H^{+} 浓度很小。

当在此缓冲溶液中加入少量强酸(例如 HCl)时，由于溶液中存在着大量 Ac^{-}，它能和加入的酸中的 H^{+} 结合成解离度很小的 HAc。此时，上述平衡体系将向减小 H^{+} 浓度的方向移动，从而部分抵消了外加的少量 H^{+}，保持了溶液 pH 基本不变。在这里，Ac^{-} 成为缓冲溶液的抗酸成分。

当在此缓冲溶液中加入少量强碱(例如 NaOH)时，此时溶液中的 H^{+} 即与加入碱中的 OH^{-} 结合成难电离的 H_2O。此时，平衡体系将会向减小 OH^{-} 浓度(即增加 H^{+} 浓度，HAc 的解离作用增强)的方向移动，从而也抵消了外加的少量 OH^{-}，保持了溶液 pH 基本不变。在这里，HAc 成为缓冲溶液的抗碱成分。

当溶液稍加水稀释时，一方面降低了溶液的 H^{+} 浓度，但另一方面由于解离度的增加和同离子效应的减弱，又使平衡向增大 H^{+} 浓度的方向移动，从而使溶液中 H^{+} 浓度变化不大，故 pH 基本不变。

其他类型缓冲溶液的作用原理与上述相同，一些常用的缓冲溶液见表 6-5。

表 6-5　常用的缓冲溶液

缓冲溶液	共轭酸	共轭碱	$pK_a^{\ominus}$(298 K)
氨基乙酸-HCl	$NH_3^{+}CH_2COOH$	$NH_3^{+}CH_2COO^{-}$	2.35
一氯乙酸-NaOH	$CH_2ClCOOH$	CH_2ClCOO^{-}	2.86
甲酸-NaOH	HCOOH	$HCOO^{-}$	3.75
HAc-NaAc	HAc	Ac^{-}	4.75
六亚甲基四胺-HCl	$(CH_2)_6N_4H^{+}$	$(CH_2)_6N_4$	5.13
NaH_2PO_4-Na_2HPO_4	$H_2PO_4^{-}$	HPO_4^{2-}	7.21($pK_{a_2}^{\ominus}$)
三乙醇胺-HCl	$NH^{+}(CH_2CH_2OH)_3$	$N(CH_2CH_2OH)_3$	7.76
三羟甲基甲胺-HCl	$NH_3^{+}C(CH_2OH)_3$	$NH_2C(CH_2OH)_3$	8.21
$Na_2B_4O_7$-HCl	H_3BO_3	$H_2BO_3^{-}$	9.24($pK_{a_1}^{\ominus}$)
$Na_2B_4O_7$-NaOH	H_3BO_3	$H_2BO_3^{-}$	9.24($pK_{a_1}^{\ominus}$)
NH_3-NH_4Cl	NH_4^{+}	NH_3	9.25
乙醇胺-HCl	$NH_3^{+}CH_2CH_2OH$	$NH_2CH_2CH_2OH$	9.5
氨基乙酸-NaOH	$NH_3^{+}CH_2COOH$	NH_2CH_2COOH	9.78
$NaHCO_3$-Na_2CO_3	HCO_3^{-}	CO_3^{2-}	10.25($pK_{a_2}^{\ominus}$)
NaH_2PO_4-NaOH	HPO_4^{2-}	PO_4^{3-}	12.66($pK_{a_3}^{\ominus}$)

缓冲体系除了用于控制溶液的酸度之外，还可以作为标准缓冲溶液，用作酸度计的参比

液。如 298 K 时，饱和酒石酸氢钾 pH＝3.557。表 6-6 是几种常用的标准缓冲溶液。

表 6-6　常用的标准缓冲溶液

标准缓冲溶液	pH(25 ℃时的标准值)
饱和酒石酸氢钾(0.034 0 $mol \cdot L^{-1}$)	3.557
0.050 0 $mol \cdot L^{-1}$邻苯二甲酸氢钾	4.008
0.025 0 $mol \cdot L^{-1}$ KH_2PO_4＋0.025 0 $mol \cdot L^{-1}$ Na_2HPO_4	6.865
0.010 0 $mol \cdot L^{-1}$硼砂	9.180
饱和氢氧化钙	12.454

6.4.2　缓冲溶液 pH 的计算

缓冲溶液的 pH 可以根据解离平衡常数关系式来推导，如对于 HAc-NaAc 组成的缓冲溶液，该体系存在着如下解离平衡：

$$HAc \rightleftharpoons H^+ + Ac^-$$

$$NaAc = Na^+ + Ac^-$$

解离平衡常数表达式为
$$K_a^\ominus = \frac{c_r(H^+) \cdot c_r(Ac^-)}{c_r(HAc)}$$

移项可得
$$c_r(H^+) = \frac{K_a^\ominus \cdot c_r(HAc)}{c_r(Ac^-)} \tag{6-19}$$

式(6-19)的使用应该注意以下两点：

(1) HAc 的解离度本来就很小，由于同离子效应其解离度变得更小。因此达到平衡时，体系中 HAc 可近似看成未发生解离，其浓度可近似地看为原来弱酸的浓度，用 c_r(酸)表示。

(2) 体系中 Ac^- 的浓度是由 HAc 和 NaAc 解离的 Ac^- 浓度的总和。由于 HAc 的解离度很小，体系中 Ac^- 的浓度因此可近似地看作全部由 NaAc 解离供给，Ac^- 的浓度用 c_r(碱)表示，则式(6-19)可简化为
$$c_r(H^+) = \frac{K_a^\ominus \cdot c_r(\text{酸})}{c_r(\text{碱})}$$

左右两边同取负对数可得
$$pH = pK_a^\ominus + \lg\frac{c_r(\text{碱})}{c_r(\text{酸})} \tag{6-20}$$

同理，对于弱碱及其共轭酸组成的缓冲溶液的 pH 亦可用上式进行计算，式中 $K_a^\ominus$ 为弱碱对应的共轭酸的 $K_a^\ominus$，其中，OH^- 浓度和 pOH 的计算公式为

$$c_r(OH^-) = \frac{K_b^\ominus \cdot c_r(\text{碱})}{c_r(\text{酸})}$$

$$pOH = pK_b^\ominus + \lg\frac{c_r(\text{酸})}{c_r(\text{碱})} \tag{6-21}$$

上述公式亦可表示为

$$pH = pK_w^\ominus - pK_b^\ominus + \lg\frac{c_r(\text{碱})}{c_r(\text{酸})} = pK_a^\ominus + \lg\frac{c_r(\text{碱})}{c_r(\text{酸})} \tag{6-22}$$

式中，$K_a^\ominus$ 是弱碱的共轭酸的标准电离平衡常数。

以上公式说明：

① 缓冲溶液的 pH 取决于 $K_a^\ominus$（或 $K_b^\ominus$）值以及 $\frac{c_r(碱)}{c_r(酸)}\left[或\frac{c_r(酸)}{c_r(碱)}\right]$ 的比值，该比值称为缓冲溶液的缓冲比，通常缓冲溶液的缓冲比控制在 0.1～10 较为合适，此范围即为缓冲溶液的缓冲范围，超出此范围则认为将失去缓冲作用。

② 适度稀释缓冲溶液时，两组分的浓度以相同倍数缩小，而比值不变，体系的 pH 基本不变。

③ 缓冲溶液的缓冲能力有一定的限度，其缓冲能力的大小由缓冲容量来衡量。所谓缓冲容量是指单位体积缓冲溶液的 pH 改变极小值所需的酸或碱的"物质的量"。用 β 表示：

$$\beta=\frac{dc_r(碱)}{dpH}=-\frac{dc_r(酸)}{dpH}$$

缓冲容量的大小与缓冲溶液的总浓度及缓冲比有关。当总浓度一定时，缓冲比越接近 1，则缓冲容量越大；等于 1 时，缓冲容量最大，缓冲能力最强。若组成缓冲溶液的共轭酸碱的浓度相等或两组分以同浓度、同体积混合时，$pH=pK_a^\ominus$，$pOH=pK_b^\ominus$。一般认为缓冲溶液的缓冲范围约在 $pH=pK_a^\ominus\pm1$ 或 $pOH=pK_b^\ominus\pm1$ 范围内。不同共轭酸碱组成的缓冲溶液，其缓冲范围也不相同。

【例 6-9】 计算 100 mL 含有 0.040 mol·L^{-1} HAc 和 0.060 mol·L^{-1} NaAc 溶液的 pH，当向该溶液中分别加入：(1) 10 mL 0.050 mol·L^{-1} HCl 溶液；(2) 10 mL 0.050 mol·L^{-1} NaOH 溶液；(3) 10 mL H_2O，试比较加入前后溶液 pH 的变化。

【解】 已知 HAc 的 $K_a^\ominus=1.76\times10^{-5}$，可知 $pK_a^\ominus=4.75$。由式(6-20)得

$$pH=pK_a^\ominus+\lg\frac{c_r(碱)}{c_r(酸)}=4.75+\lg\frac{0.060}{0.040}=4.93$$

(1) 当加入 10 mL 0.050 mol·L^{-1} HCl 溶液后：

$$pH=pK_a^\ominus+\lg\frac{c_r(碱)}{c_r(酸)}=4.75+\lg\frac{\dfrac{0.060\times0.10-0.010\times0.050}{0.10+0.010}}{\dfrac{0.040\times0.10+0.010\times0.050}{0.10+0.010}}=4.84$$

(2) 当加入 10 mL 0.050 mol·L^{-1} NaOH 溶液后：

$$pH=pK_a^\ominus+\lg\frac{c_r(碱)}{c_r(酸)}=4.75+\lg\frac{\dfrac{0.060\times0.10+0.010\times0.050}{0.10+0.010}}{\dfrac{0.040\times0.10-0.010\times0.050}{0.10+0.010}}=5.02$$

(3) 当加入 10 mL H_2O 后：

$$pH=pK_a^\ominus+\lg\frac{c_r(碱)}{c_r(酸)}=4.75+\lg\frac{\dfrac{0.060\times0.10}{0.10+0.010}}{\dfrac{0.040\times0.10}{0.10+0.010}}=4.93$$

【例 6-10】 计算 10 mL 浓度为 0.30 mol·L^{-1} NH_3 溶液与 10 mL 浓度为 0.10 mol·L^{-1} HCl 溶液混合后的 pH。[已知 $K_b^\ominus(NH_3)=1.77\times10^{-5}$。]

【解】 因为 $K_b^\ominus(NH_3)=1.77\times10^{-5}$，故 $K_a^\ominus(NH_4^+)=5.65\times10^{-10}$

$$pH = pK_a^{\ominus} + \lg \frac{c_r(碱)}{c_r(酸)} = -\lg 5.65\times10^{-10} + \lg \frac{\dfrac{0.30\times0.010-0.010\times0.10}{0.010+0.010}}{\dfrac{0.10\times0.010}{0.010+0.010}} = 9.56$$

6.4.3 缓冲溶液的选择和配制

(1) 缓冲溶液的选择

不同的缓冲溶液只有在有效的 pH 的范围内才能起到缓冲作用，通常根据实际的要求来选择不同的缓冲溶液。在选择缓冲溶液的时候，应注意以下两个方面：

① 所使用的缓冲溶液不能与在缓冲溶液中的反应物或生成物发生作用；

② 缓冲溶液的 pH 应在所要求范围之内。为了使缓冲溶液有较大的缓冲能力，所选择的弱酸的 $pK_a^{\ominus}$ 应尽可能地接近缓冲溶液的 pH，所选择的弱碱的 $pK_b^{\ominus}$ 应尽可能地接近缓冲溶液的 pOH。

(2) 缓冲溶液的配制

在配制缓冲溶液时，应使缓冲组分的总浓度较大，但又不宜过大，否则易造成对化学反应或生化反应的不良影响。化学中一般使缓冲组分的浓度在 0.1 mol·L^{-1}～1 mol·L^{-1}，它们确定了缓冲范围；此外还应使缓冲组分的浓度比尽量接近 1∶1，一般应将其控制在 10∶1～1∶10 范围内，超出了此范围，则缓冲溶液的缓冲能力很小，甚至丧失了缓冲作用。缓冲溶液的配制方法通常分为以下几种。

① 在一定量的弱酸或者弱碱溶液中加入固体盐进行配制。

【例 6-11】 配制 1.0 L pH＝9.80，$c(NH_3)$＝0.10 mol·L^{-1} 的缓冲溶液，需用 6.0 mol·L^{-1} $NH_3\cdot H_2O$ 多少毫升和固体 $(NH_4)_2SO_4$ 多少克？[已知 $(NH_4)_2SO_4$ 的摩尔质量为 132 g·moL^{-1}，NH_4^+ 的 $pK_a^{\ominus}$＝9.25。]

【解】 根据 $pH = pK_a^{\ominus} + \lg \dfrac{c_r(碱)}{c_r(酸)}$ 可得

$$9.80 = 9.25 + \lg \frac{0.10}{c_r(NH_4^+)}$$

则

$$c_r(NH_4^+) = 0.028$$

加入 $(NH_4)_2SO_4$ 的质量为

$$m[(NH_4)_2SO_4] = 0.028\times132\times\frac{1}{2}\times1.0 = 1.8(g)$$

氨水用量　$V(NH_3\cdot H_2O) = 1.0\times0.10/6.0 = 0.017(L) = 17(mL)$

配制方法：称取 1.8 g 固体 $(NH_4)_2SO_4$ 溶于少量水中，加入 17 mL 6.0 mol·L^{-1} $NH_3\cdot H_2O$，然后加水稀释至 1 L 摇匀即可。

② 采用相同浓度的弱酸(或弱碱)及其盐的溶液，按不同体积互相混合。

若假设弱酸及其盐的浓度为 c mol·L^{-1}，弱酸溶液的体积为 V(酸)，盐溶液的体积为 V(碱)，混合后溶液的总体积为 V。则式(6-20)可变为

$$pH = pK_a^{\ominus} + \lg \frac{V(碱)}{V(酸)} = pK_a^{\ominus} + \lg \frac{V(碱)}{V-V(碱)} \tag{6-23}$$

同理，弱碱及其盐组成的缓冲体系的 pOH 为

$$pOH = pK_b^{\ominus} + \lg \frac{V(酸)}{V(碱)} = pK_b^{\ominus} + \lg \frac{V(酸)}{V - V(酸)} \tag{6-24}$$

【例 6-12】 如何配制 100 mL pH 为 4.80 的 HAc-NaAc 缓冲溶液？（已知 HAc 的 $pK_a^{\ominus} = 4.75$，HAc 和 NaAc 溶液的浓度相同。）

【解】 假设 NaAc 溶液的体积为 $V(Ac^-)$，则 HAc 溶液的体积为 $100 - V(Ac^-)$，根据式(6-23)可得

$$4.80 = 4.75 + \lg \frac{V(Ac^-)}{100 - V(Ac^-)}$$

$$V(Ac^-) = 53(mL)；V(HAc) = 100 - 53 = 47(mL)$$

故该溶液的配制需量取浓度相同的 HAc 溶液 47 mL 和 NaAc 溶液 53 mL。

③ 在一定量的弱酸（或弱碱）溶液中加入一定量的强碱（或强酸）溶液，通过反应生成的盐和剩余的弱酸（或弱碱）组成缓冲溶液。

【例 6-13】 欲配制 pH 为 3.00 的 HCOOH-HCOONa 缓冲溶液，应向 200 mL 浓度为 $0.20\ mol \cdot L^{-1}$ HCOOH 溶液中加入多少毫升的 $1.0\ mol \cdot L^{-1}$ NaOH 溶液？（已知 HCOOH 的 $pK_a^{\ominus} = 3.75$。）

【解】 假设加入的 NaOH 溶液的体积为 V mL，根据式(6-20)，有

$$3.00 = 3.75 + \lg \frac{1.0V \times 10^{-3}}{0.20 \times 0.200 - 1.0V \times 10^{-3}}，可得 V = 6.00(mL)$$

从以上各方法可知，缓冲溶液的配制在一般情况下都是按照下列步骤进行的：

① 根据要求配制的缓冲溶液的 pH，选择合适的共轭酸碱对，使其中共轭酸的 $pK_a^{\ominus}$ 尽量靠近所要配制的缓冲溶液的 pH，最大差别不要超过 1，即 $pK_a^{\ominus} = pH \pm 1$。

② 根据选择的缓冲对的 $pK_a^{\ominus}$ 和所要配制的缓冲溶液的 pH，计算出共轭酸碱的浓度比。

③ 根据上述结果，配制缓冲溶液，并使共轭酸碱的浓度在 $0.1\ mol \cdot L^{-1} \sim 1\ mol \cdot L^{-1}$ 范围内。对要求极高的工作，还可在缓冲溶液配好后，用酸度计测定并微调其 pH。

④ 配制的缓冲溶液应不干扰化学反应，不影响正常的生理代谢。

*6.4.4 缓冲溶液在生物等方面的重要意义

缓冲溶液在工农业生产、生物化学和临床医学等方面都有着重要的意义。在工业生产中，为了使某些反应能够在一定的 pH 范围内进行，常要借助于缓冲溶液。土壤中一般均含有碳酸及其盐类、土壤腐殖质酸及其盐类组成的缓冲对，所以土壤溶液是很好的缓冲溶液，具有比较稳定的 pH，有利于微生物的正常活动和农作物的发育生长。

人体血液的 pH 维持在 7.35～7.45 范围左右，仅相差 0.1，因为在这一 pH 范围内，细胞及整个机体最适合代谢和生存。一般情况下，人体进行新陈代谢所产生的酸或碱进入血液内并不能显著地改变血液的 pH，这是因为人体的血液也是缓冲溶液，该缓冲溶液中还同时存在着许多缓冲对，主要有 H_2CO_3-$NaHCO_3$、NaH_2PO_4-Na_2HPO_4、血浆蛋白-血浆蛋白盐、血红蛋白-血红蛋白盐等，在这些缓冲对中又以 H_2CO_3-$NaHCO_3$ 缓冲对起主要的缓冲作用。我们都知道，H_2CO_3 是 CO_2 溶于水中形成的一种弱酸，$NaHCO_3$ 是一种强电解质，因此在 H_2CO_3-$NaHCO_3$ 缓冲对中，含有大量 HCO_3^- 作为抗酸成分，大量 H_2CO_3 分子作为抗碱成分。当人体在新陈代谢过程中所产生的酸（如磷酸、乳酸等）进入到血液中后，HCO_3^- 便立

即与它结合生成 H_2CO_3 分子，而产生的 H_2CO_3 分子就被血液带到肺部并以 CO_2 的形式排出体外，所以血液中 pH 不因外加酸而下降。人们吃的蔬菜和果类，其中含有柠檬酸钠、钾盐、磷酸氢二钠和碳酸氢钠等碱性盐类，它们在人体内产生碱，产生的碱进入血液中后，血液中的 H^+ 便立即与它结合生成难电离的 H_2O；而 H^+ 的消耗，则由 H_2CO_3 解离来补充，从而使血液中的 $c_r(H^+)$ 保持在一定范围内。

6.5 酸碱滴定法

酸碱滴定法(acid-base titration)是一种以水溶液中的酸碱中和反应为基础的滴定分析方法，具有反应速度快、操作简便、副反应少等特点，是滴定分析中最重要、应用最广泛的方法之一。一般的酸或碱，以及能与酸或碱发生反应的物质都能用酸碱滴定法进行分析测定。

酸碱反应的实质是质子传递反应，质子传递速率一般都很快，能满足滴定分析的要求。酸碱中和反应的完全程度主要取决于酸碱的强度及其浓度。酸碱越弱或浓度越小，反应越不完全，严重时将无法满足滴定分析的要求，所以通常采用强酸或强碱溶液作为滴定剂。

在酸碱滴定过程中，滴定溶液常无明显的外观变化，所以，常用指示剂法或电位滴定法判断终点。本节将重点讨论用指示剂法判断酸碱滴定的终点。

6.5.1 酸碱指示剂

英国化学家罗伯特·波义耳在一次偶然中发现紫罗兰遇酸变红色、遇碱变蓝色，酸碱指示剂由此诞生。通常将能够利用本身的颜色改变来指示溶液 pH 变化的一类物质称为酸碱指示剂(acid indicator)。为了能够正确地确定酸碱滴定的终点，就需要选择一个在化学计量点附近变色的指示剂。因此，在学习滴定分析法时，就必须了解各种酸碱指示剂的变色原理、变色范围、性质、选择原则等。只有选择了合适的指示剂，才能获得准确的分析结果。

(1) 酸碱指示剂的变色原理

酸碱指示剂一般是结构比较复杂的有机弱酸或有机弱碱，它们的酸式结构和碱式结构具有不同的颜色。在酸碱滴定过程中，指示剂也能参与质子转移反应，因获得质子转化为酸式结构或因失去质子而转化为碱式结构，从而引起溶液的颜色发生改变。在化学计量点附近，上述因得失质子导致指示剂结构变化的反应迅速进行，当某种结构达到一定的浓度后，溶液因明显地显示它的颜色而指示滴定终点。

下面以甲基橙、酚酞为例分别加以说明。

① 甲基橙

它是一种双色指示剂，属有机弱碱，在水溶液中存在如下的解离平衡和颜色的变化：

$$(CH_3)_2N^+{=}C_6H_4{=}N{-}N(H){-}C_6H_4{-}SO_3^- \underset{H^+}{\overset{OH^-}{\rightleftharpoons}} (CH_3)_2N{-}C_6H_4{-}N{=}N{-}C_6H_4{-}SO_3^-$$

红色(醌式，酸式色)　　$pK_a^{\ominus}=3.4$　　黄色(偶氮式，碱式色)

由平衡关系可看出，当溶液酸度增大时，平衡向左移动，甲基橙主要以呈红色的酸式结构(醌式)存在；当溶液酸度减小时，甲基橙主要以呈黄色的碱式结构(偶氮式)存在。

② 酚酞

它是一种单色指示剂，属于有机弱酸，在水溶液中存在如下的解离平衡：

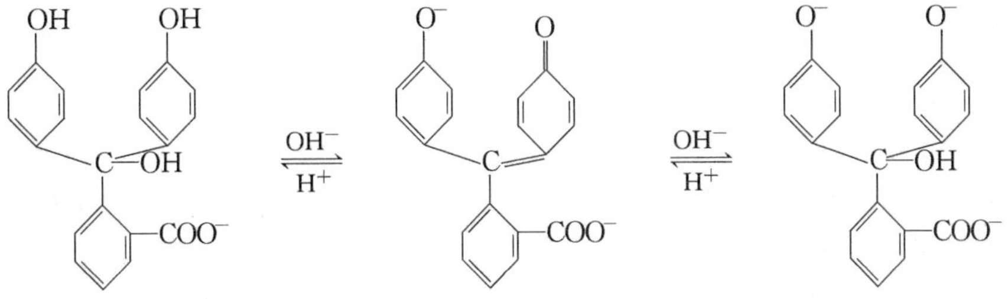

无色(内酯式) $\underset{H^+}{\overset{OH^-}{\rightleftharpoons}}$ 红色(醌式) $\underset{H^+}{\overset{OH^-}{\rightleftharpoons}}$ 无色(羧酸盐式)

$pK_{a_1}^{\ominus}=9.1$

酸性溶液　　　　碱性溶液

由平衡关系看出，酸性溶液中，酚酞以无色形式存在，在碱性溶液中转化为红色醌式结构。在足够浓的碱溶液中，又转化为无色的羧酸盐式。

由上可知，一般酸碱指示剂颜色的改变并非在某一特定的 pH 发生，而是在一定的 pH 范围内发生，溶液的 pH 改变，指示剂的结构改变，从而导致颜色改变，这即为酸碱指示剂的变色原理。

(2) 酸碱指示剂的变色范围

酸碱指示剂的颜色变化与溶液的 pH 有关。现以弱酸型指示剂 HIn 为例进行讨论，酸式 HIn 和碱式 In^- 在水溶液中存在着解离平衡：

$$HIn \rightleftharpoons H^+ + In^-$$

$$K_{HIn}^{\ominus}=\frac{c_r(H^+)\cdot c_r(In^-)}{c_r(HIn)}$$

式中，$K_{HIn}^{\ominus}$称为指示剂的标准解离常数，也称为指示剂常数，上式可写成

$$\frac{K_{HIn}^{\ominus}}{c_r(H^+)}=\frac{c_r(In^-)}{c_r(HIn)}$$

由于酸碱指示剂溶液的颜色取决于指示剂碱式和酸式的平衡浓度的比值$\frac{c_r(In^-)}{c_r(HIn)}$，该比值又与 $K_{HIn}^{\ominus}$ 和溶液中 $c_r(H^+)$有关。而对于给定的指示剂，在一定温度下，其解离常数 $K_{HIn}^{\ominus}$ 的值是不变的，因此溶液颜色的变化是由溶液中 $c_r(H^+)$所决定的。需要指出的是，并非$\frac{c_r(In^-)}{c_r(HIn)}$值任何微小的改变都能使人观察到溶液颜色的变化，因为人眼辨别颜色的能力有一定限度。一般来说，当指示剂一种型式的浓度是另一种型式浓度的 10 倍$\left(\frac{1}{10}倍\right)$或更大(小)时，就能辨认出浓度大者存在型式的颜色，而不能辨认出浓度小者存在型式的颜色。因此指示剂颜色的变化与溶液 pH 有如下关系：

① 当$\frac{c_r(In^-)}{c_r(HIn)}\leqslant\frac{1}{10}$时，$c_r(H^+)\geqslant 10K_{HIn}^{\ominus}$，$pH\leqslant pK_{HIn}^{\ominus}-1$，指示剂呈酸式色；

② 当$\frac{c_r(In^-)}{c_r(HIn)} \geqslant 10$时，$c_r(H^+) \leqslant \frac{K_{HIn}^{\ominus}}{10}$，$pH \geqslant pK_{HIn}^{\ominus}+1$，指示剂呈碱式色；

③ 当$10 > \frac{c_r(In^-)}{c_r(HIn)} > \frac{1}{10}$时，$\frac{K_{HIn}^{\ominus}}{10} < c_r(H^+) < 10K_{HIn}^{\ominus}$，$pK_{HIn}^{\ominus}-1 < pH < pK_{HIn}^{\ominus}+1$，指示剂呈混合色。

因为在 $pH=pK_{HIn}^{\ominus}\pm1$ 的范围内，人眼所看到的是指示剂的混合色，即过渡色，故常将 $pH=pK_{HIn}^{\ominus}\pm1$ 称为酸碱指示剂的理论变色范围。而当 $pH=pK_{HIn}^{\ominus}$ 时，$c_r(In^-)=c_r(HIn)$，即指示剂的酸式与碱式浓度相等，因此把 $pH=pK_{HIn}^{\ominus}$ 称为酸碱指示剂的理论变色点。

虽然从理论上来看，指示剂的变色范围为 $pH=pK_{HIn}^{\ominus}\pm1$，但实际上，依靠人眼观察得来的指示剂的实际变色范围与其理论值往往是有差别的。这是因为人眼对各种颜色的敏感度不同且指示剂的两种颜色会互相掩盖。例如甲基橙的 $pK_{HIn}^{\ominus}=3.4$，理论变色范围为 pH＝2.4～4.4，而实测结果是 pH＝3.1～4.4，当 pH＜3.1 时，溶液呈红色；当 pH＞4.4 时，溶液呈黄色；当 pH＝3.1～4.4 时，溶液呈过渡色——橙色。表 6-7 列出了一些常用的酸碱指示剂及其变色范围。

表 6-7　几种常用的酸碱指示剂

指示剂	变色范围 (pH)	颜色		$pK_{HIn}^{\ominus}$	浓度
		酸色	碱色		
百里酚蓝（第一次变色）	1.2～2.8	红	黄	1.6	0.1%的 20%酒精溶液
甲基黄	2.9～4.0	红	黄	3.3	0.1%的 90%酒精溶液
甲基橙	3.1～4.4	红	黄	3.4	0.05%的水溶液
溴酚蓝	3.1～4.6	黄	紫	4.1	0.1%的 20%酒精溶液或其钠盐的水溶液
溴甲酚绿	3.8～5.4	黄	蓝	4.9	0.1%水溶液，每 100 mg 指示剂加 0.05 $mol \cdot L^{-1}$ NaOH 2.9 mL
甲基红	4.4～6.2	红	黄	5.0	0.1%的 60%酒精溶液或其钠盐的水溶液
溴百里酚蓝	6.0～7.6	黄	蓝	7.3	0.1%的 20%酒精溶液或其钠盐的水溶液
中性红	6.8～8.0	红	黄橙	7.4	0.1%的 60%酒精溶液
酚红	6.7～8.4	黄	红	8.0	0.1%的 60%酒精溶液或其钠盐的水溶液
酚酞	8.0～10.0	无	红	9.1	0.1%的 90%酒精溶液
百里酚蓝（第二次变色）	8.0～9.6	黄	蓝	8.9	0.1%的 20%酒精溶液
百里酚酞	9.4～10.6	无	蓝	10.0	0.1%的 90%酒精溶液

(3) 影响酸碱指示剂变色范围的因素

① 指示剂用量的影响

指示剂用量不能过多，也不能过少。用量过少，颜色太浅，不易观察溶液的变色情况；用量过多，会使双色指示剂的颜色变化不明显，且由于指示剂本身就是弱酸或弱碱，因而指示剂的变色或多或少会消耗标准溶液。例如，甲基橙的酸式色和碱式色的混合色是橙色，当其用量过多时会导致橙、红两色色调的差异减小。另外，对单色指示剂而言，指示剂用量的改变还会改变指示剂的变色范围。例如，酚酞是单色指示剂，在 50 mL～100 mL 溶液中加 2 滴～3 滴 0.1%酚酞，则 pH≈9.0 时出现红色；而在同样条件下，若加入 10 滴～15 滴 0.1%酚酞，则 pH≈8.0 时出现红色。

② 温度的影响

温度会影响酸碱指示剂的 $K^{\ominus}_{HIn}$，因此温度也会影响指示剂的变色范围。例如，甲基橙在室温下变色范围为 pH 3.1～ 4.4，而在 100 ℃时为 pH 2.5～3.7。因此，在滴定中应注意控制合适的滴定温度。

③ 滴定顺序的影响

在具体选择指示剂时，由于肉眼对不同颜色的敏感程度不同，因而还应注意滴定过程中滴定顺序对指示剂变色的影响。例如，酚酞由酸式色变为碱式色，即由无色变为红色，颜色变化明显，容易观察；反之，由红色到无色，则颜色变化不明显，往往滴定过量。因此，就此而论，用 NaOH 溶液滴定 HCl 溶液时，选用酚酞较选用甲基橙作指示剂为更好。

(4) 混合指示剂

从上面的讨论中我们已经知道，一般酸碱指示剂都有一定的变色范围，这就要求酸碱滴定允许滴定终点出现在化学计量点附近的一定 pH 范围内。但这对于某些需要将滴定终点限制在很窄的 pH 范围内的酸碱滴定来说是有困难的。混合指示剂主要是利用了两种颜色的互补作用使滴定终点时指示剂颜色变化敏锐或使指示剂变色范围变窄。

混合指示剂的配制方法有两种：

① 由两种或两种以上酸碱指示剂混合而成，当溶液 pH 发生变化时，几种指示剂都能变色。在某种 pH 时，由于指示剂的颜色互补，使滴定终点颜色变化敏锐并使变色范围变窄。例如甲酚红(pH 7.2～8.8，黄～紫)和百里酚蓝(pH 8.0～9.6，黄～蓝)按 1∶3 混合，所得混合指示剂的变色范围变窄，为 pH 8.2(粉红)～8.4(紫)。

② 在某种酸碱指示剂中加入一种惰性染料，后者的颜色不随 pH 变化，只起着背景的作用。当溶液的 pH 达到某值，指示剂呈现某种色调时，其颜色与染料颜色互补，颜色发生突变，使混合指示剂变色敏锐。例如甲基橙(pH 3.1～4.4，红～橙～黄)与靛蓝(惰性染料，蓝色)混合而成的指示剂，其颜色变化范围为 pH 3.1(紫)～4.4(绿)，中间过渡色为近于无色的浅灰色，颜色变化十分明显，易于观察，可在灯光下滴定使用。常用混合指示剂见表 6-8。

表 6-8 常用的混合指示剂

指示剂溶液的组成	变色点 pH	颜色		备注
		酸色	碱色	
1 份 0.1%甲基黄乙醇溶液 1 份 0.1%亚甲基蓝乙醇溶液	3.25	蓝紫	绿	pH=3.2 蓝紫色 pH=3.4 绿色

续表

指示剂溶液的组成	变色点 pH	颜色		备注
		酸色	碱色	
1份0.1%甲基橙水溶液 1份0.25%靛蓝二磺酸钠水溶液	4.1	紫	黄绿	pH=4.1 灰色
3份0.1%溴甲酚绿乙醇溶液 1份0.2%甲基红乙醇溶液	5.1	酒红	绿	颜色变化极显著
1份0.1%溴甲酚绿钠盐水溶液 1份0.1%氯酚红钠盐水溶液	6.1	黄绿	蓝紫	pH=5.4 蓝绿色 pH=5.8 蓝色 pH=6.0 蓝微带紫色 pH=6.2 蓝紫色
1份0.1%中性红乙醇溶液 1份0.1%亚甲基蓝乙醇溶液	7	蓝紫	绿	pH=7.0 蓝紫色
1份0.1%甲酚红钠盐水溶液 3份0.1%百里酚蓝钠盐水溶液	8.3	黄	紫	pH=8.2 粉色 pH=8.4 紫色
1份0.1%酚酞乙醇溶液 2份0.1%甲基绿乙醇溶液	8.9	绿	紫	pH=8.8 浅蓝色 pH=9.0 紫色
1份0.1%酚酞乙醇溶液 1份0.1%百里酚乙醇溶液	9.9	无	紫	pH=9.6 玫瑰色 pH=10.0 紫色

6.5.2 酸碱滴定曲线和指示剂的选择

每种酸碱指示剂都有各自的变色点和变色范围，因此在进行酸碱滴定时，必须根据实验的误差要求，选择在化学计量点前后适当 pH 范围内变色的指示剂来指示终点。为了选择合适的指示剂，必须了解滴定过程中溶液 pH 的变化情况，特别是化学计量点前后相对误差为±0.1%间的 pH 变化情况。若以滴定过程中滴定剂的加入量或中和反应百分数为横坐标，以相应的滴定溶液的 pH 为纵坐标作图，即可得到酸碱滴定曲线。从酸碱滴定曲线可了解滴定过程中溶液 pH 的变化情况。下面按强酸强碱之间的滴定、强碱(酸)滴定一元弱酸(碱)、多元酸碱的滴定等几种类型，分别讨论滴定曲线和指示剂的选择。

(1) 强酸强碱之间的滴定

用强碱滴定强酸或用强酸滴定强碱，其滴定反应方程式为

$$OH^- + H^+ \rightleftharpoons H_2O$$

在 25 ℃时，滴定反应的平衡常数为

$$K_t^\ominus = \frac{1}{K_w^\ominus} = 1.0\times10^{14}$$

$K_t^\ominus$ 为滴定反应常数，该值越大，说明滴定反应进行得越完全。

现以 0.100 0 $mol \cdot L^{-1}$ NaOH 溶液滴定 0.100 0 $mol \cdot L^{-1}$ HCl 溶液 20.00 mL 为例，讨论强酸强碱相互滴定过程中溶液 pH 的变化及滴定曲线的形状。整个滴定过程可以分为 4 个阶段，各个不同滴定阶段的 pH 可以计算如下：

① 滴定开始前

此时，溶液的 $c(H^+)$ 等于强酸 HCl 溶液的原始浓度，所以

$$c(H^+)=0.1000\ mol\cdot L^{-1},\ pH=1.00$$

② 滴定开始至化学计量点前

在此阶段，由于 HCl 没有被完全中和，溶液呈酸性，故溶液的 pH 取决于剩余 HCl 的浓度，即

$$c(H^+)=\frac{c(HCl)\cdot V(HCl)-c(NaOH)\cdot V(NaOH)}{V(HCl)+V(NaOH)}$$

假设此时加入 NaOH 溶液的体积为 18.00 mL，则

$$c(H^+)=\frac{0.1000\times0.02000-0.1000\times0.01800}{0.02000+0.01800}=5.0\times10^{-3}(mol\cdot L^{-1})$$

$$pH=2.28$$

③ 化学计量点时

当滴定反应进行到化学计量点时，已加入的 NaOH 溶液为 20.00 mL，强酸与强碱正好被完全中和，溶液呈中性，因此

$$c(H^+)=c(OH^-)=1.0\times10^{-7}(mol\cdot L^{-1})$$

$$pH=7.00$$

④ 化学计量点后

在此阶段，由于 NaOH 溶液已经过量，溶液呈碱性，故溶液的 pH 取决于过量的 NaOH 溶液的浓度，即

$$c(OH^-)=\frac{c(NaOH)\cdot V(NaOH)-c(HCl)\cdot V(HCl)}{V(HCl)+V(NaOH)}$$

假设此时加入的 NaOH 溶液为 20.02 mL，则

$$c(OH^-)=\frac{0.1000\times0.02002-0.1000\times0.02000}{0.02002+0.02000}=5.0\times10^{-5}(mol\cdot L^{-1})$$

$$pOH=4.30,\quad pH=9.70$$

用类似方法可逐一计算出滴定过程中被滴定溶液的 pH，部分计算结果列于表 6-9 中。

如果以滴定剂 NaOH 溶液加入的体积或滴定分数为横坐标，以其相对应的 pH 为纵坐标作图，则得到如图 6-1 所示的强碱滴定强酸的曲线。

表 6-9　0.100 0 mol·L^{-1}NaOH 溶液滴定 20.00 mL 0.100 0 mol·L^{-1}HCl 溶液的 pH 的变化

加入 NaOH (V/mL)	HCl 被滴定的体积分数(%)	剩余 HCl (V/mL)	过量 NaOH (V/mL)	溶液的 $c(H^+)$ (mol·L^{-1})	溶液的 pH	
0.00	0.00	20.00		1.00×10^{-1}	1.00	
10.00	50.00	10.00		3.33×10^{-2}	1.48	
18.00	90.00	2.00		5.26×10^{-3}	2.28	
19.80	99.00	0.20		5.02×10^{-4}	3.30	
19.98	99.90	0.02		5.00×10^{-5}	4.30	突跃范围
20.00	100.0	0.00		1.00×10^{-7}	7.00	
20.02	100.1		0.02	2.00×10^{-10}	9.70	
20.20	101.0		0.20	2.00×10^{-11}	10.70	
22.00	110.0		2.00	2.10×10^{-12}	11.70	
40.00	200.0		20.00	5.00×10^{-13}	12.50	

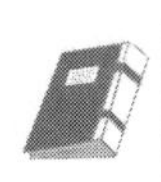

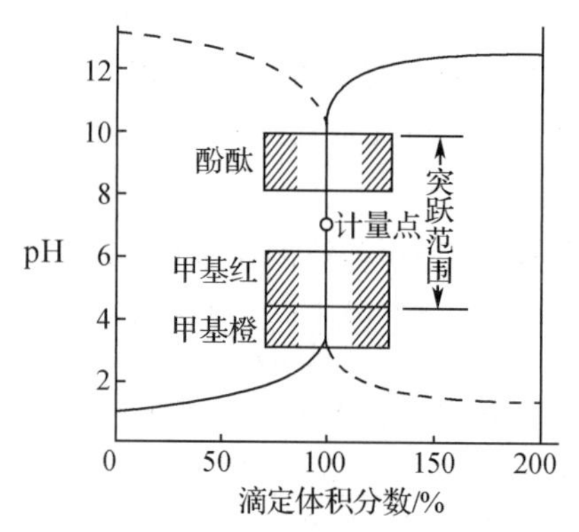

图 6-1　0.100 0 mol·L^{-1} NaOH 溶液滴定 20.00 mL 浓度为 0.100 0 mol·L^{-1} HCl 溶液的滴定曲线

从表 6-9 和图 6-1 中可以看出，当滴定开始时，溶液中存在大量 HCl，加入的 NaOH 溶液对溶液的 pH 改变不大，滴定曲线比较平坦。随着滴定的进行，溶液 pH 的变化较前稍有增大，曲线向上倾斜（溶液中酸浓度减小，缓冲容量逐渐下降）。当加入的 NaOH 溶液为 19.98 mL（相对误差为−0.1%，即距计量点仅差 0.02 mL，约半滴 HCl 溶液）时，溶液 pH 为 4.30。此后若再加入 0.04 mL（约 1 滴）NaOH 溶液，不但可将剩下的半滴 HCl 溶液中和，还能使溶液的 pH 由中性突变至碱性（pH＝9.70），在滴定曲线上出现了一段近似垂直于横坐标的直线段。通常，分析化学中把这种滴定溶液 pH 在化学计量点前后一窄小范围内的急剧变化称为滴定突跃；将滴定剂加入量在化学计量点前后±0.1%的范围内，溶液 pH 的变化区间称为酸碱滴定的 pH 突跃范围，简称突跃范围。化学计量点后，再继续加入 NaOH 溶液，曲线又趋于平坦（溶液中碱浓度逐渐增大，进入强碱缓冲区域，pH 变化趋小）。因此，在整个滴定过程中，只有约在化学计量点前半滴到化学计量点后半滴的很小范围内，被滴定溶液 pH 的变化率才特别大。

在滴定分析的过程中，正确选择指示剂的依据是滴定突跃范围。如果选择正在化学计量点时变色的指示剂指示终点，这样，终点误差可以为零，但是，实际上很难做到这一点。一般情况下，凡变色范围处于或部分处于化学计量点附近的 pH 突跃范围内的指示剂，或者凡变色点的 pH 处于突跃范围内的指示剂均可选用，这就是酸碱指示剂的选择原则。在上述滴定中，滴定突跃范围 pH 为 4.30～9.70，因此指示剂酚酞（滴至淡红色）、甲基红（滴至橙色）、甲基橙（滴至恰好变黄色）均可选用。但应注意的是，若选用甲基橙，其变色范围为 3.1～4.4，虽然只是部分落在突跃范围内，但当溶液颜色恰好由橙色变为黄色时，溶液 pH 约为 4.4。从表 6-9 中得知，此时离开化学计量点已不到半滴，终点误差不会超过 0.1%，已能符合滴定分析要求。若选用酚酞，其变色范围为 8.0～10.0，同样是部分落在突跃范围内，但当酚酞变为微红色时，pH 略大于 8.0，此时超过化学计量点也不到半滴，终点误差亦不大于 0.1%，也能符合滴定分析的要求。如果用 0.100 0 mol·L^{-1} HCl 溶液滴定 20.00 mL 0.100 0 mol·L^{-1} NaOH 溶液，则滴定曲线如图 6-1 中虚线部分所示。图中两滴定曲线形状相似，但 pH 变化方向相反，其滴定突跃范围 pH 为 9.70～4.30，化学计量点 pH＝7.00，此时以选用甲基红为指示剂最为适宜，终点时溶液由黄色变为橙色，但不要滴定至红色，否则容易过量。若选用甲基橙作指示剂，即使滴定至黄色中略带红色（橙色）时就停止滴定，也会产生+0.2%的终点误差,故应根据实际要求选择使用。若选酚酞为指示剂,终点时溶液的颜色由红色变化到无色,由于肉眼对颜色分辨能力的差异,当红色变为无色时,肉眼观察往往有"滞后"现象,易产生误差,故习惯上最好不用酚酞。

由图 6-2 可见,酸碱滴定的 pH 突跃范围的大小与溶液的浓度有关。溶液越浓,滴定的突跃范围也越大;溶液越稀,滴定的突跃范围也越小。pH 突跃范围越大,指示剂的选择余地也就越大;反之,指示剂的选择就会受到限制。

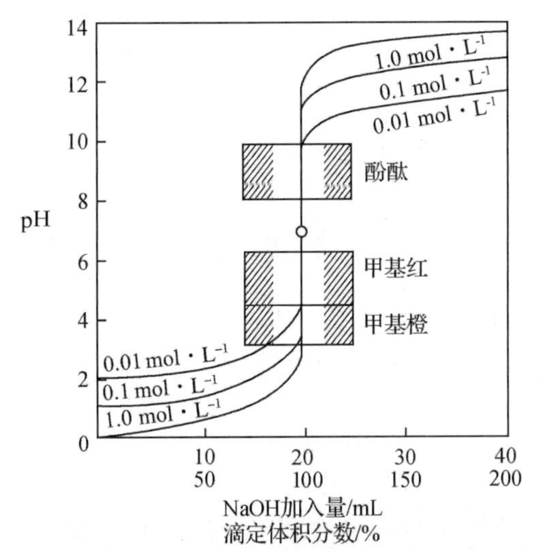

图 6-2 不同浓度的强碱滴定强酸的滴定曲线

(2) 强碱(酸)滴定一元弱酸(碱)

① 强碱滴定一元弱酸

强碱滴定一元弱酸的基本反应为 $OH^- + HB \rightleftharpoons H_2O + B^-$

滴定反应的平衡常数为 $K_t^{\ominus} = \dfrac{K_a^{\ominus}}{K_w^{\ominus}}$

这类滴定反应在水溶液中的完全程度较前类滴定小。现以 0.100 0 mol · L^{-1} NaOH 溶液滴定 20.00 mL 浓度为 0.100 0 mol · L^{-1} HAc 溶液为例,讨论强碱滴定一元弱酸的过程中溶液 pH 的变化及滴定曲线的形状。整个滴定过程同样可以分为 4 个阶段,各个不同滴定阶段的 pH 可以计算如下:

A. 滴定开始前

此时,溶液是 0.100 0 mol · L^{-1} 的 HAc 溶液,$c_r(H^+)$和 pH 可用一元弱酸的最简式进行计算,所以

$$c_r(H^+) = \sqrt{c_r \cdot K_a^{\ominus}} = \sqrt{0.1000 \times 1.76 \times 10^{-5}} = 1.34 \times 10^{-3}, \quad pH = 2.87$$

B. 滴定开始至化学计量点前

在此阶段,由于滴入的 NaOH 和 HAc 反应生成 NaAc,同时还有部分 HAc 没有被完全中和,此时溶液组成为 HAc-Ac^- 缓冲体系,故溶液的 pH 可按缓冲溶液 pH 的最简式进行计算,即

$$pH = pK_a^{\ominus} + \lg \frac{c_r(Ac^-)}{c_r(HAc)}$$

假设此时加入的 NaOH 溶液的量为 19.98 mL,则

$$pH=4.75+\lg\frac{0.1000\times0.01998}{0.1000\times0.02000-0.1000\times0.01998}=7.75$$

C. 化学计量点时

当滴定反应进行到化学计量点时，已加入的 NaOH 溶液为 20.00 mL，此时 HAc 被完全中和成 NaAc，溶液为一元弱碱体系，其 pH 可按一元弱碱溶液 pH 的最简式进行计算，则

$$c_r(OH^-)=\sqrt{c_r\cdot K_b^\ominus}=\sqrt{0.1000\times\frac{10^{-14}}{1.76\times10^{-5}}}=7.54\times10^{-6}$$

$$pOH=5.12,\quad pH=8.88$$

D. 化学计量点后

在此阶段，溶液的组成为 NaAc 和过量的 NaOH，由于 Ac^- 的碱性比 NaOH 弱，因此溶液的 pH 由过量的 NaOH 所决定，即

$$c(OH^-)=\frac{c(NaOH)\cdot V(NaOH)-c(HAc)\cdot V(HAc)}{V(HAc)+V(NaOH)}$$

假设此时加入的 NaOH 溶液为 20.02 mL，则

$$c(OH^-)=\frac{0.1000\times0.02002-0.1000\times0.02000}{0.02000+0.02002}$$

$$=5.0\times10^{-5}(mol\cdot L^{-1})$$

$$pOH=4.30,\quad pH=9.70$$

用类似方法可逐一计算滴定过程中被滴定溶液的 pH，部分计算结果列于表 6-10 中。同时根据数据绘制滴定曲线，如图 6-3 所示。

表 6-10　0.100 0 mol·L⁻¹ NaOH 溶液滴定 20.00 mL 0.100 0 mol·L⁻¹ HAc 溶液的 pH 的变化

加入 NaOH (V/mL)	HAc 被滴定的体积分数(%)	剩余 HAc (V/mL)	过量 NaOH (V/mL)	溶液的 pH
0.00	0.00	20.00		2.87
10.00	50.00	10.00		4.75
18.00	90.00	2.00		5.70
19.80	99.00	0.20		6.74
19.98	99.90	0.02		7.75 } 突跃范围
20.00	100.0	0.00		8.72 } 突跃范围
20.02	100.1		0.02	9.70 } 突跃范围
20.20	101.0		0.20	10.70
22.00	110.0		2.00	11.70
40.00	200.0		20.00	12.50

从图 6-3 可以看出，与强碱滴定强酸的滴定曲线相比，强碱滴定一元弱酸的滴定曲线有以下特点：

a. 该滴定曲线起始的 pH 较高，这是因为 HAc 是弱酸，溶液中的 $c(H^+)$ 较小。

b. 滴定开始后，pH 增加较快，曲线的斜率较大，这是因为反应生成了少量的 Ac^-，由于同离子效应抑制了 HAc 的解离。

c. 随着滴定的继续进行，HAc 浓度不断减小，而 Ac^- 浓度不断增大，与溶液中剩余的 HAc 组成缓冲体系，使溶液 pH 变化变慢，当 50%HAc 被滴定时，溶液 $pH=pK_a^\ominus$，溶液的缓冲能力较强，故曲线较平。

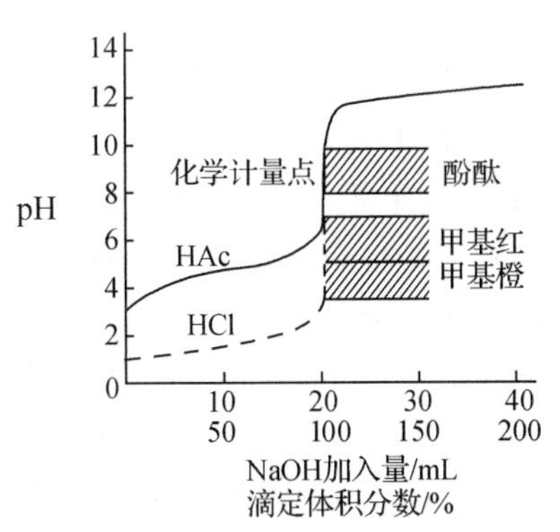

图 6-3　0.100 0 mol · L^{-1} NaOH 溶液滴定 20.00 mL

0.100 0 mol · L^{-1} HAc 溶液的滴定曲线

d. 滴定接近化学计量点时，剩余的 HAc 浓度很小，溶液的缓冲作用变弱，溶液 pH 变化又加快，曲线又变得陡直，出现 pH 突跃。突跃后溶液的 pH 由过量的 NaOH 决定，与强碱滴定强酸的情况基本相同。在化学计量点时，滴定反应的产物是一元弱酸，因此，化学计量点时的溶液不是中性而是弱碱性。

e. 化学计量点后，溶液 pH 的变化规律与滴定强酸时相似。根据滴定突跃范围，不能选择在酸性范围内变色的指示剂如甲基橙、甲基红等指示终点，而只能选择在碱性范围内变色的指示剂如酚酞、百里酚蓝等。

强碱滴定不同强度的一元弱酸时，滴定突跃范围的大小不仅与溶液的浓度有关，而且与弱酸的解离常数 $K_a^{\ominus}$ 有关。一般情况下，当 $K_a^{\ominus}$ 一定时，酸的浓度越大，pH 的突跃范围也越大；当酸的浓度一定时，酸越强，即 $K_a^{\ominus}$ 越大，pH 的突跃范围也越大。图 6-4 表示的是 0.100 0 mol · L^{-1} NaOH 溶液滴定 0.100 0 mol · L^{-1} 各种强度一元弱酸的滴定曲线，该图清楚地表明了 $K_a^{\ominus}$ 对滴定突跃范围大小的影响。

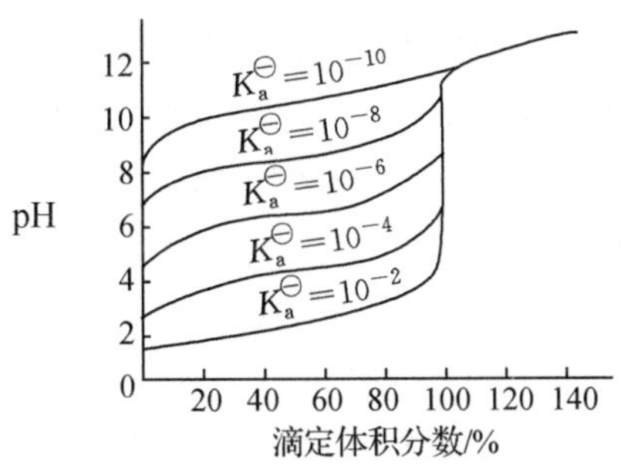

图 6-4　0.100 0 mol · L^{-1} NaOH 溶液滴定 0.100 0 mol · L^{-1}

各种强度一元弱酸的滴定曲线

从图 6-4 可以看出，如果弱酸的解离常数 $K_a^{\ominus}$ 很小，或酸的浓度极低时，滴定的突跃范围必然也很小，表明此时滴定反应的完全程度很低，当反应的完全程度低到一定程度就无法进行准确的测定了。只有当 $cK_a^{\ominus} \geq 10^{-8}$ 时，表明此时滴定反应能完全进行，如果能选择到在此突跃范围内变色的指示剂，就有可能使终点误差不大于 0.1%。因此，通常把 $cK_a^{\ominus} \geq 10^{-8}$ 作为一元弱酸能否被直接准确滴定的条件。

② 强酸滴定一元弱碱

强酸滴定一元弱碱的情况与强碱滴定一元弱酸相似。图 6-5 是用 0.100 0 mol·L^{-1} HCl 溶液滴定 0.100 0 mol·L^{-1} NH_3 溶液时的滴定曲线。

由图 6-5 可见，该滴定体系中化学计量点的 pH 及突跃范围均比强酸滴定同样浓度强碱的小，而且都在酸性区域。因此，对于这类滴定应选择在酸性范围内变色的指示剂如甲基红或溴甲酚红，若用酚酞作指示剂，会产生较大误差。

与强碱滴定一元弱酸的情况相似，对于一元弱碱的滴定，只有当 $cK_b^{\ominus} \geqslant 10^{-8}$ 时，才能保证让滴定反应能完全进行，才会有较大的滴定突跃，若选择到适宜的指示剂，才可使终点误差在±0.2%以内。故 $cK_b^{\ominus} \geqslant 10^{-8}$ 就是一元弱碱能否被直接准确滴定的条件。

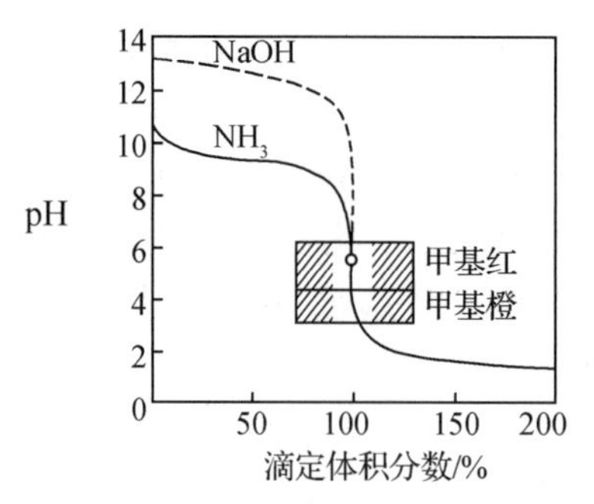

图 6-5　0.100 0 mol·L^{-1} HCl 溶液滴定
0.100 0 mol·L^{-1} NH_3 溶液的滴定曲线

*(3) 多元弱酸弱碱的滴定

① 强碱滴定多元弱酸

常见的多元酸多数是弱酸，在水溶液中是分步解离的。对多元弱酸的滴定，需要解决的问题有下面几个：多元弱酸各级解离产生的 H^+ 能否被直接、准确地滴定？若可被准确滴定，能否分步滴定以及如何选择指示剂？

根据一元弱酸被直接准确滴定的可行性条件可判断，若 $cK_{a_1}^{\ominus} \geqslant 10^{-8}$，$cK_{a_2}^{\ominus} \geqslant 10^{-8}$，则二元酸两级解离的 H^+ 均可以被直接滴定。至于多元弱酸能否被准确滴定取决于其浓度 c 和各级 $K_a^{\ominus}$ 的大小，而能否分步滴定则取决于各相邻两级 $K_a^{\ominus}$ 的比值大小。该比值越大，在滴定中，前后两级解离的 H^+ 越不会发生交叉反应；否则，就会因交叉反应而不能分步滴定。例如对二元弱酸 H_2A：

a. 若 $cK_{a_1}^{\ominus} \geqslant 10^{-8}$，$cK_{a_2}^{\ominus} \geqslant 10^{-8}$，$K_{a_1}^{\ominus}/K_{a_2}^{\ominus} \geqslant 10^4$，则两级解离的 H^+ 不仅可被直接准确滴定，而且可以分步滴定。

b. 若 $cK_{a_1}^{\ominus} \geqslant 10^{-8}$，$cK_{a_2}^{\ominus} \geqslant 10^{-8}$，$K_{a_1}^{\ominus}/K_{a_2}^{\ominus} < 10^4$，则两级解离的 H^+ 均可被准确滴定，但不能分步滴定。

c. 若 $cK_{a_1}^{\ominus} \geqslant 10^{-8}$，$cK_{a_2}^{\ominus} < 10^{-8}$，$K_{a_1}^{\ominus}/K_{a_2}^{\ominus} \geqslant 10^4$，则只有第一级解离的 H^+ 能被准确滴定，形成一个突跃，而第二级解离的 H^+ 不能被准确滴定，但它不影响对一级解离 H^+ 的准确滴定。

由此可见，滴定多元酸时，只要满足 $cK_{ai} \geqslant 10^{-8}$ ($i=1,2,3,\cdots$)，该级解离的 H^+ 就可能被直接准确滴定($E \leqslant 0.1\%$)，在滴定曲线上也能产生明显的突跃；如果两级相继解离的 H^+

都能满足要求,但它们的 $K_a^\ominus$ 值相差不大,当一个 H^+ 还没有被滴定完全时,后一级解离的 H^+ 参与滴定反应,这样就不能形成两个独立的突跃,而是两级解离的 H^+ 同时被滴定。一般当相邻两级解离常数 $K_a^\ominus$ 之比大于 10^4 时就可以形成两个独立的突跃,即可以被分步滴定。

由于多元弱酸滴定曲线的计算较为复杂,因此,一般只用近似法来求化学计量点时的 pH,并选择合适的指示剂。下面以 0.100 0 mol·L^{-1} NaOH 溶液滴定 0.100 0 mol·L^{-1} H_3PO_4 溶液为例,来讨论强碱滴定多元弱酸的过程中 pH 的变化及滴定曲线的形状。

由于 H_3PO_4 是三元酸,而 $K_{a_1}^\ominus=7.52\times10^{-3}$,$K_{a_2}^\ominus=6.23\times10^{-8}$,$K_{a_3}^\ominus=2.20\times10^{-13}$,且 $K_{a_1}^\ominus/K_{a_2}^\ominus$ 和 $K_{a_2}^\ominus/K_{a_3}^\ominus$ 都大于 10^4,因此 H_3PO_4 的第一级和第二级解离出的 H^+ 都可以被准确滴定,且可被分步滴定,而第三级解离出的 H^+ 不能被直接准确滴定,H_3PO_4 被 NaOH 溶液滴定的曲线如图 6-6 所示。

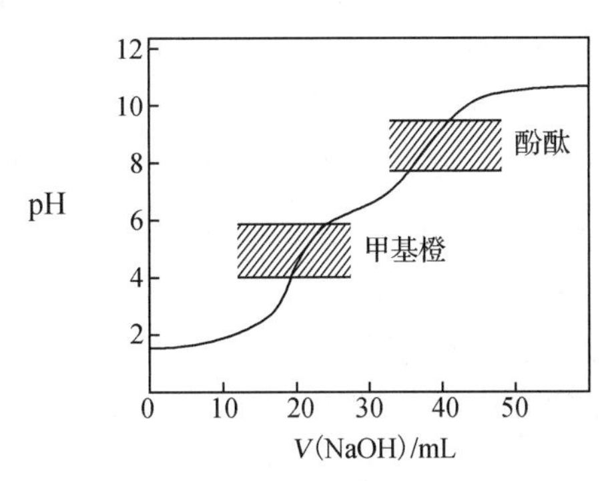

图 6-6　0.100 0 mol·L^{-1} NaOH 溶液滴定 0.100 0 mol·L^{-1} H_3PO_4 溶液的滴定曲线

当到达第一计量点时,产物是 $H_2PO_4^-$,此时溶液的 pH 可按照两性物质溶液 pH 的最简式进行计算,则　$c_r(H^+)=\sqrt{K_{a_1}^\ominus\cdot K_{a_2}^\ominus}=\sqrt{7.52\times10^{-3}\times6.23\times10^{-8}}$

$$pH=4.66$$

可选用甲基橙作为指示剂。

当到达第二计量点时,产物是 HPO_4^{2-},此时溶液的 pH 也可按照两性物质溶液 pH 的最简式进行计算,则 $c_r(H^+)=\sqrt{K_{a_2}^\ominus\cdot K_{a_3}^\ominus}=\sqrt{2.20\times10^{-13}\times6.23\times10^{-8}}$

$$pH=9.93$$

可选用酚酞作为指示剂。

② 强酸滴定多元弱碱

强酸滴定多元弱碱的情况与强碱滴定多元弱酸相似。多元弱碱分步滴定的条件为:a. 若 $cK_{b_1}^\ominus\geqslant10^{-8}$,$K_{b_1}^\ominus/K_{b_2}^\ominus\geqslant10^4$,则第一级解离的 OH^- 可被强酸分步滴定。b. 若 $cK_{b_2}^\ominus\geqslant10^{-8}$,$K_{b_1}^\ominus/K_{b_2}^\ominus\geqslant10^4$,则第二级解离的 OH^- 可被强酸分步滴定。

图 6-7 是用 0.100 0 mol·L^{-1} HCl 溶液滴定 0.100 0 mol·L^{-1} Na_2CO_3 溶液时的滴定曲线图。由于 $K_{b_1}^\ominus=1.8\times10^{-4}$,$K_{b_2}^\ominus=2.4\times10^{-8}$,因此,$cK_{b_1}^\ominus\geqslant10^{-8}$,$K_{b_1}^\ominus/K_{b_2}^\ominus\approx10^4$,故第一化学计量点时溶液的 pH 可按照两性物质溶液 pH 的最简式进行计算,则

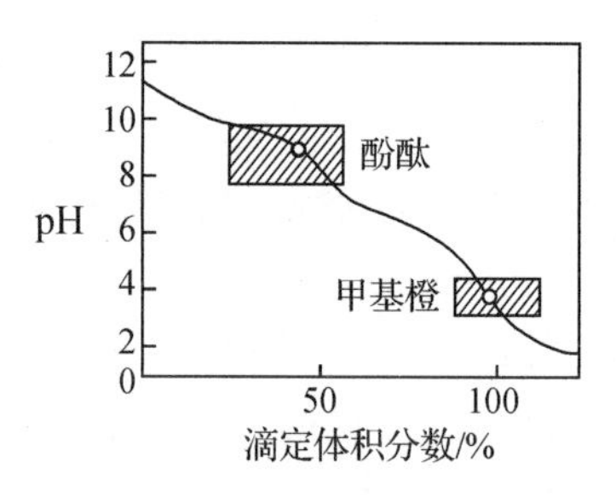

图 6-7 0.100 0 mol·L^{-1} HCl 溶液滴定 0.100 0 mol·L^{-1} Na_2CO_3 溶液的滴定曲线

$$c_r(H^+)=\sqrt{K_{a_1}^{\ominus}\cdot K_{a_2}^{\ominus}}=\sqrt{4.30\times10^{-7}\times5.61\times10^{-11}}$$
$$pH=8.31$$

可选用酚酞作指示剂，但变色不敏锐。

又由于在第二个化学计量点时，是 CO_2 的饱和溶液，H_2CO_3 的浓度约为 0.040 mol·L^{-1}，故此时溶液的 pH 可按照多元弱酸溶液 pH 的最简式进行计算，则

$$c_r(H^+)=\sqrt{c\cdot K_{a_1}^{\ominus}}=\sqrt{4.30\times10^{-7}\times0.040}$$
$$pH=3.88$$

可选用甲基橙作为指示剂。由于滴定过程中生成的 H_2CO_3 只能慢慢地转化成为 CO_2，容易形成 CO_2 的过饱和溶液，使溶液的酸度稍稍增大，终点稍稍过早出现。因此，滴定时应注意在终点附近剧烈摇动溶液。

从图中可以看出，第一化学计量点附近的 pH 突跃不是很明显，其原因是第一、二级解离的 OH^- 的中和反应稍有交叉进行，并且存在 HCO_3^- 的缓冲作用，因此，这一步的滴定准确度并不高。

(4) 标准溶液的配制与标定

在酸碱滴定法中，常用的酸标准溶液和碱标准溶液分别是 HCl 标准溶液和 NaOH 标准溶液，有时也用 H_2SO_4 标准溶液和 KOH 或 $Ba(OH)_2$ 标准溶液。酸碱标准溶液的浓度常为 0.1 mol·L^{-1}，有时根据需要也可以配制为 1 mol·L^{-1}或 0.01 mol·L^{-1}。若浓度太高，则消耗试剂太多，会造成浪费；若浓度太低，则不易得到准确的结果。

① 酸标准溶液

HCl 标准溶液的性质相当稳定，只要适当保存，其浓度可长期不变。但是市售的 HCl 溶液其浓度通常不确定，因而只能用间接法配制，即先将浓盐酸配成近似于所需浓度的溶液，然后用基准物质进行标定。标定时，常用的基准物质有无水碳酸钠和硼砂。

a. 无水碳酸钠

碳酸钠容易获得纯品，价格便宜。用无水碳酸钠基准试剂标定 HCl 溶液容易得到准确的结果。但 Na_2CO_3 有强烈的吸湿性，因此使用前必须在 270 ℃～300 ℃下加热约 1 h 进行干燥，然后密封于瓶内，保存在干燥器中备用。另外，称量时速度要快，以免因吸湿而引入误差。

从“强酸滴定多元弱碱”内容可知，当滴定 Na_2CO_3 到第一化学计量点时，溶液的 pH 约

为 8.3,可用酚酞作为指示剂,但终点颜色的判断较为困难。当滴定到第二化学计量点时,溶液的 pH 约为 3.9,可用甲基橙作为指示剂。但由于此时易形成 CO_2 的过饱和溶液,致使溶液酸度略有增高,终点出现略早,加之指示剂变色不够明显,致使终点误差较大。为了提高滴定的准确度,也可用甲基红作为指示剂,滴定到指示剂变红的时候,煮沸溶液以除去 CO_2,冷却到室温后继续滴定到橙红色即为终点。

b. 硼砂

硼砂水溶液实际上是同等浓度的 H_3BO_3 和 $H_2BO_3^-$ 混合而成的。硼砂容易制得纯品,摩尔质量大,称量误差小,不易吸水,但当空气中相对湿度小于 39%时,易风化而失去部分结晶水。因此,应将其保存于相对湿度为 60%(糖和食盐的饱和溶液)的恒湿器中。

用硼砂基准试剂标定 HCl 溶液时常选用甲基红指示剂,滴定至橙色为终点,终点时变色明显。

用 Na_2CO_3 或硼砂作基准物标定 HCl 溶液时,它们与 HCl 反应的物质的量之比均为 1∶2。由于硼砂的摩尔质量较大,所以在直接称取单份基准物质标定时,称量误差较小。

② 碱标准溶液

NaOH 固体具有很强的吸湿性,也易吸收空气中的 CO_2,使其中含有杂质 Na_2CO_3,因此不能用直接法配制 NaOH 标准溶液,而只能用间接法配制,即先用 NaOH 配成近似所需浓度的溶液,然后用基准物质进行标定。标定时,常用的基准物质有草酸、邻苯二甲酸氢钾。

a. 邻苯二甲酸氢钾($KHC_8H_4O_4$)

邻苯二甲酸氢钾容易制得纯品,易溶于水,不含结晶水,不易吸收空气中的水分,易保存,且摩尔质量较大,因此它是标定 NaOH 溶液的理想基准物质。

由于它的滴定产物邻苯二甲酸钾钠呈弱碱性,因此标定 NaOH 时用酚酞作指示剂。

b. 草酸($H_2C_2O_4 \cdot 2H_2O$)

草酸是二元弱酸,稳定性高,相对湿度在 50%～95%时不风化也不吸水,常保存于密闭容器中。

由前面的多元酸碱分步滴定的条件的讨论可知,草酸只能被一次滴定到 $C_2O_4^{2-}$。化学计量点时的 pH 为 8.36,因此常用酚酞作为指示剂。由于草酸与 NaOH 按 1∶2 的物质的量之比反应,且其摩尔质量又不太大,因此在直接称取单份基准物质标定时,称量误差必然稍大。为了减小称量误差,可以多称一些草酸配在容量瓶中,然后移取部分溶液来进行标定。

由于 NaOH 强烈吸收空气中的 CO_2,使得其溶液中常含有少量 Na_2CO_3。用此含有少量 Na_2CO_3 的 NaOH 溶液作标准溶液时,若用甲基橙或甲基红作指示剂,则其中的 Na_2CO_3 可被完全中和;若用酚酞作指示剂,则其中的 Na_2CO_3 仅被中和至 $NaHCO_3$,这样就会引起滴定误差。

(5) 酸碱滴定中的 CO_2 影响

在 NaOH 的生产和贮存过程中,NaOH 易吸收空气中的 CO_2,CO_2 溶于水后生成的 H_2CO_3 是二元弱酸,因此,NaOH 试剂中含有的少量的 Na_2CO_3 会影响酸碱滴定的准确度。

在酸碱滴定中,CO_2 的来源很多。如水中溶解的 CO_2,标准碱液或配制碱液的试剂本身吸收了 CO_2,滴定过程中溶液不断吸收空气中的 CO_2 等。CO_2 对滴定的影响也是多方面

的，其中 CO_2 可能与碱反应是最重要的影响。由于 CO_2 溶于水后达到平衡时，每种存在形式的分布随溶液的 pH 不同而不同，因而终点时溶液的 pH 不同，CO_2 带来的误差大小也不一样。显然，终点时溶液的 pH 越低，CO_2 的影响越小。如果终点时溶液的 pH 小于 5，则 CO_2 的影响可以忽略不计。

鉴于上述原因，在实际工作中往往需要配制不含或少含 Na_2CO_3 的 NaOH 标准溶液，而且应妥善保存(随时塞紧橡皮塞)，最好保存在装有虹吸管及碱石棉管的瓶中，以防止吸收空气中的 CO_2。放置过久，NaOH 溶液的浓度会发生改变，应重新标定。

配制不含或少含 Na_2CO_3 的 NaOH 标准溶液的方法有两种：

① 配制 NaOH 溶液的蒸馏水应事先加热煮沸以除去水中的 CO_2，然后称取比计算量稍多的 NaOH 固体于烧杯中，用少许蒸馏水快速洗涤 2 次～3 次，以洗去固体表面的 Na_2CO_3，倾去洗涤液，留下固体 NaOH，再配成近似所需浓度的碱溶液，然后标定。

② 先用相同质量的 NaOH 和水配成饱和的 NaOH 溶液(浓度约 50%)。由于 Na_2CO_3 在饱和 NaOH 溶液中溶解度很小，即沉到容器底部，然后取上层清液，用煮沸除去 CO_2 的蒸馏水稀释至所需浓度，然后标定。

6.5.3 酸碱滴定法的应用

酸碱滴定法能测定酸和碱，还能测定许多非酸非碱的物质，如有些含碳、硫、磷、硼等元素的化合物经处理后，也可用酸碱滴定法进行测定。

(1) 直接滴定法

凡是强酸、强碱以及 $cK_a^\ominus \geqslant 10^{-8}$ 的弱酸、$cK_b^\ominus \geqslant 10^{-8}$ 的弱碱都可以用直接滴定法来测定。现以混合碱的测定为例来进行说明。

混合碱通常是指 NaOH 和 Na_2CO_3 或 Na_2CO_3 和 $NaHCO_3$ 的混合物。

① 烧碱中 NaOH 和 Na_2CO_3 的测定

烧碱中常常含有杂质 Na_2CO_3，其分析方法有两种：双指示剂法和氯化钡法。

a. 双指示剂法

准确称取一定量的试样，溶解后先以酚酞作为指示剂，用 HCl 标准溶液滴定至微红色(不可褪尽)，消耗 HCl 溶液的体积为 V_1 mL，此时溶液中的 NaOH 全部被中和，而 Na_2CO_3 只被中和到 $NaHCO_3$。然后在此溶液中加入甲基橙指示剂，继续用 HCl 标准溶液滴定至溶液由黄色变为橙红色，此时消耗的 HCl 溶液体积为 V_2 mL，这是滴定 $NaHCO_3$ 所消耗的体积。而 Na_2CO_3 被中和到 $NaHCO_3$ 以及 $NaHCO_3$ 继续被中和到 H_2CO_3 所消耗的 HCl 标准溶液的体积是相等的。则

$$w(Na_2CO_3)=\frac{c_r(HCl)\cdot V_2\cdot M(Na_2CO_3)}{m}\times 100\%$$

$$w(NaOH)=\frac{c_r(HCl)\cdot (V_1-V_2)\cdot M(NaOH)}{m}\times 100\% \qquad (6\text{-}25)$$

式中，m 为试样的质量。

b. 氯化钡法

准确称取一定质量的试样，溶解后稀释至一定体积，然后准确吸取 2 份等体积试液分别

作如下的测定：

第一份试液以甲基橙作指示剂，用 HCl 标准溶液滴定其总碱度，即 NaOH 和 Na_2CO_3 全都被完全中和，溶液的颜色由黄色变为橙红色，此时所消耗 HCl 溶液的体积为 V_1 mL。

第二份试液中先加入 $BaCl_2$，使与 Na_2CO_3 反应生成 $BaCO_3$ 沉淀，然后在沉淀存在的情况下以酚酞为指示剂，用 HCl 标准溶液滴定，消耗 HCl 溶液的体积为 V_2 mL。显然，V_2 mL 仅为中和 NaOH 时所消耗的 HCl 溶液的体积，则滴定 Na_2CO_3 所消耗的 HCl 溶液的体积是 (V_1-V_2)mL，则

$$w(\mathrm{NaOH})=\frac{c_r(\mathrm{HCl})\cdot V_2\cdot M(\mathrm{NaOH})}{m}\times 100\%$$

$$w(\mathrm{Na_2CO_3})=\frac{\frac{1}{2}c_r(\mathrm{HCl})\cdot(V_1-V_2)\cdot M(\mathrm{Na_2CO_3})}{m}\times 100\% \tag{6-26}$$

② 纯碱中 $NaHCO_3$ 和 Na_2CO_3 的测定

纯碱由 $NaHCO_3$ 转化而成，纯碱中常含有少量的 $NaHCO_3$，其分析测定方法也有双指示剂法和氯化钡加入法两种。下面仅仅介绍双指示剂法。

准确称取一定质量的试样，溶解后先以酚酞作为指示剂，用 HCl 标准溶液滴定至粉红色消失。此时，Na_2CO_3 被中和至 $NaHCO_3$，消耗 HCl 溶液的体积为 V_1 mL；然后在此溶液中加入甲基橙指示剂，继续用 HCl 标准溶液滴定至溶液由黄色变为橙红色，此时消耗的 HCl 溶液体积为 V_2 mL，这是滴定溶液中所有的 $NaHCO_3$ 所消耗的体积。则

$$w(\mathrm{Na_2CO_3})=\frac{c_r(\mathrm{HCl})\cdot V_1\cdot M(\mathrm{Na_2CO_3})}{m}\times 100\%$$

$$w(\mathrm{NaHCO_3})=\frac{c_r(\mathrm{HCl})\cdot(V_2-V_1)\cdot M(\mathrm{NaHCO_3})}{m}\times 100\% \tag{6-27}$$

双指示剂法不仅可用于混合碱的定量分析，还可用于未知碱样的定性分析。若某碱样可能含有 NaOH，Na_2CO_3，$NaHCO_3$ 或它们的混合物，设在酚酞终点时用去 HCl 溶液体积为 V_1 mL，继续滴定至甲基橙终点时又消耗 HCl 溶液体积为 V_2 mL，则可通过表 6-11 来分析未知碱样的组成。

表 6-11　V_1，V_2 的大小与未知碱样的组成

V_1 与 V_2 的关系	$V_1>V_2$，$V_2\neq0$	$V_1<V_2$，$V_1\neq0$	$V_1=V_2$	$V_1\neq0$，$V_2=0$	$V_1=0$，$V_2\neq0$
碱样成分	$NaOH+Na_2CO_3$	$Na_2CO_3+NaHCO_3$	Na_2CO_3	NaOH	$NaHCO_3$

(2) 其他滴定法

其他滴定法包括间接滴定法和返滴定法，下面以铵盐中含氮量的测定作简单的介绍。

肥料、土壤及许多有机化合物中氮的测定，通常是将试样中的氮转化为 NH_4^+ 再进行测定。常用的测定方法有蒸馏法和甲醛法。

① 蒸馏法

将处理过的铵盐试样溶液置于蒸馏瓶中，加过量的浓 NaOH 溶液使 NH_4^+ 转化为 NH_3，加热蒸馏出 NH_3，并用定量且过量的 HCl 标准溶液吸收 NH_3，生成 NH_4Cl。过量的 HCl 再用 NaOH 标准溶液返滴定。在化学计量点时，溶液 pH 约为 5.1，用甲基红指示终点，颜色由红色变为橙色，计算式为

$$w(N)=\frac{[c_r(HCl)\cdot V(HCl)-c_r(NaOH)\cdot V(NaOH)]\cdot M(N)}{m}\times 100\%$$

式中，m 为试样的质量。

由于各种蛋白质中氮的质量分数可以看成几乎相同，测定蛋白质中氮的含量时，将氮的质量换算成血清蛋白（球蛋白和白蛋白正常混合物）和食物蛋白，换算因数是 6.25（即蛋白质中含有 16%的 N）。分析试样为面粉和小麦时，其换算因数为 5.70。

蒸馏出来的 NH_3 也可用过量的 H_3BO_3 溶液吸收，吸收反应为

$$NH_3 + H_3BO_3 = NH_4H_2BO_3$$

吸收 NH_3 后，溶液中含有 NH_4^+，$H_2BO_3^-$ 及 H_3BO_3。NH_4^+ 和 H_3BO_3 都是极弱酸，无法用 NaOH 进行滴定，故实验不能用返滴定法。但是，$H_2BO_3^-$ 是 H_3BO_3 的共轭碱，因此可以用 HCl 标准溶液滴定生成的 $H_2BO_3^-$，选用甲基红指示剂或甲基红-溴甲酚绿混合指示剂。

此法的优点是 H_3BO_3 仅作为吸收剂，它在整个过程中不被滴定，其浓度和体积并不需要准确知道，只要保证过量即可，且只需要一种标准酸溶液。但应注意，使用 H_3BO_3 作吸收剂时，温度不得超过 40 ℃，否则 NH_3 易挥发逸失。其分析结果可按下式计算：

$$w(N)=\frac{c_r(HCl)\cdot V(HCl)\cdot M(N)}{m}\times 100\% \tag{6-28}$$

对于有机含氮化合物，可用浓 H_2SO_4 消化处理以破坏有机物，反应需加 $CuSO_4$ 作催化剂。试样消化分解完全后，有机物中的氮转化为 NH_4^+，再按上述蒸馏法测定，则称为凯氏定氮法。

② 甲醛法

利用甲醛与 NH_4^+ 作用，生成强酸 H^+ 和弱酸质子化的六亚甲基四胺 $(CH_2)_6N_4H^+$ 一元弱酸，其反应为　　$4NH_4^+ + 6HCHO = (CH_2)_6N_4H^+ + 3H^+ + 6H_2O$

$$H^+ + OH^- = H_2O$$

由于 $(CH_2)_6N_4H^+$ 的酸性不太弱，因此可用 NaOH 标准溶液直接准确滴定，滴定的是 H^+ 和 $(CH_2)_6N_4H^+$ 的总量，在滴定终点时采用酚酞作指示剂。其测定结果可按下式计算：

$$w(N)=\frac{c_r(NaOH)\cdot V(NaOH)\cdot M(N)}{m}\times 100\% \tag{6-29}$$

甲醛试剂中常含有甲酸，使用前用 NaOH 标准溶液中和除去，并以酚酞作为指示剂。

必须注意的是，甲醛法只适用于 NH_4Cl，$(NH_4)_2SO_4$，NH_4NO_3 等强酸形成的铵盐中氮的测定（不包括 NO_3^- 中的 N 含量），对于弱酸形成的铵盐如 NH_4HCO_3，$(NH_4)_2CO_3$ 等，则不能直接用甲醛法测定。

本章小结及学习要求

1. 阿仑尼乌斯的酸碱电离理论

该理论的理论要点是：电解质在水溶液中电离生成的阳离子全部是 H^+ 的化合物是酸，电离生成的阴离子全部是 OH^- 的化合物是碱。H^+ 是酸的特征，OH^- 是碱的特征。酸碱反应的实质是 H^+ 和 OH^- 作用生成 H_2O 的反应。阿仑尼乌斯的酸碱电离理论只适用于水溶液。

2. 共轭酸碱对 $K_a^\ominus$ 和 $K_b^\ominus$ 的影响

某酸给出质子后就变成其对应的碱，某碱得到质子后就变成其对应的酸，这种酸碱互相联系、互相转化的关系就称为酸碱共轭关系。

一元弱酸的 $K_a^\ominus$ 与 $K_b^\ominus$ 之间的关系：$K_a^\ominus \cdot K_b^\ominus = c_r(H^+) \cdot c_r(OH^-) = K_w^\ominus$。

多元弱酸、弱碱(以二元酸为例)的 $K_a^\ominus$ 与 $K_b^\ominus$ 之间的关系：$K_{a_1}^\ominus \cdot K_{b_2}^\ominus = K_w^\ominus$，$K_{a_2}^\ominus \cdot K_{b_1}^\ominus = K_w^\ominus$。

3. 酸碱溶液 pH 的计算

(1) 强酸、强碱溶液：其 pH 直接根据 H^+ 浓度进行计算。

(2) 一元弱酸、弱碱溶液：$c_r(H^+) = \sqrt{cK_a^\ominus}$ $\quad (cK_a^\ominus > 20K_w^\ominus$，且 $c/K_a^\ominus > 500)$

$c_r(OH^-) = \sqrt{cK_b^\ominus}$ $\quad (cK_b^\ominus > 20K_w^\ominus$，且 $c/K_b^\ominus > 500)$

(3) 多元弱酸、弱碱溶液：$c_r(H^+) = \sqrt{cK_{a_1}^\ominus}$ $\quad (K_{a_1}^\ominus \gg K_{a_2}^\ominus$，$cK_{a_1}^\ominus > 20K_w^\ominus$，且 $c/K_{a_1}^\ominus > 500)$

$c_r(OH^-) = \sqrt{cK_{b_1}^\ominus}$ $\quad (K_{b_1}^\ominus \gg K_{b_2}^\ominus$，$cK_{b_1}^\ominus \geqslant 20K_w^\ominus$，且 $c/K_{b_1}^\ominus > 500)$

(4) 两性物质溶液：$c_r(H^+) = \sqrt{K_{a_1}^\ominus K_{a_2}^\ominus}$ $\quad (cK_{a_2}^\ominus \gg 20K_w^\ominus, c/K_{a_1}^\ominus > 20)$

(5) 缓冲溶液：

$$pH = pK_a^\ominus + \lg \frac{c_r(碱)}{c_r(酸)}$$

$$pH = pK_w^\ominus - pK_b^\ominus + \lg \frac{c_r(碱)}{c_r(酸)}$$

4. 同离子效应与盐效应

同离子效应：在弱电解质溶液中加入与该弱电解质含有相同离子的强电解质后，使得弱电解质的解离平衡向左移动，从而降低弱电解质解离度的作用。

盐效应：当在弱电解质溶液中加入不含有相同离子的强电解质时，由于强电解质解离出的阴、阳离子，使得溶液中离子之间的相互牵制作用增强，弱电解质解离出来的阴、阳离子结合成分子的机会减少，从而表现出弱电解质的解离度略有增大，这种效应称为盐效应。

5. 缓冲溶液的配制方法

(1) 在一定量的弱酸或者弱碱溶液中加入固体盐进行配制。

(2) 采用相同浓度的弱酸(或弱碱)及其盐的溶液，按不同体积互相混合。

(3) 在一定量的弱酸(或弱碱)溶液中加入一定量的强碱(或强酸)溶液，通过反应生成的盐和剩余的弱酸(或弱碱)组成缓冲溶液。

6. 酸碱指示剂

酸碱指示剂的理论变色范围：$pH = pK_{HIn}^\ominus \pm 1$。

影响酸碱指示剂变色范围的因素：温度、溶剂、指示剂的用量、滴定次序。

7. 滴定突跃

滴定突跃范围的意义：是选择指示剂的依据。

影响滴定突跃范围的因素：浓度、酸碱的强度。

准确滴定的条件：一元弱酸 $cK_a^\ominus \geqslant 10^{-8}$；一元弱碱 $cK_b^\ominus \geqslant 10^{-8}$。

8. 多元弱酸分步滴定的原则

$cK_a^\ominus \geqslant 10^{-8}$，各级解离的 H^+ 可被准确滴定的原则；

$K_{a_1}^\ominus / K_{a_2}^\ominus \geqslant 10^4$，各级解离的 H^+ 能被分步滴定的原则。

9. 酸碱标准溶液的配制与标定

酸标准液(HCl)：间接法配制，用基准物质无水碳酸钠和硼砂标定。

碱标准液(NaOH)：间接法配制，用基准物质草酸和邻苯二甲酸氢钾标定。

【阅读材料】

生活中酸度测定的意义

当我们吃葡萄时，会发现熟透的葡萄很甜，未成熟的葡萄很酸，说明水果的酸度和其成熟度有很大关系。例如，如果测定出葡萄所含的有机酸中苹果酸高于酒石酸时，说明葡萄还未成熟，因为成熟的葡萄含大量的酒石酸。不同种类的水果和蔬菜，酸的含量因成熟度、生长条件而异，一般成熟度越高，酸的含量越低。如番茄在成熟过程中，总酸度从绿熟期的0.94%下降到完熟期的0.64%，同时糖的含量增加，糖酸比增大，具有良好的口感，故通过对酸度的测定可判断果蔬的成熟度。

根据酸度也可判断食品的新鲜程度，如新鲜牛奶中的乳酸含量过高，说明牛奶已腐败变质；水果制品中有游离的半乳糖醛酸，说明已受到霉烂水果的污染。

酸度还能反映食品的质量指标：食品中有机酸含量的多少，直接影响食品的风味、色泽、稳定性和品质的高低。酸的测定对微生物发酵过程具有一定的指导意义，如酒和酒精生产中，对麦芽汁、发酵液、酒曲等的酸度都有一定的要求；发酵制品中的酒、啤酒及酱油、食醋等中的酸也是一个重要的质量指标。另外，酸在维持人体体液的酸碱平衡方面起重要作用，人体体液 pH 一般为 7.3～7.4。

习　　题

6-1 什么是酸碱质子理论？什么叫水的离子自递平衡？

6-2 在酸碱滴定法中，一般都采用强酸或强碱作为滴定剂，为什么不采用弱酸或弱碱作为滴定剂？

6-3 测定工业用的 Na_2CO_3 的纯度，采用标准 HCl 溶液作为滴定剂时，可以选用酚酞或甲基橙作为指示剂。你认为选用哪一种指示剂好？为什么？

6-4 用 NaOH 滴定 HAc 时，应该选用下列哪种指示剂？(　　)。

A. 甲基橙　　B. 甲基红　　C. 酚酞　　D. 百里酚蓝

E．前面四种均可

6-5 以甲基橙为指示剂，能用 NaOH 标准溶液直接滴定的酸是(　　)。

A. $H_2C_2O_4$　　B. H_3PO_4　　C. HAc　　D. HCOOH

6-6 对于酸碱指示剂下列说法不恰当的是(　　)。

A. 指示剂本身是一种弱酸

B. 指示剂本身是一种弱碱

C. 指示剂的颜色变化与溶液的 pH 有关

D. 指示剂的颜色变化与其 $K^{\ominus}_{HIn}$ 有关

6-7 酸碱滴定中，需要用溶液润洗的器皿是(　　)。

A. 锥形瓶　　B. 移液管　　C. 烧杯　　D. 量筒

6-8 根据酸碱质子理论，指出下列分子或离子中，哪些只是酸，哪些只是碱，哪些既是酸又是碱。

H_3PO_4　　$H_2PO_4^-$　　Ac^-　　OH^-　　HCl

6-9 指出下列各种酸、碱所对应的共轭酸、碱。

(1) HPO_4^{2-}　(2) HAc　(3) NH_3　(4) HNO_3　(5) H_2CO_3

6-10 已知 25 ℃时，HAc 的 $K^{\ominus}_a=1.76\times10^{-5}$，计算 Ac^- 的 $K^{\ominus}_b$。

6-11 已知 25 ℃时，H_2CO_3 的 $K^{\ominus}_{a_1}=4.30\times10^{-7}$，$K^{\ominus}_{a_2}=5.61\times10^{-11}$，求 CO_3^{2-} 的 $K^{\ominus}_{b_1}$ 和 $K^{\ominus}_{b_2}$。

6-12 计算下列各种溶液的 pH：

(1) 0.10 $mol\cdot L^{-1}$ H_2SO_4 溶液；　　(2) 0.01 $mol\cdot L^{-1}$ $NaHSO_4$ 溶液；

(3) 0.10 mol·L^{-1} $NaHCO_3$ 溶液；　　(4) 0.10 mol·L^{-1} HAc 溶液；

(5) 0.10 mol·L^{-1} NaCN 溶液；　　(6) 0.10 mol·L^{-1} Na_2CO_3 溶液。

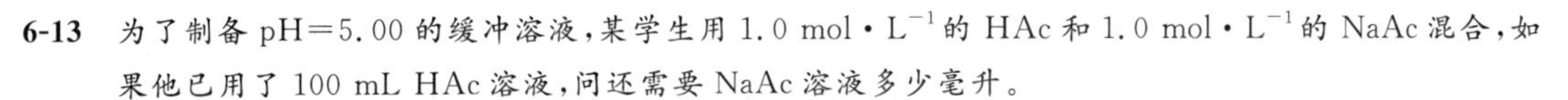

6-13 为了制备 pH=5.00 的缓冲溶液，某学生用 1.0 mol·L^{-1}的 HAc 和 1.0 mol·L^{-1}的 NaAc 混合，如果他已用了 100 mL HAc 溶液，问还需要 NaAc 溶液多少毫升。

6-14 通过计算说明：0.20 mol·L^{-1}的 HCl 溶液和 0.200 mol·L^{-1}的 HCN 溶液的 pH 是否相同？若用相同浓度的 NaOH 溶液中和时，消耗 NaOH 的体积是否相等？

6-15 今有 100 mL 含 0.010 mol 氨水和 0.020 mol 氯化铵的溶液，其 pH 为多少？在此溶液中再加入 100 mL 水，pH 又有何变化？

6-16 下列各种酸能否直接准确滴定，为什么？

(1) 0.10 mol·L^{-1} HF 溶液；　　(2) 0.10 mol·L^{-1} HCN 溶液；

(3) 0.10 mol·L^{-1} HCOOH 溶液；　　(4) 0.10 mol·L^{-1} H_3AsO_4 溶液；

(5) 0.10 mol·L^{-1} 邻苯二甲酸溶液。

6-17 将 0.200 mol·L^{-1} HCl 溶液和 0.100 mol·L^{-1} H_2S 溶液等体积混合，求混合后溶液的 pH 及 S^{2-} 的浓度。

6-18 计算 10 mL 浓度为 0.30 mol·L^{-1}的 NH_3 与 10 mL 浓度为 0.10 mol·L^{-1}的 HCl 混合后溶液的 pH。

6-19 有二元弱酸 H_2B 溶液，已知 H_2B 的 $K_{a_1}^{\ominus}=1.20\times10^{-2}$，$K_{a_2}^{\ominus}=6.02\times10^{-7}$，计算：

(1) 当二元弱酸以 HB^- 的形式存在时的 pH 为多少？

(2) 若用 0.100 0 mol·L^{-1}的 NaOH 溶液滴定 0.100 mol·L^{-1}的 H_2B，当滴定至第一和第二化学计量点时，溶液的 pH 各为多少？各选用何种指示剂？

6-20 用 0.100 mol·L^{-1} NaOH 溶液滴定 0.100 mol·L^{-1}羟基胺盐酸盐(NH_3^+ OH·Cl^-)和 0.10 mol·L^{-1} NH_4Cl 的混合溶液。问：

(1) 已知 NH_3^+OH·Cl^- 的 $K_a^{\ominus}=1.1\times10^{-6}$，求化学计量点溶液的 pH。

(2) 化学计量点时参加了反应的 NH_4Cl 的质量分数为多少？(提示：化学计量点时产物为 NH_2OH 和 NH_4^+。)

6-21 称取含有 Na_2CO_3，$NaHCO_3$ 和中性杂质的样品 1.200 0 g 溶于水后，用 HCl 溶液(0.500 0 mol·L^{-1})滴定至酚酞褪色，消耗 HCl 溶液 15.00 mL；加入甲基橙指示剂，继续用 HCl 溶液滴定至出现橙色，又消耗 HCl 溶液 22.00 mL。求样品中 Na_2CO_3，$NaHCO_3$ 和中性杂质的含量各为多少。

6-22 称取含有 Na_2CO_3 和 NaOH 的试样 0.589 5 g，溶解后用 0.301 4 mol·L^{-1}的 HCl 滴定液滴定至酚酞褪色，消耗 HCl 溶液 24.08 mL；加入甲基橙指示剂，继续用 HCl 溶液滴定至出现橙色，又消耗 HCl 溶液 12.02 mL。求样品中 Na_2CO_3 与 NaOH 含量各为多少。

6-23 称取基准物质 $Na_2C_2O_4$ 0.8040 g，在一定温度下灼烧成 Na_2CO_3 后，用水溶解并稀释至 100.00 mL。准确移取 25.00 mL 溶液，以甲基橙为指示剂，用 HCl 溶液滴定至终点时，消耗 30.00 mL。计算 HCl 溶液的浓度。

6-24 某磷酸盐试样可能含有 Na_3PO_4，Na_2HPO_4，NaH_2PO_4 或它们的混合物，同时含有惰性杂质。今称取 2.000 g 试样，溶解后用甲基橙作指示剂，以 0.500 0 mol·L^{-1} HCl 溶液滴定时，需要用 32.00 mL 至终点。同量试样用酚酞作指示剂时，需要用同浓度的 HCl 溶液 12.00 mL。试判断试样的组成及其质量分数。

6-25 设计下列混合液的分析方案：

(1) $HCl+NH_4Cl$　　(2) $H_2SO_4+H_3PO_4$　　(3) $Na_3PO_4+Na_2HPO_4$

第7章 沉淀溶解平衡及沉淀滴定法

在科学实验和化工生产中，经常要利用沉淀反应来制取一些难溶化合物，或者鉴定和分离某些离子。那么，在什么条件下，沉淀才能产生？如何使离子沉淀完全？又怎样使沉淀溶解呢？下面将详细讨论。

电解质在水中的溶解度相差很大。例如298 K时，100 g水中$ZnCl_2$的溶解度为432 g，而HgS的溶解度仅为1.47×10^{-25} g。绝对不溶的物质是不存在的，通常把溶解度小于0.01 g/100 g水的物质称为难溶物；溶解度大于0.1 g/100 g水的物质称为易溶物；介于二者之间的物质称为微溶物。

7.1 难溶电解质的溶度积

7.1.1 溶度积

在一定的温度下，将难溶电解质放入水中，会发生沉淀和溶解两个相反的过程。例如，AgCl是一种难溶的强电解质，当其溶于水时，晶体中的Ag^+和Cl^-不断进入溶液形成水合离子，但同时已经溶解在水中的Ag^+和Cl^-在运动中相互碰撞，又有可能以固体形式析出。在一定条件下，当溶解速率和沉淀速率相等时，达成了难溶电解质的沉淀溶解平衡。此时，溶液中离子浓度不再改变，平衡关系表示如下：

$$\underset{\text{未溶解固体}}{AgCl(s)} \rightleftharpoons \underset{\text{溶液中离子}}{Ag^+(aq) + Cl^-(aq)}$$

其平衡常数表示式为 $K_{sp}^{\ominus}=c_r(Ag^+)\cdot c_r(Cl^-)$

$K_{sp}^{\ominus}$称为溶度积常数，在一定温度下，难溶电解质饱和溶液中以化学计量数为指数的离子浓度的乘积为一常数，称为溶度积常数，简称溶度积。

若难溶电解质为A_mB_n型，在一定温度下，其饱和溶液中的沉淀溶解平衡为

$$A_mB_n(s) \rightleftharpoons mA^{n+}(aq) + nB^{m-}(aq)$$

$$K_{sp}^{\ominus}(A_mB_n)=c_r^m(A^{n+})\cdot c_r^n(B^{m-}) \tag{7-1}$$

$K_{sp}^{\ominus}$可以反映物质的溶解能力和生成沉淀的难易。其大小主要取决于难溶电解质的本性与温度，而与离子浓度改变无关。$K_{sp}^{\ominus}$的值越大，表明该物质在水中溶解的趋势越大，生成沉淀的趋势越小；反之亦然。不同类型的难溶电解质，不能利用$K_{sp}^{\ominus}$比较其溶解度大小。

7.1.2 溶解度与溶度积的关系

溶解度和溶度积都可以表示难溶电解质溶解能力的大小，溶解度是浓度的一种形式；而溶度积则是平衡常数的一种形式，两种表示形式虽然概念不同，但它们之间可以相互换算，

换算时浓度所采用的单位为 mol·L^{-1}。

【例 7-1】 25 ℃时，AgBr 在水中的溶解度 S 为 1.37×10^{-4} g·L^{-1}，求该温度下 AgBr 的溶度积 $K_{sp}^{\ominus}$。已知 $M(AgBr)=187.8$ g·mol^{-1}。

【解】
$$S=\frac{1.37\times10^{-4}}{187.8}=7.29\times10^{-7}(mol\cdot L^{-1})$$

$$AgBr(s)\rightleftharpoons Ag^{+}(aq)+Br^{-}(aq)$$

平衡浓度(mol·L^{-1})　　　　S　　　　S

故
$$K_{sp}^{\ominus}=S^{2}=5.35\times10^{-13}$$

【例 7-2】 25 ℃时，AgCl 的 $K_{sp}^{\ominus}$ 为 1.77×10^{-10}，Ag_2CO_3 的 $K_{sp}^{\ominus}$ 为 8.45×10^{-12}，分别求 AgCl 和 Ag_2CO_3 的溶解度。

【解】 设 AgCl 的溶解度为 x mol·L^{-1}，则

$$K_{sp}^{\ominus}(AgCl)=c_r(Ag^{+})\cdot c_r(Cl^{-})=x^2$$

$$x=\sqrt{K_{sp}^{\ominus}(AgCl)}=\sqrt{1.77\times10^{-10}}=1.33\times10^{-5}(mol\cdot L^{-1})$$

设 Ag_2CO_3 的溶解度为 y mol·L^{-1}，则

$$K_{sp}^{\ominus}(Ag_2CO_3)=c_r^2(Ag^{+})\cdot c_r(CO_3^{2-})=(2y)^2\cdot y=4y^3$$

$$y=\sqrt[3]{\frac{K_{sp}^{\ominus}(Ag_2CO_3)}{4}}=\sqrt[3]{\frac{8.45\times10^{-12}}{4}}=1.28\times10^{-4}(mol\cdot L^{-1})$$

AgCl 的溶度积比 Ag_2CO_3 大，但 AgCl 反而比 Ag_2CO_3 的溶解度小。由此可见，溶度积大的难溶电解质其溶解度不一定也大，这与其类型有关。同种类型的难溶电解质(如 AgCl，AgBr，AgI 都属 AB 型)，可直接用 $K_{sp}^{\ominus}$ 的大小来比较它们的溶解度，不同类型的难溶电解质(如 AgCl 是 AB 型，Ag_2CO_3 是 A_2B 型)，其溶解度的相对大小须经计算才能进行比较。需要注意的是，上述换算方法仅适用于溶液中不发生副反应或副反应程度不大的难溶电解质。

综上所述，对于不同类型的难溶强电解质，$K_{sp}^{\ominus}$ 与 S 的关系归纳如下：

对 1∶1 型(如 AgCl，$BaSO_4$ 等)：$K_{sp}^{\ominus}=S^2$　　(7-2)

对 1∶2 型或 2∶1 型[如 $Mg(OH)_2$，Ag_2CrO_4]：$K_{sp}^{\ominus}=4S^3$　　(7-3)

对 1∶3 型[如 $Fe(OH)_3$，Ag_3PO_4]：$K_{sp}^{\ominus}=27S^4$　　(7-4)

依此类推，可以通过 $K_{sp}^{\ominus}$ 与 S 的关系，进行难溶电解质的相关计算。

7.1.3 溶度积规则

在某难溶电解质的溶液中，有关离子浓度方次的乘积称为离子积，用符号 Q_B 表示。对于反应

$$A_mB_n(s)\rightleftharpoons mA^{n+}(aq)+nB^{m-}(aq)$$

$$Q_B=c_r^m(A^{n+})\cdot c_r^n(B^{m-})\qquad(7\text{-}5)$$

Q_B 和 $K_{sp}^{\ominus}$ 的表达式完全一样，但 Q_B 表示任意情况下的有关离子浓度方次的乘积，其数值不定；而 $K_{sp}^{\ominus}$ 仅表示沉淀溶解达到平衡时的有关离子浓度方次的乘积，二者有一定的区别。在任何给定的难溶电解质的溶液中，Q_B 与 $K_{sp}^{\ominus}$ 作比较有三种情况：

(1) $Q_B<K_{sp}^{\ominus}$，为不饱和溶液，若体系中有沉淀，此时沉淀溶解，直至 $Q_B=K_{sp}^{\ominus}$，达到新的平衡为止；若原体系中无沉淀，则此时不会有沉淀析出。

(2) $Q_B = K_{sp}^{\ominus}$，为饱和溶液，体系处于沉淀溶解平衡状态，宏观上看既无沉淀析出也无沉淀溶解。

(3) $Q_B > K_{sp}^{\ominus}$，为过饱和溶液，有沉淀析出，直至饱和，是沉淀生成的条件。

以上三条称为溶度积规则，它是难溶电解质多相离子平衡移动规律的总结。据此可以判断体系中是否有沉淀生成或溶解，也可以通过控制离子的浓度，使沉淀生成或使沉淀溶解。

7.2 沉淀溶解平衡的移动

7.2.1 沉淀的生成和分离

(1) 沉淀的生成

根据溶度积规则，在难溶电解质的溶液中，如果有关离子浓度方次的乘积大于该难溶物的溶度积 $K_{sp}^{\ominus}$($Q_B > K_{sp}^{\ominus}$)，就会生成沉淀，为使沉淀更完全，必须创造条件，促进平衡向生成沉淀的方向移动，为达到此要求，可采取以下几种方法：

① 加入沉淀剂

例如，在 $AgNO_3$ 溶液中加入适量 K_2CrO_4 溶液，当溶液中 $Q_B = c_r^2(Ag^+) \cdot c_r(CrO_4^{2-}) > K_{sp}^{\ominus}(Ag_2CrO_4)$时，就会产生 Ag_2CrO_4 沉淀。这里 K_2CrO_4 是沉淀剂。

【例 7-3】 在 20.00 mL 浓度为 0.002 5 mol·L^{-1} $AgNO_3$ 溶液中，加入 0.010 mol·L^{-1} K_2CrO_4 溶液 5.00 mL，问是否有 Ag_2CrO_4 沉淀析出？[$K_{sp}^{\ominus}(Ag_2CrO_4) = 1.12 \times 10^{-12}$。]

【解】 当加入沉淀剂后，溶液中各离子浓度分别为

$$c(Ag^+) = 0.002\,5 \times \frac{20.00}{20.00 + 5.00} = 0.002\,0\ (\text{mol} \cdot \text{L}^{-1})$$

$$c(CrO_4^{2-}) = 0.010 \times \frac{5.00}{20.00 + 5.00} = 0.002\,0\ (\text{mol} \cdot \text{L}^{-1})$$

$$Q_B = c^2(Ag^+) \cdot c(CrO_4^{2-}) = (2.0 \times 10^{-3})^2 \cdot (2.0 \times 10^{-3}) = 8.0 \times 10^{-9}$$

$Q_B > K_{sp}^{\ominus}(Ag_2CrO_4)$，有 Ag_2CrO_4 沉淀产生。

【例 7-4】 50 mL 含 Ba^{2+} 浓度为 0.010 mol·L^{-1} 的溶液与 30 mL 浓度为 0.020 mol·L^{-1}的 Na_2SO_4 混合。问：a. 是否会产生 $BaSO_4$ 沉淀？b. 反应后溶液中的 Ba^{2+} 浓度为多少？

【解】 a. 混合后 $$c(Ba^{2+}) = \frac{0.010 \times 50}{80} = 0.006\,2(\text{mol} \cdot \text{L}^{-1})$$

$$c(SO_4^{2-}) = \frac{0.020 \times 30}{80} = 0.007\,5(\text{mol} \cdot \text{L}^{-1})$$

$$Q_B = c(Ba^{2+}) \cdot c(SO_4^{2-}) = 0.006\,2 \times 0.007\,5 = 4.6 \times 10^{-5}$$

$Q_B > K_{sp}^{\ominus}(BaSO_4) = 1.1 \times 10^{-10}$，所以有 $BaSO_4$ 沉淀生成。

b. 设平衡时溶液中的 Ba^{2+} 浓度为 x mol·L^{-1}，则

$$BaSO_4(s) \rightleftharpoons Ba^{2+}(aq) + SO_4^{2-}(aq)$$

起始浓度($mol \cdot L^{-1}$)　　　　0.006 2　　　0.007 5

平衡浓度($mol \cdot L^{-1}$)　　　　x　　　$0.007\ 5-(0.006\ 2-x) = 0.001\ 2+x$

故
$$x(0.001\ 2 + x) = 1.1 \times 10^{-10}$$

由于 $K_{sp}^{\ominus}(BaSO_4)$很小,即 x 很小, $0.001\ 2+x \approx 0.001\ 2$,将数据代入上式,解得

$$x = 9.2 \times 10^{-8}(mol \cdot L^{-1})$$

② 同离子效应

实践证明,加入适当过量的沉淀剂,会使难溶电解质的溶解度减小,因而使沉淀更加完全。在难溶电解质的饱和溶液中,加入含有相同离子的强电解质,可使难溶电解质的溶解度降低,这种作用叫做难溶电解质的同离子效应。同离子效应可通过计算来说明。

【例 7-5】 计算 298 K 时,Ag_2CrO_4(s)在纯水中和在 0.10 $mol \cdot L^{-1}$ $AgNO_3$ 溶液中的溶解度。(已知:298 K,Ag_2CrO_4 的 $K_{sp}^{\ominus}$为 1.12×10^{-12}。)

【解】 ① 纯水中　$Ag_2CrO_4(s) \rightleftharpoons 2Ag^+(aq) + CrO_4^{2-}(aq)$

平衡时浓度($mol \cdot L^{-1}$)　　　　$2S$　　　S

$$K_{sp}^{\ominus} = c_r^2(Ag^+) \cdot c_r(CrO_4^{2-}) = (2S)^2 \times S = 4S^3 = 1.12 \times 10^{-12}$$

故
$$S = 1.04 \times 10^{-4}(mol \cdot L^{-1})$$

② 0.1 $mol \cdot L^{-1}$ $AgNO_3$ 溶液中

$$Ag_2CrO_4(s) \rightleftharpoons 2Ag^+(aq) + CrO_4^{2-}(aq)$$

平衡时浓度($mol \cdot L^{-1}$)　　　　$0.10 + 2S' \approx 0.10$　　　S'

$$K_{sp}^{\ominus} = c_r^2(Ag^+) \cdot c_r(CrO_4^{2-}) = 0.10^2 \times S' = 1.12 \times 10^{-12}$$

$$S' = 1.12 \times 10^{-10}(mol \cdot L^{-1})$$

因此
$$S' \ll S$$

可见相同离子 Ag^+ 的加入,使 Ag_2CrO_4 的溶解度显著下降。利用同离子效应还可以使离子沉淀完全。一般认为溶液中某离子因进行沉淀反应使其浓度降低至 $1.0 \times 10^{-5} mol \cdot L^{-1}$时,即认为沉淀完全,定量分析则要求其浓度不大于 $1.0 \times 10^{-6} mol \cdot L^{-1}$。

【例 7-6】 往 10.0 mL 的 0.020 $mol \cdot L^{-1}$ $BaCl_2$ 溶液中加入 10.0 mL 的 0.040 $mol \cdot L^{-1}$ Na_2SO_4溶液,可否使 Ba^{2+} 沉淀完全?(已知:298 K 时 $BaSO_4$ 的 $K_{sp}^{\ominus}$ 为 1.07×10^{-10}。)

【解】 设平衡时溶液中的 Ba^{2+} 浓度为 x $mol \cdot L^{-1}$,根据反应式

$$Ba^{2+}(aq) + SO_4^{2-}(aq) \rightleftharpoons BaSO_4(s)$$

起始浓度($mol \cdot L^{-1}$)　　　　0.010　　　0.020

平衡浓度($mol \cdot L^{-1}$)　　　　x　　　$0.020-(0.010-x) \approx 0.010$

因为 $K = 1/K_{sp}^{\ominus} = 9.35 \times 10^9$,很大, 而 SO_4^{2-} 过量,所以 Ba^{2+} 几乎全部与 SO_4^{2-} 反应,SO_4^{2-} 剩余量即为其平衡时的量。

$$K_{sp}^{\ominus}=c_r(Ba^{2+})\cdot c_r(SO_4^{2-})=x\times0.010=1.07\times10^{-10}$$

故
$$x=1.07\times10^{-8}<1.0\times10^{-6}$$

因此 Ba^{2+} 已被沉淀完全。

③ 酸效应

在选择沉淀剂时，还要考虑沉淀剂的解离和水解等因素。溶液的酸度给沉淀溶解度带来的影响称为酸效应。如在 $Pb(NO_3)_2$ 溶液中，若要以 $PbCO_3$ 形式沉淀，是加入 Na_2CO_3 还是通入 CO_2 气体，虽然两者都有沉淀生成，但用前者使 Pb^{2+} 沉淀更完全。这是因为通 CO_2 生成了 H_2CO_3，溶液电离出的 CO_3^{2-} 很少，且在生成 $PbCO_3$ 沉淀的同时，又引起 $c_r(H^+)$ 增大，更抑制了 H_2CO_3 的电离，使 CO_3^{2-} 浓度更小，因而沉淀不完全：

$$Pb^{2+}(aq)+H_2CO_3(aq)\rightleftharpoons PbCO_3(s)+2H^+(aq)$$

另外，用相同浓度的 Na_2CO_3 和 $(NH_4)_2CO_3$ 作沉淀剂，前者比后者具有更大的沉淀效率，因为 $(NH_4)_2CO_3$ 的水解度比 Na_2CO_3 大，减小了 CO_3^{2-} 的浓度，所以沉淀效果差。

某些难溶电解质，如氢氧化物和硫化物，它们的溶解度也与溶液的酸度有关。因此，控制溶液的 pH 就可以促使某些沉淀的生成或溶解。

综上所述，对于沉淀反应

$$\begin{array}{ccccc} MA(s)\rightleftharpoons & M^{x+}(aq) & + & A^{x-}(aq) \\ & + & & + \\ & xOH^- & & xH^+ \\ & \downarrow & & \downarrow \\ & M(OH)_x & & H_xA \end{array}$$

增大溶液酸度（H^+ 浓度增大），有利于弱酸 H_xA 的生成；降低溶液酸度（OH^- 浓度增大），有利于 $M(OH)_x$ 的生成，不论哪种情况，都能使沉淀溶解平衡发生移动。

【例 7-7】 在含 $0.10\ mol\cdot L^{-1}$ $ZnCl_2$ 的溶液中，通入 H_2S 至饱和，此时 H_2S 的浓度为 $0.10\ mol\cdot L^{-1}$，试计算 ZnS 开始沉淀和沉淀完全时的 H^+ 的浓度。（已知：ZnS 的 $K_{sp}^{\ominus}$ 为 2.5×10^{-22}，H_2S 的 $K_{a_1}^{\ominus}=9.1\times10^{-8}$，$K_{a_2}^{\ominus}=1.1\times10^{-12}$。）

【解】 ZnS 开始沉淀时所需 $c_r(S^{2-})$ 为

$$c_r(S^{2-})=\frac{K_{sp}^{\ominus}}{c_r(Zn^{2+})}=\frac{2.5\times10^{-22}}{0.10}=2.5\times10^{-21}$$

H_2S 是二元弱酸，$c_r(S^{2-})$ 与 $c_r(H^+)$ 关系为

$$\frac{c_r(S^{2-})\cdot c_r^2(H^+)}{c_r(H_2S)}=K_{a_1}^{\ominus}\cdot K_{a_2}^{\ominus}=9.1\times10^{-8}\times1.1\times10^{-12}=1.0\times10^{-19}$$

开始沉淀时的 $c_r(H^+)$ 为

$$c_r(H^+)=\sqrt{\frac{K_{a_1}^{\ominus}\cdot K_{a_2}^{\ominus}\cdot c_r(H_2S)}{c_r(S^{2-})}}=\sqrt{\frac{1.0\times10^{-19}\times0.1}{2.5\times10^{-21}}}=2.0$$

用同样方法计算 $c_r(Zn^{2+})=1.0\times10^{-5}$ 时，$c_r(H^+)=10^{-2.66}=2.2\times10^{-3}$，即 Zn^{2+} 沉淀完全时的条件。

④ 盐效应的影响

加入适当过量沉淀剂会使沉淀趋于完全，但是并非沉淀剂过量越多越好。实验结果指出，加入太多过量的沉淀剂，由于增大了溶液中电解质的总浓度，反而使难溶电解质的溶解度稍有增大。这种因加入过多强电解质而使难溶电解质的溶解度增大的效应，叫做盐效应。具体实例见表 7-1。

表 7-1 $PbSO_4$ 在 Na_2SO_4 溶液中的溶解情况

Na_2SO_4(mol · L^{-1})	$PbSO_4$(mol · L^{-1})	Na_2SO_4(mol · L^{-1})	$PbSO_4$(mol · L^{-1})
0	1.5×10^{-4}	0.04	1.3×10^{-5}
0.001	2.4×10^{-5}	0.10	1.6×10^{-5}
0.01	1.6×10^{-5}	0.20	2.3×10^{-5}
0.02	1.4×10^{-5}		

从表 7-1 可以看出，用 Na_2SO_4 沉淀 Pb^{2+} 时，开始同离子效应起主要作用，使 $PbSO_4$ 溶解度逐渐减小。但当 Na_2SO_4 超过 0.04 mol · L^{-1}时，$PbSO_4$ 的溶解度又随着 Na_2SO_4 浓度的增大而升高。这是盐效应影响的结果。因为随着溶液中阴、阳离子浓度的增加，带相反电荷的离子间相互吸引、相互牵制，减小了溶液中离子的有效浓度，降低了沉淀的生成速率，破坏了沉淀与溶解平衡。此时只有继续溶解，才能使沉淀和溶解的速率相等，达到平衡，这样就增大了沉淀的溶解度。溶液中可溶性强电解质的浓度越大，盐效应也越显著，因此一般沉淀剂只能适当过量，通常以过量 20%～50%为宜。

*(2) 分步沉淀与沉淀分离

前面讨论的沉淀反应是加一种沉淀剂使一种离子沉淀的情况，但在生产和实践中常常遇到溶液中同时含有几种离子的情况。当加入沉淀剂时，都可能生成沉淀的情况下，如何控制条件，使这几种离子分别沉淀出来，从而达到分离的目的？

在含有 0.010 mol · L^{-1} I^- 和 0.010 mol · L^{-1} Cl^- 的溶液中，逐滴加入 $AgNO_3$ 溶液，首先生成黄色 AgI 沉淀，加到一定量时，才会有白色 AgCl 沉淀。像这种在一定条件下加入同一种沉淀剂，不同离子生成难溶化合物依次沉淀的现象，称为分步沉淀。应用分步沉淀可以使混合的离子得到分离。

根据溶度积规则，通过计算可以说明这种现象：

假设加入的 $AgNO_3$ 浓度较大，所引起的体积变化忽略不计，则生成 AgCl 和 AgI 沉淀时所需 Ag^+ 最低浓度分别为如下。

AgI 沉淀所需 $c_r(Ag^+)$ 为

$$c_r(Ag^+)=\frac{K_{sp}^{\ominus}}{c_r(I^-)}=\frac{8.51\times10^{-17}}{0.010}=8.5\times10^{-15}$$

AgCl 沉淀所需 $c_r'(Ag^+)$ 为

$$c_r'(Ag^+)=\frac{K_{sp}^{\ominus}}{c_r(Cl^-)}=\frac{1.77\times10^{-10}}{0.010}=1.8\times10^{-8}$$

从计算可以看出，沉淀 I^- 所需的 Ag^+ 少得多，加入 $AgNO_3$ 首先达到 AgI 的 $K_{sp}^{\ominus}$ 而使其析出沉淀，然后才会析出 $K_{sp}^{\ominus}$ 较大的 AgCl 沉淀。

当 AgCl 刚开始沉淀时，溶液中还残留的 I^- 浓度为

$$c_r(I^-)=\frac{K_{sp}^{\ominus}}{c_r(Ag^+)}=\frac{8.5\times10^{-17}}{1.8\times10^{-8}}=4.7\times10^{-9}<1.0\times10^{-5}$$

这说明在 AgCl 刚开始沉淀时，I^- 已沉淀得相当完全，两者是能够进行有效分离的。

必须强调指出，分步沉淀的次序不仅与溶度积有关，而且与被沉淀离子的起始浓度有关。上例的计算是在 $c_r(I^-)=c_r(Cl^-)$ 的条件下，AgI 先析出沉淀。若在海水中由于 $c_r(I^-)\ll c_r(Cl^-)$，当加入 $AgNO_3$ 时，首先析出的是 AgCl 沉淀。因此适当地改变被沉淀离子的浓度，可使分步沉淀的次序发生变化，具体情况必须通过计算确定。

【例 7-8】 在含有 Zn^{2+} 和 Fe^{3+} 的浓度均为 0.010 mol·L^{-1} 的混合溶液中加碱，为使这两种离子分离，溶液的 pH 应控制在什么范围？［已知：$Fe(OH)_3$ 的 $K_{sp}^{\ominus}$ 为 2.64×10^{-39}，$Zn(OH)_2$ 的 $K_{sp}^{\ominus}$ 为 6.68×10^{-17}。］

【解】 首先确定在此混合溶液中加碱时，哪种离子先沉淀。

沉淀 $Fe(OH)_3$ 所需的 $c_r(OH^-)$ 为

$$c_r(OH^-)=\sqrt[3]{\frac{K_{sp}^{\ominus}}{c_r(Fe^{3+})}}=\sqrt[3]{\frac{2.64\times10^{-39}}{0.010}}=6.4\times10^{-13}$$

沉淀 $Zn(OH)_2$ 所需的 $c_r(OH^-)$ 为

$$c_r(OH^-)=\sqrt{\frac{6.68\times10^{-17}}{0.010}}=8.2\times10^{-8}$$

可见，$Fe(OH)_3$ 先沉淀。使 Fe^{3+} 沉淀完全时的 pH 为

$$c_r(OH^-)=\sqrt[3]{\frac{2.64\times10^{-39}}{1.0\times10^{-5}}}=6.4\times10^{-12}$$

$$pH=14.00-(-\lg 6.4\times10^{-12})=2.80$$

同理，从沉淀 $Zn(OH)_2$ 所需 $c_r(OH^-)$，可以算出使 Zn^{2+} 刚开始产生沉淀的 pH 为

$$pH=14.00-(-\lg 8.2\times10^{-8})=6.91$$

通过计算可知，为使等浓度(0.010 mol·L^{-1})的 Fe^{3+} 和 Zn^{2+} 分离，溶液的 pH 必须控制在 2.80～6.91 范围内。

可见，当一种沉淀剂可以同时沉淀几种离子时，所需沉淀剂浓度最小的离子首先析出沉淀。如果在形成沉淀时，几种离子所需沉淀剂的浓度相差较大，就有可能达到分离的目的。总而言之，当溶液中同时含有几种离子时，先满足 $Q_B>K_{sp}^{\ominus}$ 的难溶化合物先析出沉淀。

分步沉淀原理在化工生产中有着重要应用。用控制溶液 pH 的方法可以分离金属氢氧化物以及金属硫化物，这是因为它们的溶度积一般都相差比较大，可通过调节溶液的酸度来控制 S^{2-} 和 OH^- 浓度，而使金属离子分步沉淀得以分离。

7.2.2 沉淀的溶解

根据溶度积规则，要使沉淀溶解，可以降低难溶电解质溶液中阴、阳离子的浓度，使 $Q_B<K_{sp}^{\ominus}$。降低阴、阳离子浓度的方法有：

(1) 生成弱电解质

难溶酸常用强碱来溶解，例如：

$$H_2SiO_3(s)+2NaOH \rightleftharpoons Na_2SiO_3+2H_2O$$

难溶弱酸盐常用强酸或较强酸来溶解，例如：

$$CaCO_3(s) \rightleftharpoons Ca^{2+}(aq) + CO_3^{2-}(aq)$$
$$+$$
$$2H^+$$
$$\downarrow$$
$$H_2CO_3$$

又如：

$$Mg(OH)_2(s) \rightleftharpoons Mg^{2+}(aq) + 2OH^-(aq)$$
$$+$$
$$2H^+$$
$$\downarrow$$
$$2H_2O$$

【例 7-9】 计算下列情况中至少需要多大浓度的酸。

(1) 0.10 mol MnS 溶于 1 L 醋酸中；

(2) 0.10 mol CuS 溶于 1 L 盐酸中。

【解】 (1) $MnS(s) + 2HAc(aq) \rightleftharpoons Mn^{2+}(aq) + 2Ac^-(aq) + H_2S(aq)$

平衡浓度($mol \cdot L^{-1}$)　　0.10　　0.20　　0.10

$$K^{\ominus} = \frac{c_r(Mn^{2+}) \cdot c_r^2(Ac^-) \cdot c_r(H_2S)}{c_r^2(HAc)} = \frac{K_{sp}^{\ominus}(MnS) \cdot K_a^{\ominus 2}(HAc)}{K_{a_1}^{\ominus} \cdot K_{a_2}^{\ominus}(H_2S)}$$

$$c_r(HAc) = \sqrt{\frac{c_r(Mn^{2+}) \cdot c_r^2(Ac^-) \cdot c_r(H_2S) \cdot K_{a_1}^{\ominus} \cdot K_{a_2}^{\ominus}(H_2S)}{K_{sp}^{\ominus}(MnS) \cdot K_a^{\ominus 2}(HAc)}}$$

$$= \sqrt{\frac{0.10 \times 0.20^2 \times 0.10 \times 9.1 \times 10^{-8} \times 1.1 \times 10^{-12}}{4.65 \times 10^{-14} \times (1.76 \times 10^{-5})^2}}$$

$$= 1.7$$

因此，溶解 0.10 mol MnS 需要醋酸的最低浓度为

$$0.10 \times 2 + 1.7 = 1.9(mol \cdot L^{-1})$$

(2) $CuS(s) + 2H^+(aq) \rightleftharpoons Cu^{2+}(aq) + H_2S(aq)$

平衡浓度($mol \cdot L^{-1}$)　　0.10　　0.10

$$K^{\ominus} = \frac{c_r(Cu^{2+}) \cdot c_r(H_2S)}{c_r^2(H^+)} = \frac{K_{sp}^{\ominus}(CuS)}{K_{a_1}^{\ominus} K_{a_2}^{\ominus}(H_2S)}$$

$$c_r(H^+) = \sqrt{\frac{c_r(Cu^{2+}) \cdot c_r(H_2S) \cdot K_{a_1}^{\ominus} K_{a_2}^{\ominus}(H_2S)}{K_{sp}^{\ominus}(CuS)}}$$

$$= \sqrt{\frac{0.10 \times 0.10 \times 9.1 \times 10^{-8} \times 1.1 \times 10^{-12}}{1.27 \times 10^{-36}}}$$

$$= 2.8 \times 10^7$$

所需 H^+ 浓度如此之高，说明 CuS 不能溶于盐酸中。

(2) 发生氧化还原反应

由于金属硫化物的 $K_{sp}^{\ominus}$ 相差很大，故其溶解情况大不相同。像 ZnS，PbS，FeS 等 $K_{sp}^{\ominus}$ 较

大的金属硫化物都能溶于盐酸。而像 HgS,CuS 等 $K_{sp}^{\ominus}$ 很小的金属硫化物就不能溶于盐酸。在这种情况下,只能通过加入氧化剂,使某一离子发生氧化还原反应而降低其浓度,从而达到溶解的目的。例如反应式

$$3CuS + 2NO_3^- + 8H^+ \rightleftharpoons 3Cu^{2+} + 3S\downarrow + 2NO\uparrow + 4H_2O$$

HgS 的 $K_{sp}^{\ominus}$ 更小,仅用 HNO_3 还不够,只能溶于王水,使 $c(S^{2-})$ 和 $c(Hg^{2+})$ 同时减小,反应式如下:

$$3HgS + 12HCl + 2HNO_3 \rightleftharpoons 3H_2[HgCl_4] + 3S\downarrow + 2NO\uparrow + 4H_2O$$

此法适用于溶解那些具有明显氧化性或还原性的难溶物。

(3) 发生配位反应

在沉淀中加入一种配位剂,使之生成一种更稳定的配离子,而使沉淀溶解。

例如,在 AgCl 中加入 $Na_2S_2O_3$ 溶液,$S_2O_3^{2-}$ 和 Cl^- 争夺 Ag^+,反应式如下:

$$AgCl + 2S_2O_3^{2-} \rightleftharpoons Ag(S_2O_3)_2^{3-} + Cl^-$$

此反应广泛应用于照相技术中。

*7.2.3 沉淀的转化

在含有沉淀的溶液中加入适当的试剂而使一种溶解度大的沉淀转化为另一种溶解度较小的沉淀的过程,称为沉淀的转化。例如,在盛有白色 $PbSO_4$ 的试管中,加入 Na_2S 搅拌后,可观察到白色沉淀变为黑色,反应式为

$$PbSO_4(白) + S^{2-} \rightleftharpoons PbS(黑) + SO_4^{2-}$$

又如,在含有 $BaCO_3$ 的溶液中加入 K_2CrO_4 溶液后,沉淀由白色转变为黄色,反应式为

$$BaCO_3(白) + CrO_4^{2-} \rightleftharpoons BaCrO_4(黄) + CO_3^{2-}$$

沉淀的转化在工业和科学研究上均有重要的意义,如用 Na_2SO_4 溶液处理工业残渣中的 $PbCl_2$,可以将 $PbCl_2$ 转化为 $PbSO_4$。还有工业锅炉中的锅垢(主要成分为 $CaCO_3$ 和 $CaSO_4$),它的存在不仅浪费能源,而且还会引起锅炉受热不均而爆炸,造成危害。针对这种情况可以通过把 $CaSO_4$ 转化为疏松而且易除去的 $CaCO_3$,避免事故发生。该反应方程式如下:

$$\begin{array}{rcl} CaSO_4(s) \rightleftharpoons & Ca^{2+} & + SO_4^{2-} \\ & + & \\ Na_2CO_3 = & CO_3^{2-} & + 2Na^+ \\ & \downarrow & \\ & CaCO_3(s) & \end{array}$$

总反应式为 $$CaSO_4(s) + CO_3^{2-} \rightleftharpoons CaCO_3(s) + SO_4^{2-}$$

平衡常数为 $$K^{\ominus} = \frac{c_r(SO_4^{2-})}{c_r(CO_3^{2-})} = \frac{K_{sp}^{\ominus}(CaSO_4)}{K_{sp}^{\ominus}(CaCO_3)} = \frac{7.10\times10^{-5}}{4.96\times10^{-9}} = 1.43\times10^4$$

此转化过程能实现,是因为 $CaSO_4$ 的 $K_{sp}^{\ominus}$ (7.10×10^{-5}) 大于 $CaCO_3$ 的 $K_{sp}^{\ominus}$ (4.96×10^{-9}),所以可发生沉淀的转化。

前面讨论的是溶解度较大的沉淀,可以转化为溶解度较小的沉淀。那么溶解度较小的沉淀能否转化为溶解度较大的沉淀呢?这种转化是要有条件的,即两种沉淀的溶解度不能

相差太大，否则不能发生转化。

【例 7-10】 已知 $BaSO_4$ 的 $K_{sp}^{\ominus}=1.07\times10^{-10}$，而 $BaCO_3$ 的 $K_{sp}^{\ominus}=2.58\times10^{-9}$，在一定条件下，能否将 $BaSO_4$ 转化为 $BaCO_3$ 呢？

【解】 可设想在 $BaSO_4$ 溶液中，加入可溶性的碳酸盐时，体系中的平衡关系为

$$
\begin{array}{ccc}
BaSO_4(s) \rightleftharpoons & Ba^{2+} & + SO_4^{2-} \\
 & + & \\
Na_2CO_3 \xlongequal{\quad} & CO_3^{2-} & + 2Na^+ \\
 & \downarrow & \\
 & BaCO_3(s) &
\end{array}
$$

总反应式为 $$BaSO_4(s)+CO_3^{2-} \rightleftharpoons BaCO_3(s)+SO_4^{2-}$$

平衡常数为 $$K^{\ominus}=\frac{c_r(SO_4^{2-})}{c_r(CO_3^{2-})}=\frac{K_{sp}^{\ominus}(BaSO_4)}{K_{sp}^{\ominus}(BaCO_3)}=\frac{1.07\times10^{-10}}{2.58\times10^{-9}}=4.15\times10^{-2}$$

$$c_r(CO_3^{2-})=24.4\ c_r(SO_4^{2-})$$

在 $BaSO_4$ 饱和溶液中，加入 Na_2CO_3，使 $c_r(CO_3^{2-})\gg24.4c_r(SO_4^{2-})$ 时，就可将 $BaSO_4$ 转化为 $BaCO_3$。若两者溶解度相差太大，以至要求易溶的沉淀剂的浓度大得无法达到时，则难溶的沉淀就不能转化为易溶的沉淀。实践中，用饱和 Na_2CO_3 溶液处理 $BaSO_4$，搅拌静置，取出上清液，再加入饱和 Na_2SO_3 溶液，重复多次，就可使 $BaSO_4$ 完全转化为 $BaCO_3$。

7.3 沉淀滴定法

7.3.1 沉淀滴定法对反应的要求

沉淀滴定法是以沉淀溶解平衡为基础的一种滴定分析法。沉淀反应很多，但不是所有的沉淀反应都能进行定量分析，因为沉淀反应为多相反应，反应速率慢，沉淀组成不恒定，易于形成过饱和溶液，有共沉淀等副反应，缺乏合适的指示剂等，这些因素都限制了沉淀滴定法的应用。

在进行滴定分析时，能用于滴定的沉淀反应必须符合以下条件：

(1) 满足滴定分析的基本条件。

(2) 生成的沉淀溶解度很小，且比较稳定。

(3) 有合适、简便的方法确定终点。

以生成难溶性银盐的反应为基础的沉淀滴定法，称为银量法。目前，银量法用得较为广泛，它可以定量测定 Cl^-，Br^-，I^-，CN^-，SCN^-，Ag^+ 等。

7.3.2 沉淀滴定法

银量法根据滴定终点所采用的指示剂不同，分为莫尔(Mohr)法、佛尔哈德(Volhard)法和法扬司(Fajans)法。

(1) 莫尔法

① 测定原理

在含有Cl^-或Br^-的中性或弱碱性溶液中，以K_2CrO_4为指示剂，用$AgNO_3$标准溶液滴定的一种银量法。由于AgCl的溶解度小于Ag_2CrO_4的溶解度，首先析出的是AgCl沉淀，当Cl^-被Ag^+滴定完全，即$c_r(Cl^-)<10^{-5}\ mol \cdot L^{-1}$时，稍过量的$Ag^+$与$CrO_4^{2-}$形成$Ag_2CrO_4$砖红色沉淀，指示终点，滴定反应如下：

$$Ag^+ + Cl^- \rightleftharpoons AgCl\downarrow(白色) \quad K_{sp}^{\ominus}(AgCl)=1.77\times10^{-10}$$

$$2Ag^+ + CrO_4^{2-} \rightleftharpoons Ag_2CrO_4\downarrow(砖红色) \quad K_{sp}^{\ominus}(Ag_2CrO_4)=1.12\times10^{-12}$$

② 滴定条件

莫尔法中最重要的是控制溶液中指示剂的浓度和溶液的酸度。

A. 指示剂的浓度

莫尔法是以Ag_2CrO_4砖红色沉淀的出现来确定终点的。若K_2CrO_4浓度过大，会使滴定的终点提前出现；若K_2CrO_4浓度过小，又会出现终点延后的现象。实验表明，CrO_4^{2-}浓度以$0.005\ mol \cdot L^{-1}$为宜，在此浓度下，才能很好地辨别出砖红色的滴定终点，且滴定误差小于0.1%。

B. 溶液酸度

莫尔法要求溶液的pH控制在6.5～10.5。

a. 若$pH<6.5$，则发生如下反应：

$$Ag_2CrO_4 + H^+ \rightleftharpoons HCrO_4^- + 2Ag^+$$

消除办法：可用$NaHCO_3$，$CaCO_3$或硼砂中和。

b. 若$pH>10.5$，则发生如下反应：

$$2Ag^+ + 2OH^- \rightleftharpoons Ag_2O\downarrow + H_2O$$

出现褐色Ag_2O沉淀，而影响准确度。

消除办法：可用稀HNO_3中和。

c. 若溶液中有铵盐存在，则pH高时易发生NH_3与Ag^+的配位反应而影响滴定，故pH应控制在6.5～7.2为宜。

$$Ag^+ + 2NH_3 \rightleftharpoons [Ag(NH_3)_2]^+$$

$$AgCl + 2NH_3 \rightleftharpoons [Ag(NH_3)_2]^+ + Cl^-$$

另外，滴定时要充分振荡，因为化学计量点前，AgCl沉淀会吸附Cl^-使Ag_2CrO_4沉淀过早出现，被误认为到达终点。滴定中充分振荡可使被AgCl沉淀吸附的Cl^-释放出来，与Ag^+反应完全。

③ 应用范围

莫尔法可直接测定Cl^-，Br^-的含量，两者共存时，可测其总量，但不能测I^-和SCN^-的含量。因为AgI和AgSCN的吸附性强，可强烈吸附I^-和SCN^-，使终点提前出现。

另外，莫尔法的选择性差，干扰离子较多。凡能与Ag^+反应生成沉淀的阴离子，如PO_4^{3-}，AsO_4^{3-}，S^{2-}，CO_3^{2-}，$C_2O_4^{2-}$等，以及能与CrO_4^{2-}反应生成沉淀的阳离子，如Ba^{2+}，Pb^{2+}，Hg^{2+}等，还有能与Ag^+反应形成配合物的物质，如NH_3，EDTA，KCN，$S_2O_3^{2-}$等，都对测定有干扰。在中性或弱碱性溶液中，能发生水解反应的金属离子也不应存在。

莫尔法适宜于用Ag^+溶液滴定Cl^-，而不能用Cl^-溶液滴定Ag^+。因为滴定前Ag^+与

CrO_4^{2-} 反应生成 $Ag_2CrO_4(s)$，它转化为 $AgCl(s)$的速率很慢。

(2) 佛尔哈德法

① 测定原理

佛尔哈德法是以铁铵矾[$NH_4Fe(SO_4)_2$]为指示剂的银量法。根据滴定方式不同，佛尔哈德法可分为直接滴定法和返滴定法。

a. 直接滴定法

在 Ag^+ 的 HNO_3 介质中，以铁铵矾为指示剂，用 NH_4SCN，KSCN 或 NaSCN 标准溶液滴定，先析出 AgSCN 白色沉淀，Ag^+ 沉淀完全后，稍过量的 SCN^- 与 Fe^{3+} 反应，生成血红色配合物指示终点。滴定反应如下：

$$Ag^+ + SCN^- \rightleftharpoons AgSCN\downarrow\text{(白色)}$$

$$Fe^{3+} + SCN^- \rightleftharpoons Fe(SCN)^{2+}\text{(红色)}$$

b. 返滴定法

在待测试液中，加入一定量的过量 $AgNO_3$ 标准溶液，以铁铵矾为指示剂，用 NH_4SCN 标准溶液返滴定剩余 Ag^+，稍过量的 NH_4SCN 与 Fe^{3+} 反应生成红色配合物指示终点。例如测定 Cl^- 时滴定反应如下：

$$Ag^+ + Cl^- \rightleftharpoons AgCl\downarrow$$

$$Ag^+ + SCN^- \rightleftharpoons AgSCN\downarrow\text{(白色)}$$

$$Fe^{3+} + SCN^- \rightleftharpoons Fe(SCN)^{2+}\text{(红色)}$$

② 滴定条件

佛尔哈德法要求在 0.1 mol·L^{-1}～1.0 mol·L^{-1}的 HNO_3 溶液中进行滴定，若溶液酸度过高(HSCN 的 $K_a^\ominus=0.13$)会影响 SCN^- 的浓度，若在中性或弱碱性溶液中，Fe^{3+} 会生成 $Fe(OH)_3$ 沉淀，Ag^+ 会生成 Ag_2O 褐色沉淀。

③ 应用范围

佛尔哈德法应用范围较广，可以测定无机物中的 Ag^+，Cl^-，Br^-，I^- 和 SCN^-，也可以测定有机卤化物中的卤素，如测农药"六六六"($C_6H_6Cl_6$)中的 Cl^-，将试样与 KOH 的乙醇溶液一起加热回流煮沸，使有机氯以 Cl^- 形式存在。

$$C_6H_6Cl_6 + 3OH^- \rightleftharpoons C_6H_3Cl_3 + 3Cl^- + 3H_2O$$

该法选择性高，许多弱酸根离子如 PO_4^{3-}，SO_3^{2-}，CrO_4^{2-}，$C_2O_4^{2-}$ 等不干扰测定。

当测定 Cl^- 时，由于 AgCl 的溶解度大于 AgSCN 的溶解度，会发生沉淀转化，反应如下：

$$AgCl + SCN^- \rightleftharpoons AgSCN + Cl^-$$

使终点拖后，甚至无法达到终点。为防止这种情况发生，滴定前加入少量硝基苯，覆盖于 AgCl 沉淀的表面。也可过滤，或加 1,2-二氯乙烷。

测定 I^- 时须先加过量的 $AgNO_3$，再加入指示剂，防止 Fe^{3+} 氧化 I^-。此方法易受强氧化剂、氮的低价氧化物及铜盐、汞盐的干扰。

(3) 法扬司法

① 测定原理

用吸附指示剂指示滴定终点的银量法，称为法扬司法。

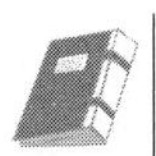

沉淀颗粒吸附指示剂后会发生颜色的改变，以此来指示终点。下面以 $AgNO_3$ 标准溶液滴定 Cl^- 为例来说明荧光黄(吸附指示剂)的作用原理。

荧光黄是一种有机酸，用 HFI 表示，它在溶液中解离的阴离子 FI^- 呈黄绿色：

$$HFI \rightleftharpoons H^+ + FI^-(\text{黄绿色})$$

在化学计量点前，溶液中的 Cl^- 过量，AgCl 吸附溶液中的 Cl^- 而带有负电，因此不能吸附荧光黄的阴离子，因此溶液呈黄绿色；化学计量点后，Ag^+ 过量，AgCl 吸附 Ag^+ 而带有正电，可以吸附 FI^- 而呈现粉红色，指示终点。

$$AgCl \cdot Cl^-\ Na^+ + FI^- \rightleftharpoons AgCl \cdot Ag^+\ FI^- + NaCl$$

黄绿色——————→沉淀表面呈粉红色

计量点前——————→计量点后

如果用 NaCl 滴定 Ag^+，指示剂颜色变化相反。

② 滴定条件

a. 使沉淀呈胶体状态。因终点颜色变化发生在沉淀表面，且必须具备一定的吸附能力，故要求沉淀呈胶体状态，一般常加入糊精、淀粉等作保护剂，阻止卤化银凝聚为较大颗粒的沉淀。

b. 溶液酸度适当。因吸附指示剂大多为有机弱酸，要使其呈阴离子形式存在，必须要求不同的酸度，如荧光黄 pH 为 7～10.5。

c. 选择具有适当吸附能力的指示剂。通常要求沉淀对指示剂的吸附能力应略弱于对待测离子的吸附能力。卤化银对卤离子和几种常用吸附指示剂的吸附能力的大小依次为

$$I^- > \text{二甲基二碘荧光黄} > Br^- > \text{曙红} > Cl^- > \text{荧光黄}$$

故滴定 Cl^- 时不能选曙红，滴定 Br^- 时不能选二甲基二碘荧光黄。

d. 避免在强阳光下进行滴定。因为光照后卤化银沉淀易变为灰黑色，影响对终点的观察。

表 7-2　银量法常用的几种吸附指示剂

名　称	待测离子	滴定剂	颜色变化	适用的 pH
荧光黄(荧光素)	Cl^-	Ag^+	黄绿色(有荧光)→粉红色	7～10.5
二氯荧光黄	Cl^-	Ag^+	黄绿色(有荧光)→红色	4～10
曙红(四溴荧光黄)	Br^-, I^-, SCN^-	Ag^+	橙黄色(有荧光)→红紫色	2～10
酚藏红	Cl^-, Br^-	Ag^+	红色→蓝色	酸性

本章小结及学习要求

1. $K_{sp}^{\ominus}$ 是难溶电解质(A_mB_n)沉淀溶解平衡的平衡常数，表示在一定温度下，难溶电解质饱和溶液中离子浓度幂的乘积为一常数(溶度积)。

2. 溶解度(S)用于表示物质溶解的能力。在一定条件下，难溶电解质(A_mB_n)的溶度积和溶解度之间可以互相换算。一般相同类型的难溶电解质，其 $K_{sp}^{\ominus}$ 越大，则溶解度越大；$K_{sp}^{\ominus}$ 越小，则溶解度越小。但对于

不同类型的难溶电解质，必须通过计算才可以判断溶解度的大小。

3. 利用溶度积规则可以判断沉淀的生成和溶解：

(1) 当 $Q_B < K_{sp}^{\ominus}$ 时，为不饱和溶液，无沉淀析出，是沉淀溶解的条件。

(2) 当 $Q_B = K_{sp}^{\ominus}$ 时，为饱和溶液，处于动态平衡状态。

(3) 当 $Q_B > K_{sp}^{\ominus}$ 时，为过饱和溶液，有沉淀析出，直至饱和，是沉淀生成的条件。

4. 沉淀的生成

使难溶电解质析出沉淀的条件是使溶液中的 $Q_B > K_{sp}^{\ominus}$，可采用加入沉淀剂，增大溶液中离子浓度的方法来达到目的。

5. 沉淀的溶解

使沉淀溶解的条件是使溶液中的 $Q_B < K_{sp}^{\ominus}$，即必须降低溶液中难溶电解质某一离子的浓度，常用的方法有：

(1) 生成弱电解质使沉淀溶解。

(2) 利用氧化还原反应使沉淀溶解。

(3) 利用配位反应。

6. 三种银量法的比较见表 7-3。

表 7-3　三种银量法的比较

比较内容	莫尔法	佛尔哈德法	法扬司法
指示剂	K_2CrO_4	$NH_4Fe(SO_4)_2$	吸附指示剂
滴定剂	$AgNO_3$	SCN^-	$AgNO_3$ 或 Cl^-
滴定反应	$Ag^+ + Cl^- \rightleftharpoons AgCl$	$Ag^+ + SCN^- \rightleftharpoons AgSCN$	$Ag^+ + Cl^- \rightleftharpoons AgCl$
指示反应	$2Ag^+ + CrO_4^{2-} \rightleftharpoons$ Ag_2CrO_4（砖红色）	$Fe^{3+} + SCN^- \rightleftharpoons$ $Fe(SCN)^{2+}$（红色）	$AgCl \cdot Cl^-\ Na^+ + FI^- \rightleftharpoons$ $AgCl \cdot Ag^+\ FI^-$（粉红色）$+ NaCl$
酸度	pH=6.5～10.5	0.1 mol·L^{-1}～1.0 mol·L^{-1} HNO_3 介质	与指示剂的 K 的大小有关，使其以 FI^- 型体存在
测定对象	Cl^-，Br^- 和 CN^-	返滴定测定 Cl^-，Br^-，I^-，SCN^-，PO_4^{3-} 和 AsO_4^{3-} 等；直接滴定测定 Ag^+	Cl^-，Br^-，I^-，SCN^-，SO_4^{2-} 和 Ag^+ 等

【阅读材料】

共沉淀(coprecipitation)

一种沉淀从溶液中析出时，引起某些可溶性物质一起沉淀的现象称为共沉淀。其原因有：

1. 表面吸附

由于沉淀表面的离子电荷未达到平衡，它们的残余电荷吸引了溶液中带相反电荷的离子。这种吸附是有选择性的，首先吸附形成晶格的离子(称构晶离子)；其次，凡与构晶离子生成的盐类溶解度越小的离子，就越容易被吸附；离子的价态愈高，浓度愈大，则愈容易被吸附。升高溶液温度，减小沉淀的表面积，可减小吸附。

2. 包藏

在沉淀过程中，如沉淀剂较浓，又加入过快，则沉淀颗粒表面吸附的杂质离子来不及被主沉淀的晶格离子取代，就被后来沉积上来的离子所覆盖，以致杂质离子陷入沉淀的内部，称为包藏，又叫吸留。由包藏引

起的共沉淀也遵循表面吸附规律。

3. 生成混晶

如果晶形沉淀晶格中的阴、阳离子被具有相同电荷数、离子半径相近的其他离子所取代，就形成混晶。

共沉淀现象是玷污沉淀的主要因素。在重量分析中，总是设法减少共沉淀。但是共沉淀分离法却是富集痕量组分的有效方法之一。这是利用溶液中主沉淀物（称为载体或搜集剂）析出时将共存的某些微量组分载带下来而得到分离的方法。例如，在痕量 Ra 存在下，将硫酸钡沉淀时，几乎可载带下来所有的 Ra^{2+}。

习　题

7-1 什么是溶度积？什么是离子积？两者有何区别？

7-2 什么是溶度积规则？沉淀生成和溶解的必要条件是什么？

7-3 判断下列说法是否正确：

（　　）(1) 两种难溶电解质，$K_{sp}^{\ominus}$ 大者，溶解度必然也大。

（　　）(2) AgCl 的 $K_{sp}^{\ominus}$ 为 1.77×10^{-10}，Ag_3PO_4 的 $K_{sp}^{\ominus}$ 为 1.05×10^{-10}，在 Cl^- 和 PO_4^{3-} 浓度相同的溶液中，滴加 $AgNO_3$ 溶液，先析出 Ag_3PO_4 沉淀。

（　　）(3) 在一定温度下，AgCl 饱和溶液中 Ag^+ 及 Cl^- 浓度的乘积是常数。

（　　）(4) 沉淀转化的方向是由 $K_{sp}^{\ominus}$ 大的转化为 $K_{sp}^{\ominus}$ 小的。

7-4 难溶电解质 AB_2 饱和溶液中，$c_r(A^{2+})=x\text{mol}\cdot L^{-1}$，$c_r(B^-)=y\text{mol}\cdot L^{-1}$，则 $K_{sp}^{\ominus}$ 值为（　　）。

A. $\frac{1}{2}xy^2$　　B. xy　　C. xy^2　　D. $4xy^2$

7-5 CuS 沉淀可溶于（　　）。

A. 热浓硝酸　　B. 浓氨水　　C. 盐酸　　D. 醋酸

7-6 下列各沉淀反应，哪个不属于银量法？（　　）。

A. $Ag^+ + Cl^- \xlongequal{} AgCl\downarrow$　　B. $Ag^+ + I^- \xlongequal{} AgI\downarrow$

C. $2Ag^+ + S^{2-} \xlongequal{} Ag_2S\downarrow$　　D. $Ag^+ + SCN^- \xlongequal{} AgSCN\downarrow$

7-7 相同温度下，$PbSO_4$ 在 KNO_3 溶液中的溶解度比在水中的溶解度________，这种现象称为________；而 $PbSO_4$ 在 Na_2SO_4 溶液中的溶解度比在水中的溶解度________，这种现象称为____________。

7-8 在含有 Cl^-，Br^-，I^- 三种离子的混合溶液中，已知其浓度为 0.01 mol·L^{-1}，而 AgCl，AgBr，AgI 的 $K_{sp}^{\ominus}$ 分别为 1.77×10^{-10}，5.35×10^{-13}，8.51×10^{-17}。若向混合溶液中逐滴加入 $AgNO_3$ 溶液时，首先沉淀析出的是________，最后沉淀析出的是________。

7-9 解释下列现象：

(1) CaC_2O_4 溶于盐酸而不溶于醋酸。

(2) 将 H_2S 通入 $ZnSO_4$ 溶液中，ZnS 沉淀不完全；但如在 $ZnSO_4$ 溶液中先加入 NaAc，再通入 H_2S，则 ZnS 沉淀相当完全。

7-10 已知 $Ca(OH)_2$ 的 $K_{sp}^{\ominus}$ 为 5.5×10^{-6}，计算其饱和溶液的 pH。

7-11 比较 AgCl，Ag_3PO_4，$BaSO_4$ 三种化合物在水中的溶解度。

7-12 已知 $Mg(OH)_2$ 的 $K_{sp}^{\ominus}$ 是 5.61×10^{-12}，若溶液中 Mg^{2+} 的浓度为 1.0×10^{-4} mol·L^{-1}，OH^- 的浓度为 2.0×10^{-4} mol·L^{-1}，下列哪种判断沉淀生成的方式是正确的？

(1) $(1.0\times10^{-4})(2.0\times10^{-4})^2 = 4.0\times10^{-12} < K_{sp}^{\ominus}$，不沉淀；

(2) $(1.0\times10^{-4})(2\times2.0\times10^{-4})^2 = 1.6\times10^{-11} > K_{sp}^{\ominus}$，生成沉淀。

7-13 已知 CaF_2 的 $K_{sp}^{\ominus}=1.46\times10^{-10}$，求它在：(1)纯水中；(2) 0.10 mol·L^{-1} NaF 溶液中；(3) 0.20 mol·L^{-1}

$CaCl_2$溶液中的溶解度。

7-14 比较 AgCl 在水中和在 0.10 mol·L^{-1} NaCl 溶液中的溶解度 S 的变化。(已知：在纯水中，$S=1.3\times 10^{-5}$ mol·L^{-1}。)

7-15 在含有 0.10 mol·L^{-1}Fe^{3+}和 Mg^{2+} 的溶液中，用 NaOH 溶液使两种离子分离，即 Fe^{3+} 发生沉淀，而 Mg^{2+} 留在溶液中，NaOH 用量必须控制在什么范围内较合适？

7-16 将 $AgNO_3$ 溶液逐滴加入含有 Cl^- 和 CrO_4^{2-} 的溶液中，$c_r(Cl^-)=c_r(CrO_4^{2-})=0.10$ mol·L^{-1}。问：

(1) AgCl 与 Ag_2CrO_4 哪一种先沉淀？

(2) 当 Ag_2CrO_4 开始沉淀时，溶液中 Cl^- 浓度为多少？

7-17 若溶液中 Mg^{2+} 和 Fe^{3+} 浓度皆为 0.10 mol·L^{-1}，计算说明能否利用氢氧化物的分步沉淀使二者分离？

7-18 写出莫尔法、佛尔哈德法和法扬司法测定 Cl^- 的主要反应，并指出各种方法选用的指示剂和酸度条件。

7-19 今有一 KCl 与 KBr 的混合物。现称取 0.302 8 g 试样，溶于水后用 $AgNO_3$ 标准溶液滴定，用去 0.101 4 mol·L^{-1} $AgNO_3$标准溶液 30.20 mL。试计算混合物中 KCl 和 KBr 的质量分数。

7-20 称取一含银废液 2.075 g，加入适量 HNO_3，以铁铵矾作指示剂，消耗了 0.046 3 mol·L^{-1} 的 NH_4SCN 溶液 25.50 mL。计算此废液中银的质量分数。

7-21 称取某含砷农药 0.200 0 g，溶于 HNO_3 后，转化为 H_3AsO_4，调至中性，加 $AgNO_3$ 使其变为 Ag_3AsO_4 沉淀。Ag_3AsO_4 沉淀经过滤、洗涤后，再溶解于稀 HNO_3 中，以铁铵矾为指示剂，滴定时消耗了 0.118 0 mol·L^{-1} NH_4SCN 标准溶液 33.85 mL。计算该农药中的 As_2O_3 的质量分数。

7-22 称取可溶性氯化物试样 0.226 6 g 用水溶解后，加入 0.112 1 mol·L^{-1}$AgNO_3$ 标准溶液 30.00 mL。过量的 Ag^+ 用 0.118 5 mol·L^{-1}NH_4SCN 标准溶液滴定，用去6.50 mL，计算试样中氯的质量分数。

第8章　配位平衡与配位滴定法

配位化合物(coordination compound)简称配合物,过去称络合物,是一类组成复杂、种类繁多、用途极广泛的化合物。最早见于文献的配位化合物是在18世纪初,由迪士巴赫(Diesbach)研究美术颜料时发现的$Fe_4[Fe(CN)_6]_3$,称为普鲁士蓝。1789年,法国化学家塔赦特(Tassert)发现$[Co(NH_3)_6]Cl_3$,标志配位化合物的研究真正开始。19世纪90年代,瑞士化学家维尔纳(Werner A)在总结前人工作的基础上,提出了配位理论,从而奠定了配位化学的基础。

配位化合物在湿法冶金、电镀、金属离子及物质的提纯等方面有着广泛的用途。人体内的必需金属元素大部分以配位化合物的形式存在。例如,血红素是亚铁的配合物,它起着运载氧气的作用;维生素B_{12}是钴的配合物;有些药物本身就是配合物,有的在体内形成配合物,从而起到预防或治疗疾病的作用,例如,巯基丙醇、酒石酸锑钾、胰岛素等。另外光合作用的必需物质之一——叶绿素是镁的配合物。目前配位化合物已渗透到了相当多的化学领域,如生化检验、药物分析、环境监测、环境治理等。

本章主要介绍配合物的基本概念、配合物在溶液中的生成和解离平衡以及配位滴定的方法。

8.1　配位化合物的基本概念

8.1.1　配位化合物的结构特征

首先我们来观察一些现象:向$CuSO_4$溶液中加入少量氨水,发现有浅蓝色沉淀产生,而继续加入过量氨水,沉淀消失,变成了深蓝色溶液,又加入适量乙醇之后,便有深蓝色结晶析出。向上述深蓝色溶液中加入NaOH时,既无氨气产生,也无$Cu(OH)_2$沉淀产生,说明不存在游离的Cu^{2+}或NH_3;而加入一定量的$BaCl_2$溶液后便有白色沉淀生成,说明存在游离的SO_4^{2-}。经过化学分析,表明四个NH_3分子和Cu^{2+}离子牢固地结合,形成$[Cu(NH_3)_4]^{2+}$离子,所以这深蓝色晶体是一种新的化合物,称为硫酸四氨合铜$[Cu(NH_3)_4]SO_4$。

配合物的价键理论认为:由中心原子(或离子)和几个配体分子(或离子)以配位键相结合而形成的复杂分子或离子,通常称为配位单元。凡是含有配位单元的化合物都称作配位化合物。如$[Cu(NH_3)_4]^{2+}$,$[Zn(NH_3)_4]^{2+}$,$[Ag(NH_3)_2]^+$,$[FeF_6]^{3-}$,$[Ni(CO)_4]$和$[PtCl_2(NH_3)_2]$都是配位单元,分别称作配阳离子、配阴离子、配分子。$[Co(NH_3)_6]Cl_3$,$K_3[Cr(CN)_6]$,$[Ni(CO)_4]$都是配位化合物,$[Co(NH_3)_6][Cr(CN)_6]$也是配位化合物,判断的关键在于是否含有配位单元。

还有一类在组成上与配合物相似的化合物,如$KAl(SO_4)_2\cdot 12H_2O$(明矾)、

$KCl\cdot MgCl_2\cdot 6H_2O$(光卤石)等,它们属于复盐而不是配合物。二者的区别在于,复盐溶于水后以水合离子的形式存在,如

$$KAl(SO_4)_2 = K^+ + Al^{3+} + 2SO_4^{2-}$$

8.1.2 配位化合物及其组成

配合物一般分为内界与外界两部分,内界是配合物的特征部分,由中心离子与配体组成,写在方括号里面;外界是简单离子。如在配合物 $[Co(NH_3)_6]Cl_3$ 中,内界是 $[Co(NH_3)_6]^{3+}$,外界是 Cl^-,又如在配合物 $K_3[Cr(CN)_6]$ 中,内界是 $[Cr(CN)_6]^{3-}$,外界是 K^+。配合物可以无外界但不能没有内界,如配合物 $[Ni(CO)_4]$ 只有内界。中心离子与配体之间以配位键的形式相结合,以整体形式存在,外界离子与内界之间以离子键的形式相结合,在水溶液中可以完全电离,表现出各自的性质。

【例 8-1】 无水 $CrCl_3$ 和 NH_3 化合时能生成两种配合物,第 Ⅰ 种组成是 $CrCl_3\cdot 6NH_3$,第 Ⅱ 种组成是 $CrCl_3\cdot 5NH_3$。$AgNO_3$ 能从 Ⅰ 的水溶液中将所有的 Cl^- 沉淀为 AgCl,而从 Ⅱ 中仅能沉淀出组成 $\frac{2}{3}$ 的 Cl^-。写出这两种配合物的化学式。

【解】 在Ⅰ中,$AgNO_3$ 能将所有的 Cl^- 沉淀出来,表示这三个 Cl^- 都列入外界,所以Ⅰ的化学式为 $[Cr(NH_3)_6]Cl_3$。

而在Ⅱ中,$\frac{2}{3}$ 的 Cl^- 被 $AgNO_3$ 沉淀,说明其中两个 Cl^- 离子是自由的,应列入外界,还有一个 Cl^- 离子肯定在内界,其化学式是 $[CrCl(NH_3)_5]Cl_2$。

以 $[Cu(NH_3)_4]SO_4$ 和 $K_3[Fe(CN)_6]$ 为例,剖析配合物的组成如图 8-1。

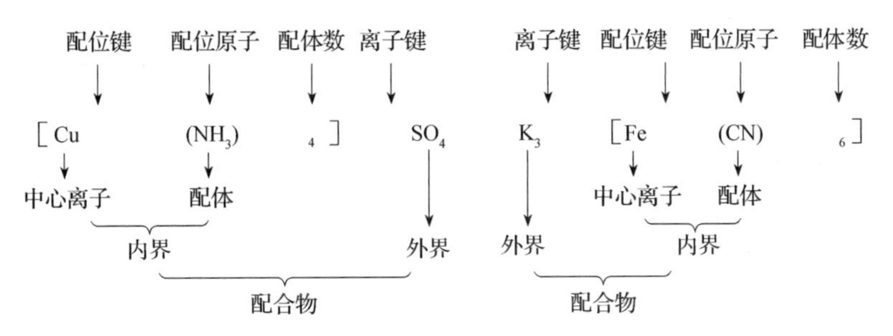

图 8-1 配位化合物的结构

(1) 中心离子(原子)

中心离子(原子),也叫配合物的形成体,位于配合物的中心,它可以提供空轨道,接受孤对电子,形成配位键。中心离子一般是金属阳离子,尤其是过渡元素的阳离子。例如 Cu^{2+},Zn^{2+},Ag^+,Cr^{3+} 等,还有一些中性原子和高氧化态的非金属充当中心离子(原子),如 $[Ni(CO)_4]$ 中的 Ni、$[SiF_6]^{2-}$ 中的 Si(Ⅳ)。

(2) 配位体

在配合物中,与中心离子(原子)相结合的阴离子或分子称为配位体(简称配体),如 OH^-,CN^-,X^- 等离子和 H_2O,NH_3 等分子。在配位体中,与中心离子(原子)直接结合的原子称为配位原子。配位原子必须具有孤对电子,一般位于周期表右上方ⅣA,ⅤA,ⅥA,

ⅦA 电负性较强的非金属原子，常见的配位原子有 X(卤素)，O，S，C，N，P。

根据配位原子的多少，配体可分为单基配体和多基配体。单基配体是只含有一个配位原子的配体。例如，NH_3，F^-，H_2O，OH^-，配位原子分别是 N，F，O，O。多基配体是含有两个或两个以上配位原子的配体。例如

$H_2\ddot{N}-CH_2-CH_2-\ddot{N}H_2$

乙二胺(简称en)

$[O=C(-\ddot{O})-C(-\ddot{O})=O]^{2-}$

草酸根$C_2O_4^{2-}$(简称ox)

$(HOOC-CH_2)_2\ddot{N}-CH_2-CH_2-\ddot{N}(CH_2-COOH)_2$

乙二胺四乙酸(简称EDTA)

其中乙二胺的配位原子是 2 个 N，草酸根的配位原子是 2 个 O，乙二胺四乙酸的配位原子是 2 个 N、4 个 O。

(3) 配位数

与中心离子(原子)结合的配位原子的个数之和称为该中心离子(原子)的配位数。从本质上讲，配位数就是中心离子(原子)与配体形成配位键的数目。如果配体均为单基配体，则中心离子(原子)的配位数与配体的数目相等。例如配离子$[Cu(NH_3)_4]^{2+}$中 Cu^{2+} 的配位数是 4。如果配体中有多基配体，则中心离子(原子)的配位数不等于配体的数目。例如，配离子$[Cu(en)_2]^{2+}$中的配体 en 是双基配体，1 个 en 分子中有 2 个 N 原子与 Cu^{2+} 形成配位键，因此 Cu^{2+} 的配位数是 4，$[CoCl(en)_2(NH_3)]^{2+}$中 Co^{3+} 的配位数是 6。配合物中，中心离子(原子)的常见配位数是 2，4 和 6。

中心离子(原子)的配位数不是固定的而是可以变化的。配位数的大小取决于中心离子(原子)和配位体的性质、电荷、体积、电子层结构以及它们之间的相互影响，还和配合物形成时的条件、浓度和温度有关。

表 8-1 列出了某些金属离子常见的、较稳定的配位数。

表 8-1 金属离子的配位数

配位数	金属离子	实　例
2	Ag^+，Cu^+，Au^+	$[Ag(NH_3)_2]^+$，$[Cu(CN)_2]^-$
4	Cu^{2+}，Zn^{2+}，Cd^{2+}，Hg^{2+}，Al^{3+}，Sn^{2+}，Pb^{2+}，Co^{2+}，Ni^{2+}，Pt^{2+}，Fe^{3+}，Fe^{2+}	$[HgI_4]^{2-}$，$[Zn(CN)_4]^{2-}$，$[PtCl_2(NH_3)_2]$，$[PtCl_4]^{2-}$
6	Cr^{3+}，Al^{3+}，Pt^{4+}，Fe^{3+}，Fe^{2+}，Co^{3+}，Co^{2+}，Ni^{2+}，Pb^{4+}	$[Fe(CN)_6]^{3-}$，$[Ni(NH_3)_6]^{2+}$，$[CrCl_2(NH_3)_4]^+$，$[CoCl_2(NH_3)_3(H_2O)]$

(4) 配离子的电荷数

配离子的电荷数是中心离子(原子)和配体的电荷数的代数和。如配离子$[Cu(NH_3)_4]^x$的电荷数为

$$x=+2+4\times0=+2$$

配离子电荷数也可由外界离子的电荷总数来推算,由于配合物是电中性的,因此,外界离子的电荷总数和配离子的电荷总数相等,而符号相反。例如在$K_3[Fe(CN)_6]$中,由3个K^+可知$[Fe(CN)_6]$为-3价,则可进一步推算出中心离子(原子)的价态,因CN^-为-1,则Fe的价态为$-3-6\times(-1)=+3$。

8.1.3 配位化合物的命名

遵循无机物命名原则,先阴离子后阳离子,大致命名规则如下:

(1) 配离子的命名原则

配离子的命名是将配体名称列在中心离子(原子)之前,配体的数目用二、三、四等数字表示,复杂的配体名称写在圆括号中,以免混淆,不同配体之间以中圆点"·"分开,在最后一种配体名称之后缀以"合"字,中心离子(原子)后以加括号的罗马数字表示其氧化数。即

配位体数(汉字)——配体名称——"合"字——中心离子(原子)名称及氧化数(在括号内以罗马数字说明)

$[Fe(CN)_6]^{3+}$　　六氰合铁(Ⅲ)配离子

$[Ag(NH_3)_2]^+$　　二氨合银(Ⅰ)配离子

$[Cr(en)_3]^{3+}$　　三(乙二胺)合铬(Ⅲ)配离子

(2) 配离子为阴离子的配合物

若为配阴离子化合物,则在配离子与外界阳离子之间用"酸"字连接;若外界为氢离子,则在配离子之后缀以"酸"字,即称为"某酸"。即

配离子名称——"酸"——阳离子名称

$K_3[FeF_6]$　　六氟合铁(Ⅲ)酸钾

$(NH_4)_2[PtCl_6]$　　六氯合铂(Ⅳ)酸铵

(3) 配离子为阳离子的配合物

若为配阳离子化合物,可在配离子与外界阴离子之间用"酸"或"化"字连接。当外界阴离子为含氧酸根离子,则用"酸"字连接;其他简单阴离子一般用"化"字连接。即

阴离子名称——"酸"或"化"——配离子名称

$[Cu(NH_3)_4]SO_4$　　硫酸四氨合铜(Ⅱ)

$[Ag(NH_3)_2]OH$　　氢氧化二氨合银(Ⅰ)

$[Fe(en)_3]Cl_3$　　三氯化三(乙二胺)合铁(Ⅲ)

(4) 如含有多种配体,则阴离子优先于中性分子,无机配体优先于有机配体,简单配体优先于复杂配体,同类配体的名称按配位原子元素符号的英文字母顺序排列,如NH_3优先于H_2O。

$[CoCl(NH_3)_5]Cl_2$　　二氯化一氯·五氨合钴(Ⅲ)

$[Fe(NH_3)_5H_2O]Cl_3$　　三氯化五氨·水合铁(Ⅲ)

(5) 没有外界的配合物,中心原子的氧化数可不必标明。

$[Ni(CO)_4]$　　四羰合镍

$[PtCl_2(NH_3)_2]$　　二氯·二氨合铂

8.1.4 螯合物

(1) 螯合物的概念

螯合物是多基配体与中心离子(原子)结合而形成的具有环状结构的配合物。多基配体的配位原子与中心离子(原子)的结合,犹如螃蟹的螯钳,紧紧抓住中心离子(原子),因而形成的环也被称为螯环。能与中心离子(原子)形成螯合物的多基配体称为螯合剂。

例如,Ni^{2+}与乙二胺(en)结合时,由于en的两个配位氮原子可同时提供出来同Ni^{2+}配合形成环状的结构。

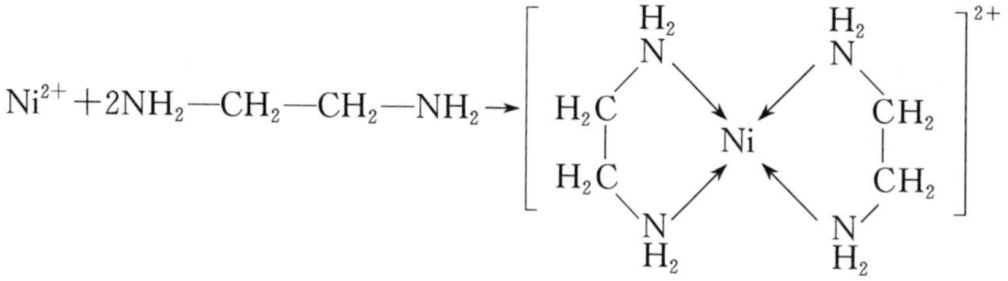

$$Ni^{2+}+2NH_2—CH_2—CH_2—NH_2 \rightarrow \left[\begin{array}{c} H_2C—N(H_2)\rightarrow Ni \leftarrow N(H_2)—CH_2 \\ | \qquad\qquad\qquad\qquad | \\ H_2C—N(H_2)\rightarrow Ni \leftarrow N(H_2)—CH_2 \end{array}\right]^{2+}$$

一般的螯合剂是有机配位剂,如乙二胺(en)、草酸根(ox)、氨基三乙酸等。广泛用作配位滴定剂的,是一些含有$—N(CH_2COOH)—$基团的有机化合物,称为氨羧配位剂,经常利用的是乙二胺四乙酸和它的二钠盐,简写为EDTA,用H_4Y表示,结构式为

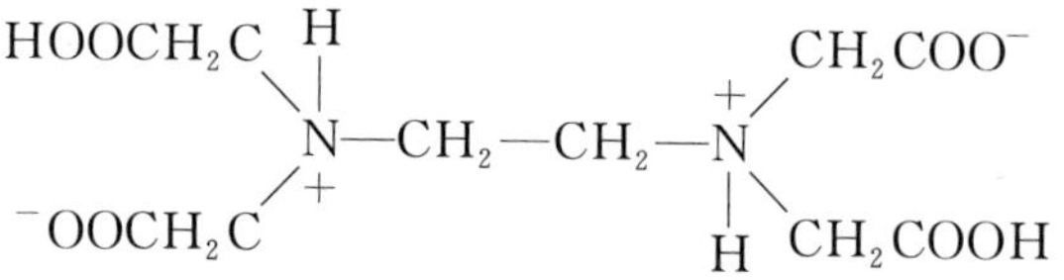

$$\begin{array}{c} HOOCH_2C \quad H \qquad\qquad\qquad\qquad CH_2COO^- \\ \overset{+}{N}H—CH_2—CH_2—\overset{+}{N}H \\ ^-OOCH_2C \qquad\qquad\qquad\qquad H \quad CH_2COOH \end{array}$$

(2) 螯合物的稳定性

螯合物的稳定性和它的环状结构(环的大小和环的多少)有关,一般来说以五元环、六元环最稳定。多于五或六元环的配合物一般都是不稳定的,而且很少见。一个配位体与中心离子形成的环的数目越多,螯合物越稳定。如钙离子与EDTA形成的螯合物中有五个五元环,因此很稳定,其结构如下:

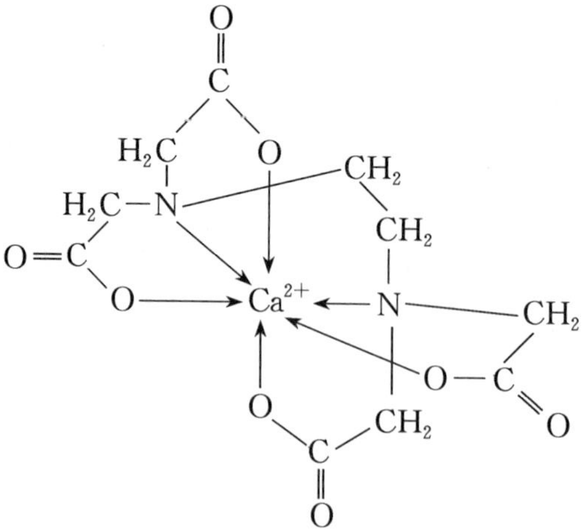

(Ca-EDTA螯合物结构式:Ca^{2+} 与两个N原子和四个羧基O原子配位,含 H_2C、CH_2、C=O 等基团)

金属螯合物与具有相同配位原子的非螯合配合物相比，具有特殊的稳定性。这种特殊的稳定性是由于环形结构形成而产生的。由于螯合物的特殊稳定性，已很少能反映金属离子在未螯合前的性质。金属离子在形成螯合物后，其颜色、氧化还原稳定性、溶解度及晶形等性质发生了巨大的变化。很多金属螯合物具有特征性的颜色，而且这些螯合物可以溶解于有机溶剂中。利用这些特点，可以进行沉淀、溶剂萃取分离、比色定量等分析分离工作。

8.2 配位平衡

8.2.1 配合物的稳定常数

在 AgCl 沉淀上加氨水后，因会形成 $Ag(NH_3)_2^+$ 配离子，导致 AgCl 溶解。若向此溶液中加入 KBr，则会产生浅黄色的 AgBr 沉淀，这种现象说明 $Ag(NH_3)_2^+$ 配离子溶液中还存在少量的 Ag^+，即溶液中存在 $Ag(NH_3)_2^+$ 的解离（生成 Ag^+ 与 NH_3 的反应），当两者达到平衡时，其表达式如下：

$$Ag^+ + 2NH_3 \rightleftharpoons Ag(NH_3)_2^+$$

平衡常数为

$$K_f^\ominus = \frac{c_r[Ag(NH_3)_2^+]}{c_r(Ag^+) \cdot c_r^2(NH_3)} \tag{8-1}$$

式中，$c_r(Ag^+)$，$c_r(NH_3)$和 $c_r[Ag(NH_3)_2^+]$分别为 Ag^+，NH_3 和 $Ag(NH_3)_2^+$ 的平衡浓度。配位平衡的平衡常数用 $K_f^\ominus$ 表示，称为配合物的稳定常数。$K_f^\ominus$ 是配合物在水溶液中稳定程度的量度，$K_f^\ominus$ 越大，配合物越稳定，即相应的配位反应进行越完全。对于配体个数相同的配离子，$K_f^\ominus$ 越大，表示形成配离子的倾向越大，配离子就越稳定。

$K_f^\ominus$ 同其他化学平衡常数一样，只受温度影响，与其他因素（如浓度）无关。

在溶液中配离子的离解反应实际上是分步进行的，每一步都有一个稳定常数，又称为逐级稳定常数。如

$$Cu^{2+} + NH_3 \rightleftharpoons Cu(NH_3)^{2+} \quad ① \quad K_1^\ominus = \frac{c_r[Cu(NH_3)^{2+}]}{c_r(Cu^{2+}) \cdot c_r(NH_3)}$$

$$Cu(NH_3)^{2+} + NH_3 \rightleftharpoons Cu(NH_3)_2^{2+} \quad ② \quad K_2^\ominus = \frac{c_r[Cu(NH_3)_2^{2+}]}{c_r[Cu(NH_3)^{2+}] \cdot c_r(NH_3)}$$

$$Cu(NH_3)_2^{2+} + NH_3 \rightleftharpoons Cu(NH_3)_3^{2+} \quad ③ \quad K_3^\ominus = \frac{c_r[Cu(NH_3)_3^{2+}]}{c_r[Cu(NH_3)_2^{2+}] \cdot c_r(NH_3)}$$

$$Cu(NH_3)_3^{2+} + NH_3 \rightleftharpoons Cu(NH_3)_4^{2+} \quad ④ \quad K_4^\ominus = \frac{c_r[Cu(NH_3)_4^{2+}]}{c_r[Cu(NH_3)_3^{2+}] \cdot c_r(NH_3)}$$

①+②+③+④ 得总反应式

$$Cu^{2+} + 4NH_3 \rightleftharpoons Cu(NH_3)_4^{2+}$$

其中，$K_1^\ominus$，$K_2^\ominus$，$K_3^\ominus$，$K_4^\ominus$ 称为配离子的逐级稳定常数，配离子总的稳定常数等于逐级稳定常数的乘积：

$$K_f^\ominus = K_1^\ominus \cdot K_2^\ominus \cdot K_3^\ominus \cdot K_4^\ominus \tag{8-2}$$

表 8-2 几种金属氨配离子的逐级稳定常数

配离子	$K_1^\ominus$	$K_2^\ominus$	$K_3^\ominus$	$K_4^\ominus$	$K_5^\ominus$	$K_6^\ominus$
$Ag(NH_3)_2^+$	2.2×10^3	5.1×10^3				
$Zn(NH_3)_4^{2+}$	2.3×10^2	2.8×10^2	3.2×10^2	1.4×10^2		
$Cu(NH_3)_4^{2+}$	2.0×10^4	4.7×10^3	1.1×10^3	2.0×10^3	0.35	
$Ni(NH_3)_6^{2+}$	6.3×10^2	1.7×10^2	5.4×10^1	1.5×10^1	5.6	1.1

由表 8-2 可见，一般配离子的逐级稳定常数相差不是很大，因此要计算配离子水溶液中相关组分的浓度就比较复杂。在实际工作中，一般总是加入过量的配位剂，这样就可以认为水溶液中主要存在的是最高配位数的配离子，进行配位平衡的计算时，则只考虑其稳定常数 $K_f^\ominus$ 即可。

对同类型的配离子，可以直接利用 $K_f^\ominus$ 比较其稳定性，$K_f^\ominus$ 越大，配离子稳定性越高，例如，298.15 K 时，$[Ag(CN)_2]^-$ 和 $[Ag(NH_3)_2]^+$ 的 $K_f^\ominus$ 分别为 1.3×10^{21} 和 1.1×10^7，所以 $[Ag(CN)_2]^-$ 比 $[Ag(NH_3)_2]^+$ 稳定；对不同类型的配离子，则需要进行相关计算才能比较其稳定性。

8.2.2 配位平衡的有关计算

【例 8-2】 将浓度为 0.040 mol·L^{-1}的硝酸银溶液与浓度为 2.0 mol·L^{-1}的氨水等体积混合，计算平衡后溶液中银离子的浓度。[已知：配离子 $Ag(NH_3)_2^+$ 的 $K_f^\ominus=1.1\times10^7$。]

【解】 设平衡时 $c(Ag^+)=x$ mol·L^{-1}，则有

$$Ag^+ + 2NH_3 \rightleftharpoons Ag(NH_3)_2^+$$

	Ag^+	$2NH_3$	$Ag(NH_3)_2^+$
起始浓度(mol·L^{-1})	0.020	1.0	0
平衡浓度(mol·L^{-1})	x	$1.0-2(0.020-x)$	$0.020-x$

由于 $K_f^\ominus$ 很大，配位反应进行得比较完全，x 的值很小。则平衡时

$$c(NH_3)=1.0-2(0.020-x)\approx 0.96\ (mol\cdot L^{-1})$$

$$c[Ag(NH_3)_2^+]=0.020-x\approx 0.020\ (mol\cdot L^{-1})$$

$$K_f^\ominus=\frac{c_r[Ag(NH_3)_2^+]}{c_r(Ag^+)\cdot c_r^2(NH_3)}=\frac{0.020}{x\cdot 0.96^2}=1.1\times10^7$$

$$x=2.0\times10^{-9}(mol\cdot L^{-1})$$

则平衡后溶液中银离子的浓度为 2.0×10^{-9} mol·L^{-1}。

【例 8-3】 计算溶液中 1.0×10^{-3} mol·L^{-1} $Cu(NH_3)_4^{2+}$ 和 1.0 mol·L^{-1} NH_3 处于平衡状态时游离 Cu^{2+} 的浓度。[已知：$Cu(NH_3)_4^{2+}$ 的 $K_f^\ominus=2.1\times10^{13}$。]

【解】 设平衡时 $c(Cu^{2+})=x$ mol·L^{-1}

$$Cu^{2+}+4NH_3 \rightleftharpoons Cu(NH_3)_4^{2+}$$

	Cu^{2+}	$4NH_3$	$Cu(NH_3)_4^{2+}$
起始浓度(mol·L^{-1})	0	1.0	1.0×10^{-3}
平衡浓度(mol·L^{-1})	x	$1.0+4x$	$1.0\times10^{-3}-x$

由于 $K_f^\ominus$ 很大，配离子解离很少(即 x 值相对 1.0 或 1.0×10^{-3} 很小，可忽略)，则

$$K_f^{\ominus}=\frac{c_r[Cu(NH_3)_4^{2+}]}{c_r(Cu^{2+})\cdot c_r^4(NH_3)}=\frac{1.0\times10^{-3}}{x(1.0)^4}=2.1\times10^{13}$$

$$x=4.8\times10^{-17}(mol\cdot L^{-1})$$

所以平衡时溶液中 Cu^{2+} 的浓度为 $4.8\times10^{-17}\ mol\cdot L^{-1}$。

8.2.3 配位平衡的移动

配位平衡是化学平衡的一种类型，当外界条件改变时，化学平衡会发生移动，直至达到一个新的平衡，配位平衡也会受到溶液的酸碱性、沉淀反应、氧化还原反应等条件的影响。

(1) 配位平衡与酸碱平衡

根据酸碱质子理论，配离子中很多配体，如 F^-，CN^-，SCN^-，OH^-，NH_3 等都是碱，可接受质子生成难解离的共轭弱酸，若配体的碱性较强，溶液中 H^+ 浓度又较大时，配体与质子结合，导致配离子解离。如

$$[Cu(NH_3)_4]^{2+}\rightleftharpoons Cu^{2+}+4NH_3$$

$$+$$

$$4H^+$$

$$\Updownarrow$$

$$4NH_4^+$$

平衡移动方向

这种因溶液酸度增大而导致配离子离解的作用称为配位剂的酸效应。溶液的酸度越强，配离子越不稳定。当溶液的酸度一定时，配体的碱性越强，配离子越不稳定。配离子这种抗酸的能力与 $K_f^{\ominus}$ 有关，$K_f^{\ominus}$ 越大，配离子抗酸能力越强，如$[Ag(CN)_2]^-$ 的 $K_f^{\ominus}$ 为 1.3×10^{21}，抗酸能力较强，故$[Ag(CN)_2]^-$ 在酸性溶液中仍能稳定地存在。

另一方面，配离子的中心离子(原子)大多是过渡金属离子，它们在水溶液中往往发生水解，导致中心离子(原子)浓度降低，配位平衡向解离方向移动。溶液的碱性越强，越能促进中心离子(原子)的水解反应进行。如

$$[FeF_6]^{3-}\rightleftharpoons Fe^{3+}+6F^-$$

$$+$$

$$3OH^-$$

$$\Updownarrow$$

$$Fe(OH)_3\downarrow$$

平衡移动方向

这种因金属离子与溶液中的 OH^- 结合而导致配离子解离的作用称为金属离子的水解效应。为使配离子稳定，从避免中心离子(原子)水解角度考虑，溶液的酸度高些为好，从配离子抗酸能力考虑，则酸度低些为好。在一定酸度下，究竟是以配位反应为主，还是以水解反应为主，或者是以 H^+ 与配体结合成弱酸的酸碱反应为主，这要从配离子的稳定性、配体碱性的强弱和中心离子(原子)氢氧化物的溶解度等因素综合考虑，一般的做法是在保证不生成氢氧化物沉淀的前提下适度降低溶液的酸度，以保证配离子的稳定性。

(2) 配位平衡与沉淀溶解平衡

向含有配离子的溶液中加入沉淀剂，则中心离子(原子)会与沉淀剂结合而生成沉淀，配位平衡向配离子离解方向移动；如果向含有沉淀的溶液中加入配位剂，发生配位反应可使沉淀溶解，配位平衡与沉淀溶解平衡之间存在竞争，实质是配位剂与沉淀剂共同竞争中心离子(原子)的过程。

例如向 $AgNO_3$ 溶液中加入 NaCl 溶液，则会产生 AgCl 白色沉淀，向此溶液中加入浓氨水(6 mol·L^{-1})，因 AgCl 沉淀溶解生成含 $Ag(NH_3)_2^+$ 的无色溶液；再加入 KBr 溶液后，有浅黄色沉淀 AgBr 生成，接着向其中加入 $Na_2S_2O_3$ 溶液，溶液又变为无色 $Ag(S_2O_3)_2^{3-}$ 溶液；接着加入 KI 溶液，有黄色沉淀 AgI 生成，继续加入 KCN 溶液，沉淀消失，变为 $Ag(CN)_2^-$ 无色溶液；再加入 Na_2S，则又生成黑色沉淀 Ag_2S。其过程为

$$Ag^+ \xrightarrow{Cl^-} AgCl(s) \xrightarrow{浓\ NH_3} Ag(NH_3)_2^+ \xrightarrow{Br^-} AgBr(s) \xrightarrow{S_2O_3^{2-}} Ag(S_2O_3)_2^{3-} \xrightarrow{I^-} AgI(s) \xrightarrow{CN^-}$$
$$Ag(CN)_2^- \xrightarrow{S^{2-}} Ag_2S(s)$$

决定反应方向的是 $K_f^\ominus$ 和 $K_{sp}^\ominus$ 的大小，以及配位剂、沉淀剂浓度的大小。

又如废定影液中含有大量的 $Ag(S_2O_3)_2^{3-}$。由于 $Ag(S_2O_3)_2^{3-}$ 非常稳定，希望破坏配离子而将银提取出来，必须用很强的沉淀剂，如 Na_2S。向废定影液中加入 Na_2S 则发生下列反应：

$$2Ag(S_2O_3)_2^{3-} + S^{2-} \rightleftharpoons Ag_2S + 4S_2O_3^{2-}$$

所得 Ag_2S 用硝酸氧化制成 Ag_2SO_4 或在过量的盐酸中用铁粉来提取 Ag：

$$Ag_2S + 2HCl + Fe \rightleftharpoons 2Ag + FeCl_2 + H_2S$$

【例 8-4】 将 0.20 mol·L^{-1} $AgNO_3$ 溶液与 1.0 mol·L^{-1} $Na_2S_2O_3$ 溶液等体积混合，然后向此溶液中加入 KBr 固体，使 Br^- 浓度为 0.010 mol·L^{-1}，问有无 AgBr 沉淀生成？

【解】 设平衡时溶液中 Ag^+ 的浓度为 x mol·L^{-1}，

已知 $Ag(S_2O_3)_2^{3-}$ 的 K_f 为 2.9×10^{13}，根据反应式

$$Ag^+ + 2S_2O_3^{2-} \rightleftharpoons Ag(S_2O_3)_2^{3-}$$

	Ag^+	$2S_2O_3^{2-}$	$Ag(S_2O_3)_2^{3-}$
初始浓度(mol·L^{-1})	0.10	0.50	0
平衡浓度(mol·L^{-1})	x	$0.50-2(0.10-x)$	$0.10-x$
		≈0.30	≈0.10

$$c(Ag^+) = x = \frac{c[Ag(S_2O_3)_2^{3-}]}{K_f^\ominus \cdot c^2(S_2O_3^{2-})} = \frac{0.10}{2.9\times10^{13}\times0.30^2} = 3.8\times10^{-14}(mol\cdot L^{-1})$$

$$Q_B = c(Ag^+)\cdot c(Br^-) = 3.8\times10^{-14}\times0.010 = 3.8\times10^{-16}$$

$$K_{sp}^\ominus(AgBr) = 5.35\times10^{-13}$$

因为 $Q_B < K_{sp}^\ominus(AgBr)$，故无 AgBr 沉淀生成。

【例 8-5】 计算 AgCl 在 0.10 mol·L^{-1} 氨水中的溶解度 S。[已知：AgCl 的 $K_{sp}^\ominus$ 为 1.77×10^{-10}，$Ag(NH_3)_2^+$ 的稳定常数 $K_f^\ominus$ 为 1.1×10^7。]

【解】 设 AgCl 的溶解度[即饱和溶液中 $Ag(NH_3)_2^+$ 的浓度]为 x mol·L^{-1}，根据反应式

$$AgCl(s)+2NH_3(aq) \rightleftharpoons Ag(NH_3)_2^+(aq)+Cl^-(aq)$$

初始浓度($mol \cdot L^{-1}$)　　0.10　　0　　0

平衡浓度($mol \cdot L^{-1}$)　　$0.10-2x$　　x　　x

$$K^{\ominus}=\frac{c_r[Ag(NH_3)_2^+]\cdot c_r(Cl^-)}{c_r^2(NH_3)}=K_{sp}^{\ominus}\times K_f^{\ominus}=\frac{x\cdot x}{(0.10-2x)^2}=1.95\times10^{-3}$$

$$x=4.0\times10^{-3}(mol \cdot L^{-1})$$

AgCl 在 0.10 $mol \cdot L^{-1}$ $NH_3(aq)$中的溶解度为 4.0×10^{-3} $mol \cdot L^{-1}$，比在纯水中的溶解度大 100 倍以上。

(3) 配位平衡与氧化还原平衡

溶液中的氧化还原平衡可以影响配位平衡，使配位平衡移动，配离子离解。

例如，I^- 可将$[FeCl_4]^-$配离子中的 Fe^{3+} 还原成 Fe^{2+}，使配位平衡转化为氧化还原平衡，其反应如下：

$$[FeCl_4]^- \rightleftharpoons Fe^{3+}+4Cl^-$$

$$+ \; I^-$$

$$\rightleftharpoons Fe^{2+}+\frac{1}{2}I_2$$

平衡移动方向

配位平衡可以使氧化还原平衡改变方向，使原来不可能发生的氧化还原反应在配体存在下发生。例如金矿中的金十分稳定，以游离态形式存在。在水中，O_2 不可能将 Au 氧化成 Au^+，若在金矿粉中加入稀 NaCN 溶液，再通入空气，由于生成十分稳定的$[Au(CN)_2]^-$，Au 与 O_2 的反应便可进行。

$$4Au+O_2+2H_2O \rightleftharpoons 4OH^-+4Au^+$$

$$+ \; 8CN^-$$

$$\rightleftharpoons 4[Au(CN)_2]^-$$

平衡移动方向

其总反应式为　$4Au+8CN^-+O_2+2H_2O \rightleftharpoons 4[Au(CN)_2]^-+4OH^-$

(4) 配离子之间的转化和平衡

检测 Fe^{3+} 时，经常采用向含有该离子的溶液中加入 KSCN 溶液，生成血红色配合物 $Fe(SCN)_6^{3-}$，如再向此溶液中加入 NaF，血红色将逐渐褪去，生成更稳定的无色配合物 FeF_6^{3-}，其反应如下：

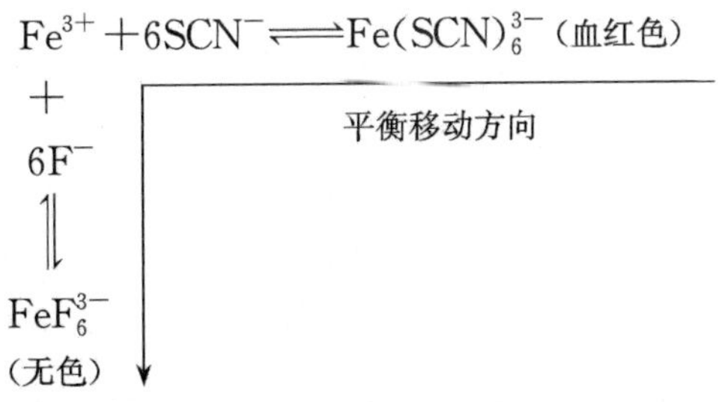

其总反应式为 $Fe(SCN)_6^{3-} + 6F^- \rightleftharpoons FeF_6^{3-} + 6SCN^-$

*8.3 配位化合物的价键理论

配合物的一些物理、化学性质取决于配合物的内层结构，特别是内层中配体与中心离子(原子)间的结合力。配合物的化学键理论，就是阐明了这种结合力的本性，并用它解释配合物的某些性质，如配位数、几何构型、磁性等。本节重点介绍简明易懂、使用较广的价键理论。

8.3.1 价键理论

1931 年，美国化学家 Pauling L 把杂化轨道理论应用到配合物上，提出了配合物的价键理论。其基本要点如下：

(1) 配合物的中心离子与配位体之间以配位键结合。要形成配位键，配体中配位原子必须含孤对电子，填入中心离子的价电子层空轨道形成配位键。

(2) 为了增强成键能力和形成结构匀称的配合物，中心离子所提供的空轨道首先进行杂化，形成数目相等、能量相同、具有一定空间伸展方向的杂化轨道，中心离子的杂化轨道与配位原子的孤对电子轨道在键轴方向重叠成键。

(3) 配合物的空间构型，取决于中心离子所提供杂化轨道的数目和类型。

表 8-3 为中心离子常见的杂化轨道类型和配合物的空间构型。

表 8-3 中心离子杂化类型与空间构型等的关系

配位数	杂化轨道	空间构型	实　例
2	sp	直线形	$[Ag(NH_3)_2]^+$，$[Au(CN)_2]^-$
4	sp^3	正四面体	$[Ni(CO)_4]$，$[Cd(CN)_4]^{2-}$
	dsp^2	平面正方形	$[Ni(CN)_4]^{2-}$，$[PtCl_4]^{2-}$
6	sp^3d^2	正八面体	$[FeF_6]^{3-}$，$[Co(NH_3)_6]^{3+}$
	d^2sp^3	正八面体	$[Fe(CN)_6]^{3-}$，$[PtCl_6]^{2-}$

8.3.2 配离子的形成

(1) 外轨型配合物和内轨型配合物

过渡元素作为中心离子时，其价电子空轨道往往包括次外层的 d 轨道，根据中心离子杂化时所提供的空轨道所属电子层的不同，配合物可分为两种类型。一种是中心离子全部用最外层价电子空轨道(ns,np,nd)进行杂化成键，所形成的配合物称为外轨型配合物(outer-orbital coordination compound)；另一种是中心离子用次外层 d 轨道，即$(n-1)d$ 和最外层的 ns,np 轨道进行杂化成键，所形成的配合物称为内轨型配合物(inner-orbital coordination compound)。如中心离子采取 sp,sp^3,sp^3d^2 杂化轨道成键形成配位数为 2,4,6 的配合物都是外轨型配合物，中心离子采取 dsp^2 或 d^2sp^3 杂化轨道成键形成配位数为 4 或 6 的配合物都是内轨型配合物。

(2) 配离子的形成

① 配位数为 2 的配合物

+1 价态的中心离子，通常是形成配位数为 2 的配合物。例如$[Ag(NH_3)_2]^+$的形成，Ag^+的电子组态为 $4d^{10}$，当它与 NH_3 分子形成$[Ag(NH_3)_2]^+$时，Ag^+用一个 $5s$ 轨道和一个 $5p$ 轨道进行杂化，形成的两个 sp 杂化轨道与两个 NH_3 中的 N 原子形成两个配位键，从而形成空间构型为直线形的$[Ag(NH_3)_2]^+$，Ag^+是用外层轨道杂化的，$[Ag(NH_3)_2]^+$属外轨型配离子。其电子排布如下：

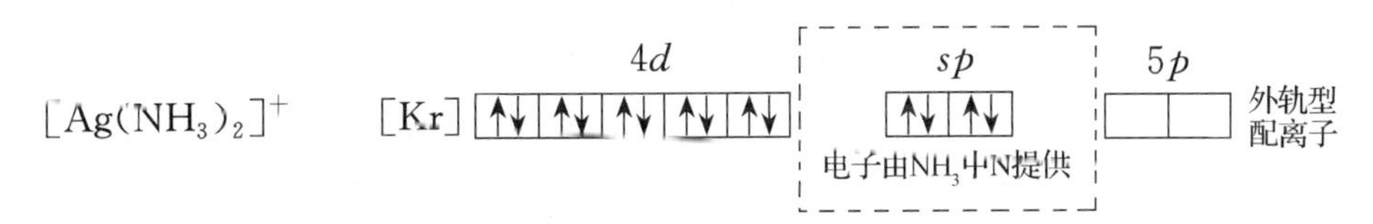

② 配位数为 4 的配合物

a. $[Zn(NH_3)_4]^{2+}$的形成

Zn^{2+}价电子层的结构是 $3d^{10}4s^04p^0$，在与 NH_3 分子接近时，Zn^{2+}的一个 $4s$ 轨道和三个 $4p$ 轨道进行 sp^3 杂化，形成的四个 sp^3 杂化轨道与四个 NH_3 中的 N 原子形成四个配位键。因而形成的$[Zn(NH_3)_4]^{2+}$属外轨型配离子，呈正四面体型。

$[Zn(NH_3)_4]^{2+}$ [Ar] 3d sp^3 电子由NH_3中N提供 外轨型配离子

b. $[Ni(CN)_4]^{2-}$的形成

当 Ni^{2+} 与 CN^- 接近时，在 CN^- 的影响下，Ni^{2+} 次外层 d 轨道电子发生重排，空出的一个 $3d$ 轨道与一个 $4s$ 轨道、两个 $4p$ 轨道进行杂化，形成四个能量相同的 dsp^2 杂化轨道。Ni^{2+}用四个 dsp^2 杂化轨道与四个 CN^- 中的 C 原子形成配位键，从而形成空间构型为平面正方形的$[Ni(CN)_4]^{2-}$，属内轨型配离子。其电子排布如下：

$[Ni(CN)_4]^{2-}$ [Ar] 3d dsp^2 电子由CN^-中C提供 4p 内轨型配离子

③ 配位数为 6 的配合物

a. $[FeF_6]^{3-}$的形成

Fe^{3+}的电子组态为 $3d^54s^04p^04d^0$，当它与 F^- 离子形成$[FeF_6]^{3-}$时，外层一个 $4s$ 轨道、三个 $4p$ 轨道和两个 $4d$ 轨道进行杂化，形成六个能量相等的 sp^3d^2 杂化轨道，与六个 F 原子形成六个配位键，从而形成空间构型为正八面体型的配离子$[FeF_6]^{3-}$。由于中心离子的杂化轨道全由最外层价电子空轨道杂化而成，内层 $3d$ 轨道上的电子排布没有改变，故属外轨型配离子。

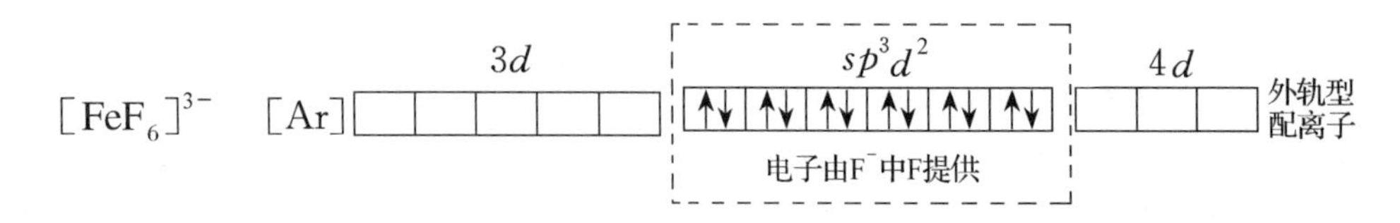

b. $[Fe(CN)_6]^{3-}$ 的形成

当 Fe^{3+} 与 CN^- 形成$[Fe(CN)_6]^{3-}$时，$3d$ 轨道上的电子发生重排，五个电子合并在三个 $3d$ 轨道中，单电子由五个减少为一个，空出两个 $3d$ 轨道，与一个 $4s$ 轨道、三个 $4p$ 轨道进行 d^2sp^3 杂化，然后与六个 CN^- 中的 C 原子形成六个配位键，从而形成空间构型为正八面体型的配离子$[Fe(CN)_6]^{3-}$。由于次外层的 d 轨道参加了杂化，故形成的配离子$[Fe(CN)_6]^{3-}$属内轨型配离子。其电子排布如下：

$[Fe(CN)_6]^{3-}$　[Ar]　$3d$：↑↓ ↑↓ ↑　d^2sp^3：↑↓ ↑↓ ↑↓ ↑↓ ↑↓ ↑↓（电子由CN^-中C提供）　内轨型配离子

*8.4　配合物的应用

8.4.1　配合物在分析化学中的应用

配合物或配离子在分析化学中的应用十分广泛。它通常用作显色剂、金属指示剂、掩蔽剂和解蔽剂等，还用来鉴定、分离某些离子或对溶液进行比色分析以测定有关离子浓度等。

(1) 离子的定性鉴定

一些金属离子与配位剂形成配位化合物时会引起颜色的改变，可用来鉴定溶液中是否有某种金属离子。例如，氨水能与溶液中的 Cu^{2+} 反应生成深蓝色的$[Cu(NH_3)_4]^{2+}$。当往待鉴定溶液中加入氨水时，若出现$[Cu(NH_3)_4]^{2+}$所具有的深蓝色，则表示原溶液中含有 Cu^{2+}。

$$Cu^{2+} + 4NH_3 \rightleftharpoons [Cu(NH_3)_4]^{2+}$$

为验证无水酒精是否含有水，可往酒精中投入白色的无水硫酸铜固体，若变成浅蓝色(水合铜离子的颜色)，则表明酒精中含有水。

许多螯合物带有颜色。例如，丁二肟在弱碱性条件下能与 Ni^{2+} 形成鲜红色的、难溶于水而易溶于乙醚等有机溶剂的螯合物。这是鉴定溶液中是否有 Ni^{2+} 存在的灵敏反应。

(2) 在分析分离中的应用

在欲分析、分离的体系中加入配位体，人们便可利用所形成的配合物性质，如溶解度、稳定性及颜色等的差异对体系所含成分进行定性、定量分析与分离。在不同的场合下，配位体可作沉淀剂、萃取剂、滴定剂、显色剂、掩蔽剂、离子交换中的淋洗剂等，应用于各种分析方法与分离技术中。

日常生活中，锅炉用水要进行水硬度的监控。倘若使用硬水将造成锅炉内壁严重结垢（主要是$CaCO_3$，$MgCO_3$等），不但阻碍传热，损耗燃料，而且会堵塞管道，甚至引起爆炸。通常，水质中钙、镁离子的含量是用EDTA（乙二胺四乙酸）作螯合剂进行定量分析的。EDTA中氮、氧原子上的电子对同时向中心金属离子配位，形成含多元环的稳定的螯合物，EDTA是分析化学中常用的滴定试剂。若向硬水中加入少量的三聚磷酸钠（$Na_5P_3O_{10}$），它将与水中的Ca^{2+}，Mg^{2+}发生络合，防止锅垢的形成。

8.4.2 在生物与医学方面的应用

(1) 生物体中的金属配合物

金属元素是生物体不可缺少的组成部分，许多元素是以配合物的形式存在于生物体内，这里仅举几个例子来说明。

① 与呼吸作用有关的血红素

人体血红蛋白中的血红素是Fe^{2+}配合物（如图8-2所示），与氧经配位反应而生成Hb-O_2，它也能和CO配合而生成Hb-CO，后者的配合能力很强，稳定性高，为O_2的230倍～270倍。当有CO气体存在时，血红蛋白中的氧很快被CO置换，从而失去输送氧的功能。当空气中的CO浓度达到O_2浓度的0.5%时，血红蛋白中的氧就可能被CO取代，生物体就会因为得不到氧而窒息，这就是煤气中毒致死的原因。

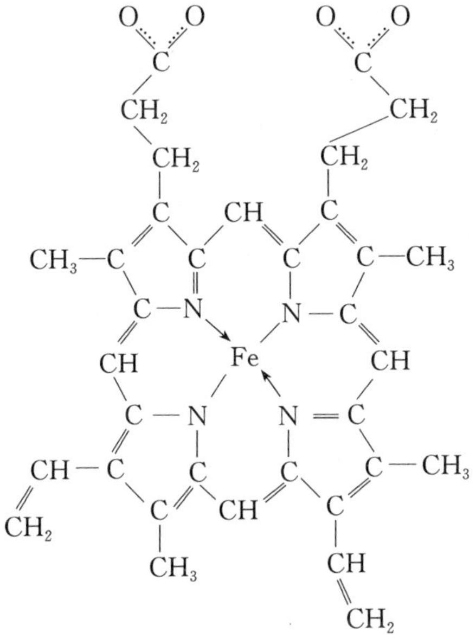

图8-2 血红素的分子结构

② 将光能转变成化学能的叶绿素

叶绿素是植物体内的一组色素。它们类似于血红素，是镁的卟啉类螯合物。植物缺镁，即缺少叶绿素，光合作用和植物细胞的电子传递都不能正常进行。

③ 抗恶性贫血的维生素B_{12}

维生素B_{12}是含钴的配合物，是维生素中唯一含金属元素者，常称钴胺素。早在1926年，人们就知道多食用动物肝脏有助于恶性贫血症患者的病情好转。随即人们花了20多年的

时间，终于从肝脏中寻找到并确定了其中的活性因子，即为维生素 B_{12}。维生素 B_{12} 对维持机体正常生长，细胞和红细胞的产生有极重要的作用。它可促进包括氨基酸的生物合成等代谢过程中的生化反应。

美国化学家 Woodward R B 与英国化学家 Hodgkin D C 曾因分别确定了其化学结构并合成了维生素 B_{12} 而分别获 1965 年与 1964 年诺贝尔化学奖。

(2) 医学上的应用

① 排除金属中毒

人体必需的金属离子绝大多数以配合物的形式存在于体内，它们的功能主要是促使酶活化，催化体内各种生化反应，因而是控制体内正常代谢活动的关键因素。另一方面若体内存在着有害金属离子如重金属 Pb^{2+}，Hg^{2+}，Cd^{2+} 和放射性元素 U 等，可以选择合适的螯合剂与它们配合而排出体外，此法称为螯合疗法。对 Pb，U 等有害元素常用 $Na_2Ca(EDTA)$ 作解毒剂；对于 Hg，Cd，As 等常用(2，3)二巯基丙醇作解毒剂。早期使用 EDTA 钠盐来排除体内重金属时，由于 EDTA 缺乏选择性，在排毒的同时，也会螯合其他生命必需金属(如钙)，并随之排出体外，导致血钙水平的降低而引起痉挛，为此改用 $Na_2Ca(EDTA)$，既可顺利排铅而又保持血钙不受影响。

② 配合物与抗癌药

当前癌症已经成为人类健康的巨大威胁，而配合作用有可能用来探讨致癌因素与治疗癌症。例如，自从 1969 年开始报道了某些二价、四价铂的配合物，尤其是顺-$Pt(NH_3)_2Cl_2$ 有显著的抑制肿瘤的作用，但它有毒性大、水溶性小的缺点，因此人们又设计并合成了新的配合物，如

```
                      O                                  O
                     //                                 //
NH3          O—C                      NH3          O—C
    \       /       \                     \       /       \
      Pt            CHOH       和           Pt            CHC2H5
    /       \       /                     /       \       /
NH3          O—C                      NH3          O—C
                     \\                                 \\
                      O                                  O
```

并做了临床试验予以验证。除了铂外，人们还设计尝试用含 Rh，Pd，Ir，Cu，Ni，Fe，Ti，Zr，Sn 等元素的某些配合物来治疗癌症。目前合成某些新的配合物已成为探索抗癌新药的一条很有价值的途径。

8.5 配位滴定法

8.5.1 配位滴定法对其反应的要求

配位滴定法是利用配位反应进行的滴定分析法，一般是利用配位剂作标准溶液直接或间接测定被测物。配位滴定反应所涉及的平衡比较复杂，除了标准溶液与被测物之间的反应外，还可能存在其他多种类型的反应，因而要进行配位滴定的反应，必须满足以下条件：

(1) 配位反应要按一定的化学反应式定量地进行。

(2) 配位反应要进行完全。也就是说,形成的配合物要足够稳定。

(3) 反应必须迅速。

(4) 要有适当的指示剂指示滴定终点。

无机配位剂一般只含有一个配位原子,与金属离子的配位反应有逐级配位的现象。形成的配合物稳定性低,有些反应还找不到合适的指示剂,故它们的配位反应很少用于滴定分析,有机配位剂一般含有多个配位原子,与中心离子形成的螯合物稳定性高,配位比简单,化学计量关系明确,在配位滴定分析中得到广泛应用,目前使用最广的是氨羧类螯合剂,以 EDTA 为主。

8.5.2 EDTA 及其配合物的特点

(1) EDTA 的存在形式

EDTA 是一个四元酸,其结构式为 $\begin{matrix} ^{-}OOCH_2C \\ HOOCH_2C \end{matrix} \overset{H}{\underset{+}{>N}}-CH_2-CH_2-\overset{H}{\underset{+}{N<}} \begin{matrix} CH_2COOH \\ CH_2ClO^- \end{matrix}$,通常用 H_4Y 表示。EDTA 在水中的溶解度较小(22 ℃时,溶解度仅为 0.02 g/100mL),在分析工作中常使用它的二钠盐($Na_2H_2Y \cdot 2H_2O$,也称 EDTA)。该盐在水中的溶解度较大(22 ℃时,溶解度为 11.1 g/100 mL,浓度约为 0.3 $mol \cdot L^{-1}$,pH 约为 4.4)。

因 EDTA 中有 2 个氨基、4 个羧基,当溶液酸度很高时,所有羧基及氨基均与 H^+ 结合,EDTA 以 H_6Y^{2+} 形式存在,当酸度很低时,EDTA 可能以 Y^{4-} 形式存在,中间存在形式随酸度不同而不同(见表 8-4)。

$$H_6Y^{2+} \underset{H^+}{\overset{OH^-}{\rightleftharpoons}} H_5Y^+ \underset{H^+}{\overset{OH^-}{\rightleftharpoons}} H_4Y \underset{H^+}{\overset{OH^-}{\rightleftharpoons}} H_3Y^- \underset{H^+}{\overset{OH^-}{\rightleftharpoons}} H_2Y^{2-} \underset{H^+}{\overset{OH^-}{\rightleftharpoons}} HY^{3-} \underset{H^+}{\overset{OH^-}{\rightleftharpoons}} Y^{4-}$$

表 8-4 EDTA 在不同酸度下的主要存在形式

pH	<1	1~1.6	1.6~2.0	2.0~2.67	2.67~6.16	6.16~10.26	>10.26
EDTA 主要存在形式	H_6Y^{2+}	H_5Y^+	H_4Y	H_3Y^-	H_2Y^{2-}	HY^{3-}	Y^{4-}

在上述 7 种型体中,与金属离子直接发生配位反应的是 Y^{4-},溶液的酸度越低,EDTA 的配位能力越强。

(2) EDTA 与金属离子的配位特点

① EDTA 具有优良的配位能力,可以和大部分金属离子配位,具有广谱性。

② 形成的螯合物的螯合比恒定。螯合比是指中心离子与螯合剂的数目之比,例如 $Cu(en)_2^{2+}$ 的螯合比为 1∶2,$Co(en)_3^{2+}$ 的螯合比为 1∶3,EDTA 中有 2 个氨氮、4 个羧氧充当配位原子,大多数金属离子的配位数为 4 和 6,故二者一般是以1∶1 的形式结合的,即螯合比为 1∶1。

③ 形成的螯合物稳定性很高。例如,EDTA 与 Ca^{2+} 形成的 CaY^{2-},其$K(CaY^{2-})$为 $10^{10.69}$。对任一金属离子 M 与 EDTA 形成螯合物的反应式为

$$M + Y \rightleftharpoons MY$$

$$K_{MY}^{\ominus} = \frac{c_r(MY)}{c_r(M) \cdot c_r(Y)} \tag{8-3}$$

表 8-5 给出了常见金属离子与 EDTA 配合物的 lg $K_{MY}^{\ominus}$。

表 8-5 常见金属离子与 EDTA 配合物的 lg $K_{MY}^{\ominus}$

金属离子	lg $K_{MY}^{\ominus}$	金属离子	lg $K_{MY}^{\ominus}$
Mg^{2+}	8.64	Zn^{2+}	16.4
Ca^{2+}	11.0	Pb^{2+}	18.3
Mn^{2+}	13.8	Ni^{2+}	18.56
Fe^{2+}	14.33	Cu^{2+}	18.7
Al^{3+}	16.11	Hg^{2+}	21.8
Co^{2+}	16.31	Sn^{2+}	22.1
Cd^{2+}	16.4	Fe^{3+}	24.23

④ 形成的螯合物易溶于水，且配位反应大多较快。

⑤ EDTA 与无色金属离子形成无色配合物，与有色金属离子形成颜色更深的配合物。例如，FeY^{-}（黄色），CaY^{2-}（无色），ZnY^{2-}（无色），CrY^{-}（深紫色）等。

上述特点已使 EDTA 成为目前应用最为广泛的配位滴定剂，通常所说的配位滴定法主要指 EDTA 滴定法。

（3）影响 EDTA 与金属离子形成配合物的因素

① 主反应和副反应

a. 主反应

在 EDTA 滴定法中，被测金属离子 M 与 EDTA 配合生成 MY 的反应称为主反应。

b. 副反应

反应物 M，Y 及产物 MY 与溶液中其他组分发生的反应称为副反应。

主反应和副反应之间的平衡关系表示如下：

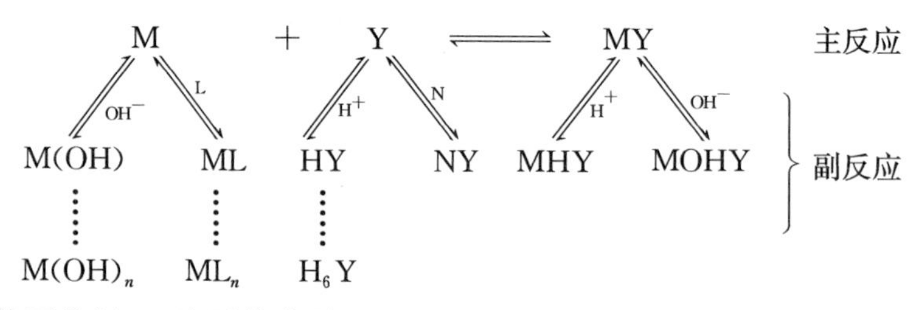

式中，L 为其他配位剂，N 为干扰离子。

② 酸效应

EDTA 是一种多元酸，当溶液的酸度增高时，将降低 Y^{4-} 参加主反应的能力（其平衡浓度减小），从而减小或降低了主反应的完全程度，同时 MY 的稳定性下降，这种现象称为 EDTA 的酸效应。

$$\begin{array}{ccccc} M & + & Y & \rightleftharpoons & MY \\ & & + & & \\ & & H^{+} & & \\ & & \Updownarrow & & \\ & & HY & & \end{array}$$

酸效应的大小用酸效应系数来衡量，它是指未参与配位反应的 EDTA 各种存在型体的

总浓度 $c_r(Y')$ 与能直接参与主反应的 Y^{4-} 的平衡浓度之比，用符号 $\alpha_{Y(H)}$ 表示，即

$$\alpha_{Y(H)} = \frac{c_r(Y')}{c_r(Y^{4-})} \tag{8-4}$$

式中，$c_r(Y') = c_r(Y^{4-}) + c_r(HY^{3-}) + c_r(H_2Y^{2-}) + c_r(H_3Y^-) + c_r(H_4Y) + c_r(H_5Y^+) + c_r(H_6Y^{2+})$

表 8-6 给出了不同 pH 的 $\lg \alpha_{Y(H)}$。

表 8-6 不同 pH 的 $\lg \alpha_{Y(H)}$

pH	$\lg \alpha_{Y(H)}$	pH	$\lg \alpha_{Y(H)}$	pH	$\lg \alpha_{Y(H)}$
0.0	23.64	3.6	9.27	7.2	3.10
0.2	22.47	3.8	8.85	7.4	2.88
0.4	21.32	4.0	8.44	7.6	2.68
0.6	20.18	4.2	8.04	7.8	2.47
0.8	19.08	4.4	7.64	8.0	2.27
1.0	18.01	4.6	7.24	8.2	2.07
1.2	16.98	4.8	6.84	8.4	1.87
1.4	16.02	5.0	6.45	8.6	1.67
1.6	15.11	5.2	6.07	8.8	1.48
1.8	14.27	5.4	5.69	9.0	1.28
2.0	13.51	5.6	5.33	9.2	1.10
2.2	12.82	5.8	4.98	9.6	0.75
2.4	12.19	6.0	4.65	10.0	0.45
2.6	11.62	6.2	4.34	10.5	0.20
2.8	11.09	6.4	4.06	11.0	0.07
3.0	10.60	6.6	3.79	11.5	0.02
3.2	10.14	6.8	3.55	12.0	0.01
3.4	9.70	7.0	3.32	13.0	0.00

③ 配位效应

当溶液中存在另一种配位剂 L 时，M 与 L 发生配位反应，降低了 M 参与主反应的能力(其平衡浓度减小)，导致 $M+Y \rightleftharpoons MY$ 平衡逆向移动，主反应的完全程度降低使 MY 的稳定性下降，这种现象称为配位效应。

$$\begin{array}{l} M \; + \; Y \; \rightleftharpoons \; MY \\ + \\ L \\ \Updownarrow \\ ML \end{array}$$

配位效应的大小可以用配位效应系数来衡量，它是指未与 EDTA 配位的金属离子各种存在型体的总浓度 $c_r(M')$ 与游离金属离子的浓度 $c_r(M)$ 之比，用 $\alpha_{M(L)}$ 表示，即

$$\alpha_{M(L)}=\frac{c_r(M')}{c_r(M)} \tag{8-5}$$

配位效应系数 $\alpha_{M(L)}$ 的大小只和共存配位剂 L 的浓度与种类有关。L 的浓度越大，它与被测金属离子形成的配合物越稳定，则配位效应越显著，对主反应的影响亦越大。

酸效应和配位效应都是影响 EDTA 滴定法的副反应，在实际工作中应尽量使之减小。

④ 条件稳定常数

在配位滴定法中，因上述副反应的影响，将降低主反应的完全程度，配合物 MY 的稳定性也随之减小。将有副反应存在时，MY 配合物的实际稳定常数称为条件稳定常数，又称条件形成常数，用符号 $K_{MY}^{\ominus\prime}$ 表示，它的大小反映了此时主反应实际进行的程度。

$$M + Y \rightleftharpoons MY$$

$$K_{MY}^{\ominus\prime}=\frac{c_r(MY)}{c_r(M')\cdot c_r(Y')} \tag{8-6}$$

结合式(8-3)～式(8-5)可得

$$K_{MY}^{\ominus\prime}=\frac{c_r(MY)}{c_r(Y)\cdot\alpha_{Y(H)}\cdot c_r(M)\cdot\alpha_{M(L)}}=\frac{K_{MY}^{\ominus}}{\alpha_{Y(H)}\cdot\alpha_{M(L)}}$$

对公式两边求对数可得

$$\lg K_{MY}^{\ominus\prime}=\lg K_{MY}^{\ominus}-\lg\alpha_{Y(H)}-\lg\alpha_{M(L)} \tag{8-7}$$

在实际工作中，副反应一般是不可避免的，因此用 $K_{MY}^{\ominus\prime}$ 代替 $K_{MY}^{\ominus}$ 将更符合实际情况。

*8.5.3 金属离子指示剂

配位滴定法中指示终点的方法很多，其中最重要的是使用金属离子指示剂确定终点。即利用一种能与金属离子生成有色配合物的显色剂来指示滴定终点，这种显色剂称为金属离子指示剂。

(1) 作用原理

金属离子指示剂是一种有机染料，一定条件下能与被滴定的金属离子形成与其本身颜色不同的有色配合物。

$$\underset{}{M} + \underset{(\text{甲色})}{In} \rightleftharpoons \underset{(\text{乙色})}{MIn}$$

例如，铬黑 T 在 pH 为 8～11 时显蓝色，它与 Ca^{2+} 形成酒红色配合物。作为指示剂，加入的量是很少的，故滴定前试液中大部分 Ca^{2+} 处于游离状态。随着 EDTA 的加入，它与 Ca^{2+} 发生配位反应，在化学计量点附近溶液中 Ca^{2+} 浓度仍很低，继续滴加 EDTA，由于 $K_{CaY}^{\ominus}>K_{CaIn}^{\ominus}$，EDTA 将从 CaIn 中夺取 Ca^{2+}，释放 In，溶液即呈现铬黑 T 的蓝色，指示终点的到达。

$$\underset{(\text{酒红色})}{CaIn} + Y^{4-} \rightleftharpoons CaY^{2-} + \underset{(\text{蓝色})}{In}$$

(2) 金属离子指示剂应具备的条件

① 指示剂与金属离子形成的配合物 MIn 的颜色应与指示剂 In 自身的颜色有着显著差异。

② 指示剂与金属离子形成的配合物的稳定性要适当，即既要有足够的稳定性，又要比

该金属离子的 EDTA 配合物的稳定性低。如果 MIn 的稳定性太低，就会提前出现终点，且变色不敏锐；如果 MIn 稳定性太高，就会导致使终点拖后，甚至使 EDTA 不能夺取其中的金属离子，得不到滴定终点。

③ 显色反应灵敏、迅速，且有良好的变色可逆性。

④ 金属离子指示剂应比较稳定，且与金属离子形成的配合物应易溶于水，如果生成胶体溶液或沉淀，会使变色不明显。

(3) 常用的金属离子指示剂

到目前为止，合成的指示剂达 300 种以上，并且不断有新的指示剂产生。常用的金属离子指示剂列于表 8-7 中。

表 8-7 常见的金属指示剂及使用

指示剂	使用的适宜 pH 范围	颜色变化		直接滴定的离子	指示剂配制	注意事项
		In	MIn			
铬黑 T（简称 B 或 EBT）	8～10	蓝	红	pH=10 Mg^{2+}，Zn^{2+}，Cd^{2+}，Pb^{2+}，Mn^{2+}，稀土元素离子	1∶100 NaCl（固体）	Fe^{3+}，Al^{3+}，Cu^{2+}，Ni^{2+} 等离子封闭 EBT
二甲酚橙（简称 XO）	<6	亮黄	红	pH<1，ZrO^{2+} pH=1～3.5，Bi^{3+}，Tb^{4+} pH=5～6，Tl^{3+}，Zn^{2+}，Pb^{2+}，Cd^{2+}，Hg^{2+}，稀土元素离子	0.5%水溶液	Fe^{3+}，Al^{3+}，Ti(Ⅳ)，Ni^{2+} 等离子封闭 XO
磺基水杨酸（简称 ssal）	1.5～2.5	无色	紫红	pH=1.5～2.5，Fe^{3+}	5%水溶液	ssal 本身无色、FeY^- 呈黄色
钙指示剂（简称 NN）	12～13	蓝	红	pH=12～13，Ca^{2+}	1∶100 NaCl（固体）	Fe^{3+}，Al^{3+}，Cu^{2+}，Ni^{2+}，Ti(Ⅳ)，Co^{2+}，Mn^{2+} 等 离子封闭 NN
PAN	2～12	黄	紫红	pH-2～3，Th^{4+}，Bi^{3+} pH=4～5，Cu^{2+}，Ni^{2+}，Pb^{2+}，Cd^{2+}，Zn^{2+}，Mn^{2+}，Fe^{2+}	0.1%乙醇溶液	MIn 在水中溶解度小，为防止 PAN 僵化，滴定时须加热

(4) 金属离子指示剂在使用中存在的问题

① 封闭现象

有些金属指示剂的配合物 $K^{\ominus\prime}_{MIn}$ 大于 $K^{\ominus\prime}_{MY}$，在化学计量点附近，即使加入了过量的EDTA，也不能出现颜色改变的现象，称为指示剂的封闭。

例如，测定水的总硬度时，控制 pH=10，使用铬黑 T 作为指示剂，如溶液中存在 Al^{3+}，Fe^{3+} 等离子，会封闭铬黑 T，无法确定终点。解决方法是加入掩蔽剂，使干扰离子生成更稳定的配合物，如加入三乙醇胺可以消除 Al^{3+}，Fe^{3+} 的干扰，若干扰离子量太大，则需要分离除去干扰离子。

② 僵化现象

金属指示剂配合物在水中的溶解度太小，滴定剂 Y 与它的置换反应进行缓慢，导致终点拖长，这种现象称为指示剂僵化。解决方法是加热或加入有机溶剂，增大其溶解度。例如PAN 作指示剂时，加入乙醇或加热滴定；也可以在接近计量点时放慢滴定速度，剧烈振荡，降低僵化程度，以得到准确结果。

③ 氧化变质现象

金属指示剂多为含有双键的有色化合物，易被日光、氧化剂、空气分解，在水溶液中不稳定，日久会变质，分解变质的速度与试剂的纯度有关。故金属指示剂常常配成固体，或加入抗氧化剂使用，以延长其使用时间。例如配制铬黑 T 时，常加入适量的还原剂或配成三乙醇胺溶液；钙指示剂常与固体 KCl 或 NaCl 混匀使用。

8.5.4 配位滴定的方式及其应用

配位滴定可以采用直接滴定、间接滴定、返滴定、置换滴定四种方式，采用适当的滴定方式，不仅可以扩大配位滴定法的应用，也可以提高配位滴定法的选择性。

(1) 直接滴定

金属离子与 EDTA 的配位反应如能满足配位滴定的要求，就可以采用直接滴定法，该法操作简单、准确性高。

用 EDTA 标准溶液可以直接滴定许多种金属离子，在医药分析中，广泛应用于钙盐、镁盐、铝盐和铋盐等药物含量的测定。含钙的药物比较多，如氯化钙、乳酸钙和葡萄糖酸钙等，多采用 EDTA 测量其含量。测量葡萄糖酸钙时，准确称取一定量葡萄糖酸钙试样，溶解后加 NH_3-NH_4Cl 缓冲液调节 pH≈10，以铬黑 T 为指示剂，用 EDTA 标准溶液滴定，葡萄糖酸钙的质量分数计算如下：

$$w(C_{12}H_{22}O_{14}Ca\cdot H_2O)=\frac{c_r(EDTA)\cdot V(EDTA)\cdot M(C_{12}H_{22}O_{14}Ca\cdot H_2O)}{m_{试样}}$$

(2) 返滴定法

如果金属离子与 EDTA 反应速度慢；在滴定条件下被测离子发生副反应；由于封闭等原因，缺乏合适的指示剂，在这些情况下可采用返滴定法。

例如，Al^{3+} 与 EDTA 的配位反应缓慢，且对二甲酚橙等指示剂有封闭作用，不能用直接滴定法测定。用返滴定法测 Al^{3+} 时，先调 pH≈3.5，加入过量 EDTA 标准溶液，加热，使 Al^{3+} 与 EDTA 充分反应，反应完全后，调 pH=5～6，加入二甲酚橙作指示剂，用 Zn^{2+} 标准溶液返滴定过量的 EDTA,求出 Al^{3+} 含量。

(3) 置换滴定法

配位滴定中用到的置换滴定法主要有以下两种:

① 置换出金属离子

被测离子 M 与 EDTA 反应不完全,形成的配合物不稳定,可由 M 置换出另一配合物 NL 中的 N,再用 EDTA 滴定 N,求得 M 的含量。用反应式表示如下:

$$M + NL \rightleftharpoons ML + N$$

$$N + Y \rightleftharpoons NY$$

例如,测 Ag^+ 时 加入 $Ni(CN)_4^{2-}$,反应式如下:

$$2Ag^+ + Ni(CN)_4^{2-} \rightleftharpoons 2Ag(CN)_2^- + Ni^{2+}$$

再用氨性缓冲溶液调 pH=10,紫脲酸铵作指示剂,用 EDTA 滴定 Ni^{2+},求出 Ag^+ 的含量。

② 置换出 EDTA

使被测离子 M 与干扰离子全部与 EDTA 反应,再加入选择性高的配位剂 L 来夺取 M,并定量释放出 EDTA。

$$MY + L \rightleftharpoons ML + Y$$

再用另一种金属离子标准溶液滴定 EDTA,求出 M 的含量。

例如,测定白合金中的 Sn^{2+} 时,加入过量的 EDTA,将可能存在的 Pb^{2+}, Zn^{2+}, Cd^{2+} 等与 Sn^{2+} 一起配位,再用 Zn^{2+} 标准溶液滴定剩余的 EDTA,然后加入选择性强的 NaF,加热,把 SnY 中的 Y 释放出来,溶液冷却后再以 Zn^{2+} 标准溶液滴定置换出的 EDTA,可得到 Sn^{2+} 的含量。

置换滴定法不仅能扩大配位滴定法的应用范围,还可以提高配位滴定法的选择性。

(4) 间接滴定法

有些金属离子(如 Li^+,Na^+,K^+)和非金属离子(如 SO_4^{2-}, PO_4^{3-}, CN^-,Cl^- 等)不能和 EDTA 发生配位反应或与 EDTA 生成的配合物不稳定,可以采用间接滴定法测定。

例如,PO_4^{3-} 的测定可在一定条件下将 PO_4^{3-} 沉淀为 $MgNH_4PO_4$,过滤洗涤沉淀,将其溶解,调节 pH=10,以铬黑 T 为指示剂,用 EDTA 滴定生成的 Mg^{2+},由 Mg^{2+} 间接求算 PO_4^{3-} 的量。

8.5.5 EDTA 标准溶液的配制与标定

(1) EDTA 标准溶液的配制

配制 EDTA 标准溶液常采用 EDTA 二钠盐($Na_2H_2Y \cdot 2H_2O$),一般采用间接法,即先用 EDTA 二钠盐配成近似所需浓度的溶液,然后用分析纯的 Zn,ZnO,$ZnSO_4$,$CaCO_3$,$MgCO_3$ 等一级标准物质配成标准溶液,以铬黑 T 为指示剂,用 NH_3-NH_4Cl 缓冲液调节 pH=10 左右进行标定,EDTA 标准溶液的常用浓度为 0.01 mol·L^{-1}~0.05 mol·L^{-1}。若直接配制,需在 120 ℃下烘干到恒重。

(2) EDTA 标准溶液的标定

下面以 $CaCO_3$,ZnO 两种基准物质标定 0.02 mol·L^{-1} EDTA 为例具体说明。

① 以 $CaCO_3$ 为基准物质标定 EDTA 溶液

a. 0.02 mol·L^{-1} Ca^{2+} 标准溶液的配制

准确称取 0.45 g～0.5 g $CaCO_3$ 于小烧杯中，用少量水润湿溶解，盖上表面皿，从杯嘴边逐滴加入数毫升 1∶1 HCl 至 $CaCO_3$ 完全溶解（切不可多加!），用水吹洗表面皿及杯壁，将溶液定量转移至 250 mL 容量瓶中，稀释至刻度，摇匀，并准确计算其浓度。

b. 0.02 mol·L^{-1} EDTA 标准溶液的标定

用移液管准确移取 25.00 mL Ca^{2+} 标准溶液于 250 mL 锥形瓶中，加入适量 NaOH 溶液调节试液 pH＝12～13，再加入少量钙指示剂（约 10 mg），摇匀，用待标定 EDTA 溶液滴定至钙溶液恰好由酒红色变为蓝色即为终点。平行测定 3 次～4 次，记下消耗 EDTA 溶液的体积。计算 EDTA 溶液的浓度，要求相对平均偏差不大于 0.2%。

② 以 ZnO 为基准物质标定 EDTA 溶液

a. 0.02 mol·L^{-1} Zn^{2+} 标准溶液的配制

准确称取 0.35 g～0.4 g ZnO 于烧杯中，用少量水润湿，然后逐滴加入HCl(1∶1)，边加边搅拌，完全溶解后，定量转移至 250 mL 容量瓶中，稀释至刻度，摇匀，计算其准确浓度。

b. 0.02 mol·L^{-1} EDTA 标准溶液的标定

用移液管准确移取 25.00 mL Zn^{2+} 标准溶液于 250 mL 锥形瓶中，加入 3 滴～4 滴二甲酚橙，滴加 20% 六亚甲基四胺，至溶液呈稳定的紫红色后，再适当过量（使溶液 pH 为 5～6），摇匀，用待标定 EDTA 溶液滴定 Zn^{2+} 溶液至其颜色由紫红色变为亮黄色，即为终点。平行测定 3 次～4 次，记下消耗 EDTA 溶液的体积。计算 EDTA 溶液的浓度，要求相对平均偏差不大于 0.2%。

EDTA 标准溶液应储存在聚乙烯塑料瓶中或硬质玻璃瓶中，若储存于软质玻璃瓶中，EDTA 会溶解玻璃中的 Ca^{2+} 等，使溶液的浓度降低，并引入了杂质。

标定 EDTA 常用的基准试剂见表 8-8。

表 8-8　标定 EDTA 常用的基准试剂

<table>
<tr><th rowspan="2">基准试剂</th><th rowspan="2">处理方法</th><th colspan="2">滴定条件</th><th rowspan="2">终点颜色变化</th></tr>
<tr><th>pH</th><th>指示剂</th></tr>
<tr><td>Cu</td><td>1∶1 的 HNO_3 溶解，加 H_2SO_4 蒸发，除去 NO_2</td><td>4.3
(HAc-NaAc)</td><td>PAN</td><td>红→黄绿</td></tr>
<tr><td>Pb</td><td>1∶1 的 HNO_3 溶解，加热，除去 NO_2</td><td rowspan="2">10
(NH_3-NH_4Cl)
5～6
(六亚甲基四胺-HCl)</td><td rowspan="2">铬黑 T
二甲酚橙</td><td>红→蓝</td></tr>
<tr><td>Zn</td><td rowspan="3">1∶1 的 HCl 溶解</td><td>红→黄</td></tr>
<tr><td>$CaCO_3$</td><td>>12
(KOH)</td><td>钙指示剂</td><td>酒红→蓝</td></tr>
<tr><td>MgO</td><td>10
(NH_3-NH_4Cl)</td><td>铬黑 T</td><td>红→蓝</td></tr>
</table>

本章小结及学习要求

1. 配位化合物是由中心离子（原子）与若干负离子或中性分子结合而形成的一种复杂的化合物。其类

型可以是带电荷的配离子，也可以是电中性的配合物。配离子可与带相反电荷的离子靠静电引力结合成配合物。通常把配合物中的配离子部分称为内界，以方括号表示，其余部分称为外界。配位体直接与中心离子键合的原子称为配位原子。在配合物中直接与中心离子键合的配位原子的数目，即该中心离子的配位数。

2. 只含有一个配位原子的配位体称为单基配体；含有两个或两个以上配位原子的配位体称为多基配体。如果一个同时有两个或两个以上配位原子的配位体，对同一个中心离子配位，这就形成了一种具有环状结构的特殊配合物，称为螯合物。螯合物由于具有环状结构特别稳定，因而具有特别的用途。

3. 配合物的命名遵循一般无机物命名原则。其中配位体的命名顺序为：配位体数（汉字）→ 配位体名称→"合"字→中心离子名称及其氧化数（在括号内以罗马数字说明）。如果含有不同的配位体，则配位体的命名顺序为：阴离子先于中性分子，NH_3 先于 H_2O，无机配体先于有机配体，简单配体先于复杂配体。

4. 配离子在溶液中存在配位离解平衡，这与一般的电离平衡相似，可用一个平衡常数 $K_f^{\ominus}$ 来表征这个平衡的特点，通过平衡常数可进行多种有用的计算。配位平衡与酸碱平衡、沉淀平衡、氧化还原平衡等之间存在竞争。

5. 配合物中心离子与配位体间的化学键，按价键理论认为是配位键，即由配位体提供成对电子，进入到中心离子的空余价层轨道而形成的键。中心离子接纳配位体的配位电子时，空轨道发生了杂化，并决定了配合物的空间构型。根据参与杂化的价层轨道全部是外层轨道或是还有部分内层轨道，可将配合物分成外轨型配合物与内轨型配合物。

6. 配位滴定法是以配位反应为基础的滴定分析方法。它是用配位剂作为标准溶液直接或间接滴定被测物质。在滴定过程中通常需要用缓冲溶液来控制滴定的酸度。

7. 配位剂中，乙二胺四乙酸（EDTA）最常用，常用 H_4Y 表示。由于 EDTA 的溶解度小，所以常用 EDTA 的二钠盐 $Na_2H_2Y \cdot 2H_2O$，习惯上把其二钠盐也叫 EDTA。EDTA 与金属离子形成的配合物一般都是 1∶1 的螯合物。

8. 由于 H^+ 的存在，而使 EDTA 的配位能力降低的现象称为酸效应；配位效应是指当其他配位剂（如加入掩蔽剂）存在时，使金属离子 M 与配位剂 Y 的配位能力降低的现象。$K_f^{\ominus}$ 是配位反应的稳定常数，$K_f^{\ominus}$ 为配位反应的条件稳定常数。

9. 在配位滴定中，利用一种能与金属离子生成有色配合物的显色剂来指示滴定终点，这种显色剂称为金属指示剂。自身的颜色与配合物颜色应明显不同。金属指示剂使用中存在封闭、僵化、氧化变质现象。

10. 配位滴定可以采用直接滴定、间接滴定、返滴定、置换滴定四种方式，采用适当的滴定方式，不仅可以扩大配位滴定的应用，也可以提高配位滴定的选择性。

【阅读材料】

配位化学发展简介

配位化学开创了经典的无机化学的新研究领域，对于现代科学技术的发展作出了重要的贡献。它为发展原子能、电子工业、空间技术提供了核燃料及超纯物质的制备方法和分析技术。生物体内各种类型的分子中几乎都含有以配合物形态存在的金属元素，它们对于生物的新陈代谢起着主要的作用。另外，配合物在无机制备、分析化学、有机合成、催化作用等领域都占有重要地位。

缔造配位理论的化学家——维尔纳

Werner A A(1866—1919)，瑞士无机化学家。1866 年 12 月 12 日生于法国米卢斯，1919 年 11 月 15 日卒于苏黎世。1884 年开始学习化学，在自己家里做化学实验。1885 年—1886 年，在德国卡尔斯鲁厄工业学院听过有机化学课程。1886 年入瑞士的苏黎世联邦高等工业学校学习，1889 年获工业化学毕业文凭，即做隆格 G 的助手，从事有机含氮化合物异构现象的研究，1890 年获苏黎世大学博士学位。1891 年—1892

年，在巴黎法兰西学院和贝特洛M一起做研究工作。1892年回苏黎世联邦高等工业学校任助教，1893年任副教授，1895年任教授。1909年—1915年任苏黎世化学研究所所长。

维尔纳是配位化学的奠基人。他的主要贡献有：1890年和汉奇AR一起提出氮的立体化学理论；1893年他在《无机化学领域中的新见解》一书中提出络合物的配位理论，提出了配位数这个重要概念。维尔纳的理论可以说是现代无机化学发展的基础，因为它打破了只基于碳化合物研究所得到的不全面的结构理论，并为化合价的电子理论开辟了道路。维尔纳在无机化学领域中的新见解的可贵之处，在于抛弃了凯库勒FA关于化合价恒定不变的观点，大胆地提出了副价的概念，创立了配位理论。1911年他还制得非碳的旋光性物质。维尔纳因创立配位化学而获得1913年诺贝尔化学奖。他发表了170余篇论文(包括与人合作的)，著有《立体化学教程》(1904)一书。

今天，配位化学在实际应用和理论上的价值已经是无可怀疑的了。正像凯库勒被称为近代有机结构理论的创立者一样，作为近代无机化学结构理论的奠基人，维尔纳是当之无愧的，人们称他为“无机化学中的凯库勒”，确实是再合适不过了。

我国配位化学的倡导者和奠基人——戴安邦

戴安邦(1901—1999)，中国无机化学家和教育家。1901年4月30日生于江苏省丹徒县。1924年毕业于南京金陵大学化学系。1928年赴美留学，入纽约哥伦比亚大学化学系，1929年获硕士学位，1931年获博士学位后回国。历任金陵大学化学系副教授、教授、系主任。1947年再度赴美国伊利诺伊大学进修，1948年回国。中华人民共和国成立后历任南京大学化学系教授、系主任，配位化学研究所所长，中国化学会常务理事，《高等学校化学学报》副主编，《无机化学》主编，是中国化学会的发起人之一。1934年为该会创办《化学》杂志(《化学通报》前身)，并任总编辑17年，对普及化学教育、提倡化学研究和推广化学应用作出了重大贡献。1981年当选为中国科学院化学部学部委员。

戴安邦长期从事无机化学和配位化学的研究工作，是中国最早进行配位化学研究的学者之一。自1932年发表了题为《氧化铝水溶胶的本质》的博士学位论文以后，对硅、铬、钨、钼、铀、钍、铝、铁等元素的多核配合物化学，进行了系统的研究。其中与协作者所提出的固氮催化剂的七铁原子簇活性中心结构模型和关于氢活化的机理及氨合成的动力学方面的研究，获1978年全国科学大会奖。关于“硅酸聚合作用理论”的研究，获1980年国家自然科学二等奖。发表论文150余篇。他从事化学教育60余年，主张采用启发式教学方法，重视实验，培养了一大批化学人才。1958年主编了中国第一部高等学校统编化学教材《无机化学教程》；1980年主持编写了《配位化学》一书。

习　题

8-1 关于配合物，下列说法错误的是(　　)。

A. 配体是一种可以给出孤对电子或π键电子的离子或分子

B. 配位数是指直接同中心离子相连的配体总数

C. 广义地讲，所有金属离子都可能生成配合物

D. 配离子既可以存在于晶体中，也可以存在于溶液中

8-2 在配合物$K[Co(en)(C_2O_4)_2]$中，中心离子的电荷数及配位数分别是(　　)。

A. +3和3　　B. +1和3　　C. +3和4　　D. +3和6

8-3 下列几种物质能作螯合剂的是(　　)。

A. NH_3　　B. F^-　　C. H_2O　　D. EDTA

8-4 下列化合物中属于配合物的是(　　)。

A. $Na_2S_2O_3$　　B. H_2O_2

C. $[Ag(NH_3)_2]Cl$　　D. $KAl(SO_4)_2 \cdot 12H_2O$

8-5 EDTA与金属离子形成螯合物时，其螯合比一般为（　　）。

A. 1∶1　　B. 1∶2　　C. 1∶4　　D. 1∶6

8-6 用EDTA配位滴定法测定Al^{3+}，常用下面哪种滴定方式？（　　）。

A. 直接滴定法　　B. 返滴定法

C. 间接滴定法　　D. 置换滴定法

8-7 在配位滴定中，由于________的存在，使________参加主反应的能力降低的效应称为EDTA的酸效应；由于________的存在，使________参加主反应的能力降低的效应称为配位效应。

8-8 简述EDTA与金属离子的配位反应的特点。

8-9 指出下列配合物的中心离子、配位体、配位原子和中心离子的配位数，指出配离子和中心离子的电荷数，并给出命名。

(1) $[CrCl_2(H_2O)_4]Cl$　　(2) $[Ni(en)_3]Cl_2$

(3) $K_2[Co(NCS)_4]$　　(4) $Na_3[AlF_6]$

(5) $[PtCl_2(NH_3)_2]$　　(6) $[Co(NH_3)_4(H_2O)_2]_2(SO_4)_3$

(7) $[Fe(EDTA)]^-$　　(8) $[Co(C_2O_4)_3]^{3-}$

8-10 无水$CrCl_3$和氨作用能形成两种化合物，组成相当于$CrCl_3 \cdot 6NH_3$及$CrCl_3 \cdot 5NH_3$。加入$AgNO_3$溶液能从第一种配合物的水溶液中将几乎所有的氯全部沉淀为AgCl，而从第二种配合物的水溶液中仅能沉淀出相当于组成中含氯量2/3的AgCl。加入NaOH并加热时两种溶液都无氨味产生。试从配合物的形式推算出它们的内界和外界，并指出配离子的电荷数、中心离子的价数和配合物的名称。

8-11 欲使0.10 mol的AgCl完全溶解，生成$Ag(NH_3)_2^+$离子，最少需要1.0 L多大浓度的氨水？欲使0.10 mol的AgI完全溶解，生成$Ag(NH_3)_2^+$离子，最少需要1.0 L多大浓度的氨水？需要1.0 L多大浓度的KCN溶液？

8-12 有一混合溶液，含有0.10 mol·L^{-1}自由NH_3，0.01 mol·L^{-1} NH_4Cl和0.15 mol·L^{-1} $Cu(NH_3)_4^{2+}$，试问这个溶液中有无$Cu(OH)_2$的沉淀生成？

8-13 用$CaCO_3$基准物质标定EDTA溶液的浓度，称取0.100 5 g $CaCO_3$基准物质溶解后定容为100.00 mL。移取25.00 mL钙溶液，在pH=12时用钙指示剂指示终点，以待标定的EDTA滴定之，用去EDTA溶液24.90 mL。计算EDTA的浓度。

8-14 称取Zn，Al的混合试样0.200 0 g，溶解后调至pH为3.5，加入50.00 mL浓度为0.051 32 mol·L^{-1} EDTA，煮沸冷却后，加醋酸缓冲液（pH约5.5），以XO为指示剂，用0.050 00 mol·L^{-1} Zn^{2+}标准液滴至红色，耗去Zn^{2+}溶液5.08 mL，然后加足量NH_4F，加热至40 ℃，再用上述Zn^{2+}标准液滴定，耗去20.70 mL，计算试样中Zn，Al的质量分数。

第9章 氧化还原反应与氧化还原滴定法

在第6章中我们讨论了发生在溶液中的一类重要的化学反应——质子传递反应(酸碱反应),它涉及质子从给体(酸)向受体(碱)的传递。本章将讨论另一大类化学反应即电子传递反应。这类反应既可以发生在溶液中,也可以发生在气相中,还可能涉及一个以上的异相反应。

电子传递反应又称为氧化还原反应,无机化合物和有机化合物都可能发生氧化还原反应。此类反应在工农业生产和日常生活中具有重要意义,而且对生命过程也具有重要的作用,它们为生命体提供能量转换机制。它们还能制成各种电池供能。金属的腐蚀也是氧化还原反应的结果。氧化还原反应还是一类重要分析方法——氧化还原滴定法的基础。

本章将介绍氧化还原反应的基本概念和特征,讨论与氧化还原反应有关的原电池和氧化还原反应的一些理论问题,最后介绍一些实用电化学和氧化还原滴定法。

9.1 氧化还原的基本概念

9.1.1 氧化数

对于有些化合物(如 NaCl),其组成元素的化合价容易确定,但有些化合物的化合价却不易确定(如 KO_2,$C_6H_{12}O_6$),因此人们引入了氧化数的概念来说明各元素在化合物中所处的状态。所谓氧化数,实际上是人为规定的某元素的一个原子在化合状态时的形式电荷数。

确定元素原子氧化数的规则:

(1) 单质的氧化数为零。如白磷(P_4)中磷的氧化数为0。

(2) 碱金属、碱土金属在化合物中的氧化数分别为+1,+2。

(3) 氢在化合物中的氧化数一般为+1,但在活泼金属的氢化物(例如 NaH,CaH_2 等)中,氢的氧化数为-1。

(4) 除了过氧化物(如 H_2O_2,Na_2O_2 等中的氧为-1)、超氧化物(如 KO_2 中的氧为 $-\frac{1}{2}$)及 OF_2(氧为+2)等以外,氧的氧化数一般为-2。

(5) 在卤化物中,卤素的氧化数为-1。

(6) 在多原子的分子中,各元素氧化数的代数和为零;在多原子的离子中,各元素氧化数的代数和等于所带的电荷数。

【例9-1】 求 $Cr_2O_7^{2-}$ 中 Cr 的氧化数和 Fe_3O_4 中 Fe 的氧化数。

【解】 设 $Cr_2O_7^{2-}$ 中 Cr 的氧化数为 x,由于氧的氧化数为-2,则

$$2x+7\times(-2)=-2 \quad x=+6$$

故 Cr 的氧化数为+6；

设 Fe_3O_4 中 Fe 的氧化数为 x，由于氧的氧化数为−2，则

$$3x+4\times(-2)=0 \qquad x=+\frac{8}{3}$$

故 Fe 的氧化数为 $+\frac{8}{3}$。

必须指出，在大多数情况下氧化数和化合价是一致的，但它们是两种不同的概念，而且数值有时也不相同。例如在 CH_4，CH_3Cl，CH_2Cl_2，$CHCl_3$ 和 CCl_4 中，碳的化合价都是+4，但其氧化数分别为−4，−2，0，+2 和+4。

氧化数是元素在化合状态时的形式电荷，它是按一定规则得到的，不仅可以有正、负值，而且还可以有分数。例如，KO_2 中 O 的氧化数是 $-\frac{1}{2}$，在 Fe_3O_4 中 Fe 的氧化数是 $+\frac{8}{3}$。而化合价是指元素在化合时原子的个数比，它只能是整数。

9.1.2 氧化还原反应

元素的氧化数发生了变化的化学反应称为氧化还原反应，例如锌和盐酸的反应就是氧化还原反应，其反应的离子方程式为

$$Zn(s)+2H^+(aq)=\!=\!=Zn^{2+}(aq)+H_2(g)$$

其中，Zn 失去了两个电子生成了 Zn^{2+}，锌的氧化数从 0 升到了+2，Zn 被氧化，称为还原剂，又称为电子的供体；HCl 中的氢离子得到两个电子生成了 H_2，氢的氧化数从+1 降到了 0，氢离子被还原，称为氧化剂，又称为电子的受体。

通过以上讨论，我们知道在氧化还原反应中，氧化数升高的物质称为还原剂，氧化数降低的物质称为氧化剂。常见的氧化剂有活泼的非金属单质，如 O_2，Cl_2，Br_2，I_2 等，或是含有高氧化数元素的物质，如 MnO_4^-，$Cr_2O_7^{2-}$，浓 H_2SO_4，HNO_3 以及 PbO_2 等。常见的还原剂有活泼的金属单质，如 Na，Mg，Al，Zn，Fe 等，还有负离子，如 I^-，S^{2-} 以及低氧化数的金属正离子，如 Sn^{2+}，Fe^{2+} 等。

9.1.3 半反应和氧化还原电对

氧化还原反应可以根据其电子转移方向的不同被拆成两个半反应。例如

$$Zn+Cu^{2+}\rightleftharpoons Cu+Zn^{2+}$$

反应中 Zn 失去电子(电子转移出去)，生成 Zn^{2+}，发生氧化反应。其氧化半反应为

$$Zn=\!=\!=Zn^{2+}+2e^-$$

Cu^{2+} 得到电子(电子转移进来)，生成 Cu，发生还原反应。其还原半反应为

$$Cu^{2+}+2e^-=\!=\!=Cu$$

半反应的通式为 $$\text{氧化态}+ne^-\rightleftharpoons\text{还原态}$$

或 $$Ox+ne^-\rightleftharpoons Red$$

式中，n 为半反应中电子转移的数目，氧化态(Ox)应包括氧化剂及其相关介质，还原态(Red)应包括还原剂及其相关介质。如半反应

$$MnO_4^- + 8H^+ + 5e^- \rightleftharpoons Mn^{2+} + 4H_2O$$

式中，电子转移数为5，氧化态为 MnO_4^- 和 H^+，还原态为 Mn^{2+}（H_2O 是溶剂，不包括在内）。

在氧化还原反应中，同一元素不同氧化数的两种物质组成氧化还原电对，简称电对。电对中氧化数较高的物质称为氧化态物质，氧化数较低的物质称为还原态物质。书写电对时，氧化态物质在左侧，还原态物质在右侧，中间用斜线"/"隔开。例如：对于 Zn 与 Cu^{2+} 的反应中，存在两个电对：Cu^{2+}/Cu 和 Zn^{2+}/Zn。每个电对都对应一个半反应，如前所述。

9.2 氧化还原方程式的配平

氧化还原反应往往比较复杂，参加反应的物质也比较多，配平这类反应方程式不像其他反应那样容易，所以有必要介绍一下氧化还原方程式的配平方法。

配平氧化还原方程式的常用方法有两种：氧化数法和离子-电子法。氧化数法比较简便，人们乐于选用；离子-电子法却能更清楚地反映水溶液中氧化还原反应的本质。

9.2.1 氧化数法

氧化数法是根据氧化还原反应中氧化剂和还原剂的氧化数的变化总数相等，反应前后各元素的原子总数相等的原则来配平反应式。

（1）氧化数法配平氧化还原反应方程式的原则

① 氧化剂中元素的氧化数降低的总数等于还原剂中元素的氧化数升高的总数。

② 方程式两边各种元素的原子总数相等。

（2）配平氧化还原反应式的具体步骤

现以高锰酸钾和硫化氢在稀硫酸溶液中反应生成硫酸锰和硫为例加以说明：

① 写出反应物和生成物的分子式，标出氧化数有变化的元素，计算出反应前后氧化数变化的数值。

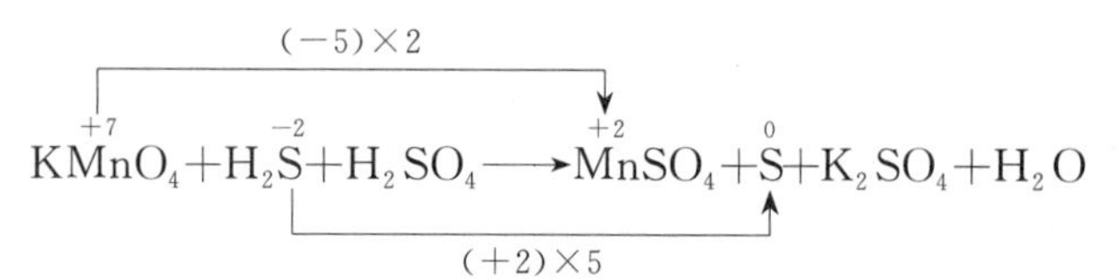

② 根据氧化数降低总数和氧化数升高总数必须相等的原则，在氧化剂和还原剂前面乘上适当的系数。

$$2KMnO_4 + 5H_2S \longrightarrow 2MnSO_4 + 5S + K_2SO_4$$

③ 使方程式两边的各种原子总数相等。从上面不完全方程式中可看出，要使方程式的两边有相等数目的硫酸根 SO_4^{2-}，左边需要3分子 H_2SO_4。这样，方程式左边已有16个 H^+，所以右边还需加8个 H_2O 才可以使方程式两边 H^+ 总数相等。配平的方程式为

$$2KMnO_4 + 5H_2S + 3H_2SO_4 \xlongequal{} 2MnSO_4 + 5S + K_2SO_4 + 8H_2O$$

氧化数法的优点是简单、快速，既适用于在水溶液中进行的反应，也适用于在非水溶液中和高温下进行的反应。

(3) 配平方程式中加氢、水的处理

配平方程式中，难点通常是对没有发生氧化数变化的原子的配平，有时需要加氢、水或碱进行调节(见表 9-1)。

表 9-1 配平方程式中加氢、水的处理

介质条件	比较方程式两边氧原子数	配平时左边应加入物质	生成物
酸 性	(1) 左边 O 多	H^+	H_2O
	(2) 左边 O 少	H_2O	H^+
碱 性	(1) 左边 O 多	H_2O	OH^-
	(2) 左边 O 少	OH	H_2O
中性(或弱碱性)	(1) 左边 O 多	H_2O	OH^-
	(2) 左边 O 少	H_2O(中性)	H^+
		OH^-(弱碱性)	H_2O

9.2.2 离子-电子法

任何一个氧化还原反应都可以看成是由两个半反应组成，先将两个半反应配平，再合并为总反应的方法称为离子-电子配平法。离子-电子法适用于水溶液中发生的离子反应方程式的配平。离子-电子法的配平原则是氧化剂得电子数与还原剂失电子数相等。具体的配平步骤如例 9-2 所示。

【例 9-2】 配平高锰酸钾在酸性溶液中与亚硫酸钾的反应。

【解】 第一步，写出反应方程式和离子方程式：

$$KMnO_4 + K_2SO_3 \longrightarrow MnSO_4 + K_2SO_4$$

$$MnO_4^- + SO_3^{2-} \longrightarrow Mn^{2+} + SO_4^{2-}$$

第二步，将未配平的离子式分解成两个半反应：

$$氧化半反应：MnO_4^- + 5e^- \longrightarrow Mn^{2+}$$

$$还原半反应：SO_3^{2-} \longrightarrow SO_4^{2-} + 2e^-$$

第三步，配平两个半反应：

$$MnO_4^- + 8H^+ + 5e^- \longrightarrow Mn^{2+} + 4H_2O$$

$$SO_3^{2-} + H_2O \longrightarrow SO_4^{2-} + 2H^+ + 2e^-$$

第四步，根据电子得失数相等原则，将两个半反应组合成一个方程式：

$$2MnO_4^- + 5SO_3^{2-} + 16H^+ + 5H_2O \longrightarrow 2Mn^{2+} + 5SO_4^{2-} + 8H_2O + 10H^+$$

第五步，整理方程式：

$$2KMnO_4 + 5K_2SO_3 + 3H_2SO_4 = 2MnSO_4 + 6K_2SO_4 + 3H_2O$$

离子-电子法的特点是不需要计算元素的氧化数，可直接写出离子反应方程式，能反映出在水溶液中氧化还原反应的实质，而且对写原电池的电极反应有帮助。但它仅适用于在水溶液中进行的反应，对气相或固相反应式的配平不适用。

9.3 原电池和电极电势

9.3.1 原电池

(1) 原电池的定义

将锌片置于 $CuSO_4$ 溶液中,一段时间后可以观察到 $CuSO_4$ 溶液的蓝色渐渐变浅,而锌片上会沉积出一层棕红色的铜。这是一个自发进行的氧化还原反应。

$$Zn + CuSO_4 \longrightarrow Cu + ZnSO_4 \qquad \Delta_r G_m^{\ominus} = -212.6\ kJ \cdot mol^{-1}$$

反应中 Zn 失去电子生成 Zn^{2+},发生氧化反应;Cu^{2+} 得到电子生成 Cu,发生还原反应,Zn 和 Cu^{2+} 之间发生了电子转移。由于 Zn 与 $CuSO_4$ 溶液直接接触,反应在锌片和 $CuSO_4$ 溶液的界面上进行,电子直接由 Zn 传递给 Cu^{2+},电子没有能够沿着一定的线路发生移动,因此无法形成电流。

如果采用如图 9-1 所示的装置,不让 Zn 片与 $CuSO_4$ 直接接触,而是按氧化还原反应中半反应的方式进行拆分,使其在两个不同的容器中进行。

还原半反应:$Cu^{2+} + 2e^- \longrightarrow Cu$

氧化半反应:$Zn \longrightarrow Zn^{2+} + 2e^-$

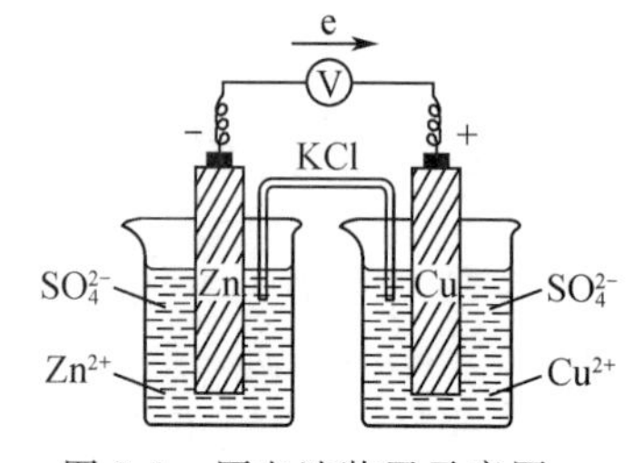

图 9-1 原电池装置示意图

在两个烧杯中分别加入 $ZnSO_4$ 和 $CuSO_4$ 溶液,在 $ZnSO_4$ 溶液中插入 Zn 片,在 $CuSO_4$ 溶液中插入 Cu 片,将两种溶液用一个盐桥(盐桥:充满 KCl 或 KNO_3 饱和了的琼脂胶冻的 U 形玻璃管。在外电场作用下,离子可在其中迁移。其作用是沟通电路和维持两溶液电中性,保证反应持续进行)连接起来。Cu 片和 Zn 片通过导线串联上一个电位计,连通后可以观察到电位计的指针会发生偏转,这说明有电流通过。这种将化学能转化成电能的装置称为原电池,简称电池。

原电池可以将自发进行的氧化还原反应所产生的化学能转化为电能,同时做电功。从理论上讲,任何一个氧化还原反应(甚至一个自发进行的化学反应)都可以设计成一个原电池。

图 9-1 所示的原电池称为铜锌原电池(因该种原电池是英国科学家丹尼尔发明的,又称为丹尼尔电池)。

(2) 原电池的组成

由图 9-1 可以看出原电池由两个半电池组成,每个半电池又称为电极,发生氧化反应的电极称为负极,发生还原反应的电极称为正极。

Cu-Zn 原电池的两个半电池分别是铜半电池和锌半电池。

其中负极(阴极)进行的半反应为 $Zn(s) \rightleftharpoons Zn^{2+}(aq) + 2e^-$

正极(阳极)进行的半反应为 $Cu^{2+}(aq) + 2e^- \longrightarrow Cu(s)$

两极进行的总反应叫电池反应,是正极发生的还原反应与负极发生的氧化反应的加合,如

$$Cu^{2+} + Zn \longrightarrow Zn^{2+} + Cu$$

可见,原电池的装置证明了氧化还原反应的实质是在氧化剂和还原剂之间发生了电子

转移。铜锌原电池是原电池(又称化学电源)中最简单的一种,通过化学能转化为电能,还可制造出一些其他的应用电池,如干电池、铅蓄电池等。

(3) 原电池装置的符号表示

为了方便,原电池装置可用符号表示。例如,Cu-Zn 原电池可以表示为

$$(-)Zn|ZnSO_4(c_1)\parallel CuSO_4(c_2)|Cu(+)$$

书写电池需注意以下几个方面:

① 一般将负极写在左边,正极写在右边。

② 写出电极的化学组成及物态,气态注明压力(单位为 kPa),溶液注明浓度(c)。

③ 单线"|"表示极板与电极其余部分的界面。

④ 同一相中不同物质之间以及电极中其他相界面均用逗号","分开。

⑤ 双线"‖"表示盐桥。

⑥ 气体或液体不能直接作为电极,必须附以不活泼金属(如铂)作电极板起导体作用。纯气体、液体如 $H_2(g)$、$Br_2(l)$紧靠电极板。

$FeCl_3$ 溶液和 $SnCl_2$ 溶液间可发生如下反应:

$$2FeCl_3+SnCl_2 \longrightarrow 2FeCl_2+SnCl_4$$

该反应可以组成一个原电池。电极反应和电池反应及电池表示为

电极反应: 负极 $Sn^{2+} = Sn^{4+}+2e^-$

正极 $Fe^{3+}+e^- = Fe^{2+}$

电池反应: $2Fe^{3+}+Sn^{2+} \rightleftharpoons 2Fe^{2+}+Sn^{4+}$

电池表示: $(-)Pt\mid Sn^{2+}(c_1),Sn^{4+}(c_2)\parallel Fe^{3+}(c_3),Fe^{2+}(c_4)\mid Pt(+)$

9.3.2 电极电势

用导线将原电池的两个电极连接起来,其间有电流通过。这表明原电池两极间存在电势差,说明构成原电池的两个电极的电势是不等的,那么电极的电势是如何产生的呢?

电极电势的产生,可用 1889 年德国化学家能斯特提出的双电层理论来说明。

金属晶体是由金属原子、金属离子和自由电子组成的。当把金属插入其盐溶液中时,金属表面的离子与溶液中极性水分子相互吸引而发生水化作用。这种水化作用可使金属表面上部分金属离子进入溶液而把电子留在金属表面上,这是金属溶解过程。金属越活泼,溶液越稀,金属溶解的倾向越大。另一方面,溶液中的金属离子有可能碰撞金属表面,从金属表面上得到电子,还原为金属原子沉积在金属表面上,这个过程为金属离子的沉积。金属越不活泼,溶液浓度越大,金属离子沉积的倾向越大。当金属的溶解速度和金属离子的沉积速度相等时,达到了动态平衡。

$$\underset{\text{在极板上}}{M(s)} \underset{\text{析出}}{\overset{\text{溶解}}{\rightleftharpoons}} \underset{\text{在溶液中}}{M^{n+}(aq)} + \underset{\text{留于极板上}}{ne^-}$$

在一给定浓度的溶液中,若金属失去电子的溶解速度大于金属离子得到电子的沉积速度,达到平衡时,金属带负电,溶液带正电。溶液中的金属离子并不是均匀分布的,由于静电吸引,较多地集中在金属表面附近的液层中。这样在金属和溶液的界面上形成了双电层[如图 9-2(a)],产生电势差。反之,如果金属离子的沉积速度大于金属的溶解速度,达到平衡

时，金属带正电，溶液带负电。同样，金属和溶液的界面上也形成了双电层[如图 9-2(b)]，产生电势差。金属与其盐溶液界面上的电势差称为金属的电极电势，常用符号 φ 表示。

金属与溶液间电势差的大小，取决于金属的性质，溶液中离子的浓度和温度。金属越活泼，电势越低；金属越不活泼，电势越高。在同一种金属电极中，金属离子浓度越大，电势越高；浓度越小，电势越低。温度越高，电势越高；温度越低，电势越低。

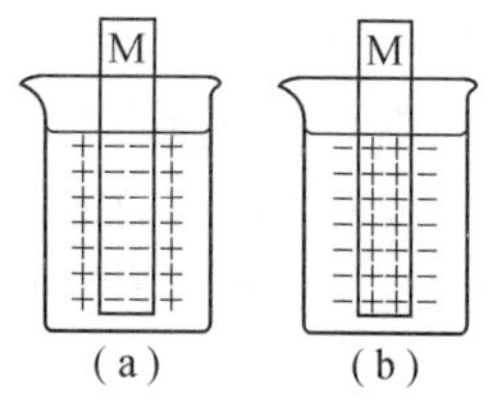

图 9-2 金属电极的双电层示意图

原电池的电动势就等于正极的电极电势减去负极的电极电势。即

$$E=\varphi_{(+)}-\varphi_{(-)} \tag{9-1}$$

式中，$\varphi_{(+)}$ 是正极电极电势，$\varphi_{(-)}$ 是负极电极电势，E 就是原电池的电动势。

9.3.3 标准电极电势

(1) 标准氢电极

电极电势的绝对值是无法测定的，但可以选定一个电极作为标准，将各种待测电极与它相比较，就可得到各种电极的电极电势相对值。国际纯粹和应用化学协会(IUPAC)选定“标准氢电极”作为比较标准，就好像以海平面高度为零作为衡量山的高度一样。

标准氢电极的装置如图 9-3 所示。为了增强吸附氢气的能力并提高反应速率，通常要在金属铂片上镀上一层铂粉即铂黑，然后将镀有铂黑的铂电极插入含氢离子的酸性溶液中，不断通入纯氢气气流，使铂电极上铂黑吸附的氢气达到饱和，并与溶液中的氢离子达到如下平衡：

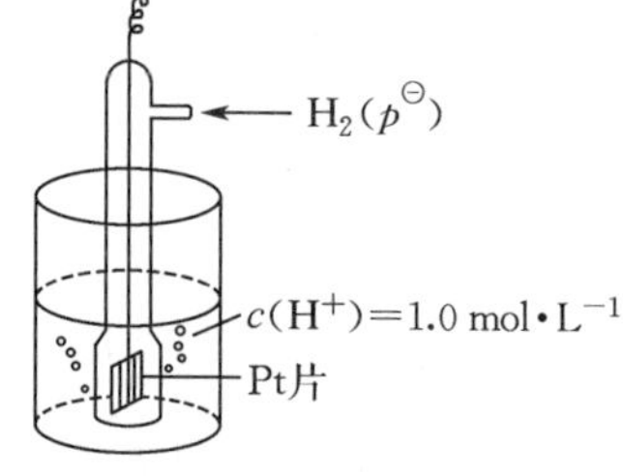

图 9-3 标准氢电极示意图

$$2H^+(aq)+2e^- \rightleftharpoons H_2(g)$$

IUPAC 规定，在 298.15 K 下，氢气分压为 100 kPa，氢离子浓度为1.0 mol · L^{-1}(严格地说是活度 1)时，氢电极的电极电势为 0 V。即

$$\varphi^{\ominus}(H^+/H_2)=0(V)$$

式中，$\varphi^{\ominus}(H^+/H_2)$是氢电极的标准电极电势，V 是电极电势的单位(伏特)。

(2) 标准电极电势的测定

参与电极反应的各有关物质均为标准状态(离子浓度为 1.0 mol · L^{-1}，气体物质的分压为 100 kPa)时，其电极电势称为该电极的标准电极电势，用符号 $\varphi^{\ominus}$ 表示。欲测定某标准电极电势，可将该电极与标准氢电极组成原电池，书写时将标准氢电极列于左侧(假定为负极)，将待测电极列于右侧(假定为正极)。用电位计测定该原电池的标准电动势$E^{\ominus}$，则

$$E^{\ominus}=\varphi^{\ominus}_{右}-\varphi^{\ominus}_{左}=\varphi^{\ominus}_{待测}-\varphi^{\ominus}(H^+/H_2)$$

【例 9-3】 测定 Zn^{2+}/Zn 电极的标准电极电势 $\varphi^{\ominus}(Zn^{2+}/Zn)$。

【解】 将标准 Zn^{2+}/Zn 电极与标准氢电极组成原电池：

$$Pt \mid H_2(100\ kPa), H^+(1.0\ mol\cdot L^{-1}) \parallel Zn^{2+}(1.0\ mol\cdot L^{-1}) \mid Zn$$

298 K 时，测得 $E^{\ominus}=-0.7628$ V。

$$\because E^{\ominus}=\varphi^{\ominus}(Zn^{2+}/Zn)-\varphi^{\ominus}(H^+/H_2)=\varphi^{\ominus}(Zn^{2+}/Zn)-0$$

$\therefore\ \varphi^{\ominus}(Zn^{2+}/Zn) = -0.7628(V)$

因为 Zn^{2+}/Zn 电极的电势为负值，低于标准氢电极的电势，所以 Zn^{2+}/Zn 电极为负极，标准氢电极为正极。其电极反应和电池反应为

电极反应：负极：$Zn \xlongequal{} Zn^{2+} + 2e^-$

正极：$2H^+ + 2e^- \xlongequal{} H_2$

电池反应：$Zn + 2H^+ \xlongequal{} Zn^{2+} + H_2$

(3) 标准电极电势表

用上述方法不仅可以测定金属的标准电极电势，也可以测定非金属离子和气体的标准电极电势。对于某些与水剧烈反应而不能直接测定的电极，可以通过热力学数据用间接的方法计算出标准电极电势。把各种标准电极电势由低到高从上而下排列成序，就得到了标准电极电势表。表 9-2 列出了 298 K 时，一些物质在水溶液中的标准电极电势。

表 9-2 一些常见的氧化还原半反应和标准电极电势(298.15 K)

	半反应	$\varphi^{\ominus}$/ V	
氧化剂的氧化能力增强 ↓	$Na^+ + e^- \rightleftharpoons Na$	−2.71	还原剂的还原能力增强 ↑
	$Zn^{2+} + 2e^- \rightleftharpoons Zn$	−0.7618	
	$Pb^{2+} + 2e^- \rightleftharpoons Pb$	−0.1262	
	$2H^+ + 2e^- \rightleftharpoons H_2$	0	
	$AgCl + e^- \rightleftharpoons Ag + Cl^-$	0.22233	
	$Cu^{2+} + 2e^- \rightleftharpoons Cu$	0.3419	
	$I_2 + 2e^- \rightleftharpoons 2I^-$	0.5355	
	$O_2 + 2H^+ + 2e^- \rightleftharpoons H_2O_2$	0.695	
	$Fe^{3+} + e^- \rightleftharpoons Fe^{2+}$	0.771	
	$Ag^+ + e^- \rightleftharpoons Ag$	0.7996	
	$Br_2(l) + 2e^- \rightleftharpoons 2Br^-$	1.066	
	$Cr_2O_7^{2-} + 14H^+ + 6e^- \rightleftharpoons 2Cr^{3+} + 7H_2O$	1.232	
	$Cl_2 + 2e^- \rightleftharpoons 2Cl^-$	1.35827	
	$MnO_4^- + 8H^+ + 5e^- \rightleftharpoons Mn^{2+} + 4H_2O$	1.507	

使用标准电极电势表应注意以下几点：

① 按照国际惯例，每一电极的电极反应均写成还原反应形式，即氧化型$+ne^- \rightarrow$还原型，即用电对"氧化型/还原型"表示电极的组成。

② 标准电极电势的大小反映了物质的氧化还原能力的强弱。$\varphi^{\ominus}$越小的电极，其还原型物质越易失去电子，是越强的还原剂；其对应的氧化型物质则越难得到电子，是越弱的氧化剂；反之则相反。因此，在表中还原型的还原能力自上而下依次减弱，氧化型的氧化能力自上而下依次增强。在表 9-2 中，最强的氧化剂是 MnO_4^-，最强的还原剂是 Na。

③ 电极反应的标准电极电势是强度性质，其数值与电极反应的计量系数无关。例如

$$Zn^{2+}(aq) + 2e^- \xlongequal{} Zn(s) \qquad \varphi^{\ominus} = -0.7618\,V$$

$$2Zn^{2+}(aq) + 4e^- \xlongequal{} 2Zn(s) \qquad \varphi^{\ominus} = -0.7618\,V$$

④ 表 9-2 为 298.15 K 时的标准电极电势。由于电极电势随温度变化并不大，其他温度下的电极电势也可用此表。

(4) 如何查电对的标准电极电势

① 在电极反应中，H^+ 无论在反应物或产物中出现皆查酸表；

② 在电极反应中，OH^- 无论在反应物或产物中出现皆查碱表；

③ 在电极反应中没有 H^+ 或 OH^- 出现时，可以从存在状态来考虑。

例如，Fe^{3+} 只存在于酸性溶液中，在酸表中查

$$Fe^{3+} + e^- \rightleftharpoons Fe^{2+} \ (\varphi^{\ominus} = 0.771\ \text{V})$$

介质没有参与电极反应的电势也列在酸表中，例如

$$Cl_2(g) + 2e^- \rightleftharpoons 2Cl^- \ (\varphi^{\ominus} = 1.358\ 3\ \text{V})$$

表现两性的金属与它的阴离子盐的电对应查碱表，如 ZnO_2^{2-}/Zn 的 $\varphi^{\ominus}$ 查碱表。

9.3.4 原电池的电动势和化学反应自由能的关系

在等温等压下，系统 Gibbs 自由能的降低值等于系统在可逆过程中对外所能做的最大非体积功：

$$\Delta G = -W_{\text{f,最大}}$$

在原电池中，系统做电功：

$$\Delta_r G_m = -W_{\text{电功,最大}} \qquad (9\text{-}2)$$

$$W_{\text{电功,最大}} = qE$$

又由于

$$q = nF$$

所以

$$W_{\text{电功,最大}} = nFE \qquad (9\text{-}3)$$

式中，F 为法拉第常数(Faraday constant)，1 mol 电子的电量为 96 485 C，F 为 96 485 C·mol^{-1}。n 为电池反应中电子转移数，也就是两个电极半反应中电子转移数的最小公倍数。

合并式(9-2)和式(9-3)得

$$\Delta_r G_m = -nFE \qquad (9\text{-}4)$$

当电池中各物质均处于标准态时，式(9-4)可表示为

$$\Delta_r G_m^{\ominus} = -nFE^{\ominus} \qquad (9\text{-}5)$$

式(9-4)和式(9-5)通过 $\Delta_r G_m$ 和 E 将热力学和电化学联系起来了，并可推出等温等压、标准态下：

$\Delta_r G_m^{\ominus} < 0$，$E^{\ominus} > 0$，反应正向自发进行；

$\Delta_r G_m^{\ominus} > 0$，$E^{\ominus} < 0$，反应逆向自发进行；

$\Delta_r G_m^{\ominus} = 0$，$E^{\ominus} = 0$，反应达到平衡。

可见，$\Delta_r G_m^{\ominus}$ 和 $E^{\ominus}$ 都可作为标准态下氧化还原反应自发性的判据。同理，也可以推出 $\Delta_r G_m$ 和 E 作为非标准态下的氧化还原反应自发性的判据。

应当指出，由自发的氧化还原反应所组成的电池，其电动势当然为正值。实验测出的电池电动势也都是正值，并没有正、负号的问题。但根据未知其自发进行方向的氧化还原反应方程式计算出电池电动势就会有正、负之分，并且可根据其正、负来判断氧化还原反应自发进行的方向。

【例 9-4】 根据标准电极电势，计算 $Cr_2O_7^{2-} + 6Fe^{2+} + 14H^+ \rightleftharpoons 2Cr^{3+} + 6Fe^{3+} + 7H_2O$ 反应的 $\Delta_r G_m^{\ominus}$，并判断反应是否自发进行。

【解】 首先将氧化还原反应拆成两个半反应：

正极反应　$Cr_2O_7^{2-} + 14H^+ + 6e^- \longrightarrow 2Cr^{3+} + 7H_2O$　查表得　$\varphi^\ominus = 1.232\ V$

负极反应　$Fe^{3+} + e^- \longrightarrow Fe^{2+}$　查表得　$\varphi^\ominus = 0.771\ V$

$E^\ominus = \varphi^\ominus(Cr_2O_7^{2-}/Cr^{3+}) - \varphi^\ominus(Fe^{3+}/Fe^{2+}) = 1.232 - 0.771 = 0.461(V)$

在氧化还原反应中电子转移的总数 $n=6$，

$$\begin{aligned}\Delta_r G_m^\ominus &= -nFE^\ominus = -6\times 96\,485 \times 0.461 \\ &= -2.669\times 10^5(J \cdot mol^{-1}) = -266.9(kJ \cdot mol^{-1}) < 0\end{aligned}$$

故反应正向自发进行。

根据有关热力学数据也可计算电池反应的电动势。

【例 9-5】 已知 $Fe + 2H^+ \rightleftharpoons Fe^{2+} + H_2$ 的 $\Delta_r H_m^\ominus = -89.1\ kJ \cdot mol^{-1}$，$\Delta_r S_m^\ominus = -34.3\ J \cdot K^{-1} \cdot mol^{-1}$，求 298 K 时，$Fe^{2+} + 2e^- = Fe$ 的电极反应的电极电势。

【解】 根据反应的 $\Delta_r H_m^\ominus$ 和 $\Delta_r S_m^\ominus$ 计算 $\Delta_r G_m^\ominus$：

$$\begin{aligned}\Delta_r G_m^\ominus &= \Delta_r H_m^\ominus - T\Delta_r S_m^\ominus = -89.1 - 298\times(-34.3/1\,000) \\ &= -78.88(kJ \cdot mol^{-1})\end{aligned}$$

又因为 $\Delta_r G_m^\ominus = -nFE^\ominus$，且反应电子转移数 $n=2$

$$\begin{aligned}E^\ominus &= -\Delta_r G_m^\ominus / nF = -(-78.88\times 10^3)/(2\times 96\,485) \\ &= 0.409(V)\end{aligned}$$

由于　$\varphi^\ominus(H^+/H_2) = 0(V)$

$$E^\ominus = \varphi^\ominus(H^+/H_2) - \varphi^\ominus(Fe^{2+}/Fe) = 0.409(V)$$

故　$\varphi^\ominus(Fe^{2+}/Fe) = \varphi^\ominus(H^+/H_2) - E^\ominus = -0.409(V)$

9.4　影响电极电势的因素

标准电极电势是在标准状态下测得的，一般它也只能在标准状态下应用，但绝大多数氧化还原反应都是在非标准状态下进行的，因此将非标准状态下的氧化还原反应组成原电池，其电极电势也是非标准状态的。那么，非标准状态的电极电势受哪些因素的影响，这些因素间的关系又如何呢？

9.4.1　能斯特公式

电极电势值的大小首先取决于电对的本性。如活泼金属的电极电势值一般都很小，而活泼非金属的电极电势值则较大。此外，电对的电极电势还与温度和浓度有关。通常实验是在常温下进行的，所以对某指定的电极，浓度的变化往往是影响电极电势的主要因素。电极电势与温度和浓度的关系可用能斯特(Nernst H W)方程式来表示。

对于任一反应　　氧化态 $+ ne^- \rightleftharpoons$ 还原态

能斯特方程式为

$$\varphi = \varphi^\ominus + \frac{RT}{nF}\ln\frac{c(\text{氧化态})}{c(\text{还原态})} \tag{9-6}$$

式中，φ 为任一温度、浓度时的电极电势，单位 V；$\varphi^\ominus$ 为电对的标准电极电势，单位 V；R 为气体常数，8.314 $J \cdot K^{-1} \cdot mol^{-1}$；$F$ 为法拉第常数，96 485 $C \cdot mol^{-1}$；T 为绝对温度，单位 K；n 为电池反应中电子转移的数目。

若温度为298.15 K，将上述各数据代入式(9-6)，并将自然对数换成常用对数，则上式变为

$$\varphi=\varphi^{\ominus}+\frac{0.059\ 2}{n}\lg\frac{c(\text{氧化态})}{c(\text{还原态})} \tag{9-7}$$

应用能斯特方程式时，应注意以下几点：

① 如果组成电对的物质为固体、纯液体或稀溶液中的水时，则将它们的浓度视为常数1。例如

$$Cu^{2+}+2e^{-}=\!=\!=Cu$$

$$\varphi=\varphi^{\ominus}+\frac{0.059\ 2}{2}\lg c(Cu^{2+})$$

$$Br_2(l)+2e^{-}=\!=\!=2Br^{-}$$

$$\varphi=\varphi^{\ominus}+\frac{0.059\ 2}{2}\lg\frac{1}{c^2(Br^{-})}$$

② 如果组成电对的物质是气体，则以其相对分压来代替其浓度。相对分压$=p/p^{\ominus}$。例如

$$Cl_2(g)+2e^{-}=\!=\!=2Cl^{-}$$

$$\varphi=\varphi^{\ominus}+\frac{0.059\ 2}{2}\lg\frac{p(Cl_2)/p^{\ominus}}{c^2(Cl^{-})}$$

③ 在应用能斯特方程式进行计算之前，必须先将电极反应式配平。配平后的电极反应式中物质分子式(或化学式)前面的系数若不等于1，则能斯特方程式中相应物质浓度的指数就是系数。

④ 如果电极反应中涉及H^{+}或OH^{-}，则它们的浓度的方次也应写进能斯特方程式。例如

$$Cr_2O_7^{2-}+14H^{+}+6e^{-}=\!=\!=2Cr^{3+}+7H_2O$$

$$\varphi=\varphi^{\ominus}+\frac{0.059\ 2}{6}\lg\frac{c(Cr_2O_7^{2-})\cdot c^{14}(H^{+})}{c^2(Cr^{3+})}$$

9.4.2 浓度对电极电势的影响

根据能斯特方程，当温度一定时，电极中氧化态物质和还原态物质的相对浓度决定电极电势的高低。$\frac{c(\text{氧化态})}{c(\text{还原态})}$越大，电极电势值$\varphi$越高；$\frac{c(\text{氧化态})}{c(\text{还原态})}$越小，$\varphi$越低。

(1) 氧化型、还原型物质本身浓度的影响

【例9-6】 计算298 K时，电对Fe^{3+}/Fe^{2+}在下列情况的电极电势：

(1) $c(Fe^{3+})=0.10\ mol\cdot L^{-1}$，$c(Fe^{2+})=1.0\ mol\cdot L^{-1}$；

(2) $c(Fe^{3+})=1.0\ mol\cdot L^{-1}$，$c(Fe^{2+})=0.10\ mol\cdot L^{-1}$。

【解】

$$Fe^{3+}+e^{-}=\!=\!=Fe^{2+}$$

$$\varphi=\varphi^{\ominus}+0.059\ 2\lg\frac{c(Fe^{3+})}{c(Fe^{2+})}$$

(1) $\varphi=\varphi^{\ominus}+0.059\ 2\lg\frac{c(Fe^{3+})}{c(Fe^{2+})}=0.771+0.059\ 2\lg\frac{0.10}{1.0}=0.712(V)$

(2) $\varphi=\varphi^{\ominus}+0.059\ 2\lg\frac{c(Fe^{3+})}{c(Fe^{2+})}=0.771+0.059\ 2\lg\frac{1.0}{0.10}=0.830(V)$

通过上例可以得到：降低电对中氧化型物质的浓度，φ值减小，氧化型物质的氧化能力

下降，而还原型物质的还原能力增强；反之，降低电对中还原型物质的浓度，φ 值增大，氧化型物质的氧化能力增强，而还原型物质的还原能力下降。

(2) 酸度的影响

如果反应中包含有 H^+ 和 OH^-，则溶液的酸度变化会对电极电势产生影响。

【例 9-7】 在 pH 分别为 3.00 和 6.00 时，$KMnO_4$ 能否氧化 I^- 和 Br^-？（假设 I^- 和 Br^- 的浓度皆为 1.0 mol·L^{-1}，且 MnO_4^- 和 Mn^{2+} 的浓度相等。）

【解】 $$MnO_4^- + 8H^+ + 5e^- \rlap{=}{=}= Mn^{2+} + 4H_2O$$

查附表可得 $$\varphi^\ominus(MnO_4^-/Mn^{2+}) = 1.507(V)$$

则由 Nernst 公式可得

(1) $c(H^+) = 1.0\times10^{-3}$ mol·L^{-1}时：

$$\varphi = \varphi^\ominus + \frac{0.0592}{n}\lg\frac{c(MnO_4^-)\cdot c^8(H^+)}{c(Mn^{2+})} = 1.507 + \frac{0.0592}{5}\lg(1.0\times10^{-3})^8 = 1.213(V)$$

(2) $c(H^+) = 1.0\times10^{-6}$ mol·L^{-1}时：

$$\varphi = \varphi^\ominus + \frac{0.0592}{n}\lg\frac{c(MnO_4^-)\cdot c^8(H^+)}{c(Mn^{2+})} = 1.507 + \frac{0.0592}{5}\lg(1.0\times10^{-6})^8 = 0.939(V)$$

查表 I_2/I^- 和 Br_2/Br^- 的标准电极电势分别为 0.54，1.07，可见当 pH 为 3.00 时，$KMnO_4$ 可以氧化 I^- 和 Br^-，但当 pH 为 6.00 时，只能氧化 I^-，而不能氧化 Br^-。可见 $KMnO_4$ 作为氧化剂，氧化能力受溶液酸度的影响非常大，酸度降低，氧化能力减弱。溶液的酸度不仅影响电对的电极电势的值，还会影响氧化还原反应的产物，如 $KMnO_4$ 中的 Mn(Ⅶ)在酸性溶液中可被还原为 Mn^{2+}；在中性溶液中只能被还原为氧化数为+4 的 MnO_2；而在碱性溶液中只能被还原为氧化数为+6 的 MnO_4^{2-}。这在氧化还原反应与电化学的实验中，可以明显地观察到有关现象。

(3) 形成沉淀的影响

在氧化还原电对中，氧化态或还原态物质生成沉淀将显著地改变它们的浓度，使电极电势发生变化。

【例 9-8】 已知 $Ag^+ + e^- \rlap{=}{=}= Ag$，$\varphi^\ominus = 0.7996$ V。若在电极溶液中加入 NaCl，使其与 Ag^+ 生成 AgCl 沉淀，并保持 Cl^- 浓度为 1.0 mol·L^{-1}，求 298.15 K 时 Ag^+/Ag 电对的电极电势。

【解】 $$Ag^+ + e^- \rlap{=}{=}= Ag, \quad n=1$$

$$\varphi(Ag^+/Ag) = \varphi^\ominus(Ag^+/Ag) + \frac{0.0592}{n}\lg c_r(Ag^+)$$

$$Ag^+ + Cl^- \rlap{=}{=}= AgCl$$

$$c_r(Ag^+)\cdot c_r(Cl^-) = K_{sp} = 1.77\times10^{-10}$$

$$c_r(Ag^+) = K_{sp}/c_r(Cl^-) = 1.77\times10^{-10}$$

$$\varphi(Ag^+/Ag) = 0.7996 - 0.0592\lg 1.77\times10^{-10}$$

$$= 0.7996 - 0.577 = 0.223(V)$$

显然由于有沉淀生成，使 Ag^+ 的浓度急剧降低，对 $\varphi(Ag^+/Ag)$ 造成了较大的影响。

实际上，在 Ag^+ 溶液中加入 Cl^-，原来氧化还原电对中的 Ag^+ 已转化为 AgCl 沉淀了，

并组成了一个新电对 AgCl/Ag，电极反应为

$$AgCl + e^- \longrightarrow Ag + Cl^-$$

由于平衡溶液中的 Cl^- 浓度为 1.0 mol·L^{-1}，这时

$$\varphi(Ag^+/Ag) = \varphi^\ominus(AgCl/Ag) = 0.223\ V$$

并有 $$\varphi^\ominus(AgCl/Ag) = \varphi^\ominus(Ag^+/Ag) + 0.0592\ \lg K_{sp}(AgCl)$$

(4) 发生配位反应的影响

在氧化还原电对中，若加入能够与氧化态或还原态物质发生反应生成配离子的配体后，将使氧化态或还原态物质的浓度降低，使电极电位发生变化。

【例 9-9】 计算在电对 Ag^+/Ag 溶液中加入 NH_3 后电对的电极电势。

【解】 电极反应为 $$Ag^+ + e^- \longrightarrow Ag$$

加入 NH_3 后，与 Ag^+ 形成稳定的 $Ag(NH_3)_2^+$ 配离子：

$$Ag^+ + 2NH_3 \rightleftharpoons Ag(NH_3)_2^+$$

使溶液中的 Ag^+ 浓度大大降低。若平衡时溶液中的 $c_r(NH_3) = c_r[Ag(NH_3)_2^+] =$ 1.0 mol·L^{-1}，则

$$c_r(Ag^+) = \frac{c_r[Ag(NH_3)_2^+]}{K_f c_r^2(NH_3)} = \frac{1}{K_f}$$

$$\varphi(Ag^+/Ag) = \varphi^\ominus(Ag^+/Ag) + \frac{0.0592}{1.0}\lg c_r(Ag^+)$$

$$= \varphi^\ominus(Ag^+/Ag) + \frac{0.0592}{1.0}\lg\frac{1.0}{K_f}$$

$$= 0.800 + 0.0592\ \lg\frac{1}{1.7\times10^7} = 0.372(V)$$

这也是电对 $Ag(NH_3)_2^+/Ag$ 按电极反应 $Ag(NH_3)_2^+ + e^- \rightleftharpoons Ag + 2NH_3$ 的标准电极电势。即

$$\varphi^\ominus[Ag(NH_3)_2^+/Ag] = 0.372\ V$$

*9.5 电极电势的应用

9.5.1 计算原电池的电动势

组成原电池的两个电极，电极电势数值较大的一极为正极，电极电势数值较小的一极为负极。原电池的电动势等于正极的电极电势数值减去负极的电极电势数值。

【例 9-10】 计算下面原电池的电动势：

$$(-)Pt|H_2(p^\ominus)|H^+(10^{-3}mol\cdot L^{-1})\parallel H^+(10^{-2}mol\cdot L^{-1})|Pt(+)$$

【解】 正极和负极的电极反应均为 $$2H^+ + 2e^- \longrightarrow H_2$$

由公式 $\varphi = \varphi^\ominus + \frac{0.0592}{2}\lg\frac{c^2(H^+)}{p(H_2)/p^\ominus}$ 可得

$$\varphi_+ = \varphi_+^\ominus + \frac{0.0592}{2}\lg(10^{-2})^2$$

$$\varphi_- = \varphi_-^\ominus + \frac{0.0592}{2}\lg(10^{-3})^2$$

所以原电池的电动势可以由下式算出，即

$$E=\varphi_+-\varphi_-=\varphi_+^\ominus-\varphi_-^\ominus+\frac{0.059\ 2}{2}\lg\left(\frac{10^{-2}}{10^{-3}}\right)^2$$

因为正极和负极都是氢电极，所以 $\varphi_+^\ominus=\varphi_-^\ominus$。

故 $$E=0+0.059\ 2\times\lg 10=0.059\ 2(\text{V})$$

9.5.2 判断氧化剂和还原剂的强弱

根据标准电极电势可知：

(1) $\varphi^\ominus$ 代数值越大（即在电极电势表中越靠下边），该电对氧化态的氧化能力越强，其对应的还原态的还原能力越弱。

(2) $\varphi^\ominus$ 代数值越小（即在电极电势表中越靠上边），该电对还原态的还原能力越强，其对应的氧化态的氧化能力越弱。

【例 9-11】 根据 $\varphi^\ominus$ 比较下列各电对中物质的氧化性、还原性的相对强弱，找出最强的氧化剂、还原剂。

【解】

	$HClO/Cl_2$	Cl_2/Cl^-	MnO_4^-/Mn^{2+}
$\varphi^\ominus$/V	1.63	1.36	1.51

$\varphi^\ominus$ 值越大，其氧化型的氧化能力越强，$\varphi^\ominus$ 值越小，其还原型的还原能力越强。因此，HClO 的氧化能力最强，Cl^- 的还原能力最强。

【例 9-12】 分析化学中，从含有 Cl^-，Br^-，I^- 的混合溶液中进行 I^- 的定性鉴定时，常用 $Fe_2(SO_4)_3$ 将 I^- 氧化为 I_2，再用 CCl_4 将 I_2 萃取出来呈紫红色。说明其原理。

【解】

$I_2+2e^-\rightleftharpoons 2I^-$　　$\varphi^\ominus=0.536\ \text{V}$

$Br_2+2e^-\rightleftharpoons 2Br^-$　　$\varphi^\ominus=1.066\ \text{V}$

$Cl_2+2e^-\rightleftharpoons 2Cl^-$　　$\varphi^\ominus=1.358\ \text{V}$

$Fe^{3+}+e^-\rightleftharpoons Fe^{2+}$　　$\varphi^\ominus=0.771\ \text{V}$

由标准电极电势值可看出，$\varphi^\ominus(Fe^{3+}/Fe^{2+})$ 大于 $\varphi^\ominus/(I_2/I^-)$，而小于 $\varphi^\ominus(Br_2/Br^-)$ 和 $\varphi^\ominus(Cl_2/Cl^-)$，因此 Fe^{3+} 可将 I^- 氧化成 I_2，而不能将 Br^- 和 Cl^- 氧化，Br^- 和 Cl^- 仍留在溶液中。其原理就是选择了一个合适的氧化剂 $Fe_2(SO_4)_3$，在 Cl^-，Br^-，I^- 共存时，能选择性地氧化 I^-，从而达到鉴定的目的。

9.5.3 判断氧化还原反应进行的方向

根据热力学理论，在等温定压下，反应系统吉布斯自由能降低的方向为反应自发进行的方向。反应系统吉布斯自由能降低值等于系统可能做的最大非体积功，即氧化还原反应发生的方向：

$$\text{强氧化型}_1+\text{强还原型}_2=\text{弱还原型}_1+\text{弱氧化型}_2$$

在标准状态下，标准电极电势数值较大的电对的氧化型能氧化标准电极电势数值较小的电对的还原型。

利用标准电极电势定量地判断氧化还原反应方向的具体步骤：

(1) 求出反应物和生成物中元素的氧化数，根据氧化数的变化确定氧化剂和还原剂；

(2) 分别查出氧化剂电对的标准电极电势和还原剂电对的标准电极电势；

(3) 以反应物中还原型作还原剂，它的电对为负极，以反应物中氧化型作氧化剂，它的电对为正极，求出电池标准状态的电动势：

若 $E^{\ominus}>0$，则反应自发正向(向右)进行；若 $E^{\ominus}<0$，则反应逆向(向左)进行。

【例 9-13】 判断反应 $Zn+Cu^{2+}=Cu+Zn^{2+}$ 是否向右进行。

【解】 查出标准电势，求出电池电动势：

$$E^{\ominus}=\varphi_{+}^{\ominus}-\varphi_{-}^{\ominus}=\varphi^{\ominus}(Cu^{2+}/Cu)-\varphi^{\ominus}(Zn^{2+}/Zn)$$
$$=0.340\,2-(-0.762\,8)=1.10(V)$$

$E^{\ominus}>0$，反应自发向右进行。

9.5.4 判断氧化还原反应的程度

氧化还原反应属可逆反应，同其他可逆反应一样，在一定条件下也能达到平衡。随着反应不断进行，参与反应的各物质浓度不断改变，其相应的电极电势也在不断变化。电极电势高的电对其电极电势逐渐降低，电极电势低的电对其电极电势逐渐升高，最后必定达到两电极电势相等，则原电池的电动势为零，此时反应达到了平衡，即达到了反应进行的限度。利用能斯特方程式和标准电极电势表可以算出平衡常数，以判断氧化还原反应进行的程度。若平衡常数值很小，表示正向反应趋势很小，正向反应进行得不完全；若平衡常数值很大，表示正向反应可以充分地进行，甚至可以进行到接近完全。因此平衡常数是判断反应进行程度的标志。

由公式 $\Delta_r G_m^{\ominus}=-nFE^{\ominus}$，及公式 $\Delta_r G_m^{\ominus}=-RT\ln K^{\ominus}$ 可得

$$\ln K^{\ominus}=\frac{nFE^{\ominus}}{RT}$$

在 298.15 K 下，将 $R=8.314\ J\cdot K^{-1}\cdot mol^{-1}$，$F=96\,485\ C\cdot mol^{-1}$ 代入上式得

$$\lg K^{\ominus}=\frac{nE^{\ominus}}{0.059\,2} \tag{9-8}$$

上式中，n 是配平的氧化还原反应方程式中转移的电子数。由式(9-8)可知：在一定温度下(一般为 298.15 K)，氧化还原反应的平衡常数与标准状态下的电池电动势和氧化还原反应中电子转移数(反应方程式的写法)有关，同时还表明氧化还原反应的平衡常数与氧化剂和还原剂的本性有关，而与物质浓度无关，即已知标准电池电动势和反应式就可以计算该反应的平衡常数。

【例 9-14】 计算下列反应在 298 K 时的平衡常数，并判断此反应进行的程度。

$$Cr_2O_7^{2-}+6I^-+14H^+ \rightleftharpoons 2Cr^{3+}+3I_2+7H_2O$$

【解】 电极反应 $Cr_2O_7^{2-}+14H^++6e^- = 2Cr^{3+}+7H_2O \quad \varphi_1^{\ominus}=+1.232\ V$

$$2I^- = I_2+2e^- \quad \varphi_2^{\ominus}=+0.535\,5\ V$$

$$\lg K^{\ominus}=\frac{nE^{\ominus}}{0.059\,2}=\frac{6\times(1.232-0.535\,5)}{0.059\,2}=70.59$$

$$K^{\ominus}=10^{70.59}=3.89\times10^{70}$$

此反应的平衡常数很大，表明此正反应能进行完全，实际上可以认为能进行到底。

有些平衡常数，如酸(碱)解离平衡常数 $K_a^\ominus$($K_b^\ominus$)、水的离子积常数 $K_w^\ominus$、溶度积常数 $K_{sp}^\ominus$、配位平衡稳定常数 $K_f^\ominus$ 等等，若它们的平衡关系式可以由两个电极反应式组成，同样可用电池电动势计算其平衡常数。

【例 9-15】 已知 $Ag^+ + e^- \rightleftharpoons Ag$　　$\varphi^\ominus = 0.7996\ V$

$AgCl + e^- \rightleftharpoons Ag + Cl^-$　　$\varphi^\ominus = 0.22233\ V$

求 AgCl 的 K_{sp}。

【解】 $Ag^+ + e^- \rightleftharpoons Ag$　　$\varphi^\ominus = 0.7996\ V$　　(1)

$AgCl + e^- \rightleftharpoons Ag + Cl^-$　　$\varphi^\ominus = 0.22233\ V$　　(2)

把它们组成原电池，根据电极电位的高低，确定式(1)作正极，式(2)作负极，构成的电池的反应式为　$Ag^+ + Cl^- \rightleftharpoons AgCl\ (s)$　　$n=1$

显然该电池的反应为 AgCl 在水溶液中溶解平衡的逆过程，求出电池反应的平衡常数即为 AgCl 的 $K_{sp}^\ominus$ 的倒数值。

因为
$$\lg K^\ominus = \frac{nE^\ominus}{0.0592}$$

所以
$$\lg K^\ominus = \frac{n[\varphi^\ominus(Ag^+/Ag) - \varphi^\ominus(AgCl/Ag)]}{0.0592}$$
$$= \frac{1 \times (0.7996\ V - 0.22233\ V)}{0.0592} = 9.7578$$
$$K_{sp}^\ominus = 1.75 \times 10^{-10}$$

9.5.5 元素电势图及其应用

许多元素具有多种氧化数。同一元素不同氧化数的物质，其氧化或还原能力是不同的。为了研究的方便，人们把某一元素有关的标准电极电势集中在一张图中，形成电势图。元素标准电极电势图(简称元素电势图)就是其中的一种。将某元素各种不同氧化数的物质按氧化数降低的顺序从左到右排列，每两种物质之间用线段相连，并在线上标出相应氧化还原电对的标准电极电势值，就得到该元素的标准电极电势图，又称为 Latimer 图。如下图为铜元素在酸性介质中的元素电势图和氯元素在碱性介质中的元素电势图。

$\varphi_A^\ominus/V$　　$Cu^{2+} \overset{0.153}{—} Cu^+ \overset{0.52}{—} Cu$（$Cu^{2+}$ 至 Cu：0.337）

$\varphi_B^\ominus/V$　　$ClO_4^- \overset{0.36}{—} ClO_3^- \overset{0.33}{—} ClO_2^- \overset{0.66}{—} ClO^- \overset{0.52}{—} Cl_2 \overset{1.36}{—} Cl^-$（$ClO_4^-$ 至 Cl^-：0.51；ClO_3^- 至 Cl^-：0.62）

元素电势图在化学中有重要的应用，主要有以下几个方面：

(1) 判别歧化反应的发生

当物质(分子或离子)中的某一元素处于中间氧化态时，可利用元素电势图判断该物质能否发生歧化反应。歧化反应中某元素同一氧化数的一部分原子被氧化，另一部分原子被还原。歧化反应是自身氧化还原反应的一种特殊类型。同一元素的物质之间的反应均为歧化反应或其逆反应(反歧化)。如 Cu^+ 在水溶液中歧化为 Cu^{2+} 和 Cu，Cu^+ 在水溶液中不能稳

定存在。又如Fe^{3+}能与Fe发生反歧化生成Fe^{2+}，即水溶液中Fe^{3+}与Fe不能共存，实验室经常利用此性质，在配制好的Fe^{2+}的水溶液中加少量铁钉，以防止Fe^{2+}被氧化。物质在水溶液中能否发生歧化或反歧化反应，可以用元素电势图进行分析判断。

例如某元素电势图为 $A \overset{\varphi^\ominus_{左}}{——} B \overset{\varphi^\ominus_{右}}{——} C$

若在$\varphi^\ominus_{左} < \varphi^\ominus_{右}$时，即$\varphi^\ominus(A/B) < \varphi^\ominus(B/C)$，则

$$B + B \longrightarrow A + C$$

B的歧化反应会发生。

【例 9-16】 已知$Cu^{2+} \overset{0.153}{——} Cu^{+} \overset{0.52}{——} Cu$，判断歧化反应$2Cu^{+} = Cu^{2+} + Cu$能否发生？

【解】 因为$\varphi^\ominus_{右} > \varphi^\ominus_{左}$，$Cu^{+}$既可以作氧化剂又可以作还原剂，所以，歧化反应能够自发进行。

(2) 求算未知电对的标准电极电势

若已知两个或两个以上的相邻电对的标准电极电势，则可求出另一电对的未知标准电极电势。

$$\underbrace{A \overset{\varphi_1^\ominus}{——} B \overset{\varphi_2^\ominus}{——} C \overset{\varphi_3^\ominus}{——} D}_{\varphi^\ominus}$$

在标准状态下电对与氢电极组成原电池：

$$\Delta_r G_m^\ominus = -nFE^\ominus = -nF(\varphi^\ominus - \varphi^\ominus_{(H^+/H_2)}) = -nF\varphi^\ominus \tag{9-9}$$

对于图中各电对，则有

$$\Delta_r G^\ominus_{m_1} = -n_1 F\varphi_1^\ominus$$

$$\Delta_r G^\ominus_{m_2} = -n_2 F\varphi_2^\ominus$$

$$\Delta_r G^\ominus_{m_3} = -n_3 F\varphi_3^\ominus$$

$$\Delta_r G_m^\ominus = -(n_1 + n_2 + n_3)F\varphi^\ominus \tag{9-10}$$

n_1, n_2, n_3分别是相应电对中转移电子的物质的量。因自由能变化与途径无关，只决定于反应的始、终态，所以有

$$\Delta_r G_m^\ominus = \Delta_r G^\ominus_{m_1} + \Delta_r G^\ominus_{m_2} + \Delta_r G^\ominus_{m_3}$$

$$-(n_1 + n_2 + n_3)F\varphi^\ominus = -n_1 F\varphi_1^\ominus - n_2 F\varphi_2^\ominus - n_3 F\varphi_3^\ominus$$

$$(n_1 + n_2 + n_3)\ \varphi^\ominus = n_1\varphi_1^\ominus + n_2\varphi_2^\ominus + n_3\varphi_3^\ominus$$

$$\varphi^\ominus = \frac{n_1\varphi_1^\ominus + n_2\varphi_2^\ominus + n_3\varphi_3^\ominus}{n_1 + n_2 + n_3}$$

如果相邻电对不止三个，则有

$$\varphi^\ominus = \frac{n_1\varphi_1^\ominus + n_2\varphi_2^\ominus + n_3\varphi_3^\ominus + \cdots}{n_1 + n_2 + n_3 + \cdots}$$

即可从若干已知的$\varphi^\ominus$值求得某一未知的$\varphi^\ominus$值。

【例 9-17】 根据下面列出的碱性介质中溴的电势图：

$$\overbrace{BrO_3^- \overset{?}{——} \underbrace{BrO^- \overset{0.45}{——} Br_2}_{}}^{} $$

$$BrO_3^- \overset{?}{——} BrO^- \overset{0.45}{——} Br_2 \overset{1.09}{——} Br^- \quad (BrO_3^-/Br_2 = 0.52;\ BrO_3^-/Br^- = ?)$$

求$\varphi^\ominus(BrO_3^-/Br^-)$和$\varphi^\ominus(BrO_3^-/BrO^-)$。

【解】 根据公式 $$\varphi^{\ominus}=\frac{n_1\varphi_1^{\ominus}+n_2\varphi_2^{\ominus}+n_3\varphi_3^{\ominus}+\cdots}{n_1+n_2+n_3+\cdots}$$

$$\varphi^{\ominus}(BrO_3^-/Br^-)=\frac{5\times\varphi^{\ominus}(BrO_3^-/Br_2)+1\times\varphi^{\ominus}(Br_2/Br^-)}{6}$$

$$=\frac{5\times0.52+1\times1.09}{6}=0.62(V)$$

$$\varphi^{\ominus}(BrO_3^-/BrO^-)=\frac{5\times\varphi^{\ominus}(BrO_3^-/Br_2)-\varphi^{\ominus}(BrO^-/Br_2)}{4}$$

$$=\frac{5\times0.52-0.45}{4}=0.54(V)$$

9.6 常用氧化还原滴定法

氧化还原滴定法是以氧化还原反应为基础的滴定分析方法。许多无机化合物和有机化合物都能发生氧化还原反应，但不是所有的氧化还原反应都可用作滴定分析，满足下列要求的反应才能用于氧化还原滴定分析。

(1) 被滴定的物质必须处于适合滴定的氧化态或还原态。

(2) 氧化还原滴定反应必须定量进行。

(3) 必须有较快的反应速率，要考虑影响反应速率的因素(浓度、酸度、温度和催化剂)。

(4) 氧化还原反应必须有适合的指示剂指示滴定终点。

通常根据所用的氧化剂标准溶液将氧化还原滴定法进行分类，如高锰酸钾法、碘量法、重铬酸钾法、铈量法、溴酸盐法等，本节介绍高锰酸钾法、碘量法和重铬酸钾法。

9.6.1 高锰酸钾法

(1) 概述

$KMnO_4$ 是强氧化剂，在不同酸度的溶液中，它的氧化能力和还原产物不同。

在强酸性溶液中，其半反应为

$$MnO_4^-+8H^++5e^-=\!=\!=Mn^{2+}+4H_2O \qquad \varphi^{\ominus}=1.507\ V$$

在中性或弱碱性溶液中，其半反应为

$$MnO_4^-+2H_2O+3e^-=\!=\!=MnO_2+4OH^- \qquad \varphi^{\ominus}=0.59\ V$$

在强碱性溶液中，其半反应为

$$MnO_4^-+e^-=\!=\!=MnO_4^{2-} \qquad \varphi^{\ominus}=0.56\ V$$

在强酸性溶液中，$KMnO_4$ 的氧化能力强，故一般都在强酸性条件下使用。滴定应在硫酸溶液中进行，而不能选用硝酸和盐酸作为酸化试剂。其原因在于硝酸有氧化性，可能与被测物反应；盐酸有还原性，可能与 MnO_4^- 反应。硫酸的适宜酸度为 $0.5\ mol\cdot L^{-1}\sim1\ mol\cdot L^{-1}$。如果酸度过高会引起 $KMnO_4$ 分解：

$$4MnO_4^-+12H^+=\!=\!=4Mn^{2+}+5O_2\uparrow+6H_2O$$

酸度过低，高锰酸钾的还原产物变为褐色的二氧化锰沉淀，不能作为滴定剂。

但在测定某些有机物时，如甘油、甲酸、甲醇、酒石酸、葡萄糖等，在强碱性条件下反应速

率更快，更适于滴定。例如，$KMnO_4$ 与甲酸的反应

$$2MnO_4^- + HCOO^- + 3OH^- = CO_3^{2-} + 2MnO_4^{2-} + 2H_2O$$

高锰酸钾本身呈紫红色，只要 MnO_4^- 的浓度达到 $2\times10^{-6}\,mol\cdot L^{-1}$ 就能显示其鲜明的颜色，其还原产物 Mn^{2+} 几乎无色，因此用 $KMnO_4$ 滴定无色或浅色溶液时，一般不需另加指示剂。

高锰酸钾的优点是氧化能力强，应用范围广；但高锰酸钾能与许多还原性物质作用，干扰比较严重，且其溶液不够稳定。

（2）高锰酸钾标准溶液的配制与标定

① 高锰酸钾标准溶液的配制

市售高锰酸钾试剂常含有少量的二氧化锰、硫酸盐、氮化物、硝酸盐等杂质，其水溶液的浓度也易改变，故采用间接法配制，且需正确保存。通常是先配制成一近似所需浓度的溶液，然后再进行标定。蒸馏水中常含少量有机杂质，能还原高锰酸钾，使初配的高锰酸钾溶液的浓度发生变化。为使 $KMnO_4$ 溶液浓度较快达到稳定，常将配好的溶液加热近沸，并保持微沸 1 小时，放置 2 天～3 天，并用烧结的玻璃漏斗过滤（过滤不能用滤纸，因其能还原高锰酸钾），以除去二氧化锰，然后置于棕色玻璃瓶中避光储存。

② 高锰酸钾标准溶液的标定

标定 $KMnO_4$ 溶液常用的一级标准物质为：纯铁丝，As_2O_3，$Na_2C_2O_4$，$H_2C_2O_4\cdot 2H_2O$，$(NH_4)_2SO_4\cdot FeSO_4\cdot 6H_2O$，$(NH_4)_2C_2O_4$ 等。其中以草酸钠最为常用。在硫酸溶液中，$KMnO_4$ 与 $Na_2C_2O_4$ 的反应为

$$2KMnO_4 + 5Na_2C_2O_4 + 8H_2SO_4 = 2MnSO_4 + 10CO_2 + K_2SO_4 + 5Na_2SO_4 + 8H_2O$$

该反应有很大的平衡常数，但在常温下是个慢反应。为了加速其反应，通常将草酸钠溶液预热到 70 ℃～80 ℃后再滴定。如果溶液的温度高于 90 ℃，草酸可能部分发生分解。滴定反应开始后，溶液中会产生少量的 Mn^{2+}。Mn^{2+} 能催化高锰酸钾与草酸的反应，使其反应速率大大加快。若在滴定前加入几滴 $MnSO_4$ 溶液，滴定一开始反应速率就较快。用高锰酸钾溶液滴定至溶液呈微红色并在 30 秒内不褪色，即达到滴定终点。由于空气中的还原性物质能与高锰酸钾反应，故滴定终点的微红色通常不能持久。

用 $Na_2C_2O_4$ 作基准物质标定 $KMnO_4$ 溶液时，可按下式计算 $KMnO_4$ 溶液的浓度：

$$c_r(KMnO_4) = \frac{2\times m}{5\times M\times V}$$

式中，m 为称取的 $Na_2C_2O_4$ 的质量(g)，M 为 $Na_2C_2O_4$ 的摩尔质量($g\cdot mol^{-1}$)，V 为滴定中消耗 $KMnO_4$ 的溶液的体积(L)。

（3）应用

① 直接滴定法

$KMnO_4$ 能直接滴定许多还原性物质，如 Fe^{2+}，$C_2O_4^{2-}$，H_2O_2 等。例如 H_2O_2 的测定，由于 H_2O_2 是还原性物质，可用 $KMnO_4$ 标准溶液直接滴定。在酸性溶液中，H_2O_2 能还原 MnO_4^-，并释放出 O_2，其反应为

$$2KMnO_4 + 5H_2O_2 + 3H_2SO_4 = 2MnSO_4 + K_2SO_4 + 5O_2\uparrow + 8H_2O$$

根据反应式，反应达计量点时，有下列关系：

$$\frac{1}{2}n(KMnO_4) = \frac{1}{5}n(H_2O_2)$$

$$c_r(H_2O_2)=\frac{5c_r(KMnO_4)\cdot V(KMnO_4)}{2V(H_2O_2)}$$

式中，$c_r(KMnO_4)$和$c_r(H_2O_2)$分别为$KMnO_4$标准溶液和待测的H_2O_2溶液的浓度($mol\cdot L^{-1}$)，$V(KMnO_4)$为消耗的$KMnO_4$标准溶液的体积(mL)，$V(H_2O_2)$为量取的H_2O_2溶液的体积(mL)。

此滴定在室温下进行，反应开始时进行缓慢，可加入少量$MnSO_4$作为催化剂，但不能加热，否则会引起H_2O_2分解。

② 返滴定法

可用返滴定法测定一些不能用高锰酸钾溶液直接滴定的氧化性物质。例如，测定MnO_2的含量时，可在H_2SO_4溶液中加入一定量过量的$Na_2C_2O_4$标准溶液，待MnO_2和$C_2O_4^{2-}$作用完毕后，用$KMnO_4$标准溶液滴定过量的$C_2O_4^{2-}$，用$Na_2C_2O_4$的总量减去剩余量，就可以算出与MnO_2作用所消耗的$Na_2C_2O_4$的量，从而求得MnO_2的量。

③ 间接滴定法

间接滴定法可以测定某些非氧化还原性物质。例如，测定Ca^{2+}时，可先将Ca^{2+}定量沉淀为CaC_2O_4，再用稀H_2SO_4将沉淀溶解，然后用$KMnO_4$标准溶液滴定溶液中的$C_2O_4^{2-}$，即可间接求得Ca^{2+}的含量。

9.6.2 碘量法

(1) 概述

碘量法是以I_2的氧化性和I^-的还原性为基础的滴定分析方法，其基本反应为

$$I_2+2e^-=\!=\!=2I^- \quad \varphi^{\ominus}=0.535\ 5\ V$$

从上式电极电势的值可知，I_2是一种较弱的氧化剂，它能与较强的还原剂作用；而I^-又是一种中等强度的还原剂，能与许多氧化剂作用。

由于固体I_2在水中难溶解(298 K饱和水溶液中I_2的浓度为$1.18\times10^{-3}\ mol\cdot L^{-1}$)，应用中通常将$I_2$溶于KI溶液。此时$I_2$在溶液中以$I_3^-$形式存在：$I_2+I^-=I_3^-$。为简便起见，一般仍写为$I_2$。

I_3^-/I^-电对的可逆性好，副反应少，在酸性、中性或弱碱性介质中都可使用，因而碘量法是应用十分广泛的滴定方法。

碘量法中用淀粉作指示剂。在I^-的作用下，淀粉可与I_2作用形成蓝色化合物，其灵敏度很高，但温度和酸度都将对指示剂产生一定的影响。

(2) 标准溶液的配制和标定

① 碘标准溶液的配制和标定

由于碘的挥发性强，不宜在分析天平上准确称量。通常先配成近似所需浓度的碘溶液，然后进行标定。配制时，通常加入KI，可增加I_2的溶解度，并降低碘的挥发性。滴定时可按下列逆反应方向释放出I_2：

$$I_2+I^-\rightleftharpoons I_3^-$$

配成的碘溶液，既可用$Na_2S_2O_3$标准溶液标定，也可用一级标准物质标定。常用的一级标准物质为As_2O_3。As_2O_3难溶于水，需与NaOH反应使之变成易溶的Na_3AsO_3。

$$As_2O_3+6OH^-=\!=\!=2AsO_3^{3-}+3H_2O$$

Na_3AsO_3 和 I_2 的反应式为

$$I_2 + AsO_3^{3-} + H_2O \xlongequal{\quad} 2H^+ + 2I^- + AsO_4^{3-}$$

总反应式为 $2I_2 + As_2O_3 + 6OH^- \xlongequal{\quad} 4I^- + 4H^+ + 2AsO_4^{3-} + H_2O$

反应达计量点时，有下列关系：

$$\frac{1}{2}n(I_2) = n(As_2O_3)$$

$$c_r(I_2) = \frac{2m}{M(As_2O_3) \times V(I_2)}$$

式中，m 为 As_2O_3 的质量(g)，$M(As_2O_3)$ 为 As_2O_3 的摩尔质量($g \cdot mol^{-1}$)，$V(I_2)$ 为碘溶液的体积(L)。

② 硫代硫酸钠标准溶液的配制和标定

硫代硫酸钠($Na_2S_2O_3 \cdot 5H_2O$)为无色晶体，常含有少量的杂质如 S，Na_2SO_3 和 Na_2SO_4，NaCl 等，同时易风化、潮解，不能直接配制标准溶液。$Na_2S_2O_3$ 水溶液不够稳定，其原因是水中的 CO_2，微生物和 O_2 能分别分解和氧化 $Na_2S_2O_3$，因此需用新煮沸过的冷蒸馏水配制溶液，并加少量的 Na_2CO_3 作稳定剂，使溶液的 pH 保持在 9～10，放置 8 天～9 天后进行标定。

标定 $Na_2S_2O_3$ 溶液的基准物有 $K_2Cr_2O_7$，$KBrO_3$，KIO_3 和纯铜丝等。最常用的是 $K_2Cr_2O_7$。标定反应为 $Cr_2O_7^{2-} + 6I^- + 14H^+ \xlongequal{\quad} 2Cr^{3+} + 3I_2 + 7H_2O$

$$I_2 + 2S_2O_3^{2-} \xlongequal{\quad} 2I^- + S_4O_6^{2-}$$

反应达计量点时，有下列关系：

$$n(K_2Cr_2O_7) = \frac{1}{6}n(Na_2S_2O_3)$$

$$c_r(Na_2S_2O_3) = \frac{6m}{M(K_2Cr_2O_7) \times V(Na_2S_2O_3)}$$

式中，m 为 $K_2Cr_2O_7$ 的质量(g)，$M(K_2Cr_2O_7)$ 为 $K_2Cr_2O_7$ 的摩尔质量($g \cdot mol^{-1}$)，$V(Na_2S_2O_3)$ 为滴定中消耗的 $Na_2S_2O_3$ 溶液的体积(L)。

(3) 应用

碘量法可分为直接碘量法和间接碘量法。

① 直接碘量法

可直接用 I_2 标准溶液滴定标准电极电势比 $\varphi^{\ominus}(I_2/I^-)$ 低的还原性物质，如 S^{2-}，SO_3^{2-}，Sn^{2+}，$S_2O_3^{2-}$ 等。例如，用直接碘量法测定维生素 C 的含量，维生素 C($C_6H_8O_6$)即抗坏血酸，有较强的还原性，能被碘定量氧化成脱氢抗坏血酸($C_6H_6O_6$)。

```
 ┌── O ──┐     H  OH                   ┌── O ──┐     H  OH
 C—C═C—C—C—CH     +  I₂  ⟶   C—C—C—C—C—CH  +2HI
 ‖  |  |  |   |   |                       ‖  ‖  ‖  |   |   |
 O  OH OH H   OH  H                       O  O  O  H   OH  H
```

从上式看，碱性条件更有利于反应向右进行。但维生素 C 的还原性很强，在碱性溶液中易被空气氧化，所以在滴定时反而需加入一些 HAc，使溶液保持一定的酸度，以减少维生素

C受I_2以外的氧化剂作用的影响。从反应式看维生素C和I_2反应的计量关系简单，$n(C_6H_8O_6)=n(I_2)$。

② 间接碘量法

对于标准电极电势比$\varphi^{\ominus}(I_2/I^-)$高的氧化性物质，可先使其与过量的$I^-$作用，使一部分$I^-$被定量地氧化成$I_2$，然后用$Na_2S_2O_3$标准溶液滴定所生成的$I_2$，即可求出这些氧化性物质的含量。利用这一方法可测定很多氧化性物质，如ClO_3^-，CrO_4^{2-}，MnO_4^-，MnO_2，Cu^{2+}等。例如用间接法测定次氯酸钠含量，次氯酸钠又叫安替福明(antiformin)，为一杀菌剂，在酸性溶液中能将I^-氧化成I_2，后者再用硫代硫酸钠标准溶液滴定，有关反应如下：

$$NaClO+2HCl \xlongequal{} Cl_2+NaCl+H_2O$$

$$Cl_2+2KI \xlongequal{} I_2+2KCl$$

$$I_2+2Na_2S_2O_3 \xlongequal{} 2NaI+Na_2S_4O_6$$

从反应方程式看，反应达计量点时，各反应物物质的量之间有如下关系：

$$n(NaClO)=n(Cl_2)=n(I_2)=2n(Na_2S_2O_3)$$

$$c_r(Na_2S_2O_3)\times V(Na_2S_2O_3)=\frac{2m}{M(NaClO)}$$

式中，$c_r(Na_2S_2O_3)$和$V(Na_2S_2O_3)$分别为$Na_2S_2O_3$标准溶液的浓度($mol \cdot L^{-1}$)和滴定体积(L)，m为NaClO的质量(g)，$M(NaClO)$为NaClO的摩尔质量($g \cdot mol^{-1}$)。

9.6.3 重铬酸钾法

(1) 概述

重铬酸钾是常用的氧化剂之一，在酸性溶液中被还原为Cr^{3+}，其半反应为

$$Cr_2O_7^{2-}+14H^++6e^- \xlongequal{} 2Cr^{3+}+7H_2O \quad \varphi^{\ominus}=1.33\ V$$

可见，$K_2Cr_2O_7$的氧化能力比$KMnO_4$稍弱些，但它仍是一种较强的氧化剂，能测定许多无机物和有机物。此法只能在酸性条件下使用，它的应用范围比$KMnO_4$法窄些。但它具有一系列优点：

① $K_2Cr_2O_7$易于提纯，可以直接准确称取一定质量符合要求的$K_2Cr_2O_7$，准确配制成一定浓度的标准溶液；

② $K_2Cr_2O_7$溶液相当稳定，只要保存在密闭容器中，浓度可长期保持不变；

③ 在HCl浓度不太高时，不受Cl^-还原作用的影响，可在盐酸溶液中进行滴定。

重铬酸钾法有直接法和间接法之分。一些有机试样在硫酸溶液中，常加入过量重铬酸钾标准溶液，加热至一定温度，冷却后稀释，再用Fe^{2+}(一般用硫酸亚铁铵)标准溶液返滴定。这种间接方法还可以用于腐殖酸肥料中腐殖酸的分析、电镀液中有机物的测定。

用$K_2Cr_2O_7$标准溶液进行滴定时，常用氧化还原指示剂，例如二苯胺磺酸钠或邻苯氨基苯甲酸等。应该指出的是，使用$K_2Cr_2O_7$时应注意正确处理废液，以免污染环境。

(2) 应用

① 铁矿石中全铁量的测定

重铬酸钾法是测定矿石中总铁量的标准方法，其测定步骤为：试样用浓HCl加热溶解；用$SnCl_2$趁热还原Fe^{3+}为Fe^{2+}；冷却后将过量的$SnCl_2$用$HgCl_2$氧化；用水稀释并加入

H_2SO_4-H_3PO_4 混合酸和二苯胺磺酸钠指示剂；立即用 $K_2Cr_2O_7$ 标准溶液滴定至溶液由浅绿(Cr^{3+})变为稳定的紫色。铁含量按下式计算：

$$w(Fe)=\frac{c(K_2Cr_2O_7)\times V(K_2Cr_2O_7)\times 10^{-3}\times \frac{6}{1}\times M\ (Fe)}{m}$$

② Ba^{2+} 和 Pb^{2+} 的测定

在一定的条件下 Ba^{2+} 或 Pb^{2+} 与 CrO_4^{2-} 反应，定量地沉淀为 $BaCrO_4$ 或 $PbCrO_4$。沉淀经过滤、洗涤、溶解后，用标准 Fe^{2+} 溶液滴定试液中的 $Cr_2O_7^{2-}$，由滴定所消耗的 Fe^{2+} 的量，计算 Ba^{2+} 或 Pb^{2+} 的量。

本章小结及学习要求

1. 氧化还原反应的特征

外部特征是反应前后某些元素的氧化数发生变化；内部特征即变化的实质是反应物之间电子的转移或偏移。

失去电子使元素的氧化数升高，将失去电子的物质称为还原剂；得到电子使元素的氧化数降低，将得到电子的物质称为氧化剂。

2. 氧化还原反应方程式的配平

(1) 氧化数法：氧化剂和还原剂氧化数的变化相等。

(2) 离子-电子法：氧化剂和还原剂得失电子总数相等。

3. 电极电势

(1) 电极电势是金属和它的盐溶液之间产生的电势差，用符号 φ 表示。

(2) 标准电极电势是当溶液中离子浓度为 $1\ mol\cdot L^{-1}$，有关气体分压为100 kPa，在 298.15 K 时，即在标准状态下的电极电势，用 $\varphi^{\ominus}$ 表示。

电极电势值是与标准氢电极的电势 $\varphi^{\ominus}(H^+/H_2)$ 相比较而测得的相对值。

4. 标准电极电势表

在标准电极电势表中，$\varphi^{\ominus}$ 值越大的电对，其氧化型物质的氧化能力越强。$\varphi^{\ominus}$ 值越小的电对，其还原型物质的还原能力越强。

5. 影响电极电势的因素

影响电极电势的因素主要有电极的本性、氧化型物质和还原型物质的浓度(或分压)、温度。对于给定电极，在 298.15 K 时，浓度对电极电势的影响可用能斯特方程表示：

$$\varphi=\varphi^{\ominus}+\frac{0.059\ 2}{n}\lg\frac{c(\text{氧化态})}{c(\text{还原态})}$$

上式是用离子浓度代替活度的近似公式。

6. 电极电势的应用

(1) 判断氧化剂和还原剂的相对强弱。

(2) 判断氧化还原反应进行的方向。电动势 $E>0$，表示氧化还原反应能自发进行。

(3) 判断氧化还原反应进行的程度

$$\lg K^{\ominus}=\frac{nE^{\ominus}}{0.059\ 2}$$

$K^{\ominus}$ 值越大，反应进行得越完全。对于 $n_1=n_2=1$ 的反应，当两电对的电势差 $\Delta\varphi^{\ominus}\geqslant 0.4\ V$，$\lg K^{\ominus}\geqslant 6$，氧化还原反应可定量进行，反应完全程度可达到 99.9%。

(4) 元素电势图的应用。元素标准电极电势图可表示同一元素不同氧化数的物质的氧化还原性质。在元素电势图中，如 $\varphi^{\ominus}_{右} > \varphi^{\ominus}_{左}$，可发生歧化反应。

7. 氧化还原滴定法

(1) 高锰酸钾法

高锰酸钾的氧化能力强，可直接或间接测定多种无机物和有机物。其特点是利用自身作指示剂。

$KMnO_4$ 标准溶液用间接法配制，最常用的基准物质是 $Na_2C_2O_4$。标定时，应注意滴定的温度、酸度、速度及终点的判断。

(2) 碘量法

碘量法是利用 I_2 的氧化性和 I^- 的还原性进行滴定的分析方法。直接碘量法和间接碘量法的对比见表 9-3。

表 9-3 直接碘量法和间接碘量法的对比

项目	直接碘量法	间接碘量法
反应原理	$I_2 + 2e^- \longrightarrow 2I^-$	$2I^- \longrightarrow I_2 + 2e^-$ $I_2 + S_2O_3^{2-} \longrightarrow 2I^- + S_4O_6^{2-}$
标准溶液及配制方法	I_2(间接法配制) 基准物质为 As_2O_3	$Na_2S_4O_6$(间接法配制) 基准物质常用 $K_2Cr_2O_7$
指示剂	淀粉	淀粉
终点现象	蓝色	蓝色消失
测定对象	还原性较强的物质	氧化性物质

(3) 重铬酸钾法

重铬酸钾法的独特优点是 $K_2Cr_2O_7$ 易制成高纯度试剂，在 150 ℃烘干后即可作为基准物质，用直接法配制标准溶液。

重铬酸钾法最重要的应用是测定铁的含量。

【阅读材料】

化学电源

从理论上讲，自发的氧化还原反应都可设计成原电池。实际上，要求作为电源的原电池的电压要达到一定值，电容量比较大，经济和携带方便等。现在已制成多种用途的化学电源，下面对常用的几种加以介绍。

一、干电池

普遍用在手电照明和小型器械上的干电池，外壳锌片作负极，中间的碳棒是正极，它的周围用石墨粉和二氧化锰粉的混合物填充固定，正极和负极间装入氯化锌和氯化铵的水溶液作为电解质，为了防止溢出，用淀粉制成糊状物(如图 9-4 所示)。

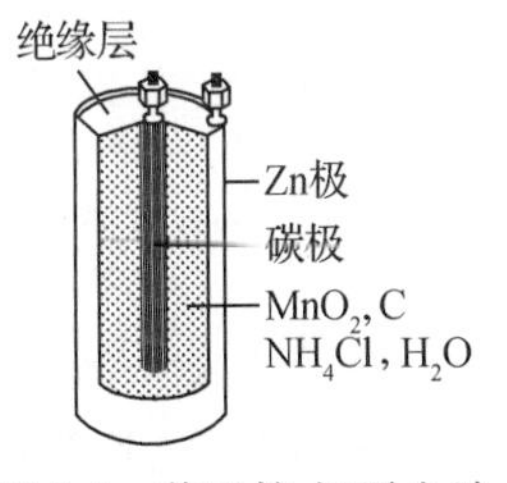

图 9-4 普通锌-锰干电池的结构示意图

正极：$2NII_4^+ + 2c^- \longrightarrow 2NH_3 + H_2$

负极：$Zn \longrightarrow Zn^{2+} + 2e^-$

总反应：$Zn + 2NH_4^+ \longrightarrow Zn^{2+} + 2NH_3 + H_2$

$2MnO_2 + H_2 \longrightarrow 2MnO(OH)$

$ZnCl_2 + 4NH_3 \longrightarrow [Zn(NH_3)_4]Cl_2$

新制干电池的电动势为 1.5V，这样的干电池是“一次”电池，不能充电再生。

二、蓄电池

蓄电池能够充电再生，当其放电时，发生自发反应，它起一个原电池的作用；充电时发生电解反应，起电解池的作用，可使原来的反应物再生。

铅蓄电池是一种单液电池。其电池符号为：

$$(-)Pb \mid PbSO_4(s) \mid H_2SO_4(c) \mid PbSO_4(s) \mid PbO_2 \mid Pb(+)$$

正极反应：$PbO_2 + 2e^- + 4H^+ + SO_4^{2-} = PbSO_4 + 2H_2O$

负极反应：$Pb + 2e^- + SO_4^{2-} = PbSO_4$

电池反应：$Pb + PbO_2 + 2H_2SO_4 = 2PbSO_4 + 2H_2O$

$$E = \varphi^{\ominus}_{(+)} - \varphi^{\ominus}_{(-)} = 1.68 - (-0.36) = 2.04(V)$$

汽车上所用的铅蓄电池是最常用的蓄电池之一。它是由间隔的海绵状的铅板和二氧化铅所构成，并浸在硫酸溶液中。两电极上都生成硫酸铅，由于其难溶性，沉积在电极上而不会溶解在溶液中。由于反应中硫酸被消耗，有水生成，所以可用测定硫酸的密度来确定电池放电的程度，当硫酸的密度降到 $1.05\ g \cdot mL^{-1}$ 或电压降到 1.9 V 时，就要充电。

当电池充电时，就是通以直流电，铅板与电源负极相连，二氧化铅板与电源正极相连。充电后，单个铅蓄电池的电动势约为 2.1 V。汽车上用的是将 6 个蓄电池串联起来，电动势约为 12 V。这种电池的优点是可反复使用，缺点是污染大。

三、燃料电池

如果使氢气、一氧化碳、甲烷等燃料的氧化还原反应在电池装置中发生，则可直接将化学能转化为电能，这样的电池称为燃料电池。电极反应如下：

正极反应：$O_2 + 2H_2O + 4e^- = 4OH^-$

负极反应：$H_2 + 2OH^- = 2H_2O + 2e^-$

电池反应：$2H_2 + O_2 = 2H_2O$（碱性体系中完成）

阿波罗号宇宙飞船用的就是氢燃料电池，其负极是多孔镍电极，正极为覆盖氧化镍的镍电极，用 KOH 溶液作为电解质溶液。在负极通入氢气，正极通入氧气。

燃料电池的重要意义是把化学能直接转化成电能。如今绝大部分电能是由汽轮发电机产生的，而汽轮发电机则是靠煤、石油或天然气燃烧所产生的热量进行运转的。在这里化学能转化成电能是间接的：其中化学能首先转化成热，然后热又用于产生蒸气。这种间接过程无论在理论上还是在实用上都比电池进行的直接效率低，最好的电厂也只能将燃料燃烧热的 30%～40% 转化成电能，剩余部分消耗在空气和水体中，从而导致热污染。而燃料电池由于电流直接发生，则可以不受热机效率的限制，理论效率可达到 100%，实用的燃料电池效率现已达 75%。故燃料电池是一种理想的、高效率的能源装置，同时也能极大地减少由电力生产带来的热污染。氢燃料电池就是一种成功的、无污染的新能源。

习　题

9-1 标出下列分子或离子中硫的氧化数。

H_2S　　SO_3^{2-}　　HSO_4^-　　$S_2O_3^{2-}$　　$S_4O_6^{2-}$

9-2 标出下列化合物中锰的氧化数。

MnO_3F　　$K_4Mn(CN)_6$　　K_2MnO_4　　$Mn(CO)_5I$

9-3 配平下列各氧化还原反应方程式，并注明有关元素氧化数的变化。

(1) $SO_2 + MnO_4^- \longrightarrow Mn^{2+} + SO_4^{2-}$（酸性溶液）

(2) $(NH_4)_2Cr_2O_7 \longrightarrow N_2 + Cr_2O_3$

(3) $HNO_3 + P \longrightarrow H_3PO_4 + NO$

(4) $H_2O_2 + PbS \longrightarrow PbSO_4$

(5) $I^- + IO_3^- \longrightarrow I_2$(酸性溶液)

(6) $MnO_2 + KClO_3 + KOH \longrightarrow K_2MnO_4 + KCl$

9-4 写出下列电池的电池符号：

(1) $Fe + 2H^+(1.0\ mol \cdot L^{-1}) = Fe^{2+}(0.1\ mol \cdot L^{-1}) + H_2(100\ kPa)$

(2) $MnO_4^-(0.1\ mol \cdot L^{-1}) + 5Fe^{2+}(0.1\ mol \cdot L^{-1}) + 8H^+(1.0\ mol \cdot L^{-1})$

$= Mn^{2+}(0.1\ mol \cdot L^{-1}) + 5Fe^{3+}(0.1\ mol \cdot L^{-1}) + 4H_2O$

9-5 测定 Cu^{2+}/Cu 电极的标准电极电势 $\varphi^\ominus(Cu^{2+}/Cu)$。

9-6 计算 298K 时，电池

$Pt \mid I_2, I^-(0.1mol \cdot L^{-1}) \parallel MnO_4^-(0.1\ mol \cdot L^{-1}),\ Mn^{2+}(0.1\ mol \cdot L^{-1}),\ H^+(0.01\ mol \cdot L^{-1}) \mid Pt$

的电动势并写出电池反应式。

9-7 已知 $\varphi^\ominus(I_2/I^-) = 0.53\ V$，　$\varphi^\ominus(Fe^{3+}/Fe^{2+}) = 0.77\ V$，求反应 $I^- + Fe^{3+} = I_2 + Fe^{2+}$ 的电动势 $E^\ominus$ 及反应方向。

9-8 已知下列反应均按正反应方向进行：

(1) $2FeCl_3 + SnCl_2 = SnCl_4 + 2FeCl_2$

(2) $2KMnO_4 + 10FeSO_4 + 8H_2SO_4 = 2MnSO_4 + 5Fe_2(SO_4)_3 + K_2SO_4 + 8H_2O$

求上述两个反应中，几个氧化还原电对电极电势的相对大小。

9-9 参考 $\varphi^\ominus$ 值，判断下列反应能否进行。

(1) I_2 能否使 Mn^{2+} 氧化为 MnO_2？

(2) 在酸性溶液中 $KMnO_4$ 能否使 Fe^{2+} 氧化为 Fe^{3+}？

(3) Sn^{2+} 能否使 Fe^{3+} 还原为 Fe^{2+}？

(4) Sn^{2+} 能否使 Fe^{2+} 还原为 Fe?

9-10 根据 $\varphi^\ominus$ 值计算下列反应的平衡常数，并比较反应进行的程度：

(1) $Fe^{3+} + Ag = Fe^{2+} + Ag^+$

(2) $6Fe^{2+} + Cr_2O_7^{2-} + 14H^+ = 6Fe^{3+} + 2Cr^{3+} + 7H_2O$

(3) $2Fe^{3+} + 2Br^- = 2Fe^{2+} + Br_2$

9-11 已知：

$$ClO_3^- \overset{1.21}{\text{——}} HClO_2 \overset{1.64}{\text{——}} HClO \overset{1.63}{\text{——}} Cl_2 \text{ 电对}$$

和

$$\underbrace{H_2SO_3 \overset{-0.08}{\text{——}} HSO_4^- \overset{0.88}{\text{——}} S_2O_3^{2-} \text{——} S}_{0.45} \text{ 电对，}$$

求 ClO_3^-/Cl_2 和 $S_2O_3^{2-}/S$ 的 $\varphi^\ominus$ 值。

9-12 测量 $KMnO_4$ 水溶液在碱性、中性、酸性介质中的氧化能力以在酸性介质中________，因为在酸性介质中的电极电势________。

9-13 在含 Cl^-，Br^- 和 I^- 的溶液中，滴加 $K_2Cr_2O_7$ 溶液，$K_2Cr_2O_7$ 首先氧化的是何种离子？

9-14 称取含有 KI 的试样 0.500 0 g，溶于水后先用 Cl_2 水氧化 I^- 为 IO_3^-，煮沸除去过量 Cl_2；再加入过量 KI 试剂，滴定 I_2 时消耗了 0.020 82 $mol \cdot L^{-1}$ $Na_2S_2O_3$ 21.30 mL。计算试样中 KI 的质量分数。

第10章 重要元素及化合物

在目前已发现的109种元素中，已知非金属元素有22种，金属元素有85种(约占总数的4/5)。在元素周期表中若以B-Si-As-Te-At画一条对角线，这条对角线实际上是非金属元素与金属元素的交界线。交界线的右上方为非金属元素，交界线的左下方为金属元素。

非金属元素除氢以外，都位于周期表中的 p 区，占据表的右上角位置，其原子结构特征是(除氢和氦外)最后一个电子填在 np 轨道($ns^2np^{1\sim6}$)。同一周期从左到右，金属性依次增强。同一主族从上到下，非金属性依次减弱。

自然界中存在的金属种类繁多。最多的金属有铝、铁、钠、钾、钙和镁等。这些元素对生物的生长和发育起着重要的作用，称为生命必需的宏量元素。还有生命过程中所必需的微量金属元素如锰、锌、铜、钼、钴、铬等。

本章选述常见的非金属元素和与生命有关的某些金属元素。

10.1 卤族元素

氟、氯、溴、碘和砹是周期系第ⅦA族元素，称为卤族元素(卤素)。它们都是活泼或相当活泼的非金属，其中砹是放射性元素。在自然界中，卤素主要以卤化物形式存在，有关卤素的基本性质列于表10-1中。

表10-1 卤族元素的性质

性　质	氟(F)	氯(Cl)	溴(Br)	碘(I)
原子序数	9	17	35	53
价电子层构型	$2s^22p^5$	$3s^23p^5$	$4s^24p^5$	$5s^25p^5$
主要氧化数	−1	−1，+1，+3，+5，+7	−1，+1，+3，+5，+7	−1，+1，+3，+5，+7
常温下状态	浅黄色气体	黄绿色气体	红棕色液体	紫黑色固体
熔点/℃	−219.7	−100.99	−7.3	113.5
沸点/℃	188.2	−34.03	58.75	184.34
原子半径/pm	64	99	114.2	133.3
X^-离子半径/pm	136	181	195	216
第一电离能 I_1/(kJ·mol^{-1})	1 681.0	1 251.1	1 139.8	1 008.4
电负性 χ	4.0	3.0	2.8	2.5

在同一周期中，卤素有四最：原子半径最小、电负性最大、非金属性最强、第一电离能最大(稀有气体除外)，由此决定了卤素的特性。

10.1.1 卤素单质

(1) 物理性质

卤素单质的一些物理性质如熔点、沸点、颜色和聚集状态等，随着原子序数的增加有规律地变化。在常温下，氟、氯为气体；溴是易挥发的液体；碘是固体，固态碘在熔化前已有较大的蒸气压，加热即可升华，碘蒸气呈紫色。所有卤素均有刺激性气味，强烈刺激眼、鼻、气管黏膜等，吸入较多蒸气会造成严重中毒，甚至死亡，刺激性从氯至碘依次减小。

卤素单质均有颜色，并且随着相对分子质量的增大，颜色依次加深。卤素较难溶于水，它们在有机溶剂(如乙醇、乙醚、氯仿、四氯化碳等)中溶解度要大很多，这是由于卤素分子是非极性分子，有机溶剂大多为非极性分子或弱极性分子，因此能够相溶。

(2) 化学性质

卤素单质典型的化学性质是氧化性。随着原子序数的增加，氧化性逐渐减弱。F_2 是最强的氧化剂，其卤族元素的氧化性排序为 $F_2>Cl_2>Br_2>I_2$。

① 和氢反应

卤素单质都能和氢直接化合生成卤化氢。氟与氢在阴冷处就能化合，放出大量热并引起爆炸；氯和氢在常温下缓慢化合，在强光照射时反应加快，甚至会发生爆炸反应；溴和氢的化合反应程度比氯缓和；碘和氢在高温下才能化合。

② 和金属反应

氟能剧烈地和所有金属化合；氯几乎和所有金属化合，但反应的剧烈程度小于氟；溴、碘与金属反应活性小于氯，需加热反应才能进行。

③ 与水反应

卤素和水可以发生两类化学反应，一类是对水的氧化作用：

$$2X_2+2H_2O=4HX+O_2\uparrow$$

氟与水剧烈反应放出氧气；氯在日光下缓慢置换水中的氧；溴与水非常缓慢地反应放出氧气；碘不能置换水中的氧。

另一类是卤素的歧化作用：

$$X_2+H_2O=H^++X^-+HXO$$

F_2 在水中只能进行置换反应，而 Cl_2，Br_2，I_2 是可以进行歧化反应的，但从氯到碘反应进行的程度越来越小。

10.1.2 卤化氢和氢卤酸

卤化氢都是无色且具有刺激性气味的气体，它们的一些物理性质列于表 10-2 中。

表 10-2 卤化氢的性质

性　质	HF	HCl	HBr	HI
熔点/K	189.6	158.9	186.3	222.4
沸点/K	292.7	188.1	206.4	237.8
生成热/($kJ\cdot mol^{-1}$)	−271	−92	−36	+26

续表

性　　质	HF	HCl	HBr	HI
在 1 273 K 的分解度/%	—	0.014	0.5	33
键能/($kJ \cdot mol^{-1}$)	565.0	428.0	362.0	295.0
溶解热/($kJ \cdot mol^{-1}$)	61.55	74.90	85.22	81.73
溶解度/(g/100 g 水，273 K)	∞	82.3	221	234

卤化氢的热稳定性依 HF，HCl，HBr，HI 的次序依次减弱。卤化氢的还原性和其相应的热稳定性密切相关。热稳定性越小，其还原性越强；反之，还原性越弱。如碘化氢的热稳定性最小，遇热极易分解，故它的还原性最强，甚至在常温下能被空气中的氧气氧化。事实证明，卤离子的还原性，依 $F^- < Cl^- < Br^- < I^-$ 的次序增强。氢卤酸除氢氟酸外，其余都是强酸，且 HCl＞HBr＞HI。

值得注意的是，氢氟酸还有如下特性：氢氟酸浓度在 $5\ mol \cdot L^{-1} \sim 15\ mol \cdot L^{-1}$ 时，它却是一种强酸。这是由于 HF 浓度大时，F^- 离子通过氢键与未电离的 HF 形成稳定的缔合离子 HF_2^- 等，致使 HF 的电离平衡向右移，结果使 $c(H^+)$ 增大，以致成为强酸：

$$HF \rightleftharpoons H^+ + F^-$$

$$HF + F^- \rightleftharpoons HF_2^-$$

氢氟酸虽是弱酸，但它能与二氧化硅（或硅酸盐）作用，而其他氢卤酸却无此性质：

$$SiO_2 + 4HF = SiF_4 \uparrow + 2H_2O$$

因此，氢氟酸不宜贮存于玻璃器皿中，应盛于塑料容器里。利用 HF 的这一特性可在玻璃上刻蚀标记和花纹。

10.1.3　卤素含氧酸及其盐

氟的电负性大于氧，所以一般不生成含氧酸及其盐。氯、溴和碘可以形成四种类型的含氧酸，分别为次卤酸（HOX）、亚卤酸（HOX_2）、卤酸（HOX_3）和高卤酸（HOX_4）（见表 10-3）。

表 10-3　卤素和含氧酸

	F	Cl	Br	I
次卤酸	(HFO)	HClO	HBrO	HIO
亚卤酸	—	$HClO_2$	$HBrO_2$	—
卤　酸	—	$HClO_3$	$HBrO_3$	HIO_3
高卤酸	—	$HClO_4$	$HBrO_4$	HIO_4

在卤素的含氧酸中，卤素原子采用了 sp^3 杂化轨道与氧原子成键。由于不同氧化态的卤素原子结合的氧原子数不同，酸根离子的形状也各不相同。次卤酸根离子为一直线形，亚卤酸根离子为角形，卤酸根离子为三角锥形，高卤酸根离子为四面体形（如图 10-1 所示）。

(1) 次卤酸及其盐

次卤酸都是弱酸，其酸性随卤素原子电负性的减小而减弱（见表 10-4）。

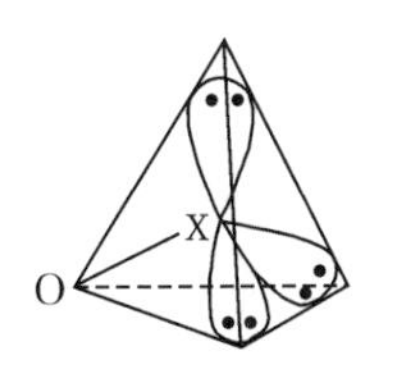

次卤酸根离子
(XO^-)

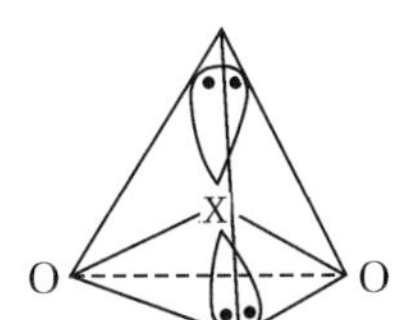

亚卤酸根离子
(XO_2^-)

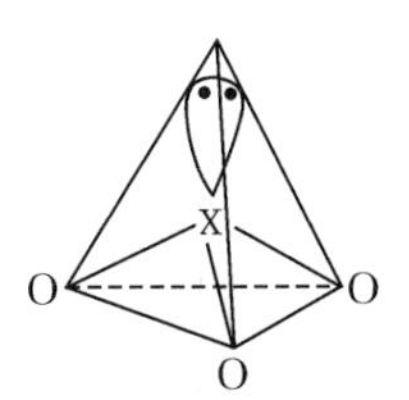

卤酸根离子
(XO_3^-)

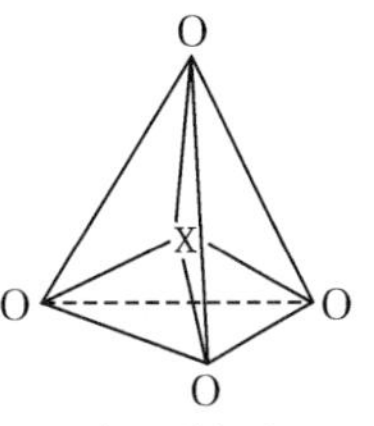

高卤酸根离子
(XO_4^-)

图 10-1 卤素含氧酸阴离子的结构

表 10-4 次卤酸的 K_a 值

次卤酸	HClO	HBrO	HIO
卤素的电负性	3.0	2.8	2.5
K_a	3.4×10^{-8}	2×10^{-9}	1×10^{-11}

次卤酸极不稳定，仅能存在于水溶液中，在室温下按下列方式进行分解：

$$2HXO \xlongequal{} 2HX + O_2$$

所以次氯酸是强氧化剂，其漂白杀菌能力就是基于这一反应。

次卤酸盐中比较重要的是次氯酸盐。次氯酸钙[$Ca(ClO)_2$]是漂白粉的有效成分，将氯气与廉价的消石灰作用，通过歧化反应可制得漂白粉：

$$2Cl_2 + 2Ca(OH)_2 \xlongequal{} Ca(ClO)_2 + CaCl_2 \cdot 2H_2O$$

(2) 卤酸及其盐

卤酸的稳定性较次卤酸高，氯酸和溴酸能存在于水溶液中，碘酸以白色晶体状态存在。卤酸都是强酸和强氧化剂，其酸性按 $HClO_3 \rightarrow HBrO_3 \rightarrow HIO_3$ 的顺序依次减弱，其氧化性以溴酸为最强，故可发生下列置换反应：

$$2HClO_3 + I_2 \xlongequal{} 2HIO_3 + Cl_2\uparrow$$

$$2HBrO_3 + I_2 \xlongequal{} 2HIO_3 + Br_2$$

$$2HBrO_3 + Cl_2 \xlongequal{} 2HClO_3 + Br_2$$

卤酸盐在水溶液中氧化性不明显，但在酸性溶液中的氧化性很强。固体卤酸盐，特别是氯酸钾是强氧化剂，与易燃物如碳、硫、磷及有机物等混合，受撞击后会猛烈爆炸，因此在工业上常用于制造火柴、火药、焰火等。氯酸钾加热到适当温度会发生如下分解：

$$2KClO_3 \xlongequal[MnO_2]{200\ ℃左右} 2KCl + 3O_2\uparrow$$

$$4KClO_3 \xlongequal{480\ ℃左右} 3KClO_4 + KCl$$

(3) 高卤酸及其盐

高氯酸是无机酸中酸性最强的酸。无水的高氯酸不稳定，在贮藏过程中可能会发生爆炸，市售试剂为其 70%溶液。浓热的高氯酸溶液氧化性很强，当遇到有机化合物会发生爆炸性反应；而稀冷的高氯酸溶液氧化能力极弱，当遇到活泼金属如锌、铁等则放出氢气：

$$Zn + 2HClO_4 \xlongequal{} Zn(ClO_4)_2 + H_2\uparrow$$

从上述讨论中可以看出，卤酸含氧酸及其盐主要的性质是酸性、氧化性和稳定性。现以

氯的含氧酸及其盐为代表，将这些性质的变化规律总结如下：

热稳定性增强	氧化性减弱	酸性增强 ↓	含氧酸	含氧酸盐	↓ 氧化性减弱	热稳定性增强
			HClO	MClO		
			$HClO_2$	$MClO_2$		
			$HClO_3$	$MClO_3$		
			$HClO_4$	$MClO_4$		

→ 热稳定性增强
氧化性减弱

10.2　氧族元素

周期系第ⅥA族元素包括氧、硫、硒、碲、钋五种元素，称为氧族元素。氧和硫是典型的非金属元素，硒、碲也是非金属，但具有部分金属性，而钋则是金属，且为放射性元素。随着原子序数的增加，元素的金属性依次增强，而非金属性依次减弱；氧化物的酸性依次递减，碱性依次递增。表10-5列出了它们的一些基本性质。

表10-5　氧族元素的一些基本性质

	氧(O)	硫(S)	硒(Se)	碲(Te)
价电子层构型	$2s^2 2p^4$	$3s^2 3p^4$	$4s^2 4p^4$	$5s^2 5p^4$
共价半径/pm	66	104	117	137
离子半径(M^{2+})/pm	140	184	198	221
熔点/℃	−218.8	112.8	220	449.5
沸点/℃	−183.0	444.6	685	989.8
电负性 χ	3.5	2.5	2.4	2.1
第一电离能 I_1/(kJ·mol^{-1})	1 314	1 000	941	869
单键离解能/(kJ·mol^{-1})	142	268	172	126
主要氧化数	−2	−2,2,4,6	−2,2,4,6	−2,2,4,6

由表可知氧是本族元素中电负性最大、原子半径最小、电离能最大的元素。本族元素的原子半径、离子半径、电离能、电负性等变化趋势与卤素的相似，随核电荷数增加呈规律性递变。氧族元素都有同素异形体，例如，氧有普通氧和臭氧两种单质；硫有斜方硫、单斜硫和弹性硫等。氧和硫的性质相似，都很活泼。氧能与许多元素直接化合生成氧化物，硫也能与氢、卤素及几乎所有的金属起作用，生成相应的卤化物和硫化物。不仅氧和硫的单质的化学性质相似，它们的对应化合物的性质也有很多相似之处。

下面着重讨论氧和硫的重要化合物。

10.2.1 过氧化氢

纯的过氧化氢在通常条件下是几乎无色(淡蓝色)、稍带黏稠性的液体。过氧化氢分子之间存在较强的氢键,因此无论是在固态或液态都有缔合作用,致使它有较高的熔点(272K)和沸点(423K)。它能以任意比例与水混合,水溶液俗称双氧水。医药上广泛用它的稀溶液(约3%)作为混合消毒杀菌剂来清洗伤口;工业上用约10%的溶液来漂白毛、丝、羽毛等(它具有不损伤被漂白物品的优点);纯的过氧化氢被用作喷气燃料和火箭燃料的氧化剂。实验室常用的过氧化氢浓度为3%或30%,浓度大时须防止它灼伤皮肤。

过氧化氢的性质如下:

(1) 分解

过氧化氢易分解,反应式如下:

$$2H_2O_2(l) = 2H_2O(l) + O_2(g)$$

(2) 氧化还原性

H_2O_2 既有氧化性,又有还原性,常用作氧化剂,如

$$H_2O_2 + 3I^- + 2H^+ = I_3^- + 2H_2O$$

H_2O_2 具有氧化性强且不引入杂质的优点,强氧化剂(如 $KMnO_4$,MnO_2 等)能把 H_2O_2 氧化成 O_2:

$$2MnO_4^- + 5H_2O_2 + 6H^+ = 2Mn^{2+} + 5O_2 + 8H_2O$$

10.2.2 硫化氢和金属硫化物

(1) 硫化氢

硫化氢是无色气体,有臭鸡蛋气味,有毒。吸入微量时,头昏、恶心,继续吸入时,会使嗅觉迟钝而致死亡,因此在实验室使用时,要有良好的通风。国家规定,硫化氢在空气中的允许浓度为 $0.01\times10^{-6}\,mol\cdot L^{-1}$。

硫化氢微溶于水,水溶液称为氢硫酸。20 ℃时,1体积水可溶解约2.6体积的硫化氢,所得溶液的浓度约为 $0.1\,mol\cdot L^{-1}$。其性质如下:

① 弱酸性

氢硫酸是很弱的二元酸,分两级解离:

$$H_2S \rightleftharpoons H^+ + HS^-$$

$$HS^- \rightleftharpoons H^+ + S^{2-}$$

② 还原性

H_2S 中 S 的氧化数为 -2,因此它具有还原性,例如

$$H_2S + I_2 = 2HI + S\downarrow$$

$$2H_2S + O_2 = 2H_2O + 2S\downarrow$$

(2) 金属硫化物

绝大多数金属硫化物难溶于水,有些还难溶于酸。它们的沉淀具有特殊的颜色(见表10-6)。

表 10-6 一些硫化物的颜色和 K_{sp}(291 K～298 K)

化合物	K_{sp}	颜色	化合物	K_{sp}	颜色
Ag_2S	6.3×10^{-50}	黑	MnS	2.5×10^{-13}	肉色
CdS	8.0×10^{-27}	黄	PbS	1.0×10^{-28}	黑
CuS	6.3×10^{-36}	黑	SnS	1.0×10^{-25}	灰黑
FeS	6.3×10^{-18}	黑	Sb_2S_3	1.5×10^{-93}	橘红
HgS	4.0×10^{-53}	黑	ZnS	1.6×10^{-24}	白

10.2.3 硫的氧化物、含氧酸和盐

(1) 硫的氧化物

① 二氧化硫

二氧化硫是无色刺激性气体，硫及含硫物质(如煤、石油等)燃烧都有二氧化硫生成，是大气污染物中危害较大的一种。它是酸雨的主要成分，损害农作物，腐蚀建筑物，并刺激人体呼吸道引起炎症。国家规定，空气中二氧化硫含量不得超过 0.02×10^{-6} mol·L^{-1}。

二氧化硫易液化(沸点为 263 K)，液态二氧化硫蒸发时吸收大量的热，是一种制冷剂。二氧化硫能与一些有机色素结合，可用作漂白剂。此外，二氧化硫也用作防腐剂和消毒剂。

② 三氧化硫

二氧化硫催化氧化可制得三氧化硫，反应如下：

$$2SO_2 + O_2 \xrightarrow[723\,K]{V_2O_5} 2SO_3$$

三氧化硫在室温下是无色挥发性固体，在蒸气状态下是单分子，极易吸收水分，故在空气中呈烟雾状。它与水剧烈作用形成硫酸。

(2) 硫的含氧酸

硫的含氧酸种类繁多，一些比较常见的列于表 10-7。

表 10-7 硫的重要含氧酸

名 称	化学式	硫的氧化数	结构式	存在形式
亚硫酸	H_2SO_3	+4	H—O—S(→O)—O—H	盐
硫酸	H_2SO_4	+6	H—O—S(→O)(→O)—O—H	酸、盐
硫代硫酸	$H_2S_2O_3$	+2	H—O—S(→O)(→S)—O—H	盐

续表

名 称	化学式	硫的氧化数	结构式	存在形式
连二亚硫酸	$H_2S_2O_4$	+3	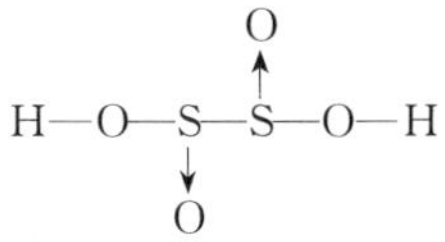 H—O—S(→O)—S(→O)—O—H	盐
焦亚硫酸	$H_2S_2O_5$	+4	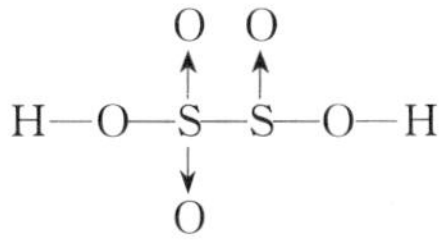 H—O—S(→O)(→O)—S(→O)—O—H	盐
连多硫酸	$H_2S_xO_6$ ($x=2\sim6$)	—	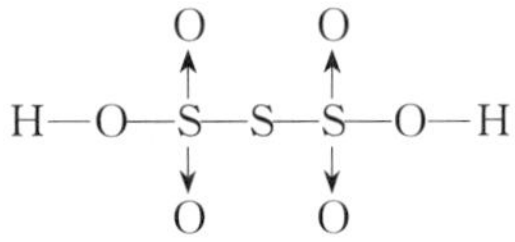 H—O—S(→O)(→O)—S—S(→O)(→O)—O—H ($x=3$)	盐
焦硫酸	$H_2S_2O_7$	+6	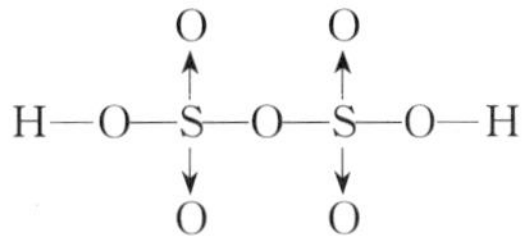 H—O—S(→O)(→O)—O—S(→O)(→O)—O—H	酸、盐
过一硫酸	H_2SO_5	+8	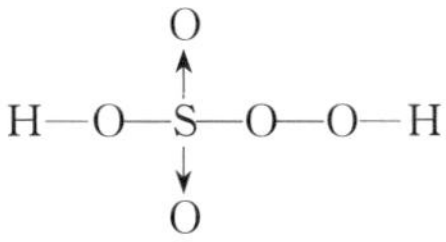 H—O—S(→O)(→O)—O—O—H	酸
过二硫酸	$H_2S_2O_8$	+7	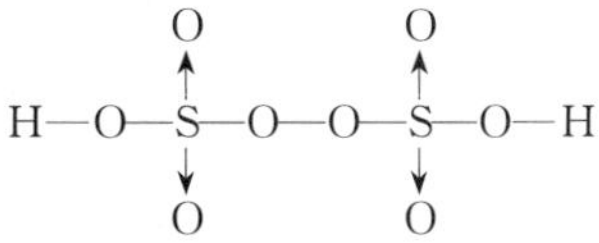 H—O—S(→O)(→O)—O—O—S(→O)(→O)—O—H	酸、盐

① 硫酸(H_2SO_4)

浓硫酸有强烈的吸水性,实验室中常用作干燥剂。硫酸不但能吸收游离的水分,还能从一些有机化合物(包括皮肤、纤维织物)中夺取与水分子组成相当的氢和氧,使这些有机物炭化。因此使用时必须特别注意,如不慎将浓硫酸溅洒在皮肤上,应立即用大量水冲洗,再用含有稀氨水的纱布敷在伤口处,以防严重损伤。

浓硫酸是很强的氧化剂,特别在加热时,能氧化很多金属和非金属。它将金属和非金属氧化为相应的氧化物,金属氧化物则与硫酸作用生成硫酸盐。浓硫酸作氧化剂时本身可被还原为 SO_2, S 或 H_2S;它和非金属作用时,一般还原为 SO_2;它和金属作用时,其被还原程度和金属的活泼性有关,不活泼金属的还原性弱,只能将硫酸还原为 SO_2;活泼金属的还原性强,可以将硫酸还原为单质 S 甚至 H_2S。例如

$$C+2H_2SO_4 \xlongequal{\triangle} CO_2+2SO_2\uparrow+2H_2O$$

$$Cu+2H_2SO_4 \xlongequal{} CuSO_4+SO_2\uparrow+2H_2O$$

$$Zn+2H_2SO_4 \xlongequal{} ZnSO_4+SO_2\uparrow+2H_2O$$

$$3Zn+4H_2SO_4 \xlongequal{} 3ZnSO_4+S\downarrow+4H_2O$$

$$4Zn+5H_2SO_4 \xlongequal{} 4ZnSO_4+H_2S\uparrow+4H_2O$$

② 亚硫酸(H_2SO_3)

二氧化硫溶于水，部分与水作用生成亚硫酸，反应如下：

$$SO_2 + H_2O \rightleftharpoons H_2SO_3$$

亚硫酸(H_2SO_3)是较强的还原剂和较弱的氧化剂。它可将 I_2 还原为 I^-，具体反应如下：

$$H_2SO_3 + I_2 + H_2O = H_2SO_4 + 2HI$$

遇到强的还原剂时，H_2SO_3 才表现出其氧化性。例如

$$H_2SO_3 + 2H_2S = 3S\downarrow + 3H_2O$$

③ 硫代硫酸及其盐

硫代硫酸($H_2S_2O_3$)极不稳定，不能游离存在，但它的盐却能稳定存在，其中最重要的是五水硫代硫酸钠 $Na_2S_2O_3 \cdot 5H_2O$，俗称海波或大苏打。硫代硫酸钠是无色透明的柱状结晶，易溶于水，其水溶液呈弱碱性。硫代硫酸钠在中性、碱性溶液中很稳定，在酸性溶液中迅速分解，得到 $H_2S_2O_3$ 的分解产物 SO_2 和 S：

$$Na_2S_2O_3 + 2HCl = 2NaCl + S\downarrow + SO_2\uparrow + H_2O$$

根据这一反应，在医药上用 $Na_2S_2O_3$ 治疗疥疮。先用 40%的 $Na_2S_2O_3$ 溶液擦洗患处，几分钟后再用 5%的盐酸擦洗，即生成具有高度杀菌能力的 S 和 SO_2。

10.3 氮族元素

周期系第ⅤA 族元素包括氮、磷、砷、锑和铋五种元素，统称氮族元素。本族元素表现出从典型非金属元素到典型金属元素的完整过渡。氮和磷是典型的非金属，随着原子半径增大，砷过渡为半金属，锑和铋为金属元素。氮族元素的一些基本性质列于表 10-8 中。

表 10-8 氮族元素的性质

性　　质	氮(N)	磷(P)	砷(As)	锑(Sb)	铋(Bi)
原子序数	7	15	33	51	83
价电子层构型	$2s^2 2p^3$	$3s^2 3p^3$	$4s^2 4p^3$	$5s^2 5p^3$	$6s^2 6p^3$
熔点/℃	−210	44.2(白磷)	811(2 836 kPa)	630.5	271.5
沸点/℃	−195.8	280.3(白磷)	612(升华)	1 635	1 579
原子半径/pm	70	110	121	141	152
离子半径 $r(M^{3-})$/pm	171	212	222	245	
$r(M^{3+})$/pm	16	44	58	76	96
$r(M^{5+})$/pm	13	34	47	62	74
第一电离能 $I_1/(kJ \cdot mol^{-1})$	1 400	1 060	956	833	774
电负性 χ	3.0	2.1	2.0	1.9	1.9
主要氧化数	−3,+1,+2, +3,+4,+5	−3,+1, +3,+5	−3,+3,+5	+3,+5	+3,+5

10.3.1 氮的重要化合物

(1) 氨和铵盐

氨在常温下是一种有刺激性气味的无色气体。它极易溶于水，在 293 K 时，1 体积水可溶解 700 体积的氨。溶有氨的水溶液通常称为氨水，市售浓氨水密度为 0.91 g·cm^{-3}。

在氨的水溶液中，有一部分氨与水加合(在低温时，可析出晶体 $NH_3 \cdot H_2O$)。在加合物中，有一部分解离呈弱碱性，存在着下列平衡：

$$NH_3 + H_2O \rightleftharpoons NH_3 \cdot H_2O \rightleftharpoons NH_4^+ + OH^-$$

氨与质子(H^+)化合生成离子型铵盐，铵盐的热稳定性差。组成铵盐的酸不同，分解时的情况也不同，如果酸是挥发性的，则酸和氨一起挥发，冷却时又重新结合成固体盐，例如

$$NH_4Cl \xlongequal{\triangle} NH_3\uparrow + HCl\uparrow$$

如果酸是不挥发的，则只有氨挥发掉，例如

$$(NH_4)_3PO_4 \xlongequal{\triangle} 3NH_3\uparrow + H_3PO_4$$

如果酸有氧化性，则分解出的氨被酸氧化，生成 N_2 或 N_2O，例如

$$NH_4NO_2 \xlongequal{\triangle} N_2 + 2H_2O$$

$$NH_4NO_3 \xlongequal{\triangle} N_2O + 2H_2O$$

或

$$5NH_4NO_3 \xlongequal[\triangle]{催化剂} 4N_2 + 2HNO_3 + 9H_2O$$

(2) 氮的含氧酸及其盐

① 氮的氧化物

氮与氧的结合有多种不同形式，其中氮的氧化数可以从+1～+5。常见氮的氧化物有 NO 和 NO_2。

NO 是无色气体，在电弧高温下，氮气与氧气可直接化合成一氧化氮，因此，在雷雨天气，大气中常有 NO 产生。常温下，NO 易与 O_2 化合成为 NO_2，反应式如下：

$$2NO + O_2 = 2NO_2$$

NO_2 是红棕色气体，具有特殊臭味并有毒。NO_2 与水反应生成硝酸和 NO，反应式如下：

$$3NO_2 + H_2O = 2HNO_3 + NO$$

工业废气、燃料燃烧以及汽车尾气中都有 NO 及 NO_2。NO_2 能与空气中的水分发生反应生成硝酸，对人体、金属和植物都有害。目前处理废气中氮的氧化物的方法之一是用碱液吸收，反应式如下：

$$NO + NO_2 + 2NaOH = 2NaNO_2 + H_2O$$

② 亚硝酸及其盐

亚硝酸很不稳定，易分解，它仅存在于冷的稀溶液中，为一元弱酸。亚硝酸虽然不稳定，但亚硝酸盐却是稳定的。亚硝酸盐广泛用于有机合成及食品工业中，用作防腐剂，加入到火腿、午餐肉等作为发色助剂，但要注意控制添加量，以防止产生致癌物质二甲基亚硝胺。

在 NO_2^- 离子中，氮的氧化数为+3，是中间氧化态，因此，它既具有氧化性，也具有还原性。在酸性溶液中主要表现为氧化性，例如，它可使碘离子氧化，反应式如下：

$$2NO_2^- + 2I^- + 4H^+ = 2NO + I_2 + 2H_2O$$

此反应能定量地进行，常用以测定样品中亚硝酸盐的含量。

亚硝酸盐有毒，NO_2^- 能把血红蛋白中的亚铁氧化成高铁，使血红蛋白失去输氧能力，造成人体缺氧。并且，亚硝酸盐可能是致癌物质。

③ 硝酸及其盐

硝酸的重要性质是强氧化性，浓度愈大，氧化性愈强，这是硝酸分子结构不对称，氮的氧化数最高(+5)，其分解产物 NO_2 又有催化作用等原因所致。因此，NO_2 在氧化还原反应中，其还原产物常常是混合物。混合物中以哪种物质为主，往往取决于硝酸的浓度，还原剂的强度和量，以及反应的温度。通常浓硝酸作氧化剂时，还原产物主要是 NO_2；稀硝酸作氧化剂时，还原产物主要是 NO；极稀的硝酸作氧化剂时，只要还原剂足够活泼，还原产物主要是 NH_4^+ 离子。例如

$$Cu + 4HNO_3(浓) = Cu(NO_3)_2 + 2NO_2\uparrow + 2H_2O$$

$$Mg + 4HNO_3(浓) = Mg(NO_3)_2 + 2NO_2\uparrow + 2H_2O$$

$$3Cu + 8HNO_3(稀) = 3Cu(NO_3)_2 + 2NO\uparrow + 4H_2O$$

$$4Mg + 10HNO_3(极稀) = 4Mg(NO_3)_2 + NH_4NO_3 + 3H_2O$$

一体积浓硝酸与三体积浓盐酸组成的混合酸称为王水。不溶于硝酸的金和铂能溶于王水，反应式如下：

$$Au + HNO_3 + 4HCl = H[AuCl_4] + NO\uparrow + 2H_2O$$

$$3Pt + 4HNO_3 + 18HCl = 3H_2[PtCl_6] + 4NO\uparrow + 8H_2O$$

10.3.2 磷的重要化合物

磷有多种同素异形体，常见的是白磷和红磷。纯白磷是无色透明蜡状晶体，见光时，其表面逐渐变成金黄，故有黄磷之称。白磷有剧毒(误食 0.1 克可致死)，不溶于水，易溶于 CS_2 中。红磷(赤磷)是一种暗红色的粉末，不溶于水、CS_2 和碱中，无毒。

磷在空气中燃烧产物是五氧化二磷，如果氧不足则生成三氧化二磷，它们的分子式分别为 P_4O_{10} 和 P_4O_6。

P_4O_6 与冷水反应较慢，可生成亚磷酸，反应式如下：

$$P_4O_6 + 6H_2O(冷) = 4H_3PO_3$$

P_4O_6 与热水反应，则歧化为磷酸和膦，反应式如下：

$$P_4O_6 + 6H_2O(热) = 3H_3PO_4 + PH_3\uparrow(g)$$

P_4O_{10} 有很强的吸水性，是优良的干燥剂。P_4O_{10} 与水反应，随反应水量的不同，可生成偏磷酸、聚磷酸、焦磷酸和(正)磷酸等。

H_3PO_4 在强热时会发生脱水作用，可生成焦、聚和偏磷酸等。

$$\mathrm{HO-\overset{O}{\overset{\uparrow}{P}}(OH)-OH + H-O-\overset{O}{\overset{\uparrow}{P}}(OH)-OH \xrightarrow[\triangle]{-H_2O} HO-\overset{O}{\overset{\uparrow}{P}}(OH)-O-\overset{O}{\overset{\uparrow}{P}}(OH)-OH}$$

焦磷酸

$$\mathrm{HO-\overset{O}{\overset{\uparrow}{P}}(OH)-OH + H-O-\overset{O}{\overset{\uparrow}{P}}(OH)-OH + H-O-\overset{O}{\overset{\uparrow}{P}}(OH)-OH}$$

$$\mathrm{\xrightarrow[\triangle]{-2H_2O} HO-\overset{O}{\overset{\uparrow}{P}}(OH)-O-\overset{O}{\overset{\uparrow}{P}}(OH)-O-\overset{O}{\overset{\uparrow}{P}}(OH)-OH}$$

三聚磷酸

$$\mathrm{4\ HO-\overset{O}{\overset{\uparrow}{P}}(OH)-OH \xrightarrow[\triangle]{-4H_2O} (HO-\overset{O}{\overset{\uparrow}{P}}-O-)_4\ (环状)}$$

四偏磷酸

10.3.3 砷的化合物

砷的氧化物(As_2O_3)是极毒的白色固体,俗称砒霜,微溶于水生成亚砷酸(H_3AsO_3),有去腐拔毒的功效,可用于慢性皮炎(如牛皮癣)的治疗等。近年来临床用砒霜和亚砷酸内服治疗白血病,取得了重大进展。

亚砷酸仅存在于溶液中,是两性偏酸性的氢氧化物,在水溶液中存在下列平衡:

$$As^{3+}+3OH^- \rightleftharpoons As(OH)_3 = H_3AsO_3 \rightleftharpoons 3H^+ + AsO_3^{3-}$$

砷及所有含砷的化合物均有毒,而冶金、化工、化学制药、油漆、陶瓷等工业废水、废气中常含有砷,污染环境。为了消除这种污染,人们往往采取以下措施:

(1) 石灰法

在含砷的废水中加入石灰,使其转变为砷酸钙或偏亚砷酸钙难溶物沉降分离后除去。

$$As_2O_3 + Ca(OH)_2 = Ca(AsO_2)_2\downarrow + H_2O$$

(2) 硫化物法

以 H_2S 为沉淀剂,使废水中的砷转化为难溶硫化物后,分离除去。

$$2As^{3+} + 3H_2S = As_2S_3\downarrow + 6H^+$$

10.4 碳族元素

碳族元素包括碳、硅、锗、锡、铅五种元素，位于周期表第ⅣA族元素，性质由非金属递变到金属，比氮族更明显。碳是非金属，硅有少许金属性，但以非金属性为主，锗是准金属，锡和铅是金属，本族元素的性质列于表10-9中。

表 10-9 碳族元素的性质

性　质	碳(C)	硅(Si)	锗(Ge)	锡(Sn)	铅(Pb)
原子序数	6	14	32	50	82
相对原子质量	12.011	28.086	72.59	118.7	207.2
价电子层结构	$2s^2 2p^2$	$3s^2 3p^2$	$4s^2 4p^2$	$5s^2 5p^2$	$6s^2 6p^2$
共价半径/pm	77	117	122	140	147
第一电离能 $I_1/(\mathrm{kJ \cdot mol^{-1}})$	1 086	787	762	709	716
电负性 χ	2.55	1.99	2.01	1.96	2.33
主要氧化数	+4，+2 (−4，−2)	+4(+2)	+4，+2	+4，+2	+4，+2

碳族元素有同种原子自相结合成链的特性。成链作用的趋势大小与键能有关，键能越高，成键作用就越强。碳不仅可以单键或多重键形成众多化合物，且通过成键作用形成碳链、碳环，这是碳元素能形成数百万种有机化合物的基础。成链作用从C至Sn依次减弱，Si可以形成不太长的硅链，因此硅的化合物要比碳的化合物少得多。

10.4.1 碳及其重要化合物

碳有金刚石和石墨两种晶态。

金刚石是一种无色、透明的物质，它是典型的原子晶体，具有高熔点、高硬度。常用作钻探用的钻头及坚硬物质(如玻璃)的切割工具。

石墨是黑色、不透明、非常柔软的晶体，石墨层之间容易滑动，质软，可以用它制造铅笔、润滑剂等。在核反应堆中，石墨常用作中子减速剂。

(1) 碳的氧化物

碳有多种氧化物，最常见的为CO和CO_2。

CO是无色、无味的气体，有毒，因为它能和血液中携带O_2的血红蛋白生成稳定的配合物，使血红蛋白失去输送O_2的能力，致使人缺氧而死亡。空气中的CO的体积分数达0.1%时，就会引起中毒。CO具有还原性，是冶金工业中常用的还原剂，还是良好的气体燃料。

CO_2不能自燃，比重比空气大，常用作灭火剂。CO_2可溶于水生成碳酸，CO_2在空气中的体积分数为0.03%。近年来大气中二氧化碳的含量在增长，产生温室效应，使全球变暖，因此大气中二氧化碳的平衡成为生态平衡研究课题之一。

(2) 碳酸及其盐

碳酸可形成正盐和酸式盐两种类型的盐。铵和碱金属(锂除外)的碳酸盐易溶于水，其

他金属的碳酸盐难溶于水。大多数酸式盐都易溶于水，酸式碳酸盐及大多数碳酸盐受热时都易分解。如

$$CaCO_3 = CaO + CO_2\uparrow$$

$$Ca(HCO_3)_2 = CaCO_3 + CO_2\uparrow + H_2O$$

后一个反应是自然界溶洞中石笋、钟乳石的形成反应。

碳酸的热稳定性比酸式碳酸盐小，酸式碳酸盐又低于相应的碳酸盐，即

$$H_2CO_3 < NaHCO_3 < Na_2CO_3$$

H_2CO_3 极不稳定，常温下也易分解。$NaHCO_3$ 在 150℃时可分解为 Na_2CO_3。Na_2CO_3 在 1 800℃以上才能分解为 Na_2O。碳酸氢钠（$NaHCO_3$）俗称小苏打，常用作制酸剂，服后能暂时迅速解除胃溃疡病人的疼痛感。

10.4.2 硅及其重要化合物

硅易与氧结合，自然界中没有游离态的硅。硅以石英矿、硅酸盐矿等形式大量存在。硅有无定形和晶体两种同素异形体，前者为灰黑色粉末，后者为银灰色有金属光泽的晶体。晶硅具有金刚石结构，熔点很高，硬度大，可用它刻划玻璃，略能导电，导电能力不如金属，不过它的导电能力随温度升高而增强（与金属相反）。高纯硅是极重要的半导体材料。

（1）二氧化硅

天然存在的二氧化硅（SiO_2）有晶态和无定形两种，晶态二氧化硅称为石英。纯石英是无色透明的，紫水晶、玛瑙、碧玉都是含有杂质的石英晶体。多孔性硅藻土是无定形二氧化硅，有较大的吸附能力，经过精制的二氧化硅可用作柱层析的载体。

二氧化硅化学性质很不活泼，不溶于强酸，在室温下仅 HF 能与它反应，反应式如下：

$$SiO_2 + 4HF = SiF_4\uparrow + 2H_2O$$

高温时，二氧化硅和氢氧化钠或纯碱共熔即得硅酸钠，反应式如下：

$$SiO_2 + 2NaOH \xlongequal{\text{共熔}} Na_2SiO_3 + H_2O$$

$$SiO_2 + Na_2CO_3 \xlongequal{\text{共熔}} Na_2SiO_3 + CO_2\uparrow$$

玻璃中含有 SiO_2，能被碱腐蚀。实验室中长时间盛放 NaOH 的玻璃瓶会“发毛”，玻璃瓶的瓶塞则会打不开，就是玻璃被碱腐蚀的缘故。

（2）硅酸

硅酸的组成很复杂，其组成随形成的条件而变化，常以通式 $xSiO_2 \cdot yH_2O$ 表示。硅酸中以简单的单酸形式存在的只有正硅酸（H_4SiO_4）和它的脱水产物偏硅酸（H_2SiO_3），习惯上把 H_2SiO_3 称为硅酸。硅酸在水中的溶解度不大，但生成的硅酸并不立即沉淀，而是逐渐聚合成高聚分子，形成硅凝胶，硅凝胶经过干燥脱水后则形成白色透明多孔性固态物质，称为硅胶。将硅胶用 $CoCl_2$ 溶液浸透、烘干、活化，就可得到蓝色的变色硅胶，常用于防止仪器受潮。

（3）硅酸盐

地壳主要是由各种硅酸盐组成的，许多矿物如长石、云母、石棉、滑石，许多岩石如花岗岩等都是硅酸盐。硅酸钠是最常见的可溶性硅酸盐，其透明的浆状溶液称做“水玻璃”，俗称“泡花碱”。

(4) 分子筛

分子筛是一类多孔性的硅铝酸盐，具有孔径均匀、内表面积很大的孔道和孔穴，能让气体或液体混合物中直径比孔道小的分子进入孔穴，而大的分子则被阻隔在外，因而具有筛分分子的作用，故称之为分子筛。天然分子筛是将泡沸石脱水而得，可用于化合物的分离、提纯，以及作催化剂或催化剂的载体。

10.5 硼族元素

硼族元素是周期系第ⅢA族元素，包括硼、铝、镓、铟、铊五个元素。硼族元素的一些基本性质列于表10-10中。

表10-10 硼族元素的一些性质

性质	硼(B)	铝(Al)	镓(Ga)	铟(In)	铊(Tl)
原子序数	5	13	31	49	81
相对原子质量	10.81	26.98	69.72	114.82	204.37
价电子层结构	$2s^2 2p^1$	$3s^2 3p^1$	$4s^2 4p^1$	$5s^2 5p^1$	$6s^2 6p^1$
共价半径/pm	82	118	126	144	148
第一电离能 I_1/(kJ·mol^{-1})	801	578	579	558.1	589.1
电负性 χ	2.04	1.61	1.81	1.78	2.04
主要氧化数	+3	+3	+3,+1	+3,+1	+1,(+3)

硼的化合物简单介绍硼酸和硼砂。

(1) 硼酸

硼酸是六角片状的白色晶体，B以sp^2杂化轨道分别和三个O结合成平面三角形结构，三角形之间通过氢键相互连结成层状结构，层间以范德华力结合，因此硼酸晶体呈鳞片状，可作润滑剂。硼酸微溶于冷水，在热水中溶解度较大。H_3BO_3是弱酸，其水溶液呈酸性是由于酸中B原子接受H_2O中OH^-上的电子对，所以H_3BO_3是典型的路易士酸，具体反应如下：

$$H_3BO_3 + H_2O = B(OH)_4^- + H^+$$

(2) 硼砂

硼砂是四硼酸盐，为白色晶体，因含水量不同而有$Na_2B_4O_7 \cdot 10H_2O$和$Na_2B_4O_5(OH)_4 \cdot 3H_2O$两种。在干燥空气中易风化失水，在878℃时熔化为玻璃体。不同的金属氧化物溶于熔融的硼砂中生成复盐，显示出各自不同特征的颜色，例如

$$Na_2B_4O_7 + CoO = Co(BO_2)_2 \cdot 2NaBO_2 (蓝色)$$

因此硼砂在分析化学上常用于鉴定某些金属离子，称为硼砂珠实验。

10.6 碱金属和碱土金属元素

周期系第ⅠA族由锂、钠、钾、铷、铯、钫六种元素组成，称为碱金属元素。第ⅡA族由铍、

镁、钙、锶、钡、镭六种元素组成。由于钙、锶、钡的氧化物兼有碱性和“土性”(化学上把物质难溶于水、难熔融的性质叫“土性”),所以这一族又称为碱土金属。这两族元素中,锂、铷、铯、铍是稀有金属元素,钫和镭是放射性元素。

碱金属和碱土金属的一些性质汇列于表 10-11 及表 10-12 中。

表 10-11 碱金属元素的一些性质

性　质	锂(Li)	钠(Na)	钾(K)	铷(Rb)	铯(Cs)
原子序数	3	11	19	37	55
相对原子质量	6.941	22.989 8	39.098	85.467 8	132.905 4
价电子层结构	$2s^1$	$3s^1$	$4s^1$	$5s^1$	$6s^1$
金属半径/pm	152	186	227	248	265
离子半径/pm	68	95	133	148	169
第一电离能 $I_1/(\mathrm{kJ\cdot mol^{-1}})$	521	499	421	405	371
电负性 χ	0.98	0.93	0.82	0.82	0.79
$\varphi^{\ominus}_{(M^+/M)}$	−3.045	−2.710 9	−2.925	−2.925	−2.93
氧化数	+1	+1	+1	+1	+1

表 10-12 碱土金属元素的一些性质

性　质	铍(Be)	镁(Mg)	钙(Ca)	锶(Sr)	钡(Ba)
原子序数	4	12	20	38	56
相对原子质量	9.012	24.3	40.08	87.62	137.34
价电子层结构	$2s^2$	$3s^2$	$4s^2$	$5s^2$	$6s^2$
金属半径/pm	111.3	160	197.3	215.1	217.3
离子半径/pm	31	65	99	113	135
第一电离能 $I_1/(\mathrm{kJ\cdot mol^{-1}})$	905	742	593	552	564
第二电离能 $I_2/(\mathrm{kJ\cdot mol^{-1}})$	1 768	1 460	1 152	1 070	971
电负性 χ	1.57	1.31	1.00	0.95	0.89
$\varphi^{\ominus}_{(M^{2+}/M)}$	−1.85	−2.357	−2.76	−2.89	−2.90
氧化数	+2	+2	+2	+2	+2

从表 10-11 和表 10-12 可见,碱金属和碱土金属元素的主要性质有如下变化规律:

ⅠA	ⅡA
Li	Be
Na	Mg
K	Ca
Rb	Sr
Cs	Ba

↓ 原子半径增大;电离能、电负性减小;金属性、还原性增强

→ 原子半径减小,电离能、电负性增大;金属性、还原性减弱

碱金属和碱土金属原子的最外层分别有1个和2个电子，次外层为8个电子（锂和铍为2个电子）的稳定结构。因此，它们通常只有一种稳定的氧化态，即碱金属为+1，碱土金属为+2。

10.6.1 氧化物

碱金属和碱土金属能形成三种类型的氧化物：正常氧化物、过氧化物和超氧化物。

(1) 正常氧化物

碱金属中的锂和所有碱土金属在空气中燃烧时，生成正常氧化物 Li_2O，反应式如下：

$$4Li+O_2 = 2Li_2O$$

其他碱金属的正常氧化物是用金属与它们的过氧化物或硝酸盐作用而得到的。例如

$$2Na+Na_2O_2 = 2Na_2O$$

(2) 过氧化物

除铍外，所有的碱金属及碱土金属都能形成相应的过氧化物 M_2O_2 和 MO_2，其中只有钠的过氧化物是由金属在空气中燃烧而直接制得的。锶和钡在高压氧中才能与氧化合形成过氧化物；钙、锶和钡的氧化物与过氧化氢作用，也能得到相应的过氧化物。例如

$$MO+H_2O_2+7H_2O = MO_2 \cdot 8H_2O$$

过氧化钠 Na_2O_2 是最为常见的过氧化物，为淡黄色粉末或粒状物。将钠在铝制容器中加热至熔融，并通入不含二氧化碳的干燥空气，可得到 Na_2O_2 粉末，反应式为

$$2Na+O_2 = Na_2O_2$$

Na_2O_2 本身相当稳定，加热至熔融也不分解，但若遇棉花、木炭或铝粉等还原性物质时，就会引起燃烧或爆炸，因此，工业上常将它列为强氧化剂。在碱性介质中，它也可体现出很强的氧化性，如它能将矿石中的铬、锰、钒等氧化为可溶性的含氧酸盐，因此，在化学分析中常用作分解矿石的溶剂。例如

$$MnO_2+Na_2O_2 = Na_2MnO_4$$

(3) 超氧化物

除了锂、铍、镁外，碱金属和碱土金属都能形成相应的超氧化物 MO_2 和 $M(O_2)_2$。其中钠、钾、铷、铯在过量的氧气中燃烧可直接生成超氧化物。例如

$$K+O_2 = KO_2$$

超氧化物与水反应生成 H_2O_2，同时放出 O_2。例如

$$2KO_2+2H_2O = 2KOH+H_2O_2+O_2\uparrow$$

10.6.2 碱金属盐和碱土金属盐

碱金属和碱土金属常见的盐类有卤化物、硫酸盐、硝酸盐、碳酸盐和磷酸盐等。其具体特性包括如下几个方面。

(1) 晶型

碱金属和碱土金属的盐类大多数为离子晶体。

(2) 溶解性

碱金属盐的最大特点是易溶于水，在水中完全电离，少数盐难溶，如高氯酸钾 $KClO_4$（白

色)，六羟基锑酸钠 $Na[Sb(OH)_6]$(白色)等。碱土金属盐，除了硝酸盐、卤化物(氯化物例外)，其余碳酸盐、硫酸盐、草酸盐和铬酸盐均难溶于水。

(3) 熔点和热稳定性

碱金属盐和碱土金属盐的熔点都较高，热稳定性较大。

(4) 焰色反应

碱金属和碱土金属的离子不论在晶体中还是在溶液中都是无色的，但在无色火焰中灼烧时会呈现出各种特征的颜色。

离子	Li^+	Na^+	K^+	Rb^+	Cs^+	Ca^{2+}	Sr^{2+}	Ba^{2+}
焰色	大红	黄	紫	紫红	紫红	橙红	红	黄绿

(5) 水的硬度

表示水质的软硬程度叫水的硬度。水的硬度是水的一项重要指标。我国规定水的硬度的标准是：1 L 水中含 MgO 和 CaO 的总量相当于 10 mg CaO 时，称该水的硬度为 1°。通常硬度在 8°以下的水称为软水，硬度在 8°以上的水称为硬水。含有钙、镁的酸式碳酸盐的硬水称为暂时硬水，含有钙、镁的硫酸盐或氯化物的硬水称为永久硬水。

将硬水处理成软水的过程称为硬水的软化。暂时硬水可用加热煮沸或化学试剂法软化，其反应如下：

$$M(HCO_3)_2 \xlongequal{\triangle} MCO_3 \downarrow + H_2O + CO_2 \uparrow$$

$$Ca(HCO_3)_2 + Ca(OH)_2 \xlongequal{} 2CaCO_3 \downarrow + 2H_2O$$

永久硬水则用石灰纯碱法或离子交换法软化。石灰纯碱法的原理是

$$MgCl_2 + Ca(OH)_2 \xlongequal{} Mg(OH)_2 \downarrow + CaCl_2$$

$$CaCl_2 + Na_2CO_3 \xlongequal{} CaCO_3 \downarrow + 2NaCl$$

$$MgSO_4 + Na_2CO_3 + Ca(OH)_2 \xlongequal{} Mg(OH)_2 \downarrow + CaCO_3 \downarrow + Na_2SO_4$$

离子交换法是采用离子交换剂来处理硬水。离子交换树脂是一种带有可交换离子的高分子有机物，它分为阳离子交换树脂和阴离子交换树脂。把阴、阳离子交换树脂分别装在柱中串联一体，当水通过离子交换树脂，水中的阴离子和阳离子分别与树脂的阴、阳离子进行交换，硬水经过处理后，不含有杂质阴、阳离子，称为去离子水。离子交换树脂使用一段时间后会失去交换能力，必须进行处理，通常用一定浓度的酸、碱溶液浸泡处理，处理后的树脂重新具有交换能力，这一过程叫做树脂再生。

10.6.3 碱金属和碱土金属元素在医药中的应用

(1) 氯化钠(NaCl)

氯化钠是白色结晶性粉末。0.9%的 NaCl 水溶液的渗透压与人体血液和其他体液的渗透压相等，故称为生理盐水，常直接用于病人的静脉滴注，也大量用作溶剂，用以配制各种注射液和增养液。临床检验上用作稀释剂，以稀释血液等样品，所以生理盐水在医学上极其重要。

(2) 氯化钾(KCl)

氯化钾为白色结晶性粉末，易溶于水。在电化学测定(如电动势测定、电泳试验等)中常用作介质，医疗上也直接以口服或静脉滴注来补充低钾病人所需的 K^+。

(3) 氯化钙($CaCl_2$)

常见的氯化钙分为无水 $CaCl_2$、$CaCl_2 \cdot 2H_2O$ 和 $CaCl_2 \cdot 6H_2O$ 三种。无水 $CaCl_2$ 有强烈的吸水性,能从空气中迅速吸收水分,在实验室中既是常用的反应试剂,又是常用的干燥剂。$CaCl_2 \cdot 6H_2O$ 与冰按 1.44∶1 的比例混合可得到 223.5 K 的低温,因此也是较好的制冷剂。氯化钙也是治疗钙缺乏症和抗过敏疾患的普通药物。

(4) 硫酸钡($BaSO_4$)

硫酸钡为白色粉末,难溶于水,也难溶于酸。在定性分析中常利用它的生成来检出 Ba^{2+} 或 SO_4^{2-}。Ba^{2+} 有吸收 X 射线的能力,但极具毒性,故用口服难溶盐 $BaSO_4$ 凝胶作为消化道 X 射线造影剂时,切忌混有 $BaCl_2$ 或 $Ba(NO_3)_2$ 等可溶性钡盐。

(5) 碳酸锂(Li_2CO_3)

Li_2CO_3 为抗躁狂药,主要用于治疗狂躁型精神病。

10.7 过渡元素

过渡元素是指从ⅠB族到ⅦB族和Ⅷ族元素,过渡元素包括大多数在经济上很重要的金属,如在自然界储量比较丰富的且在工业上应用较广的铁、锰、铜、锌等,同时也包括比较稀少的铸币金属(金和银)以及许多稀有金属。

10.7.1 过渡元素的通性

(1) 过渡元素都是金属

过渡元素的最外电子层只有 1 个～2 个电子,易失去电子而显金属性,因此它们都是金属,常称过渡元素为过渡金属,其中除汞是液体外,其余都是具有金属光泽的固体。过渡元素一般有较高的熔点和沸点,密度大,硬度高,导电导热性良好,其中以铂系金属的密度为最大,钨和铼的熔点为最高(钨,3 380 ℃;铼,3 180 ℃),铜、银、金的导电率为最大,铬的硬度为最高。

过渡元素的金属性一般比同周期的 *p* 区相应元素要强,但远弱于同周期的 *s* 区元素,同一周期内的过渡元素,从左到右由于最外层的电子数保持不变,只是次外层电子数不同,原子半径的改变也不大,因此金属性的减弱极为缓慢。同一族的过渡元素,从上到下金属性不但不增强,反而减弱。例如ⅥB族的铬能从非氧化性酸中置换出氢,而钼在常温下与一般酸不起作用,但能溶于浓 H_2SO_4 或浓 HNO_3 中,而钨则与王水也不发生反应。

(2) 过渡元素原子半径递变规律

过渡元素的原子半径随原子序数和周期变化的情况见表 10-13。由表 10-13 可知,在各周期中从左到右,随着原子序数的增加,原子半径缓慢地减小,直到ⅠB族前后又稍有增大。与同周期主族元素原子半径从左到右明显地减小有所不同,到ⅠB族前后,由于达到 18 电子能级结构,对核的屏蔽作用较 *d* 轨道未填满时大,使核对外层电子引力减小,所以原子半径又略有增大,同族元素从上到下,原子半径依次增大。但第五、第六周期(ⅢB族除外)由于镧系收缩的结果,致使原子半径十分接近。

表 10-13　过渡元素的某些物理性质

性质	Sc	Ti	V	Cr	Mn	Fe	Co	Ni	Cu	Zn
熔点/K	1812	1933±10	2163±10	2130±20	1517±3	1808	1768	1726	1356	692.58
沸点/K	3103	3560	3653	2945	2235	3023	3143	3005	2840	1180
密度/(g·cm^{-3})	2.98	4.54	6.11	7.20	7.44	7.87	8.90	8.90	8.96	7.133
原子半径/pm	144	132	122	118	117	117	116	115	117	125
性质	Y	Zr	Nb	Mo	Tc	Ru	Rh	Pd	Ag	Cd
熔点/K	1796±8	2125±2	2741±10	2890	2445	2583	2239±3	1825	1235	593.9
沸点/K	3610	4650	5015	4885	5150	4173	4000±99	413	2485	1038
密度/(g·cm^{-3})	4.469	6.506	8.57	10.2	11.5	12.4	12.41	12.0	10.50	8.65
原子半径/pm	162	145	134	130	127	125	128	128	134	141
性质	La	Hf	Ta	W	Re	Os	Ir	Pt	Au	Hg
熔点/K	1193±5	2500±20	3269	3683±20	3453	3318±30	2683	2045	1337	234.1
沸点/K	3727	4875	5698±98	5933	5900	5300±99	4403	4100±99	3080	629.4
密度/(g·cm^{-3})	6.145	13.31	16.654	19.3	21.1	22.6	22.4	21.45	19.3	13.55
原子半径/pm	169	144	134	130	128	126	127	130	134	144

(3) 过渡元素的氧化数

过渡元素最显著的特征之一，是它们有多种氧化数。过渡元素最外层 s 电子能级与次外层 d 电子能级接近，因此除了最外层 s 电子参与成键外，d 电子也可以部分或全部参与成键，形成多种氧化数(见表 10-14)。

表 10-14　第一过渡系元素的主要氧化数

元素	Sc	Ti	V	Cr	Mn	Fe	Co	Ni	Cu	Zn
氧化数		+2	+2	+2	$\underline{+2}$	$\underline{+2}$	$\underline{+2}$	$\underline{+2}$	+1	$\underline{+2}$
	$\underline{+3}$	+3	+3	$\underline{+3}$	+3	$\underline{+3}$	+3	+3	$\underline{+2}$	
		$\underline{+4}$	$\underline{+4}$		$\underline{+4}$					
			$\underline{+5}$							
				$\underline{+6}$	+6	+6				
					$\underline{+7}$					

过渡元素氧化数的变化规律是：同一周期从左到右氧化数首先升高，然后逐渐降低；同族从上到下氧化数趋向稳定。

(4) 过渡元素离子的颜色

过渡元素的一个重要特征是其离子在水溶液中常呈现一定的颜色，这些离子在水溶液

中以水合离子形式存在(见表10-15)。

表10-15　第一过渡系低氧化态水合离子的颜色

离子	Sc^{3+}	Ti^{3+}	Ti^{4+}	V^{2+}	V^{3+}	Cr^{3+}	Mn^{2+}	Fe^{2+}	Fe^{3+}	Co^{2+}	Ni^{2+}	Cu^{2+}	Zn^{2+}
d电子数	d^0	d^1	d^0	d^3	d^2	d^3	d^5	d^6	d^5	d^7	d^8	d^9	d^{10}
成单d电子数	0	1	0	3	2	3	5	4	5	3	2	1	0
颜色	无	紫红	无	紫	绿	绿	肉色	浅绿	黄棕	粉红	绿	浅蓝	无

(5) 过渡元素的配合性

由于过渡元素的离子(原子)具有能级相近的外电子轨道[$(n-1)d,ns,np$],这种构型为接受配体的孤对电子形成配位键创造了条件。同时由于过渡元素的离子半径较小,最外层电子一般为未填满的d结构,对核的屏蔽作用较小,因而有较大的有效电荷,对配位体有较强的吸引力,并对配位体有较强的极化作用。所以,过渡元素与主族元素相比,它们有很强的形成配合物的倾向。

10.7.2　铜、银、锌和汞

(1) 氧化物和氢氧化物

铜、银、锌和汞都可和氧化合,形成相应的氧化物,如Cu_2O(红色)、CuO(黑色)、Ag_2O(褐色)、ZnO(白色)和HgO(红色或黄色)。它们几乎不溶于水,其中Cu_2O显弱碱性;CuO以碱性为主,略显两性;Ag_2O则显中强碱性;ZnO显两性;HgO显碱性。

往这些物质的盐溶液中加入适量强碱溶液,生成相应的氢氧化物。氢氧化物的稳定性较差,由于Hg^{2+}的极化力强和变形性大,在汞盐溶液中加入强碱,析出的不是$Hg(OH)_2$,而是黄色的HgO。在银盐溶液中加入强碱,首先析出白色AgOH,AgOH也极不稳定,立即脱水生成Ag_2O沉淀:

$$Hg^{2+}+2OH^- \xlongequal{} HgO\downarrow+H_2O$$

$$2Ag^++2OH^- \xlongequal{} 2AgOH\downarrow \xlongequal{} Ag_2O\downarrow+H_2O$$

CuOH(淡黄色)、$Cu(OH)_2$(浅蓝色)和$Zn(OH)_2$(白色)也不稳定。CuOH稍受热即脱水生成Cu_2O,$Cu(OH)_2$受热至80℃时脱水生成CuO,$Zn(OH)_2$受热也易脱水生成ZnO。

CuOH为中强碱;$Cu(OH)_2$呈弱碱性,微显两性,既溶于酸,又溶于过量的浓NaOH溶液中,形成蓝紫色的四羟基合铜离子$[Cu(OH)_4]^{2-}$。$[Cu(OH)_4]^{2-}$能离解出少量的Cu^{2+},它可被含醛基(—CHO)的葡萄糖还原成红色的Cu_2O,反应式如下:

$$2Cu^{2+}+4OH^-+C_6H_{12}O_6 \xlongequal{} Cu_2O\downarrow+2H_2O+C_6H_{12}O_7$$

医学上常利用这个反应来检查糖尿病。

$Zn(OH)_2$显两性,在溶液中存在以下平衡:

$$Zn^{2+}\underset{2H^+}{\overset{2OH^-}{\rightleftharpoons}}Zn(OH)_2\underset{2H^+}{\overset{2OH^-}{\rightleftharpoons}}[Zn(OH)_4]^{2-}$$

(简写为$ZnO_2^{2-}+2H_2O$)

Ag^+,Cu^{2+}和Zn^{2+}盐溶液中,加入适量氨水,分别生成Ag_2O、碱式盐,例如$Cu_2(OH)_2SO_4$和$Zn(OH)_2$沉淀。这些沉淀能溶于过量氨水中,分别生成$Ag(NH_3)_2^{2+}$,$Cu(NH_3)_4^{2+}$和$Zn(NH_3)_4^{2+}$配离子。

(2) 重要的盐类

① 硫酸铜

五水合硫酸铜($CuSO_4 \cdot 5H_2O$)是最常用的+2价铜盐，它是蓝色结晶。无水硫酸铜是白色粉末，吸水后变成蓝色。这一性质常用来检验有机液体(如乙醇、乙醚)中微量的水。硫酸铜的水溶液杀菌能力很强，在农业上常将硫酸铜和生石灰乳按比例混合配成波尔多溶液，用作杀虫药剂。硫酸铜常用作微量元素肥料。

② 硝酸银

硝酸银是常用的可溶性银盐，它是无色结晶，受强热或日光直接照射时能逐渐分解，其具体反应式如下：

$$2AgNO_3 = 2Ag + 2NO_2\uparrow + O_2\uparrow$$

硝酸银固体或它的水溶液都具有氧化性，在常温下可被许多还原剂(如有些有机物)还原成黑色银粉。$AgNO_3$ 对有机组织有破坏作用，并能使蛋白质沉淀，故在医药上常作为消毒剂和腐蚀剂。

③ 氯化汞和氯化亚汞

氯化汞($HgCl_2$)和氯化亚汞(Hg_2Cl_2)都是直线型共价化合物。$HgCl_2$ 在水溶液中稍微溶解，并且离解度很小，易升华，故俗名升汞；有剧毒，在医疗中常用它的稀溶液作消毒剂。$HgCl_2$ 和 Hg 一起研磨可以制得 Hg_2Cl_2，反应式如下：

$$HgCl_2 + Hg = Hg_2Cl_2\downarrow$$

氯化亚汞是微溶于水的白色固体，少量时无毒，因略有甜味，俗称甘汞。在医疗中用作泻剂，化学上用来制造甘汞电极。$HgCl_2$ 很不稳定，见光易分解成 Hg 和 $HgCl_2$，故必须保存在棕色瓶中。

10.7.3 铬、钼的重要化合物

铬的价层电子构型为 $3d^5 4s^1$，有多种氧化数的型态，其中以氧化数为+3，+6的化合物最重要。三氧化二铬(Cr_2O_3)是具有特殊稳定性的绿色物质，难溶于水，溶于酸。它常被用作颜料(铬绿)，近年来也有用它作有机合成的催化剂，它也是制取其他铬化合物的原料之一，反应式如下：

$$Cr_2O_3 + 3H_2SO_4 = Cr_2(SO_4)_3 + 3H_2O$$

$$Cr_2O_3 + 2NaOH + 3H_2O = 2Na[Cr(OH)_4]$$

在酸性介质中，重铬酸盐和铬酸盐是强氧化剂，本身被还原成为 Cr^{3+} 离子，这是它们最重要的化学性质。如 $Cr_2O_7^{2-} + 3H_2S + 8H^+ = 2Cr^{3+} + 3S\downarrow + 7H_2O$

$$Cr_2O_7^{2-} + 6Cl^- + 14H^+ \xlongequal{\triangle} 2Cr^{3+} + 3Cl_2\uparrow + 7H_2O$$

三氧化钼 MoO_3 与三氧化铬不同，不溶于水。它是酸性氧化物，能溶于碱生成相应的钼酸盐，反应式为 $MoO_3 + 2NH_3 + H_2O = (NH_4)_2MoO_4$

钼酸盐与铬酸盐不同，它的氧化性较弱，在酸性溶液中，只有强还原剂才能将 MoO_4^{2-} 还原成 Mo^{3+}，例如

$$2(NH_4)_2MoO_4 + 3Zn + 16HCl = 2MoCl_3 + 3ZnCl_2 + 4NH_4Cl + 8H_2O$$

Cr^{3+}是人与动物的糖和脂肪代谢作用，特别是为保持正常的胆固醇代谢作用所必需的组成成分。氧化数为+6的铬则对人体有毒且污染环境，它损伤肝、肾等，并干扰重要的酶体系。钼对生物的生长是一种关键元素。固氮酶中含有铁钼蛋白和铁蛋白，它们在自然界固氮催化过程中起着决定性作用。

本章小结及学习要求

1. 卤素单质的一些物理性质呈规律性变化。具有氧化性是卤素单质突出的化学性质，由于它们的氧化性强弱不同，在与不同物质作用时，其反应性能有较大差异。

2. 在卤化氢分子中，HF分子具有反常高的熔点、沸点，从HF到HI，由于键能依次减小，热稳定性急剧下降。它们的水溶液除HF为弱酸外，其余皆为强酸，且酸性逐渐增强；卤化物因类型不同，其熔点、沸点、溶解性差异明显。

3. H_2O_2是含有过氧键的极性分子，不稳定，易分解，其水溶液呈弱酸性。分子间由于有氢键存在，沸点比水高。过氧化氢具有氧化性及还原性，氧化性更为突出，尤其在酸性溶液中。

4. H_2S为极性分子，水溶液呈弱碱性。具有还原性是H_2S的另一重要性质，氧化产物取决于氧化剂的强弱与浓度。

5. H_2SO_4是二元强酸，具有吸水性、脱水性和氧化性，还原产物一般为SO_2，若与活泼金属作用，还可同时产生S及H_2S，硫酸也可形成正盐及酸式盐。

6. 氮重要的氧化物有NO和NO_2，由此可生成氧化数为+3和+5的含氧酸及其盐。亚硝酸是极不稳定的弱酸，亚硝酸盐却相当稳定，具有氧化性及还原性，其氧化性更为突出。

7. 硝酸是易挥发的强酸，具有强氧化性。与非金属及硫化物反应变为NO，与大多数金属反应，产物取决于硝酸浓度及金属活泼性。

8. 碳最重要的氧化物为CO和CO_2，由CO_2生成的碳酸为二元弱酸，它可形成正盐及酸式盐。正盐比酸式盐更稳定。

9. 碱金属和碱土金属可形成三种离子型氧化物，即正常氧化物、过氧化物和超氧化物。

10. Cr(Ⅲ)的氧化物及氢氧化物均具有两性；Cr(Ⅲ)具有还原性，在碱性溶液中的还原性比在酸性溶液中强；Cr(Ⅵ)只有在酸性溶液中以$Cr_2O_7^{2-}$形式存在时才能表现出强氧化性。

11. Mn^{2+}离子的还原性很弱，而$Mn(OH)_2$的还原性较强，易被空气中的氧气氧化成MnO_2。

【阅读材料】

生命中的元素

迄今为止，化学家发现和人工合成的元素已达109种，自然界存在的约有90种，在人体中发现的已有50种左右，而且有的对人体健康至关重要。总的来说，可分为必需元素和非必需元素两大类。

一、必需元素和非必需元素

1. 必需元素

必需元素是指人体新陈代谢或发育生长必不可少的元素。它们中又可分为两类：一类叫宏量元素（一般省去必需两字），是指每天摄入0.04克以上，且占人体总重0.05%以上的元素。宏量元素有11种，它们是氧、碳、氢、氮、钙、磷、钾、硫、钠、氯和镁。其中氧、碳、氢和氮4种元素占人体总重的96%，其余7种占人体总重的3.95%，总计宏量元素占人体总重的99.95%。另外一类叫微量元素，也称痕量元素，指每天摄入量在0.04克以下,在人体中含量在0.01%以下的元素。目前已确定的微量元素有铁、锌、铷、锶、氟、铜、硼、溴、碘、钡、锰、硒、铬、钼、砷、钴、钒等17种(有的如镍、碲等尚未确定),这17种元素占人体总重约0.05%。

2. 非必需元素

非必需元素即是人体不需要的元素。它也可分为两类:一类虽然是人体的新陈代谢或发育生长不需要的,但是人体摄入少量后,不会产生严重病理现象者,常称无害元素,如铋元素等;另一类是不仅人体不需要,而且摄入微量就会出现病态或中毒症状者,常称有害元素或有毒元素,如汞、镉、铅等。

二、元素的代谢和平衡

人体需要的元素都要通过食物与饮水来供应,但是,无论是宏量元素或微量元素,必须严格地控制在某一水平,多了或少了都会引起不良后果,甚至会诱发疾病。

对每一种必需元素人体都有对应的酶来"管制"它,使元素按人体需要控制在一定浓度。如果人体某一元素少了,酶就对摄入的某元素化合物进行加工,合成人体所需的某元素化合物;反之,如果摄入某元素过量,酶就会把它"驱逐出境",以保证它在一定浓度范围内。酶的这一工作保证了元素的代谢和平衡。

由于酶在体内含量极微,所以人体调节元素代谢和平衡的能力是有限的,这就要求人们应科学地摄入必需的元素量,既不可太多,又不可太少。对宏量元素也是如此,例如人体摄入糖、脂肪等碳、氢、氧组成的化合物过量,也会得肥胖症、心血管病等。对微量元素亦如此,例如铁是微量元素,是红细胞的主要成分,缺少它人体血红蛋白不易合成,会导致贫血;但若铁元素过量,也会得多铁症,严重者会因"铁中毒"而死亡。

至于非必需元素,特别是有害元素,通常由肝进行代谢排泄出去,人体是决不让它们累积而兴风作浪的,否则后果不堪设想。

这里必须指出的是,有人对有毒元素和微量元素的作用混淆不清,误称有毒元素为微量元素,这是错误的。同时,不可把微量元素称为有毒或有害元素。例如,硒是微量元素,人体缺它不可,它在人体内有抗细胞老化、抗癌等重要功能,如果缺硒就会导致心肌病变、贫血等疾病。但是,人体含硒量不可过高,过高也会引起恶心腹泻和神经中毒。如每天硒摄入量超过0.000 1克,人会中毒,直至死亡。又如砷也有类似情况,尽管硒和砷的化合物有剧毒,人体需要量极少,但决不可称它们为有毒元素。又如,镉是有害元素,常混入铜矿、锌矿等矿物中,在冶炼过程中进入废渣,再被雨水冲刷进入河(湖)水,被动植物吸收,造成镉污染,当镉进入人体,会跟人体蛋白质结合成有毒的镉硫蛋白,危害造骨功能,从而造成骨质疏松、骨萎缩变形、全身酸痛等。日本神通河两岸常见的骨痛病,镉是罪魁祸首。1972年世界卫生组织宣称,人体缺乏排镉功能,每日摄入量应为零,即不可摄入镉。因此,不要因为在人体查到残留的微量镉而误称它为微量元素。一句话,镉不可以称为微量元素。

三、谨防有毒元素和注意摄取微量元素

非必需元素无论多寡或何种形式都不宜进入体内,就是所谓无害元素也是如此,如铝元素,虽然无毒害,但多了也为害非浅,如今已查明铝是老年痴呆症的祸首。至于有毒元素必须谨防,微量进入即可慢性中毒,多量即会急性中毒,危害性命。例如汞摄入微量即出现头痛、头晕、关节痛、肌肉颤抖等症状;大量摄入即会急性中毒,能诱发肝炎、血尿、尿毒直至死亡。汞中毒的机理是汞使人某些酶失去活性而中毒。因此,我国卫生法严格规定汞在食物和大气中的含量:食品$0.01\,g\cdot kg^{-1}\sim0.03\,g\cdot kg^{-1}$,大气$0.3\,\mu g\cdot m^{-3}$。总之,对那些有毒元素如镉、铅等必须谨防,切不可大意。

至于微量元素,虽然人体需要很少,但不可忽视摄取,主要是要提倡科学的饮食结构,摄取必需的微量元素。目前我国独生子女多,父母常对他们过分宠爱,以致偏食,造成某些元素的缺乏,这是必须注意的。由于饮食结构不合理,美国儿童普遍缺铁,而中国儿童不同程度地缺锌。据上海有关部门统计,有75%儿童不同程度地缺锌,这是发人深省的数字啊!因此,我们要提倡"样样吃,身体好",同时还应多吃些粗粮、杂粮等。此外,要告诫孩子们不可偏食,更不可造成某些营养物过剩,应保持营养平衡。

总之,为了健康,要注意元素代谢的平衡,注意摄入微量元素,谨防有毒元素。

习　　题

10-1　举例说明 X_2 氧化性和 X^- 还原性强弱的递变规律。

10-2　用电极电势说明在实验室中用不同的氧化剂制备氯气时，对盐酸的要求何以有以下差异：

(1) MnO_2 要求用浓盐酸；

(2) $K_2Cr_2O_7$ 至少要用中等浓度的盐酸；

(3) $KMnO_4$ 使用较稀的盐酸也可。

10-3　解释下列现象：

(1) I_2 难溶于纯水却易溶于 KI 溶液中；

(2) I_2 在 CCl_4 中呈现紫色，而在水或乙醇中呈现红棕色；

(3) KI 溶液中通入氯气时，开始溶液呈现红棕色；继续通入氯气，颜色褪去。

10-4　为什么单质氟不易制取？通常用什么方法从氟化物中制取单质氟？

10-5　试述 HX 的还原性、热稳定性和氢卤酸酸性的递变规律。

10-6　有三支试管分别盛有 HCl、HBr 和 HI 溶液，如何鉴别它们？

10-7　从安全的角度出发，浓 H_2SO_4 有哪些性质需要特别重视？

10-8　实验室中如何制备 H_2S 气体？为什么不用 HNO_3 或 H_2SO_4 与 FeS 作用以制取 H_2S？

10-9　硫有哪些主要含氧酸？这些含氧酸的氧化性、还原性如何？

10-10　解释下列事实：

(1) 实验室内不能长久保存 H_2S，Na_2S 和 Na_2SO_3 溶液；

(2) 用 Na_2S 溶液分别作用于含 Cr^{3+} 或 Al^{3+} 的溶液，得不到相应的硫化物 Cr_2S_3 或 Al_2S_3。若想制备 Cr_2S_3 或 Al_2S_3 必须采用“干法”；

(3) 通 H_2S 于 Fe^{3+} 盐溶液中得不到 Fe_2S_3 沉淀；

(4) H_2S 气体通入 $MnSO_4$ 溶液中不产生 MnS 沉淀。若 $MnSO_4$ 溶液中含有一定量的氨水，再通入时即有 MnS 沉淀产生。

10-11　试从氨的分子结构说明氨的性质。

10-12　为何不用 NH_4NO_3，$(NH_4)_2Cr_2O_7$ 或 NH_4HCO_3 来制取 NH_3？

10-13　试归纳总结铵盐热分解的类型，易分解的铵盐是哪种？哪类铵盐最不安全？

10-14　HNO_3 与金属作用时，其还原产物既与 HNO_3 的浓度有关，也与金属的活泼性有关，试总结其一般规律。

10-15　简要说明碱金属和碱土金属的性质有哪些相同和不同之处。与同族元素相比，锂、铍有哪些特殊性？

10-16　由 Na_2O_2 的结构式说明它不是一般的二氧化物，并指出它有哪些特性和用途。

10-17　商品 NaOH 中为什么常含有杂质 Na_2CO_3？试用最简便的方法检查其存在，并设法除去。

10-18　现有四瓶无标签的白色固体粉末，它们分别是：$MgCO_3$、$BaCO_3$、无水 $CaCl_2$、无水 Na_2SO_4，试设法加以鉴别。

10-19　过渡元素有哪些特点？

10-20　过渡元素的水合离子为何多数有颜色？

第11章 仪器分析概论

分析化学可以分为化学分析法和仪器分析法两大类。前者利用化学反应来进行定性和定量分析;后者则是利用一些特殊仪器测量被分析物质的物理或物理化学性质参数来进行定性和定量分析。

仪器分析法大体上可以分为以下种类:

(1) 原子光谱分析法,包括原子发射光谱分析法和原子吸收光谱分析法。

(2) 分子光谱分析法,包括紫外-可见分光光度法、红外分光光度法、核磁共振波谱法、荧光分光光度法。

以上两类也属于光学分析法。

(3) 电分析化学法,包括电位分析法、电解分析法、库仑分析法、电导分析法、极谱分析法和电泳分析法等。

(4) 色谱分析法,包括柱上色谱、纸上色谱、薄层色谱、气相色谱和高效液相色谱法等。

(5) 质谱分析法。

电泳分析法和后两种分析法也属于分离分析法。

近几十年来,仪器分析科学发展很快。由于计算机的应用,仪器分析更是如虎添翼,凸显其独到之处。仪器分析的突出特点有:

(1) 灵敏度高

仪器分析的相对灵敏度已由 $10^{-4}\%$提高到 $10^{-7}\%$,甚至达到 $10^{-10}\%$,绝对灵敏度相应为 10^{-9}g 和 10^{-12}g。故适于微量和痕量分析。

(2) 分析速度快

仪器分析速度快,有的只要几分钟即可获得分析结果。

(3) 试样用量少

仪器分析所用试样只要数毫克,有的甚至更少即可获得准确的分析结果。

(4) 用途广泛

仪器分析不仅可以进行元素、化合物的定性和定量分析,而且对物质的化学结构、形态、微观分布等都可以作出分析,还可以用于自动监控分析,广泛应用于环境监测、产品质量控制和生产过程的监控等方面。

但是,仪器分析也有一定的局限性。因为仪器(特别是大型精密仪器)价格昂贵,难以普及。仪器分析是一种相对分析法,常常要用标准作对照,而标准物质往往要用化学分析法标定。所以,化学分析法仍是分析化学的基础。它与仪器分析法互相配合,取长补短。

11.1 原子光谱分析法

11.1.1 原子光谱的产生

原子光谱是由原子的核外电子在不同能级间跃迁产生的。在通常情况下，原子处于基态，即能量最低状态。当原子受到某种方式激发（如光照、电弧、高温等），外层电子吸收一定能量后跃迁到能量较高的激发态，从而产生原子吸收光谱线。原子受激发后处于高能态（激发态）的电子十分不稳定，力图回到低能态或基态。在此过程中，电子将两能级间的能量差（ΔE）以特定波长的光发射出来，即形成发射光谱线。ΔE 服从 Planck 方程

$$\Delta E = E - E_0 = h\nu = \frac{hc}{\lambda} \tag{11-1}$$

式中，E 为激发态能级能量，E_0 为基态能级能量。h 为 Planck 常数（$6.625\times10^{-34}\,\mathrm{J\cdot s}$），$\nu$ 为频率（Hz），c 为光速（$3\times10^8\,\mathrm{m/s}$），$\lambda$ 为波长（m）。

11.1.2 原子发射光谱分析法

（1）基本原理

原子发射光谱法（atomic emission spectroscopy，AES）是依据原子发射的特征光谱来测定物质的化学成分及其含量的分析方法。

原子的外层电子由激发态直接回到基态所发射的谱线称为共振线，由最低激发态返回到基态所发射的光谱线称为第一共振线。通常第一共振线的谱线强度最强，用罗马数字Ⅰ标记，例如 NaⅠ589.592 nm，CaⅠ 422.673 nm 等等。当原子受到更高能量激发时，其外层电子可能发生电离成为离子。失去 1 个或 2 个外层电子所需要的能量称为一级电离能或二级电离能。离子外层电子跃迁时发射出的谱线称为离子线，分别用罗马数字Ⅱ和Ⅲ表示。例如 CaⅡ 396.847 nm 表示钙的一级离子线，MgⅢ 182.897 nm 表示镁的二级离子线。以上各元素的共振线和离子线均可在光谱表中找到。

每种元素都有它自己的特征光谱线。谱线的波长、强度及谱线的多少与该元素原子的电子层结构有关，在周期表中亦呈现出周期性变化。原子发射光谱分析法就是应用它们的特征光谱线进行定性分析，应用谱线强度与试样中该元素含量成正比的关系进行定量分析：

$$I = ac^b \tag{11-2}$$

式中，I 为谱线强度，c 为该元素的浓度或含量。a 和 b 是常数，与实验条件有关。

（2）原子发射光谱仪

原子发射光谱仪由激发光源、光谱仪及附属设备等构成。

① 激发光源

激发光源是使样品蒸发、解离为原子或离子并令其激发、跃迁发射出原子光谱线或离子光谱线的设备。经典激发光源有电弧、电火花光源等。其中应用较多的是直流电弧、交流电弧以及高压火花放电等。它们都是在一定电压下，使两极间产生电弧放电，成为激发光源。

新型的激发光源用得最多的是“电感耦合等离子体”光源，又称 ICP（inductively coupled

plasma)。凡电离度达到0.1%以上的电离气体都称为等离子体。等离子体中包含有分子、原子、离子、电子等各种粒子,因而具有很强的导电性。但宏观上该电离气体仍是电中性的。等离子体的炬管结构如图 11-1,它是由一个三层同心的石英玻璃管组成的。外层切线方向通入氩气工作气体,并起着冷却炬管的作用。中层石英管通入辅助气体氩气,内层通入样品气溶胶和载气(氩气)。围绕炬管上部有一高频线圈,它是由水冷却的铜管制成的,可以产生 5 MHz～65 MHz 的高频交变电磁场,输出功率可达几千瓦。工作气体氩在感应圈引燃下发生电离,产生氩离子和电子,形成最初的等离子体。导电的等离子体在高频电场作用下形成一个感应区。感应区与高频线圈组成了一个如同变压器的耦合器,从而将高频线圈的能量不断耦合到等离子体炬中。由于等离子体的热运动使 ICP 炬温可高达 5 000 K～10 000 K。在这样高的温度下,许多难以激发的元素原子都可以发射其特征光谱线。因此,ICP 可以分析 70 多种元素。不仅如此,ICP 还具有激发稳定、灵敏、精密度好、线性范围宽等特点。主要缺点是工作气体氩气费用较高。

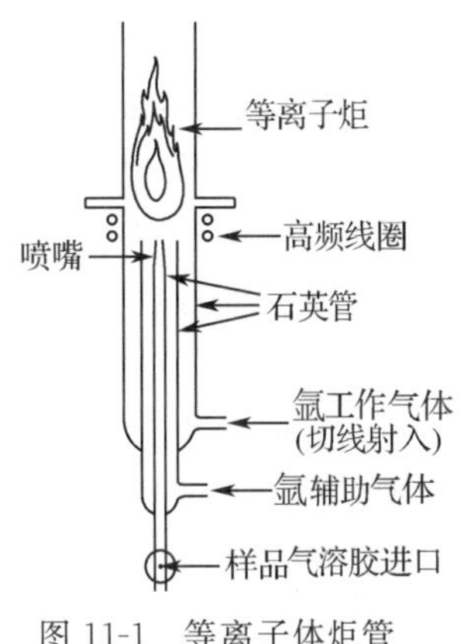

图 11-1　等离子体炬管结构图

② 光谱仪

光谱仪的功能是将激发光源发射的各种不同波长的光色散成可供检测的光谱。光谱仪按分光原理不同分为:

a. 棱镜型光谱仪

顾名思义,这一类光谱仪是应用棱镜为分光元件。三棱镜由各种不同性质材料磨制而成,如石英(可透过紫外光)、玻璃(用于可见光)和氯化钠晶体(可透过红外光)。棱镜分光原理是利用不同波长光线在同一介质中折射率不同的性质,在通过棱镜两界面处经过两次折射,从而把复合光分解成单色光。如果将分解了的单色光经过透镜作用于感光板上,就会得到一张按波长顺序排列的谱线图,即光谱。这种应用棱镜和感光板得到光谱的仪器称为棱镜摄谱仪。根据谱线的多少及其波长即可对元素进行定性分析,根据谱线的黑度即可对元素含量进行半定量分析。

b. 光栅型光谱仪

这一类光谱仪是应用光栅为分光元件。所谓光栅是在光学玻璃或金属片上镌刻出许多平行、等距、等宽的沟槽。光栅分光原理是光通过光栅或从光栅表面反射时发生衍射并同时发生干涉作用,从而使复合光色散成按波长顺序排列的单色光。如果将这些单色光作用于感光板上,也可以获得一张光谱。这种光谱仪称为光栅摄谱仪。

c. 光电直读光谱仪

光电直读光谱仪是用光电管或光电倍增管代替感光板作为检测器。分光后谱线照射在光电管或光电倍增管上即可转换为电信号。然后经过放大等处理后,可以显示在荧光屏上。这种直读光谱仪常常与 ICP 配合使用。这就是现代的电感耦合等离子体发射光谱仪。

(3) 光谱的定性和定量分析

① 光谱定性分析

在对光谱进行定性分析时,往往只需根据 2 条～3 条元素的灵敏线是否出现就可确定该元素是否存在。

元素的灵敏线：指激发能低、跃迁几率大的一些光谱线。一般来说，元素的第一共振线就是该元素的最灵敏线。

元素的最后线：当被测试样含量逐渐减少，元素的谱线数目亦随之减少，该元素最后消失的一条谱线被称为元素的最后线。一般来说，最后线往往是元素的最灵敏线。但灵敏线易于产生自吸效应，从而使谱线强度减弱。因此，元素的最灵敏线不一定是最后线。

元素的分析线：在光谱分析中，用于定性和定量分析的谱线称为分析线。这些分析线一般要有足够的强度且无自吸现象，不受其他元素干扰。常常选用 3 条～5 条灵敏线为分析线。

光谱定性分析是应用光谱比较法辨认某些元素是否存在。即在同一块感光板上摄取试样和铁的光谱，然后与“元素标准光谱图”进行比较；查找试样光谱中是否有标准光谱图上所标出的元素的灵敏线。如果找到 2 条～3 条待测元素的灵敏线即可确认该试样中含有这种元素。图 11-2 为“元素标准光谱图”的一部分。从图中可看出，图的最下方是波长标尺，依次向上为铁光谱和元素谱线及其名称等。元素符号下面数字为波长，其右上角Ⅰ，Ⅱ，Ⅲ分别为该元素的原子线、一级离子线、二级离子线。元素符号的右上角数字 1～10 表示谱线强度等级，数字越大，谱线强度越大。在检查谱线时，通常是在光谱投影仪上进行观察，并要求与铁光谱重合，以辨认元素的灵敏线。

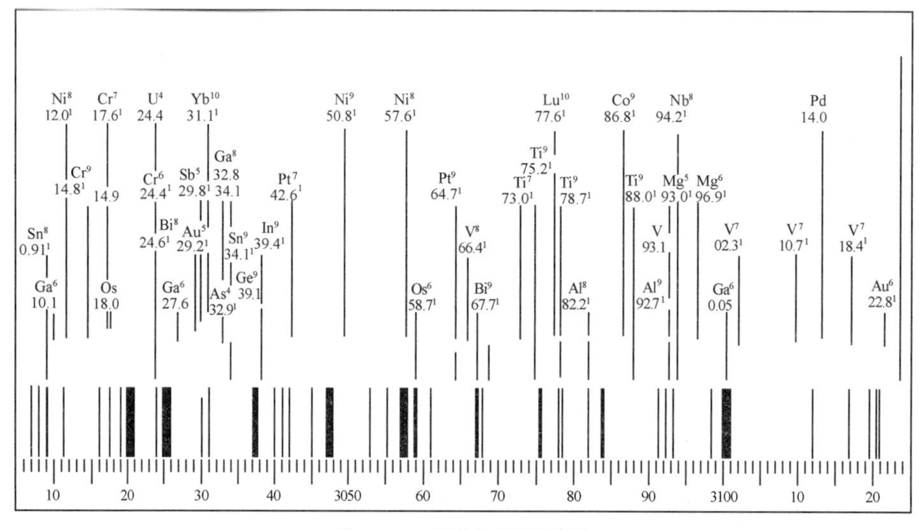

图 11-2　元素标准光谱图

② 光谱半定量分析

应用谱线黑度（即强度）的对照即可估测试样中某元素的大致含量。具体做法是将试样与预先配制的标准试样系列在相同工作条件下摄谱在同一张感光板上，显影定影后在光谱投影仪上进行对比，谱线黑度相同者含量也大致相同。这种光谱半定量的误差可达 30%～200%，但有时也能满足需要，如对矿石品位的估计、钢材和合金的分类等。

③ 光谱定量分析

光谱的定量分析有两种途径测定元素的含量。一是通过一种称之为“测微光度计”的辅助仪器测量感光底片上记录的谱线黑度来确定试样中被测元素的含量。另一种途径是通过光电直读光谱仪测定元素的含量。

光谱的定量分析方法常有内标法、三标准试样法和光电直读光谱分析法三种。

a. 内标法

内标法是通过测量待测元素与内标(或基体)元素谱线的相对强度来进行元素定量分析的方法。如前所述,由式(11-3)可以推出分析线与内标线的相对强度 R 的对数与被测元素的含量 c 之间有下列关系：

$$\lg R=\lg \frac{I_{分}}{I_{内}}=b\ \lg c+\lg a \tag{11-3}$$

式中,$I_{分}$ 为待测元素分析线的强度,$I_{内}$ 为内标元素谱线的强度。b 为吸收系数,a 为发射系数,在实验条件下,a 和 b 均为常数。通常内标元素往往是放电电极基体铁元素。选取其中一条与被测元素分析线波长相近的分析线,形成分析线对。然后由这两者相对强度的对数与对应被测元素含量 c 的对数作图,由此标准曲线即可进行定量分析。

b. 三标准试样法

采用三个或三个以上的含有不同浓度被测元素的标准样品和待测试样在相同实验条件下并列摄谱。根据分析线对的黑度差 ΔS 对被测元素含量对数 $\lg c$ 作图,求得标准曲线。然后根据待测试样的 ΔS 值求得试样中被测元素的 $\lg c_x$,经反对数换算即可求得被测元素含量 c_x。

c. 光电直读光谱分析法

光电直读光谱分析法是借助仪器的光电倍增管将光信号转换为电信号,并向积分电容充电,从积分电容的端电压可知谱线强度,从而间接求得试样中某元素的含量。整个计算都是由微机自动完成。这种分析方法已广泛应用于ICP发射光谱仪之中。

11.1.3 原子吸收光谱分析法

原子吸收光谱分析法是依据物质的基态原子蒸气对同种原子发射的特征光谱能量的吸收作用来进行定量分析的方法。这种方法又称为原子吸收分光光度法(atomic absorption spectrophotometry, AAS)。此法由澳大利亚学者 Walsh 在 1955 年提出。该法具有灵敏度高、选择性好、仪器较简单和操作简便等特点。原子吸收光谱分析法可以直接测定 60 多种元素,因而得到了广泛的应用。

(1) 基本原理

① 原子化

用原子吸收光谱分析时,通常试样化合物(MX)以雾化形式进入加热状态,并发生下列变化。这个过程就是原子化过程：

$$MX(雾粒)\xrightarrow{脱水}MX(气溶胶)\xrightarrow{气化}MX(g)\xrightarrow{热分解}M(g)+X(g)$$

M(g)即为原子化的金属原子蒸气。当然,在高温下也有部分原子激发而成为激发态。但是,实验测定表明,在通常原子化温度(低于 3 000 K)下,激发态原子数都小于 0.1%,因此,基态原子数近似等于总原子数。

② 原子吸收的测量

1955 年 Walsh 使用锐线光源(空心阴极灯)测量谱线的峰值吸收,解决了原子吸收光谱

分析法的实际测量问题。他证明了单色光通过原子蒸气的吸光度 A 与基态原子数目呈线性关系。当原子蒸气厚度一定时，基态原子数与该物质浓度 c 成正比。因此吸光度实际上与物质浓度 c 成正比：

$$A=Kc \tag{11-4}$$

此式为原子吸收光谱定量分析的基础。

(2) 原子吸收光谱仪

原子吸收光谱仪主要由锐线光源、原子化器、分光器和检出器四部分组成，如图 11-3 所示。由锐线光源发射出被测元素的共振线，原子化器产生的基态原子吸收该共振线后，透射光经分光系统到达检出器进行检测，然后由读出装置显示分析结果。

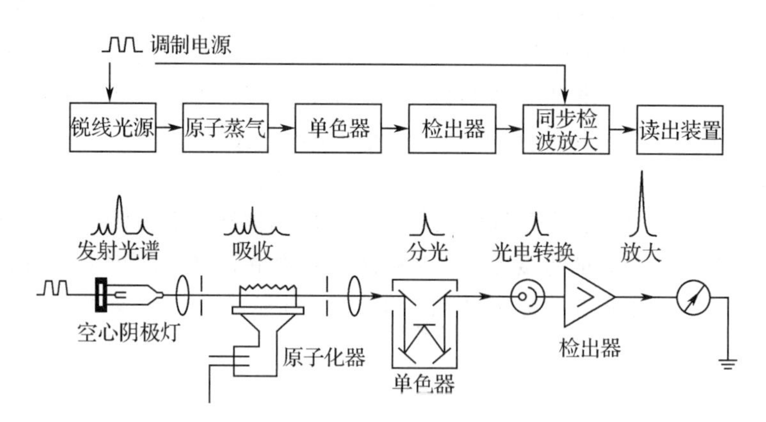

图 11-3　火焰原子吸收光谱仪示意图

① 锐线光源

空心阴极灯是最常用的锐线光源。它具有发射谱线半峰宽小、强度大、稳定、背景小、寿命长、操作方便等优点。

空心阴极灯由一个空心的筒状阴极和一个阳极构成，如图 11-4 所示。该阴极由被测元素的纯金属、合金或化合物制成。阳极一般为钨棒。两极密封于充有低压氖或氩稀有气体和带有石英窗的玻璃管内。在电场的作用下，电极间即发生放电，使金属原子激发，从而发射出阴极金属的特征光谱。在工作中应选择适当的灯电流。灯电流太大，可造成放电不稳定，灯寿命下降。通常以灯电流偏低些为宜。这样，发射谱线窄，信噪比好，利于延长灯的寿命。

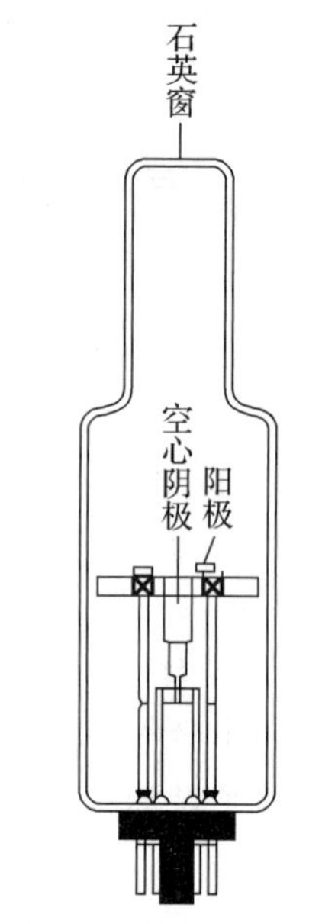

图 11-4　空心阴极灯图

② 原子化器

原子化器是将试样中的被测元素转变为基态原子蒸气的装置。主要有火焰原子化器和无火焰原子化器两种。

a. 火焰原子化器

图 11-5 所示为火焰原子化器的基本结构。其中雾化器在压缩空气的驱动下，沿毛细管吸入试样溶液，并被高速气流所分散，喷射在撞击球表面，令其雾化。调整适当空气流速可使雾粒更细，又不致过于增大试样溶液的提升量而降低雾化效率。预混合室又称雾化室。其作用是使雾粒与燃气、空气混合均匀，令火焰稳定，降低背景和确

保安全。燃烧器是由不锈钢和耐高温材料制成的。普通型燃烧器的缝长100 mm，缝宽0.5 mm～1.0 mm。三缝燃烧器比单缝燃烧器火焰稳定。其高度可以上、下、前、后调节，寻找最佳原子化部位。燃气用得最多的是乙炔气体，通常由乙炔钢瓶供气。这种燃气火焰可以为 35 种以上元素提供原子化条件，最高温度可达 2 300 ℃。选择不同燃气和助燃气体的比例可以得到不同性质的火焰。通常采用燃助比为 1∶4 的中性火焰，适于大多数元素。燃助比为 1∶3 的还原性火焰，适于易氧化成难离解氧化物的元素，如 Cr，Ba，Mo，Al 等。燃助比为 1∶6 的氧化性火焰，适于碱金属和不易氧化的元素，如 Ag，Cu，Ni，Co 等。

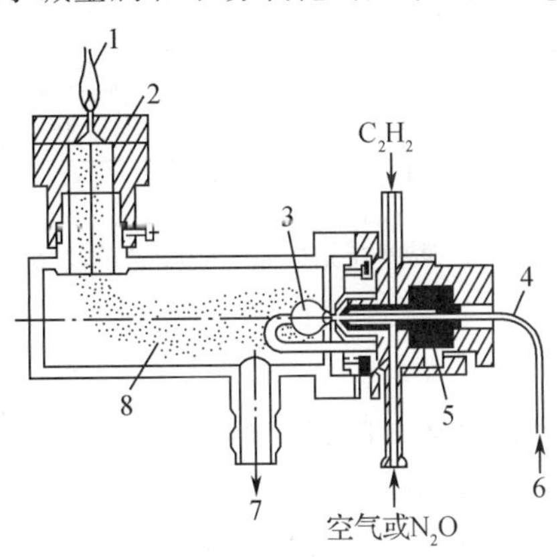

图 11-5　火焰原子化器的基本结构

1. 火焰　2. 燃烧器　3. 撞击球　4. 毛细管

5. 雾化器　6. 试液入口　7. 废液出口　8. 预混合室

b. 无火焰原子化器

无火焰原子化器是利用电热、高频感应或激光等方法使试样中被测元素原子化的装置。最常用无火焰原子化器是石墨炉原子化器。这种原子化器克服了火焰原子化器的原子化效率低的缺点，大大提高了灵敏度(提高了几个数量级)。石墨炉原子化器是用石墨制成的一个长约 28 mm 的管状体，中间有一小孔，便于注入试样。由于石墨具有导电性，又耐高温，故可以通入低压的高电流(400 A～600 A)，在冷却水冷却和惰性气体(氩)的保护下，炉体内部迅速升温，使试样快速经过干燥、灰化、原子化和清除残余物质四个阶段。选择适当的原子化温度和原子化时间，就可以准确进行被测元素的定量分析。

③ 分光系统和检出器

分光系统主要包括入射狭缝、准直镜、单色器和出射狭缝。其作用是使共振吸收谱线与附近的干扰谱线分开来。在实际工作中，调宽狭缝，出射光强度增大，但分辨率下降。相反，狭缝调窄，分辨率提高，但光强减弱。通常可选用能把 Mn 279.5 nm 和 279.8 nm 峰分开(峰谷能量值小于 40%)即可。原子吸收光谱仪的检测系统多采用光电倍增管为检出器。检出器将检测到的光信号转变为电信号，经检波放大后，输入读出装置以显示检测结果。

④ 原子吸收光谱仪

国内外出品的原子吸收光谱仪很多，按光束分类有单光束和双光束两类；按调制方法分类可分为机械切光调制和电源调制；按波道分类有单波道、双波道和多波道等。

a. 单道单光束仪器

此类型仪器结构简单，价格便宜，可满足一般要求，但是该类型仪器工作不稳定，常常引

起零点漂移。

b. 单道双光束仪器

此类型仪器较多,其结构如图 11-6 所示。锐线光源空心阴极灯(HCL)发出的共振谱线由切光器分解成强度相等的两光束——参比光束 R 和样品光束 S。检出器(光电倍增器 PM)接收后输出的是 R 和 S 两者的信号差,从而消除了工作中的不稳定性。因此,这种单道双光束仪器的灵敏度和准确度都优于单光束仪器。

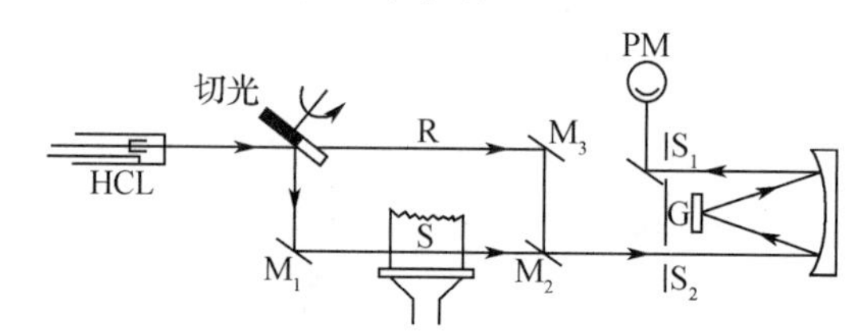

图 11-6 单道双光束原子吸收光谱仪结构

(3) 定量分析方法

① 标准曲线法

标准曲线法是最常用的分析方法。配制一系列不同浓度的标准溶液,在与被测溶液相同的工作条件下测定它们的吸光度,绘制吸光度-浓度标准曲线,用内插法在标准曲线上求得试样中被测元素的含量。现代带微机的光谱仪可以自动绘出标准曲线并自动求得被测元素的含量。应用标准曲线法做定量分析时要注意标准溶液和试样溶液的处理方法相同,组成尽可能一致。试液配制浓度应在标准曲线的直线范围内,吸光度值最好在 0.10~0.50 范围内。

② 标准加入法

当试样组成复杂,被测元素含量又很低时,可以采用标准加入法。设 c_x, c_0 分别为试液中被测元素的浓度和试液中加入的标准溶液的浓度,c_x+c_0 即为加入后的浓度。A_x 和 A_0 分别为试液和加入标准溶液后的吸光度,由式(11-4)得

$$A_x=Kc_x \qquad A_0=K(c_0+c_x)$$

$$c_x=\frac{A_xc_0}{A_0-A_x} \tag{11-5}$$

在实际工作中常常采用作图法外推求得被测物的浓度。操作方法:取至少 4 份同体积试样溶液,从第二份开始按比例加入倍数量的待测元素标准溶液。即有 c_x, c_0, $2c_0$, $3c_0$,…,然后将每份溶液稀释至相同体积,分别测定它们的吸光度 A_x, A_1, A_2, A_3,…,以 A 对加入量作标准曲线(如图 11-7 所示),外延标准曲线与浓度轴相交,交点与坐标原点的距离即为被测元素稀释后的浓度 c_x。

(4) 应用和举例

原子吸收光谱分析法在生物学科中的应用很广,例如测定血液、体液、毛发、指甲和其他组织中常见的元素,测定药品中的某些元素含量(如维生素 B_{12} 中的 Co)以及中草药中含有的各种金属元素等。

例如测定血清中的钙和镁时,可以直接采用空气-乙炔火焰分析。可用血清以 1∶20 到 1∶50 稀释后的溶液进行分析。为了抑制磷酸根的干扰,在试样和标准溶液中须加入 1%

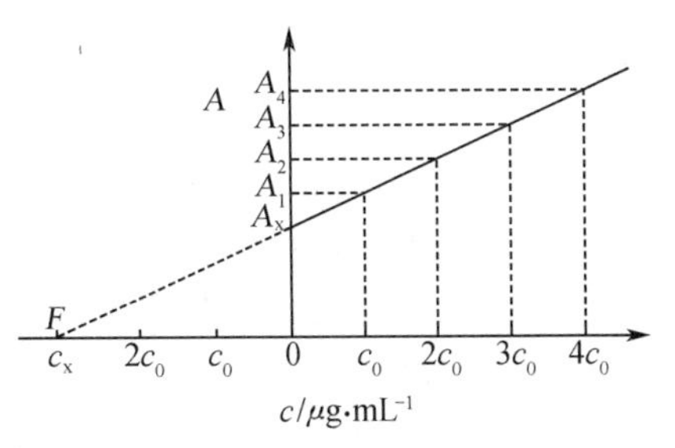

图 11-7　标准加入法外推求得 c_x

EDTA 溶液，0.5%镧盐溶液或 0.25%锶盐溶液。血清中蛋白质经高度稀释并加入镧盐溶液后不干扰测定。如能预先除去蛋白质，测定的重现性则更佳。

11.2　分子光谱分析法

11.2.1　分子光谱的产生

分子是由不同化学键将原子连接而成的。构成这些化学键的价电子（如 σ 电子、π 电子和孤对电子等）在辐射光的照射下，吸收一定波长的能量后，分子由基态跃迁到激发态，这就形成了分子吸收光谱。例如紫外光谱、可见光谱、红外光谱和核磁共振波谱等。激发态的分子是不稳定的，可能通过辐射跃迁——发光或非辐射跃迁失去多余的能量而回到基态。这就形成了分子发光光谱，例如分子荧光光谱、磷光光谱。应用这些分子光谱进行物质的定性分析和定量分析的方法称为分子光谱分析法。

原子光谱可以认为是线状光谱。但是，分子光谱常常是带状光谱。这是因为在价电子跃迁时，伴随着较低能量的振动能级和转动能级的跃迁，参见图 11-8。

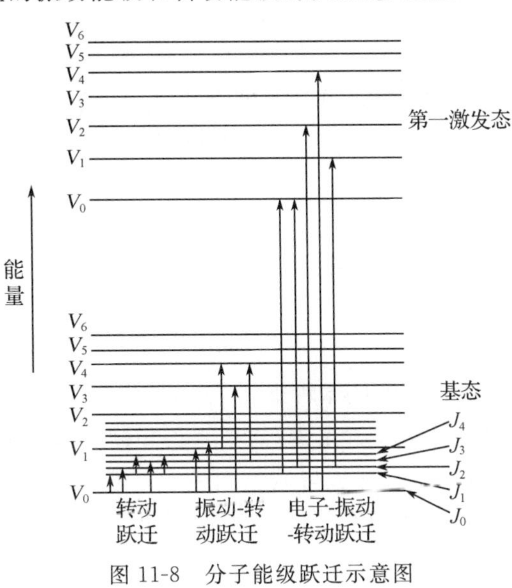

图 11-8　分子能级跃迁示意图

11.2.2 紫外-可见分光光度法

(1) 紫外-可见分光光度法的原理

因为紫外-可见光谱是由分子中价电子跃迁产生的，故又称为电子光谱。应用物质的紫外-可见光谱进行定性和定量分析的方法称为紫外-可见分光光度法（ultraviolet-visible spectrophotometry，UV-VIS）。紫外-可见光谱可以分为三个区段，即远紫外区（10 nm～200 nm）、近紫外区（200 nm～400 nm）和可见区（400 nm～800 nm）。因为远紫外区光谱须在真空条件下测量以避免 CO_2 和水蒸气的干扰，故该区光谱又称为真空紫外光谱区。本节主要讨论近紫外区和可见光区光谱。

① 跃迁类型

有机化合物分子基态的价电子处于分子的成键轨道，孤对电子处于非键轨道。当它们吸收辐射后，可以跃迁到反键轨道上。主要有 $\sigma\to\sigma^*$，$n\to\sigma^*$，$\pi\to\pi^*$ 和 $n\to\pi^*$。前一种跃迁能量很高，其吸收峰落在远紫外区，后三种跃迁类型的紫外光谱落在近紫外区，是我们研究的主要对象。现简要介绍几种常见跃迁类型。

a. $n\to\sigma^*$ 跃迁

当饱和化合物分子中含有带孤对电子的原子（如氧、硫、氮、磷和卤素）时，会产生这一类型跃迁。可以在 150 nm～250 nm 范围内有吸收峰，多数落在远紫外区。

b. $\pi\to\pi^*$ 跃迁

凡是含有不饱和键的化合物均可产生这一类型跃迁，也是紫外-可见分光光度法主要分析的对象。例如苯的 E_1 带在 184 nm，E_2 带在 202 nm，B 带在 255 nm。

c. $n\to\pi^*$ 跃迁

凡是含有不饱和键又有杂原子（O，S，N，X 等）的化合物可能发生这一类型跃迁。例如丙酮的 $n\to\pi^*$ 跃迁在 280 nm。

d. f 电子的跃迁

镧系和锕系元素的离子对紫外、可见光的吸收是因为内层 $4f$ 和 $5f$ 电子的跃迁。这些跃迁所产生的吸收光谱几乎不受金属离子周围配位体的影响。

e. d 电子的跃迁

过渡金属离子的 d 轨道可以在不同的 d 轨道组之间发生跃迁，称为 d-d 跃迁。这种跃迁产生的吸收带往往较宽，且易受周围配位体环境的影响。例如水合铜（Ⅱ）离子为浅蓝色，氨合铜离子则为深蓝色。

f. 电荷转移跃迁

在金属配合物中，一个电子从配位体轨道（电子给予体）跃迁到中心离子的轨道（电子接受体）上即可产生相应的电荷转移吸收光谱，并具有很高的吸收强度，因而在分析化学中具有很高的应用价值。许多过渡金属离子与显色剂生成有色的配合物就是电荷转移跃迁所致。Fe^{3+} 离子与 SCN^- 离子形成血红色配合物就是一例。

② 朗伯-比耳定律

当一束平行的单色光通过均匀、非散射的介质时，物质吸收光的程度，即吸光度 A 与溶液的浓度和液层的厚度的乘积成正比。这就是朗伯-比耳定律，用数学式表示：

$$A=Kbc \tag{11-6}$$

式中,A 为吸光度(absorbance),它是入射光强度 I_0 与透射光强度 I 比值的对数,即

$$A=\lg\frac{I_0}{I} \tag{11-7}$$

而透射光强度与入射光强度之比称为透射比 T(transmitance):

$$T=\frac{I}{I_0} \tag{11-8}$$

结合式(11-6)与式(11-7)可得

$$A=\lg\frac{I_0}{I}=\lg\frac{1}{T}=Kbc \tag{11-9}$$

式中,K 为比例常数,与吸光物质的性质、入射光波长、溶液温度等因素有关。c 为溶液的浓度,b 为液层的厚度。

③ 吸收系数

吸收系数定义为某吸光物质在单位浓度和单位液层厚度时的吸光度。吸收系数是吸光物质的特征常数,表明该物质对某一特定波长的光的吸收能力。当液层厚度用厘米(cm),浓度 c 以 $\mathrm{mol\cdot L^{-1}}$ 表示时,式(11-9)中常数 K 称为摩尔吸收系数,用 κ 表示(单位为 $\mathrm{L\cdot mol^{-1}\cdot cm^{-1}}$)。

在化合物组成或相对分子质量不明的情况下,溶液的摩尔浓度无法知道,这时常采用百分吸收系数,即当浓度 c 为 1 g /100 mL,b 为 1 cm 时的吸光度,用 $E_{1\,\mathrm{cm}}^{1\%}$ 表示。$E_{1\,\mathrm{cm}}^{1\%}$ 与摩尔吸收系数 κ 关系为

$$\kappa=\left(\frac{M}{10}\right)E_{1\,\mathrm{cm}}^{1\%} \tag{11-10}$$

式中,M 为吸光物质的相对分子质量。

(2) 紫外-可见分光光度计

紫外-可见分光光度计主要由光源、单色器、吸收池、检测器和显示系统等构成。

① 光源

紫外-可见分光光度计的光源主要有发射紫外光的光源氢灯或氘灯。这种光源可以发射 150 nm～400 nm 的连续光谱。氘灯比氢灯寿命要长得多。发射可见光连续光谱的光源主要有钨灯和卤钨灯。它们可以发射 320 nm～2 500 nm 的连续光谱。卤钨灯发光强、寿命长,很适合用作可见光光源。

② 单色器

单色器由入射狭缝、反光镜、准直镜、色散单元(光栅或棱镜)和出射狭缝等多个元件组成。其中关键部分是色散单元。现代分光光度计多采用光栅作为色散元件。

③ 吸收池

吸收池是盛装测量吸光度溶液的容器。石英皿和玻璃皿分别适于紫外光和可见光条件下使用。吸收池最常用的是 1 cm 光程规格的。另有其他不等光程规格。每一种规格的多个吸收池要相互配套,即彼此吸光度之差应小于 0.5%。

④ 检测器

检测器用来检测透过吸收池后光的强度,并将光信号转变为电信号。通常用于紫外-可见分光光度计的检测器是光电管或光电倍增管。在前面我们也提到过。

⑤ 显示系统

现代紫外-可见分光光度计都配有微机控制的操作系统和数据处理系统，可以很直观地显示标准曲线和分析结果。

常见的紫外-可见分光光度计多为单波长双光束分光光度计，如图 11-9 所示。

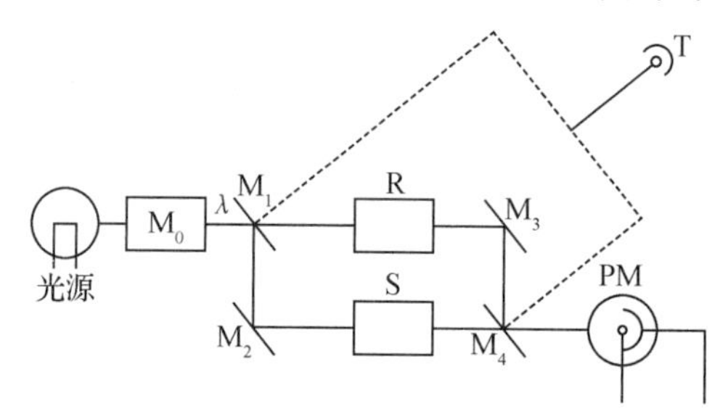

图 11-9　单波长双光束分光光度计示意图

M_0：单色器　M_1，M_2，M_3，M_4：反射镜　R：参比池

S：样品池　T：旋转装置　PM：光电倍增管

(3) 定量分析方法

应用紫外-可见分光光度计定量分析时，首先要选择合适的波长，然后对参比溶液、标准溶液和待测溶液进行吸光度测定，根据朗伯-比耳定律即可求得被测物的浓度或含量。

① 标准曲线法

标准曲线法又称校正曲线法，是最常用的定量方法。具体操作是：配制一系列不同含量的标准溶液，以空白溶液作参比，在相同条件下测定各个标准溶液的吸光度，作吸光度 A 对浓度 c 的曲线。然后在相同条件下测定试样溶液的吸光度。在标准曲线上以其吸光度查找对应的浓度即可。

② 标准比对法

在相同显色条件下，测定已知浓度 c_s 溶液的吸光度 A_s，然后同样操作测定未知溶液的吸光度 A_x。应用朗伯-比耳定律即可求得未知溶液的浓度 c_x：

$$c_x=\left(\frac{A_x}{A_s}\right)c_s \tag{11-11}$$

此法应注意未知溶液浓度与标准溶液浓度接近，测定才能比较正确。

11.2.3　分子荧光光度法

(1) 分子荧光光度法原理

与紫外-可见分光光度法不同，分子荧光光度法是一种光致发光分析法。此法是在激发光的照射下，测量被测物质发出荧光的强度而建立的物质含量分析方法。其主要特点是灵敏度高，可达 10^{-7} g · mL^{-1}～10^{-9} g · mL^{-1}，比紫外-可见分光光度法的灵敏度高 1 个～3 个数量级，因而可以检测微量甚至痕量的无机或有机成分，广泛应用于药物分析、环境监测、医学检验、食品分析等许多领域。

① 分子的激发

当处于基态的分子受到光的照射后，分子轨道中电子对的一个电子跃迁到较高能级时，有两种情况，其一是跃迁到高能态的电子自旋方向不变，称为单重态 S，不同能级单重态用

S_1，S_2，…表示。另一种情况是电子自旋方向改变，即与仍在基态的电子自旋方向相同，称为三重态。按照 Hund 规则，三重态能级比单重态能级具有较低的能量。这些不同三重态的能级用 T_1，T_2，…表示。不仅如此，激发单重态寿命较短，约为 10^{-8} s，且是允许跃迁，即跃迁几率高；但是激发三重态寿命很长，为 10^{-4} s～1 s，属禁阻跃迁。

② 分子的去激发

我们知道激发态的分子也是不稳定的。它要经过辐射和非辐射过程回到基态。图 11-10 给出某化合物分子的光致发光部分能级图。图的下层 S_0 表示分子的基态，那些平行横线代表基态的不同振动能级。当分子受到不同波长光线照射后，有的被激发到第二激发单重态 S_2 和第一激发单重态 S_1 上。这两个激发单重态也都有各自的振动能级，分别以短平行线表示。这时，分子处于激发态，不稳定，可以通过下列途径回到基态：

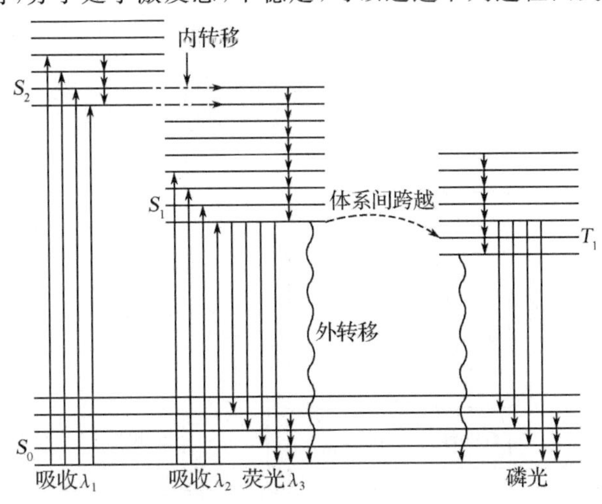

图 11-10　分子光致发光能级示意图

a. 振动弛豫

在同一激发单重态(如 S_2)分子由高振动能级以热的形式失去多余能量跃迁到较低振动能级。此过程称为振动弛豫，这一过程很快，为 10^{-12} s～10^{-14} s。在图上以向下的小箭头表示。

b. 内转移

当两个相邻的激发单重态能级(如 S_2 和 S_1)的振动能级相接近或重叠时，电子以无辐射方式从 S_2 迁移至 S_1，这一过程称为内转移，即 $S_2 \rightarrow S_1$ 的转换。

c. 荧光发射

电子由第一激发单重态 S_1 的最低振动能级跃迁回到基态 S_0 时，把多余的能量以荧光形式发射出来，这就是荧光。表示为　$S_1 \rightarrow S_0 + h\nu_f$

$h\nu_f$ 即为荧光。它的能量较激发光能量低，波长也就要长些。这一过程大约在 10^{-6} s～10^{-9} s 内完成。

d. 系统间的跨越

电子由激发单重态 S_1 向激发三重态的无辐射跃迁称为系统间的跨越，即 $S_1 \rightarrow T_1$。与内转移相似，当 S_1 和 T_1 的振动能级靠近或重叠时，系统间的跨越就很容易发生。其实质就

是 S_1 上的受激发电子发生了自旋倒向，变成了三重态 T_1。

e. 磷光的发射

电子由第一激发三重态 T_1 跃迁回到基态 S_0，把多余能量以磷光形式发射出来：

$$T_1 \rightarrow S_0 + h\nu_p$$

此过程较长，约有 10^{-4} s～10 s。因此，即使激发光停止照射后，磷光仍可以维持一段时间。从上可知，磷光波长比荧光波长更长。

f. 外转移

激发态分子与溶剂分子或其他溶质分子相互碰撞，以热的形式失去多余能量而回到基态的过程称为外转移。外转移使荧光或磷光猝灭或熄灭。由于 T_1 寿命较 S_1 长，因此 T_1 激发态发生外转移比较容易。通常也只有在低温条件下才能观察到磷光。

一般来说，影响荧光的因素与分子结构和环境(温度、pH 等)等有关。

(2) 仪器

测量荧光强度的仪器称为荧光计。现代的仪器多为荧光分光光度计。其主要部件框图如图 11-11 所示。

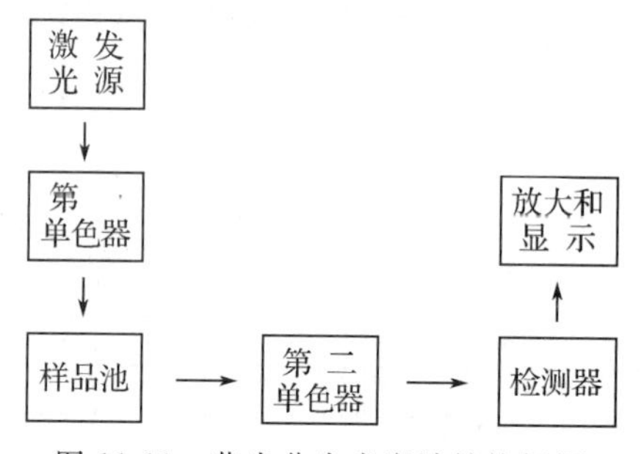

图 11-11　荧光分光光度计结构框图

① 激发光源

激发光源常用氙灯，可以提供 250 nm～600 nm 的连续光波。高功率可调的脉冲激光光源是新型光源，其单色性好，强度大，光照时间短，不易发生光化学反应。

② 单色器

现代精密的荧光分光光度计采用光栅作为单色器。荧光分光光度计有两个单色器，第一单色器是激发光单色器，可以在不同波长激发光下观察产生荧光的强弱；第二单色器是荧光单色器，即产生的荧光经单色器分光后，可以了解产生荧光的最大波长和强度，就可得到荧光光谱。这样可以大大提高选择性，减少其他杂散光的干扰。

③ 样品池

通常采用石英等非荧光材料制成的正方形容器。注意一点，荧光应在与激发光垂直方向上进行测量，以消除透射光的干扰。

④ 检测器

一般采用光电倍增管作为荧光检测器，将光信号转变为电信号，经放大后，驱动电流计或用微机屏幕显示分析结果。

(3) 定量分析方法

在一定条件下，荧光物质发出荧光强度 I_f 与其浓度 c 呈线性关系，即

$$I_f = Kc \tag{11-12}$$

式(11-12)是荧光定量分析法的基础。但是荧光物质只有在低浓度下才能呈线性关系。

① 标准曲线法

在制作标准曲线时,往往将浓度最大者调节其荧光强度为100,然后再测其他标准溶液的相对荧光强度,绘制标准曲线。

② 标准比对法

如果溶液浓度比较稀,符合式(11-12),可以采用比对法,即配制标准溶液、空白溶液和被测的未知溶液,它们的浓度分别用 c_s,c_0 和 c_x 表示,荧光强度分别用 I_{f_s},I_{f_0},I_{f_x} 表示,按照式(11-12),扣除空白后应有 $I_{f_s} - I_{f_0} = Kc_s$, $I_{f_x} - I_{f_0} = Kc_x$

所以

$$c_x = \frac{(I_{f_x} - I_{f_0}) \cdot c_s}{I_{f_s} - I_{f_0}} \tag{11-13}$$

从以上可知,荧光测定必须在比较稀的溶液(10^{-6} g · mL^{-1})条件下进行,分析结果才比较可靠。不仅如此,正确选择激发光波长和荧光波长也是非常重要的。通常是在固定荧光波长的情况下,进行激发光波长扫描,从激发光谱图上选择能产生最大荧光的激发光波长(λ_{ex})。再固定已选择好的激发光波长(λ_{ex}),测定不同荧光波长下的荧光强度,即得荧光光谱。选择发射最强荧光的波长作为荧光测定的波长(λ_{em})。

(4) 应用

虽然直接产生荧光的无机物不多,但与有机试剂配合可以产生荧光的元素已达60余种,例如,Be, Al, B, Ga, Mg, Se 和稀土元素都可用荧光分析法进行测定。有机化合物能产生荧光的很多,有些虽然本身不产生荧光,但与有机试剂作用后可以产生荧光。如胺类、甾族化合物、芳香族化合物、蛋白质、酶、维生素等均可用荧光分析法进行测定。例如,血清中的5-羟色胺、多巴胺就可应用荧光分析法测定。

11.3 电分析化学法

电分析化学法是以溶液电化学原理为基础的分析方法。根据测量电参数或物理量的不同,电分析化学法可分为三大类:

(1) 测定电参数的电分析化学法,包括测定电极电位的电位分析法、测定电导或电阻的电导分析法、测定电量的库仑分析法、测定极化电极电位与电流变化关系的极谱分析法。

(2) 电容量分析法,即测定某一电参数指示滴定终点的容量分析法,包括电导滴定法、电位滴定法和电流滴定法。

(3) 电重量分析法,即应用电子作为沉淀剂的重量分析法,包括恒电流电解分析法和控制电极电位电解分析法。

电分析化学法的灵敏度和准确度都比较高,设备便宜简单,可用于自动和监控分析等。

11.3.1 电位分析法

电位分析法是应用测量构成化学电池的电动势或电位差的方法来进行定量分析的方法。

电位分析法理论依据是著名的能斯特(Nernst)方程。一个浸在离子溶液中的电极,其

电位 φ(单位为伏特)为

$$\varphi=\varphi^{0}+\frac{RT}{nF}\cdot\ln\frac{a_{氧化态}}{a_{还原态}} \tag{11-14}$$

式中,φ^{0} 为标准电极电位,R 为气体常数,F 为法拉第常数,T 为绝对温度,n 为电极反应转移电子数,a 为活度。换成常用对数,并在 25 ℃和稀溶液的条件下,上式可表示为

$$\varphi=\varphi^{0}+\frac{0.059\,16}{n}\cdot\lg\frac{c_{氧化态}}{c_{还原态}} \tag{11-15}$$

式中,$c_{氧化态}$ 和 $c_{还原态}$ 为溶液中氧化态和还原态的浓度。由此式可知,测定了电极电位就可以确定待测离子的浓度了。

(1) 电位分析法基本原理

电位分析法首先要构成一个工作电池,再测定这个工作电池的电动势。工作电池是由两个不同电极电位的电极组成的。即把指示电极和参比电极两者共同浸入试液中构成工作电池。指示电极的电极电位随溶液中待测离子活度(浓度)的变化而变化,参比电极在恒定温度下有一个确定的电极电位,它不随被测离子浓度的变化而变化。

① 参比电极

常用参比电极有甘汞电极。它是由金属汞和甘汞(Hg_2Cl_2)及 KCl 溶液组成的电极,其结构如图 11-12 所示。

电极反应为

$$Hg_2Cl_2+2e^-\longrightarrow 2Hg+2Cl^-$$

其电极电位在 25 ℃时与 KCl 溶液浓度有关。常用饱和 KCl 溶液的甘汞电极,其电极电位为+0.243 8 V。

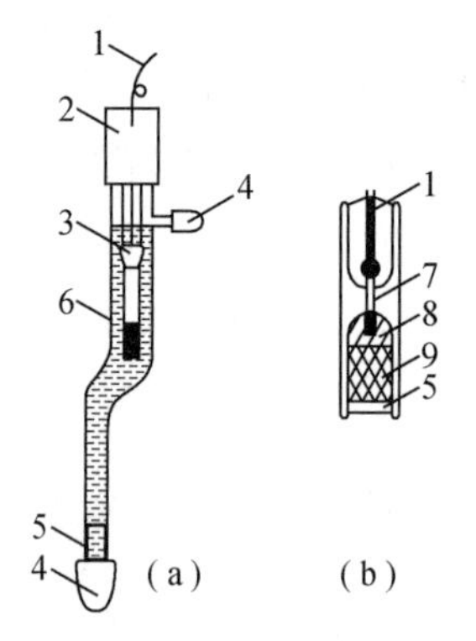

图 11-12 甘汞电极结构图

(a) 外形图 (b) 内部结构

1. 导线 2. 绝缘体 3. 内部电极 4. 橡皮帽 5. 多孔物质 6. 饱和 KCl 溶液 7. 铂丝 8. 汞 9. 甘汞+汞

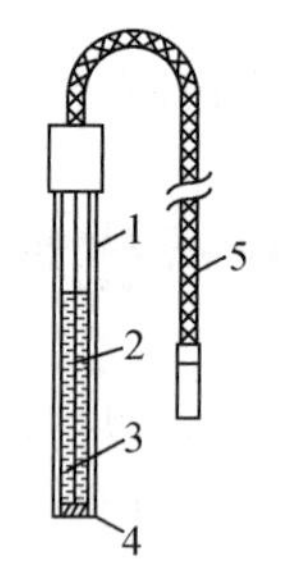

图 11-13 氟离子选择电极

1. 塑料管 2. 内参比电极 3. 内参比溶液 4. LaF_3 单晶膜 5. 引线

② 指示电极

指示电极的种类很多。例如常用来测定溶液 pH 的玻璃电极和测定各种离子活度(浓度)的离子选择电极都是指示电极。这些电极也称为离子敏感电极,是一种化学传感器,它们都是由不同种类敏感膜组成的。

a. 玻璃电极

玻璃电极是最早出现的膜电极,其敏感膜由玻璃材料制成。电极的下端是一个玻璃泡

(薄膜),厚度约为 0.05 mm～0.1 mm。泡内装有 0.1 mol・L^{-1}的 HCl 溶液,其中插入一支 Ag/AgCl 的内参比电极。玻璃电极内阻极高(约 100 MΩ),故导线要高度绝缘并有屏蔽。在测定溶液的 pH 时,用玻璃电极作指示电极,甘汞电极作参比电极,浸入被测溶液中,从而构成了一个工作电池,其电动势为

$$E=\varphi_{甘汞}-\varphi_{玻璃}=K'+0.059\ 16\ \text{pH} \tag{11-16}$$

式中,K'在一定条件下为常数(直线的截距),故 E 与 pH 呈直线关系。溶液每变化一个单位 pH 时(25 ℃下),电势变化 59.16 mV,此值称为 Nernst 斜率。

用玻璃电极测定溶液 pH 应注意避免在强酸、强碱中测定,通常在 pH 为 2～9 测定比较合适。玻璃电极使用前应在蒸馏水中浸泡 24 小时以上,且通常也要把玻璃泡浸在纯水中,以便随时使用。温度过高(>60 ℃)和过低(<5 ℃)都不宜使用。玻璃电极长期使用会发生"老化",当 Nernst 斜率降低到 52 mV/pH 时就不宜再使用了。

b. 晶体膜电极

这类电极的敏感膜都是由难溶盐经过加压或切制而成。例如氟离子选择电极就是由 LaF_3 单晶切片抛光封在塑料管的一端(如图 11-13 所示)。管内装有 0.1 mol・L^{-1}的 NaCl 溶液和 0.001 mol・L^{-1}的 NaF 溶液。溶液中插入 Ag/AgCl 的内参比电极。该电极可以测定1×10^{-6} mol・L^{-1}～1×10^{-1} mol・L^{-1}的 F^-。电极的选择性好,响应也快。属于晶体膜的选择电极很多,参见表 11-1。

表 11-1　晶体膜电极

电极名称	膜组成	测量范围(mol・L^{-1})	pH 范围	干扰离子
氟电极	LaF_3+Eu^{2+}	5×10^{-7}～1×10^{-1}	5～6.5	OH^-
氯电极	$AgCl+Ag_2S$	5×10^{-5}～1×10^{-1}	2～11	Br^-,I^-,S^{2-},CN^-
溴电极	$AgBr+Ag_2S$	5×10^{-6}～1×10^{-1}	2～12	I^-,CN^-,$S_2O_3^{2-}$
碘电极	$AgI+Ag_2S$	1×10^{-6}～1×10^{-2}	2～11	S^{2-},CN^-
硫电极	Ag_2S	1×10^{-7}～1×10^{-1}	2～12	Hg^{2+}
铜电极	$CuS+Ag_2S$	5×10^{-7}～1×10^{-1}	2～10	Hg^{2+},Ag^+,S^{2-}
铅电极	$PbS+Ag_2S$	5×10^{-7}～1×10^{-1}	3～6	Hg^{2+}, Ag^+,Cu^{2+}
镉电极	$CdS+Ag_2S$	5×10^{-7}～1×10^{-1}	3～10	Pb^{2+}, Hg^{2+}, Ag^+

c. 酶电极

将生物酶涂布在离子选择电极的敏感膜上,试液中的待测成分受酶催化产生可以响应的离子,从而间接测定试液中某个成分。例如把脲酶溶于丙烯胺溶液中并涂布和固定在玻璃膜的铵电极上。当此电极浸入含有脲的试液中时,脲酶催化脲分解出铵离子可被铵电极检测,从而间接测定脲的含量:

$$CO(NH_2)_2+2H_2O\xrightarrow{脲酶}2NH_4^++CO_3^{2-}$$

类似的酶电极有青霉素酶电极可测定青霉素含量,葡萄糖氧化酶电极可测定葡萄糖等等。酶电极的专一性很强,操作方便,但是稳定性一般都较低,使用时间不很长。

d. 其他类型电极

其他类型的离子选择电极如液膜电极,即流动载体电极,如 Ca^{2+} 电极、NO_3^- 电极、水硬

度($Ca^{2+}+Mg^{2+}$)电极等等,还有一种气膜电极,如 CO_2 电极可以测量试液中 CO_2 的浓度。

(2) 离子选择电极的定量分析方法

① 工作曲线法

对于组成基本恒定的样品,可用一系列标准溶液测定其电位值、绘制工作曲线,再用同样方法测定样品溶液的电位即可从工作曲线查得其浓度。

对于比较复杂的样品来说,标准溶液和试样表现出很大差异。主要是离子强度的差异影响了活度系数,测得的活度并不代表被测物的浓度。在这种情况下,可以加入等量的高浓度惰性电解质,即所谓总离子强度调节缓冲溶液,使标准溶液与试样溶液的离子强度基本一致,从而消除了因活度系数不同造成的误差。

② 标准加入法

标准加入法就是加入一定小体积 V_s(V_s 约为被测溶液体积 V_x 的 1/100)的待测离子标准溶液,其浓度 c_s 约为被测溶液浓度 c_x 的 100 倍。然后测定工作电池电动势的变化 ΔE。根据下式计算待测溶液的 c_x:

$$c_x=\frac{\Delta c}{10^{\Delta E/S}-1} \tag{11-17}$$

式中,S 为电极的理论斜率,一价离子为 0.059 16,二价离子为 0.029 58。Δc 为加入标准溶液后试液浓度增加值($\Delta c=V_s c_s/V_x$),ΔE 为加入标准溶液前后电位的变化。

【例 11-1】 在 25℃时,用标准加入法测定 Cu^{2+} 浓度 c_x。在 100 mL 铜的试液中加入 $0.1 mol \cdot L^{-1}$ 硝酸铜标准溶液 1.0 mL 后,电池电动势增加 12 mV($\Delta E-0.012$),求试液原来铜的浓度 c_x。

【解】 已知 $\Delta E=0.012\ V$, $S=0.029\ 58$,则

$$\Delta c=\frac{V_s \cdot c_s}{V_x}=1\times\frac{0.1}{100}=0.001\ mol \cdot L^{-1}$$

由式(11-17)得

$$c_x=\frac{0.001}{10^{0.012/0.029\ 58}-1}=6.47\times10^{-4}\ mol \cdot L^{-1}$$

(3) 电位滴定法

电位滴定法属于电容量分析方法,是在滴定过程中监测溶液的电位变化,寻求滴定终点的一种容量分析方法。此法可应用于中和滴定、沉淀滴定、络合滴定、氧化—还原滴定及非水滴定之中。电位滴定虽然操作较一般容量分析繁琐一些,但是在溶液浑浊或是找不到恰当的指示剂时选用是非常合适的。电位滴定也可用于自动滴定、自动控制等方面。

① 电位滴定原理

电位滴定法是在被测溶液中插入参比电极和指示电极构成一个工作电池,然后在监测该电池电动势的情况下,不断加入滴定剂标准溶液。随着滴定剂的加入,被测物质浓度不断变化,监测的指示电极的电位也随之变化。在化学计量点附近被测物浓度发生突跃,因而引起相应的电位突跃,这就是电位滴定的终点,仍按容量分析法计算,即可求得被测物的浓度或含量。

② 确定滴定终点的方法

a. *E*-*V* 曲线法

根据前述电位滴定过程组成工作电池。每加入一定体积的滴定剂在不断搅拌下就测定一次电池的电动势。以滴定剂体积 V 为横坐标,以电位计读数 E 为纵坐标作图,可得图

11-14 所示曲线，曲线的拐点对应滴定剂体积即为滴定终点。

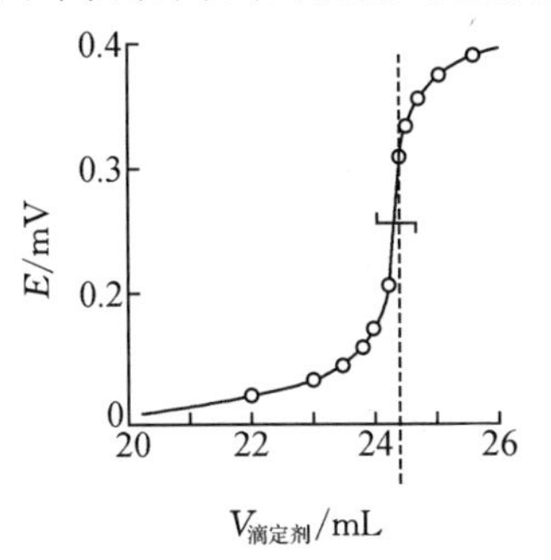

图 11-14 电位滴定 E-V 曲线

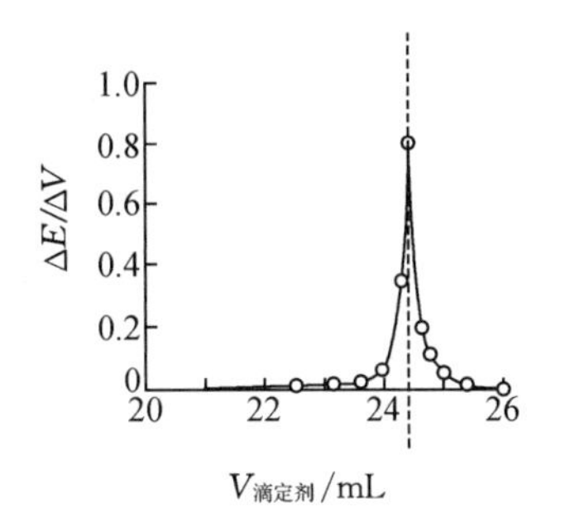

图 11-15 电位滴定 $\Delta E/\Delta V$-V 曲线

b. $\Delta E/\wedge V$-V 曲线法

$\Delta E/\Delta V$-V 曲线法又称一级微商法。把每次加入滴定剂体积增量数 ΔV 与相应电位变化值 ΔE 计算成 $\Delta E/\Delta V$，并对加入滴定剂体积数 V 作图，即可获得图 11-15 所示曲线。我们由数学知识可知，一条曲线的拐点即为一级微商的极大点。因此，该曲线的极大点对应的滴定剂体积即为滴定终点。

11.3.2 极谱分析法

极谱分析法是在特殊条件下的一种电解分析法。1922 年，海洛夫斯基(Heyrovský J)首创极谱学，1959 年获诺贝尔化学奖。

极谱分析法灵敏度较高(10^{-3} mol・L^{-1}～10^{-6} mol・L^{-1})，重现性好，分析速度快，可连续测定多个金属离子，且样品基本上没有损耗等。

(1) 极谱分析法的原理

图 11-16 是极谱分析的基本装置。由滴汞电极(阴极)和甘汞电极(阳极)组成电解池，直流电源 E 和滑线电阻 C 提供所需电压 U，检流计 A 显示电解过程中电流的变化。汞自毛细管(内径 0.05 mm)一滴接一滴下落(滴速为 2 滴/10 秒～3 滴/10 秒)，试样溶液保持静止状态。每增大一次电压，记录一次相应的电流值，以电流为纵坐标，电压为横坐标作图，可得到电流-电压曲线(如图 11-17 所示)，此曲线称为极谱波。

① 残余电流

当外电压未达到欲测金属离子的分解电压时，电极上没有该金属被还原。此时通过的微弱的电流称为残余电流($I_{残}$)。

② 扩散电流和极限电流

当外加电压继续增加，达到欲测离子的分解电压时，金属离子 M^{2+} 开始在滴汞电极上还原：

$$M^{2+}+2e^{-}+Hg \longrightarrow M(Hg)(汞齐)$$

在甘汞电极上，汞被氧化并与支持电解质 KCl 溶液形成甘汞：

$$2Hg-2e^{-}+2Cl^{-} \longrightarrow Hg_2Cl_2(甘汞)$$

超过分解电压后，电流会迅速上升，如图 11-17 中②～④段，这一段电流称为扩散电流 $I_{扩}$。当外加电压再升高到一定值后，电流不再随外加电压升高而加大，即达一个极限值。这时的电流值称为极限电流 $I_{极}$。$I_{极}$ 是由扩散电流 $I_{扩}$ 和残余电流 $I_{残}$ 组成的。故

$$I_{扩}=I_{极}-I_{残} \tag{11-18}$$

扩散电流 $I_{扩}$ 与溶液中被测离子 M^{2+} 的浓度 c_0 成正比：

$$I_{扩}=Kc_0 \tag{11-19}$$

这就是极谱分析法定量分析的基础。

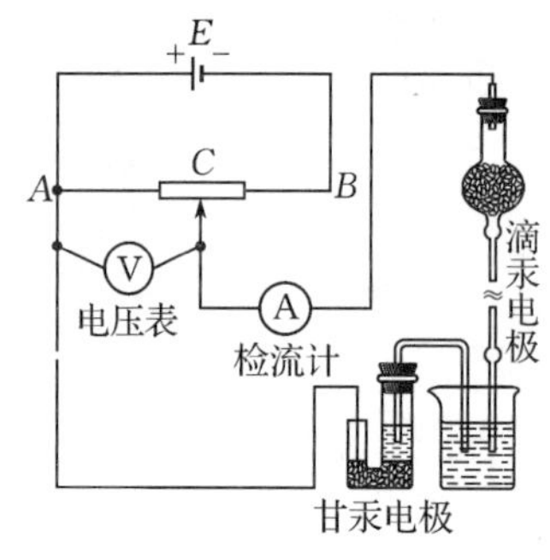

图 11-16　极谱分析装置图

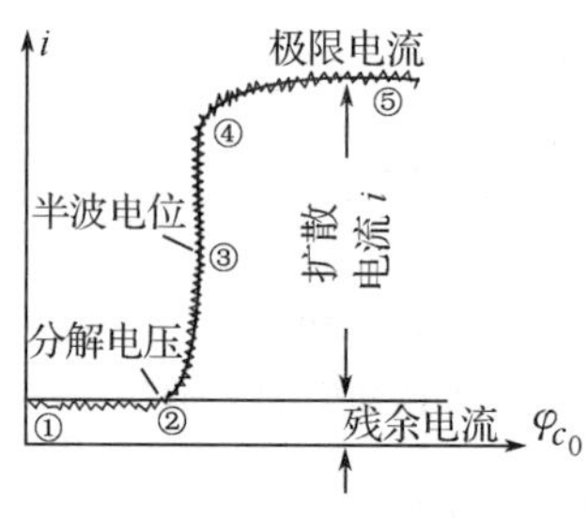

图 11-17　极谱图

③ 半波电位

如图 11-17 上极谱波的波高(即扩散电流)一半处对应的电位称为半波电位。当溶液组分和温度一定时,不同金属离子有着不同的半波电位。因此,半波电位是极谱法定性分析的基础。

(2) 定量分析方法

极谱分析是在极谱图上测量扩散电流,即测量极谱波高来进行定量分析的。

① 波高的测量

a. 平行线法

当极谱波波形规整时,在残余电流和极限电流锯齿波中值处作两条平行线(如图 11-18 所示)。两平行线间垂直距离即波高。

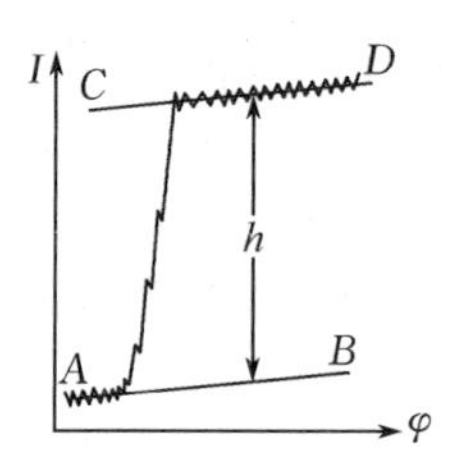

图 11-18　平行线法测量波高

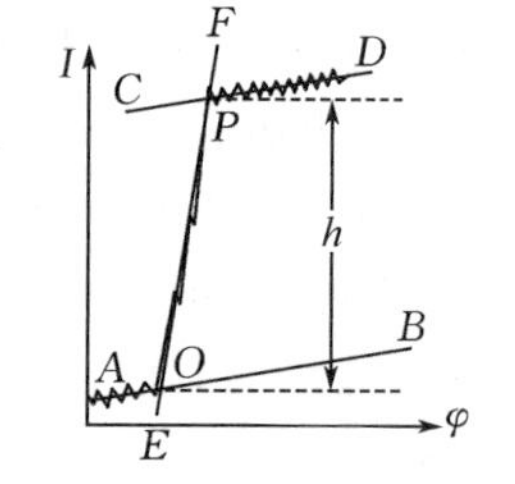

图 11-19　三切线法测量波高

b. 三切线法

当平行线并不平行时,可采用三切线法。在极谱图上通过残余电流、极限电流和扩散电流分别作出 AB, CD 和 EF 三条切线。EF 与 AB 相交于 O 点,与 CD 相交于 P 点。通过 O 和 P 两点作两条平行于横坐标轴的横线(如图 11-19 所示)。此平行线之间的垂直距离即为所求波高。

② 定量方法

a. 标准曲线法

配制一系列标准溶液,在完全相同条件下画出极谱图,然后分别求得各浓度对应的波高,绘制标准曲线。在相同条件下对试样溶液进行极谱测定,求出波高。在标准曲线图上找出相应浓度即可。标准曲线法适于测量多个样品。

b. 标准比对法

按照式(11-19),我们由标准溶液的波高 h_s 和标准溶液浓度 c_s 有 $h_s=Kc_s$
在同样条件下,未知溶液波高 h_x 与其浓度 c_x 有 $h_x=Kc_x$

由此可得
$$c_x=\frac{h_x c_s}{h_s} \tag{11-20}$$

c. 标准加入法

在分析少量样品时,常采用标准加入法。即先取一定体积 V_x 的试液,进行极谱实验测得其波高 h_x。然后加入一定体积 V_s 被测成分的标准溶液(浓度为 c_s)。在与试液测定相同的条件下再做极谱图求得波高 H。由波高增加的大小即可求得原来试液中被测成分的浓度 c_x。按下式计算:

$$c_x=\frac{c_s V_s h_x}{H(V_s+V_x)-h_x V_x} \tag{11-21}$$

用标准加入法进行极谱分析时,加入标准溶液量要少,浓度要大些,在相同实验条件下,测量准确度高。

(3) 应用

极谱分析由于灵敏、准确、快速、可以连续测定多个元素等优点广泛应用于冶金、地质、环境监测、化学化工、食品及医疗检验之中。常见的金属元素如 Cu,Cd,Zn,Pb,Sn,Co,Ni,Fe,Mn,Cr,As,Bi,Sb 等和非金属离子如 Cl^-,Br^-,I^-,CN^-,S^{2-},$S_2O_3^{2-}$,OH^- 等均可由极谱分析法测定。凡是可在滴汞电极上还原的有机物如硝基、亚硝基、偶氮化合物、醛、酮、醌、卤化物、过氧化物、硫化物、砷化物、维生素 C 和 SOD(超氧化物歧化酶)等均可用极谱分析法进行测定。

11.3.3 电泳分析法

带电粒子在电场作用下向着与其电性相反的电极方向移动的现象称为电泳。利用带电粒子的电泳速度不同进行分离和分析的方法称为电泳分析法。电泳按其仪器使用电压不同可分为常压电泳(100 V～500 V)和高压电泳(500 V 以上);按支持介质不同可分为自由界面电泳(即不用支持载体在溶液中进行的电泳)和区带电泳。区带电泳是在支持载体(如滤纸、琼脂糖凝胶、聚丙烯酰胺凝胶和醋酸纤维薄膜等)上进行电泳。区带电泳应用范围最广。

(1) 基本原理

电泳通常是在一定 pH 的缓冲溶液中进行。带电粒子如蛋白质、氨基酸等,在直流电场作用下,向着与其电性相反的电极方向移动。如果带电粒子是球形,按照 Stoke 定律,电泳速度 V 与其所带电荷量 Q 及电场强度 E 成正比,与粒子半径 r 和介质黏度 η 成反比:

$$V=\frac{QE}{6\pi r\eta} \tag{11-22}$$

我们把单位电场强度作用下的电泳速度称为电泳迁移率 μ:

$$\mu=\frac{V}{E}=\frac{Q}{6\pi r\eta} \tag{11-23}$$

一般来说,某一带电物质在一定条件下的电泳迁移率是一常数。不同带电粒子有着不同的电泳迁移率,从而可以达到分离目的。

影响电泳迁移率的因素很多,诸如带电粒子所带电荷多少,相对分子质量大小,电场的

强弱以及缓冲溶液的 pH 和离子强度等等。恰当的缓冲溶液和合适的离子强度有利于电泳的速度和分离。

（2）电泳仪

常规电泳仪的结构十分简单。用一个可调式直流电源提供电泳的电场；由一个电泳槽盛装缓冲溶液和支持电泳介质的支架等组成。支持介质放在支架上，两端浸入电泳槽的缓冲溶液中，支持介质就形成了盐桥。通电后，电流只能在支持介质上通过，带电粒子在支持介质上移动。待完成带电粒子分离后进行显色（染色）。如果要定量分析可以进行洗脱比色，或通过薄层扫描仪进行定量扫描测定。

（3）分析方法

根据支持介质的不同，电泳分析方法可分为以下几种。

① 滤纸电泳

用滤纸作为支持载体的电泳应用得最早。但因为分辨率较差，现已应用不多。

② 醋酸纤维膜电泳

醋酸纤维膜比滤纸有更大的抗拉强度，且经处理后是透明的。这种薄膜吸附作用小，分离区带清晰，操作简便，是一种应用广泛的电泳材料。这种材料广泛应用于血清蛋白、血红蛋白、脂蛋白和同工酶的分离和测定。例如正常人血清蛋白在醋酸纤维膜上电泳分离结果示于图 11-20 上。(a)图是在薄层扫描仪上的扫描图，(b)图是血清蛋白在醋酸纤维膜上分离染色后的电泳图。

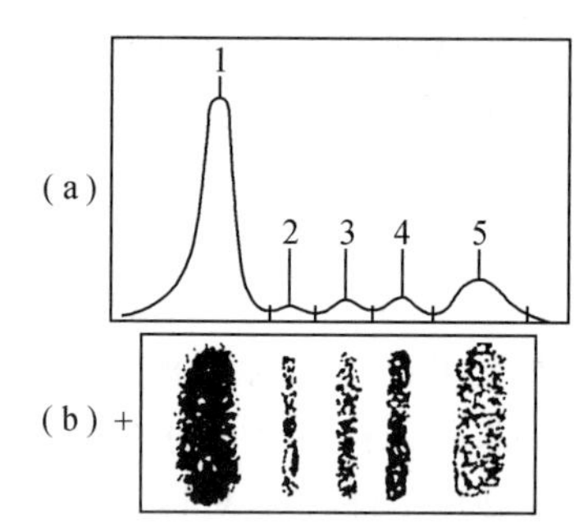

图 11-20　正常人血清蛋白电泳分离图

(a) 薄层扫描仪上的扫描曲线　(b) 电泳后染色图谱

1. 血清白蛋白　2. α_1 球蛋白　3. α_2 球蛋白

4. β 球蛋白　5. γ 球蛋白

③ 琼脂糖凝胶电泳

琼脂糖凝胶是应用非常广泛的一种电泳支持载体。它具有质地均匀的网状结构，含液量大，适于相对分子质量很大（$>10^6$）的生物大分子的分离。还具有区带整齐、分辨率高、电泳速度快、易于染色、透明度高、易于洗脱、干膜可长期保存等许多优点。

④ 聚丙烯酰胺凝胶电泳

聚丙烯酰胺凝胶电泳的特点是分辨能力很强，适于对蛋白质进行精细分离。常用于基因变异和同工酶的研究，也可用于蛋白质、核酸相对分子质量的测定和核酸序列分析等等。这是因为聚丙烯酰胺凝胶不仅具有凝胶特性、含液量大，而且具有分子筛的作用，其孔径可用交联剂加以控制等，因而分离能力强。再者该凝胶本身不带电荷，故没有电渗作用，加之它化学稳定性好，机械强度高，有弹性，透明度也高等优越性，所以，聚丙烯酰胺凝胶是一种优良电泳支持载体物质。

⑤ 毛细管电泳

毛细管电泳是20世纪80年代新发展起来的一种高效分离的仪器分析方法。毛细管电泳具有分辨率高、选择性好、定量准确等优点，适于微量分析和自动化检测。其中以毛细管区带电泳应用最为广泛。

毛细管电泳的仪器装置和分离分析原理参见图11-21。毛细管区带电泳仪是在直流高压电源1电场的驱动下，承载有样品的并充有缓冲溶液的石英毛细管4两端分别浸入缓冲溶液的两个电极槽3中，在毛细管的末端安装有紫外、荧光或质谱作为检测器，信号经过放大显示在荧光屏上。

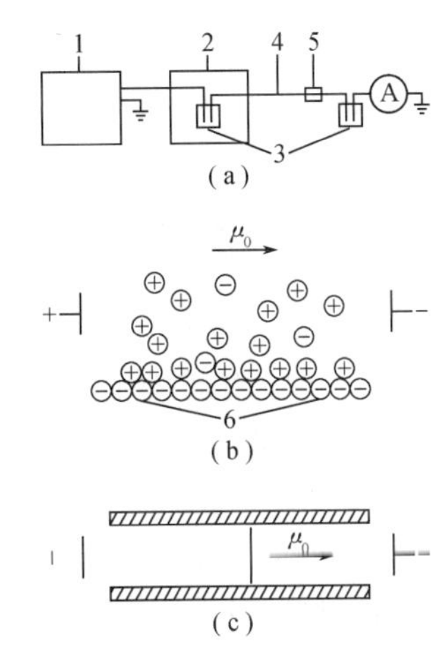

图11-21　毛细管电泳仪装置和分离原理图

(a) 电泳装置

(b) 毛细管壁—溶液的界面上的离子示意图

(c) 毛细管中的电渗流动示意图

1. 直流高压电源　2. 有机玻璃外壳　3. 电极槽
4. 毛细管　5. 检测器　6. 毛细管表面

毛细管电泳分离的原理除普通电泳带电粒子迁移率不同的原理之外还有电渗的作用。因为毛细管内壁由于基团电离而带有负电荷，与溶液的阳离子形成了双电层[如图11-21的(b)]。这些阳离子因溶剂化带着溶剂在强大电场作用下向负极方向移动，即形成了电渗。研究表明，即使是负离子和中性分子也随电渗向负极移动，使毛细管中流动的液体呈扁平状“塞子流”向前移动导致带电粒子在毛细管中的高效分离。

(4) 应用

电泳分析法在生物学领域中已有广泛的应用，且历史也很长。主要用于氨基酸、多肽、蛋白质、酶、核酸甚至病毒和细胞的分离、提纯、鉴定以及定量测定等许多方面，应用前景十分广阔。

11.4　色谱分析法

11.4.1　色谱分析法概述

早在20世纪初，俄国植物学家Tswett用碳酸钙粉末填装在玻璃管柱中，将石油醚提取的植物色素注入柱顶，再用石油醚淋洗。结果在碳酸钙柱管中分离出一圈圈不同颜色的色带，故名“色谱”。随着色谱法的发展，它不仅用于分离有色物质，而且后来大量用于无色物质的分离。色谱分析法又称为色层分析法或层析分析法。它是当今一种很重要的分离分析技术。

现在，我们把固定在柱内的碳酸钙一类物质称为“固定相”，而把石油醚一类的淋洗剂称为“流动相”。这两者是构成色谱法的基本要素。

色谱分析法种类很多，按流动相物理状态不同分为液相色谱法和气相色谱法两大类，前者是以液体为流动相，后者是以气体为流动相；也可按分离机理不同而分为吸附色谱法、分配色谱法、离子交换色谱法和排阻色谱法；按操作方式不同又可分为柱色谱法、纸色谱法和薄层色谱法。后三种色谱法都是经典的色谱法，它们操作方便、设备简单，是一般实验室中常用的方法。这几种方法不属于仪器分析范畴，故此处不作介绍。本节主要介绍气相色谱法和高效液相色谱法。

11.4.2 气相色谱法

气相色谱法(gas chromatography，GC)是以气体作为流动相(又称为载气)的柱色谱法。如果固定相是固体吸附剂则称为气-固色谱法。如果固定相是液体(吸附或键合在所谓载体上)，则称为气-液色谱法或气-液分配色谱法。

气相色谱分析法分离效能高、灵敏度高，可以分离性质极其相近的同分异构体和同系物等，且分析速度快，应用范围广，是化学、化工、食品、制药、环境监测、科学研究不可缺少的手段。但是，气相色谱法也有其不足之处，主要表现在其样品必须气化，不适于高极性、相对分子质量大的化合物的分离分析，再者在缺乏标样时，定性也比较困难。

(1) 气相色谱分析法的基本术语

图 11-22 是在载气的推动下，从气相色谱中流出的组分经检测器检测到并记录下的流出曲线，也就是色谱图。该图纵坐标是检测器的信号响应 E(mV)，横坐标为时间 t(min 或 s)。为了了解气相色谱图，先介绍有关术语：

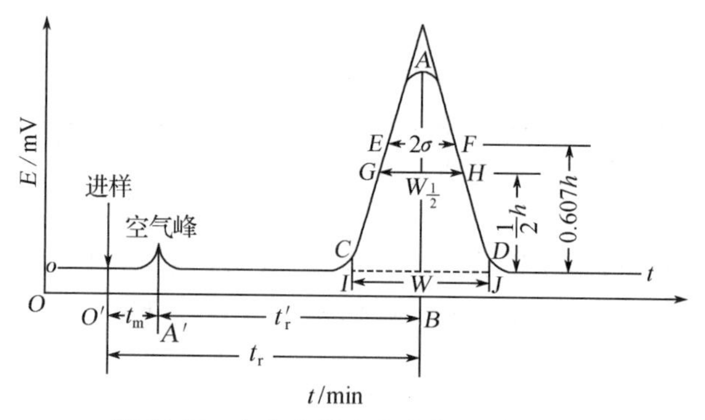

图 11-22　气相色谱流出曲线图(色谱图)

① 基线：在检测器没有信号时所表现其本身的噪声随时间变化的曲线 o-t 为基线。稳定的基线是一条直线。

② 保留时间 t_r：从进样开始到流出组分浓度达最大值时所需时间。

③ 保留体积 V_r：从进样开始到流出组分浓度达最大值时通过色谱柱的流动相(载气)的体积。

④ 死时间 t_m：不被固定相滞留的组分(如空气)从进样开始到出现峰最大值所需时间。

⑤ 死体积 V_m：不被固定相滞留的组分从进样开始到出现峰最大值时所需流动相的体积。

⑥ 调整保留时间 t_r'：扣除死时间后的保留时间。即

$$t_r' = t_r - t_m \tag{11-24}$$

⑦ 调整保留体积 V_r'：扣除死体积后的保留体积。即

$$V_r' = V_r - V_m \tag{11-25}$$

⑧ 色谱峰区域宽度：这是一个重要参数，有三种表示方法：

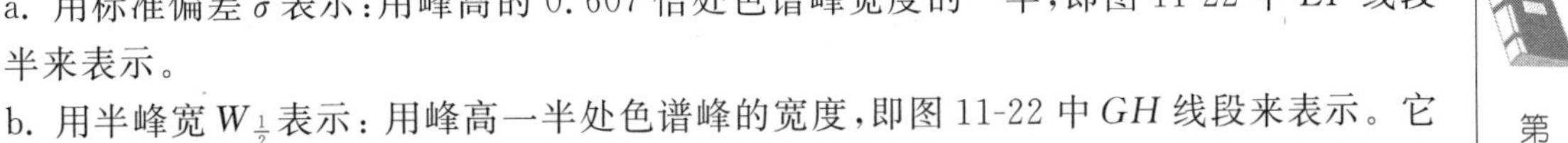

a. 用标准偏差 σ 表示：用峰高的 0.607 倍处色谱峰宽度的一半，即图 11-22 中 EF 线段的一半来表示。

b. 用半峰宽 $W_{\frac{1}{2}}$ 表示：用峰高一半处色谱峰的宽度，即图 11-22 中 GH 线段来表示。它与 σ 的关系为

$$W_{\frac{1}{2}}=2\sigma\sqrt{2\ln 2}=2.355\sigma \tag{11-26}$$

c. 用基线宽度 W 表示：用在色谱峰两侧拐点处作切线与峰的基线相交两点之间宽度，即图 11-22 中 IJ 线段来表示。它与 σ 的关系为

$$W=4\sigma \tag{11-27}$$

(2) 气相色谱仪的基本结构和流程

我们结合气相色谱仪的结构说明气相色谱的基本流程。如图 11-23 是气相色谱仪及其相关部件的基本结构示意图。载气(流动相常用高纯氮气、氦气和氢气)由高压钢瓶 1 提供，经减压阀 2 调节合适的流速，经净化管(分子筛等)3 去掉载气中水汽等杂质，再经针形阀 4、转子流量计 5 和压力表 6 后，以稳定压力和恒定流速流过气化室 7。样品的进口就在这里，样品瞬间气化。在载气带动下，样品进入色谱柱 8。在色谱柱中，样品被分离成一个个单一的组分后，进入检测器 9，将组分的浓度或质量转变为电信号，经放大器放大后，推动记录仪画出色谱图或在荧光屏上显示色谱图。根据色谱图中峰的位置或出峰时间，可以对组分进行定性分析。根据色谱峰的面积或峰高，可以对组分进行定量分析。

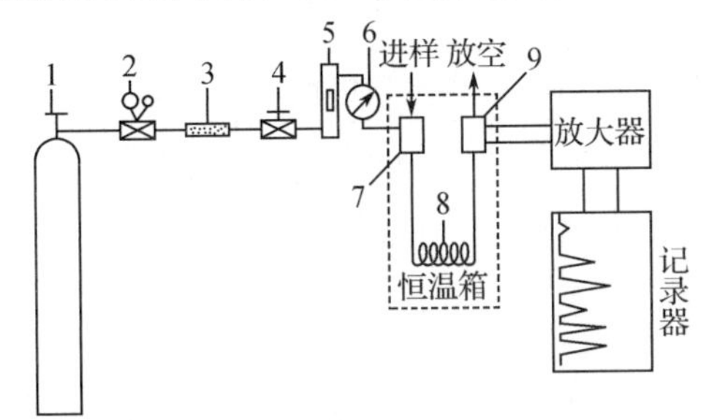

图 11-23 气相色谱仪结构示意图

1. 载气钢瓶 2. 减压器 3. 净化器 4. 针形调节阀
5. 转子流量计 6. 压力表 7. 气化室 8. 色谱柱 9. 检测器

(3) 色谱柱

色谱柱是对混合物成分进行分离的核心部分。色谱柱可分为两大类，其一是填充柱，应用十分普遍，是最常用的色谱柱。这种色谱柱是由不锈钢管或玻璃管(内径 2 mm～6 mm，长度 1 m～6 m)盘绕而成。其二是毛细管柱，其特点是柱效高、分离能力强。这种色谱柱是由石英或玻璃拉制而成，内径只有 0.15 mm～0.5 mm，长度数十米到 100 米左右。

① 气-固填充柱

这种气相色谱柱是用固体吸附剂作为固定相，样品的分离机理是利用各组分和吸附剂作用强弱不同而进行的。该色谱柱吸附容量大，无流失现象，热稳定性好，主要用于分离永久性气体，如 N_2，O_2，H_2，CO_2，CH_4，$CH_2=CH_2$ 或某些低级醇类等，其缺点是色谱峰常有拖尾现象，峰形不对称。

常用的吸附剂有活性炭、硅胶、分子筛、氧化铝和高分子多孔微球(如 GDX 系列)等。

② 气-液填充柱

这种填充柱是在称为载体或担体的惰性物质上涂布固定液经老化处理后紧密填充在不

锈钢柱或玻璃柱中而成。

a. 载体(担体)

作为载体须具备化学惰性,比表面大(多孔性),不易破碎,且几乎无吸附性。主要有硅藻土载体,因处理不同可分为红色载体和白色载体两种。红色载体强度好、孔径小、比表面大,但存在活性中心,只适于涂布非极性固定液用来分离非极性化合物,例如国产 620 型担体。白色载体的活性中心少,因而吸附性小,适于涂布极性固定液用于极性化合物的分离,是最常使用的担体,例如国产 101 和 102 等。其他载体如氟载体(聚四氟乙烯多孔载体)、玻璃微球等也时有选用。

b. 固定液

固定液的分离机理是利用混合物中多组分在固定液中分配系数的差别而进行分离的。固定液一般都是高沸点的有机化合物,常温下有的可能是固态,但在色谱工作温度下都是液态。常用固定液按其极性不同分为五大类,参见表 11-2。

选择固定液的原则是“相似相溶”原理,即分离极性化合物选用极性固定液;分离非极性化合物选用非极性固定液;分离强极性和含水的化合物一般采用含氢键(如聚乙二醇)的固定液。这只是基本原则。固定液选择是否成功主要是靠实践和经验。

表 11-2　常用固定液表

类别	序	名称	最高使用温度	溶剂	主要分析对象
非极性	1	角鲨烷(异三十烷)	140 ℃	甲苯	烃类、非极性化合物
	2	阿皮松(高相对分子质量烷烃、真空脂)	M 型 250 ℃ L 型 300 ℃	氯仿	非极性化合物
弱极性	3	甲基硅油	200 ℃	丙酮 氯仿	非极性或弱极性有机化合物
	4	甲基硅橡胶	300 ℃	氯仿	弱极性和高沸点有机物
中极性	5	邻苯二甲酸二壬酯	160 ℃	乙醚	烃、醇、醛、酮、酸、酯等
	6	磷氧三甲苯酯	100 ℃	甲醇	卤代烃、芳香烃等各类有机物
极性	7	有机皂土(长链脂肪胺皂土)	200 ℃	甲苯	芳烃、二甲苯异构体等
	8	β,β'-氧二丙腈	100 ℃	甲醇 丙酮	脂肪烃、芳香烃、含氧极性化合物
氢键	9	三乙醇胺	160 ℃	氯仿 丁醇	低级胺、醇类、吡啶及衍生物
	10	聚乙二醇(200～20000)	80 ℃～200 ℃	乙醇 丙酮	含氧、含氮极性化合物和含水样品

③ 毛细管柱

当气体从填充柱中通过时,路径弯曲,引起涡流扩散,传质阻力大,柱效难以提高,其理论塔板数(衡量柱效的指标)最高为数千块,而毛细管柱的理论塔板数可高达 $10^5 \sim 10^6$ 块。毛细管柱又有空心毛细管柱、填充毛细管柱和多孔层毛细管柱之分。

(4) 检测器

检测器是将已被分离的组分的浓度或质量转变为电信号(电流、电压等),再经放大记录下来。所以,检测器是气相色谱仪的关键部件。检测器按照检测原理不同可以分为浓度型检测器(如热导检测器和电子捕获检测器)和质量型检测器(如火焰离子化检测器和火焰光度检测器)。现仅就用得很普遍的热导检测器和氢火焰离子化检测器作一简单介绍。

① 热导检测器

热导检测器可检测载气中组分浓度的变化。其结构如图 11-24(a)所示。这种检测器利用热阻丝的电阻随其温度变化而改变的特性来感知不同热导系数的气体组分。常见热导池为双臂型,即一臂为测量臂,装在色谱柱之后,测量被测组分;一臂为参比臂,装在色谱柱进样口之前,与电阻 R_3 和 R_4 构成一个惠斯登电桥[如图 11-24(b)所示]。当两臂通过的成分不同时(如载气和组分气体),电桥平衡被破坏,检流计 G 即有显示,在记录仪上就会画出一个色谱峰,从而可以测量被测物的浓度。

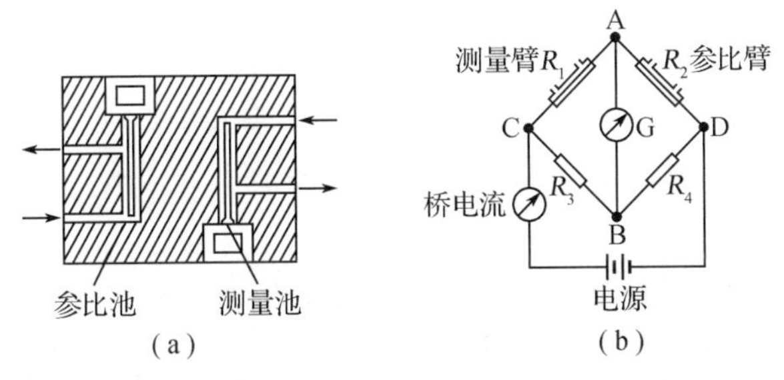

图 11-24 热导池(a)及其组成的惠斯登电桥(b)

热导池的桥流是色谱分析中的重要工作参数,它与载气性质有密切关系。无载气通过时,绝不能接通桥流,否则会因散热不良而烧毁热导池。

② 氢火焰离子化检测器

氢火焰离子化检测器可以感知进入检测器中组分质量流量的变化,其结构如图 11-25 所示。该检测器是在氢火焰喷嘴的上方装有一筒状收集极,下方有一环状的极化极,两极间施以一恒定电压。当载气将被测组分带入氢火焰区,即被离解成正、负离子。它们在电场作用下,产生离子流。这些离子流经放大后送到记录仪,即可画出色谱图。氢火焰离子化检测器特别适合检测碳氢化合物等许多有机化合物,灵敏度很高(检测限可达 10^{-9}/s),比热导池灵敏 $10^2 \sim 10^4$ 倍,而且其响应快、线性范围很宽,适于与毛细管柱配合使用。

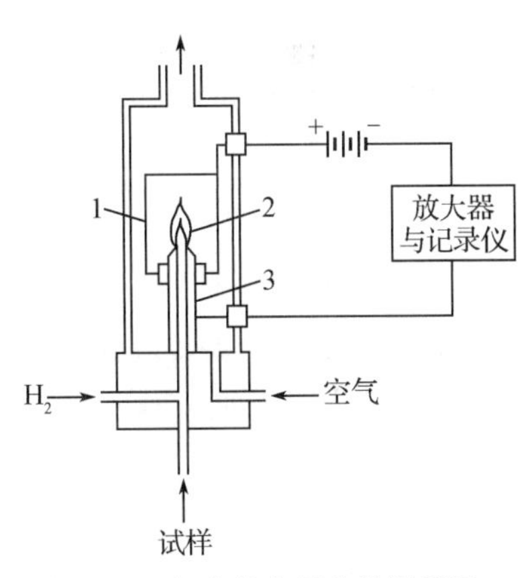

图 11-25 氢火焰离子化检测器图

1. 集电阳极 2. 火焰 3. 阴极

(5) 色谱柱的评价

色谱柱的性能可由柱的选择性和柱效率两者来评价。

① 柱的选择性

在讨论柱的选择性之前，先了解分配系数和容量因子。分配系数(K)是在一定温度和压力下，组分在固定相(S)和流动相(M)之间分配达到平衡时的浓度(c)比，为

$$K=\frac{c_S}{c_M} \tag{11-28}$$

容量因子(k)是在气液两相平衡时组分在这两相中分配的质量(m)比，因此，容量因子 k 与分配系数 K 之间的关系为

$$k=\frac{m_S}{m_M}=\frac{c_S V_S}{c_M V_M}=K\frac{V_S}{V_M} \tag{11-29}$$

任何组分的容量因子 k 均可直接从色谱图上测得，有

$$k=\frac{t_r'}{t_m}=\frac{V_r'}{V_m} \tag{11-30}$$

t_r' 和 V_r' 分别为组分的调整保留时间和调整保留体积，t_m 和 V_m 分别为死时间和死体积。

柱的选择性往往用相对保留值 $r_{2,1}$ 来衡量，为

$$r_{2,1}=\frac{t_{r_2}'}{t_{r_1}'}=\frac{k_2}{k_1}=\frac{K_2}{K_1} \tag{11-31}$$

$r_{2,1}$ 的大小说明相邻两组分 1，2 在柱中分配系数差异的大小。$r_{2,1}$ 越大说明峰间距越大，柱的选择性就越好。因此 $r_{2,1}$ 可以作为柱选择性的指标。

② 有效塔板数

塔板是借用分馏塔中塔板的概念。塔板数越多，分离效率越高，即使两组分分配系数相差很微小，也可以把它们分开。设色谱柱长为 L，每次分配达到平衡所需塔板高度为 H，理论塔板数 n 即为

$$n=\frac{L}{H} \tag{11-32}$$

理论塔板数可从色谱图上保留时间 t_r，峰宽 W 或半峰宽 $W_{\frac{1}{2}}$ 计算得到

$$n=5.54\left(\frac{t_r}{W_{\frac{1}{2}}}\right)^2=16\left(\frac{t_r}{W}\right)^2 \tag{11-33}$$

扣除死时间后的理论塔板数称为有效塔板数 n_{eff}，为

$$n_{eff}=5.54\left(\frac{t_r'}{W_{\frac{1}{2}}}\right)^2=16\left(\frac{t_r'}{W}\right)^2 \tag{11-34}$$

$$H_{eff}=\frac{L}{n_{eff}} \tag{11-35}$$

色谱柱的有效塔板数 n_{eff} 越大，越容易把组分分离开，所以它是柱效率的指标。

(6) 分析条件的选择

分析条件的选择是做好色谱分析的重要条件，因为色谱分析法的主要目的是将混合组分分离开。衡量两个组分是否已分离常用分离度来判别。分离度是色谱柱的总分离效能指标，定义为相邻两组分的色谱峰保留值之差与两组分色谱峰基线宽度平均值之比，为

$$R=2\,\frac{t_{r_2}-t_{r_1}}{W_1+W_2} \tag{11-36}$$

当色谱峰形为正态分布且 $R=1.0$ 时，分离程度可达 98%；当 $R=1.5$ 时，分离程度可达

99.7%。所以，$R=1.5$ 可以作为两峰完全分离的标志。

① 载气的选择

载气的选择通常是根据检测器的种类和性质来确定。如热导池检测器常用 H_2 或 He 作载气，氢火焰离子化检测器常选用高纯 N_2 作载气。

② 载气流速的选择

载气流速大小是影响柱效和分析时间的一个重要参数。最好的做法是在不同流速 v 下测定理论塔板数或塔板高度 H，作 H-v 图得塔板高度对载气流速曲线(即 van Deemter 方程所描述的曲线)。该曲线的最低点所对应横坐标上的流速就是最佳载气流速。

③ 柱温

柱温是气相色谱分析中的重要工作参数。首先注意实验柱温不应超过固定液的最高使用温度。在此条件下，提高柱温可以提高柱效和分析速度，降低柱温可提高柱的选择性。因此，要综合考虑这两种因素的影响。必要时可以使用程序升温的方法。

④ 柱的长度和内径

因为色谱峰的分离度与柱长的平方根成正比，所以增加柱长有利于色谱峰的分离。但是，增加柱长又会延长分析时间。只要保证色谱峰能分离这一条件，尽可能使用较短的柱子，一般在 2 m～6 m 比较合适。减小内径利于提高柱效，增加内径可提高分离样品量。

⑤ 载体粒度

载体颗粒的粒度常用 60 目～80 目，但一定要均匀。

⑥ 固定液用量

在一般分析条件下，尽可能采用较低固定液用量，以提高柱效和缩短分析时间。

以上只是提出一个分析条件选择的大致原则，最佳分析条件依靠实验室中多次试验摸索得到。

(7) 定性和定量分析法

① 定性分析

a. 标准物质对照法

用标准物与待测组分在相同条件下进行气相色谱分析，比较两者的保留值(t_r 或 V_r)。如果两者完全一致则可认为待测组分与标准物为同一物质。

b. 相对保留值方法

上述对照法受实验条件影响很大，不是十分可靠。有时可以采用相对保留值法定性。其做法是选用一种基准物 i，如苯、二甲苯或环己烷等，令其分别与待测成分 x 和标准物 s 一同进样，求出相对保留值 r_i，即

$$r_{i,x}=\frac{t'_{r(i)}}{t'_{r(x)}}$$

$$r_{i,s}=\frac{t'_{r(i)}}{t'_{r(s)}} \tag{11-37}$$

如果 $r_{i,x}$ 和 $r_{i,s}$ 两者完全一致，则待测组分与标准物为同一物质。

c. 其他方法

有时也可以和其他方法联合进行定性分析。例如用化学方法定性、红外光谱和核磁共振等结合起来定性。最方便的方法是使用气相色谱与质谱联用仪。

② 定量分析

色谱定量分析是依据被测组分 i 的质量 m_i(或浓度 c_i)与色谱峰的峰面积 A_i(或峰高 h_i)成正比的关系，即

$$m_i = f_i^A A_i \tag{11-38}$$

f_i^A 是比例常数，称为绝对校正因子。但因为检测器对各组分的响应不同，定量分析时必须测定各组分的校正因子，即

$$f_i^A = m_i / A_i \tag{11-39}$$

f_i^A 在实际工作中因不易测准确，常采用相对校正因子，即某组分 i 与标准物 s 两者绝对校正因子之比，即

$$f_{i,s} = \frac{m_i A_s}{m_s A_i} \tag{11-40}$$

式中，m_i 和 m_s 分别为组分 i 与标准物 m_s 的质量，A_i 和 A_s 分别为这两者的峰面积。

a. 归一化法

假设一试样有 n 个组分，且每个组分都在色谱图上出峰，这时组分 i 的含量可以表示为

$$m_i(\%) = \frac{A_i f_i}{\sum_{i=1}^{n} A_i f_i} \times 100\% \tag{11-41}$$

b. 内标法

如果试样中有些组分不能出峰，或者我们只需要测定其中几个组分时，可以采用内标法，这是一种常用方法。内标法是选择一种试样中没有的标准纯物质作为内标物，且其在色谱图上与被测成分的色谱峰能完全分离开，但又相距不很远。准确称取试样质量 W，再准确称取内标物重 m_s。将两者混合，溶解均匀，进行色谱分析，从得到的色谱图上求出这两者的色谱峰面积 A_i 和 A_s。如果内标物和组分 i 的校正因子为已知，则被测成分 i 的含量为

$$m_i(\%) = \frac{m_i}{W} \times 100\% = \frac{m_i}{m_s} \times \frac{m_s}{W} \times 100\% \tag{11-42}$$

根据前面式(11-38)，代入上式可得

$$m_i(\%) = \frac{A_i \times f_i^A}{A_s \times f_s^A} \cdot \frac{m_s}{W} \times 100\% \tag{11-43}$$

内标法准确，不受分析条件影响，但有时很难找到合适的内标物。

【例 11-2】 欲测一混合试样中的甲基苯的含量。以环己基苯作内标。先称取试样 20.0 mg，加入内标物 2.0 mg，混合均匀后，得到如图 11-26 的色谱图。测得甲基苯峰面积为 25 mm^2，内标物(环己基苯)峰面积为 35 mm^2。已知甲基苯和环己基苯的峰面积校正因子分别为 1.4 和 1.0，求甲基苯的含量。

【解】 按式(11-43)有

$$m_i(\%) = \frac{A_i \times f_i^A}{A_s \times f_s^A} \cdot \frac{m_s}{W} \times 100\%$$

$$= \frac{25 \times 1.4 \times 2.0}{35 \times 1.0 \times 20} \times 100\% = 10\%$$

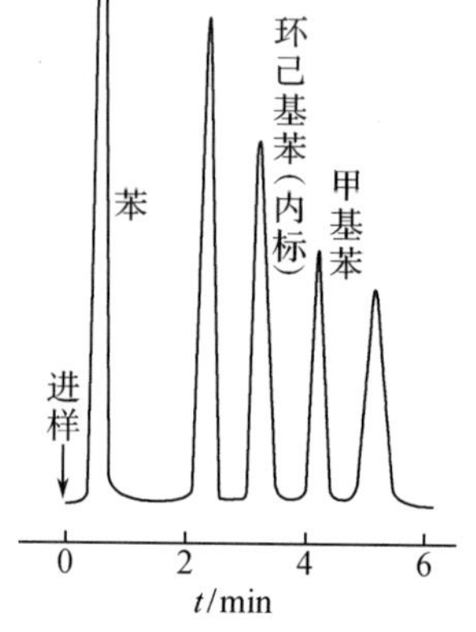

图 11-26 气相色谱内标法测定甲苯

c. 外标法

外标法是预先配制一系列不同含量(%)的被测组分纯物质的标准溶液，定量进样得到不同含量(%)对应

的峰面积。作图，可得标准曲线。然后，在相同色谱条件下，进同样量的试液，求得色谱峰面积，从标准曲线上可查出其含量。此法适于大批量样品分析，操作简单，不加内标物，不需要校正因子。

(8) 气相色谱法的应用

气相色谱法广泛应用于石油、化工、食品检测、环境监测和药物、医学检验领域中。例如药物分析中很多药效成分的测定，药品中杂质、副产物和溶剂的测定都要应用气相色谱法。在医学检验方面对甾体、胆固醇、苯丙酮尿等检测也要应用气相色谱分析法，以帮助疾病的诊断和确诊等。

11.4.3 高效液相色谱法

高效液相色谱法(high performance liquid chromatography，HPLC)是以液体为流动相，在高压泵的驱动下，流经高效固定相，再经灵敏检测器检知被检成分的一种高效、高速、高灵敏度的色谱分离分析方法。高效液相色谱的突出优点是适合分离高沸点、高极性、热不稳定性化合物，高分子化合物，生物大分子和离子型化合物等。这些正是气相色谱难以完成的任务。但因为气相色谱法具有设备较简单、分析速度快等优点，故可以在气相色谱上做的工作一般不用高效液相色谱法分析。

(1) 高效液相色谱仪

高效液相色谱仪的结构框图示于图 11-27 中。主要由高压输液泵、进样器、色谱柱、检测器和记录、显示系统构成。

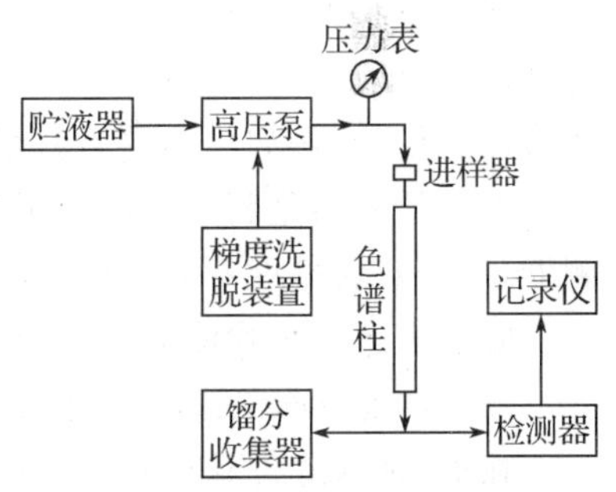

图 11-27 高效液相色谱仪结构框图

① 高压输液泵

高压输液泵为流动相通过填充有颗粒极细固定相的色谱柱提供恒压或恒流的动力。其压力可达 25 MPa～50 MPa。现代高效液相色谱仪常常配备双泵，提供梯度洗脱功能，即按一定程序改变不同极性流动相的配比、离子强度和 pH，以改善分离效果和色谱峰形，缩短分析时间等。

② 进样器

因为高效液相色谱系统工作时，柱压很高，一般采用旋转式六通阀进样。先用注射器将样液注入关闭状态的六通阀中，然后旋转接通流动相，在其带动下样品进入色谱柱。

③ 色谱柱

色谱柱是高效液相色谱的心脏。它是由柱径 4 mm～5 mm，柱长 10 cm～50 cm 的不锈钢管以匀浆法高压填充固定相于其中而成。

由于填充材料不同，色谱柱固定相可分为：

a. 液-固吸附型固定相

常用硅胶，也有用氧化铝、高分子多孔微球、分子筛和离子交换树脂等。其中全多孔微粒型硅胶应用最广，其粒径在 5 μm～10 μm。例如青岛海洋化工厂生产的 YWG 型号产品，国外产品有 Adsorbosphere 等。

b. 液-液分配型固定相

这是在多孔型载体表面涂渍某些固定液。但由于这种液-液固定相易于流失，故现在一般都使用化学键合固定相。

c. 化学键合固定相

这一类固定相近20年来应用最广。它是用化学反应把固定液的有机分子键合在载体(如硅胶)上。这种固定相化学性能稳定，不会产生流失，选择性和热稳定性都比较好。

按照固定相和流动相极性的差别，液-液分配色谱法可分为：a. 正相色谱法：流动相极性小于固定相极性的色谱法称为正相色谱法。其柱的固定相多是以二醇基、氨基或氰基键合的，流动相则是非极性或弱极性溶剂，如正己烷、环己烷等，适于分离极性或中等极性的组分。例如胺类、酚类和氨基酸等。b. 反相色谱法：流动相极性大于固定相极性的色谱法称为反相色谱法。其柱多是以十八烷基(通称C-18)键合的固定相填充而成，所用流动相多为甲醇、乙腈或四氢呋喃等。这类反相柱寿命长、应用非常广泛，常用于分离非极性至中等极性的各类化合物，可以解决大部分化合物的分离问题。

④ 检测器

作为高效液相色谱的检测器有许多种，但最通用的是紫外检测器。其特点是结构简单、使用方便、灵敏度高(可检测到纳克级)，受温度和流量变化影响小，线性范围宽。这种检测器有固定波长型(254 nm或280 nm)和可变波长型(190 nm～400 nm或190 nm～850 nm，可选择)，广泛应用于检测各种有色和有紫外吸收的化合物。其不足之处是对没有紫外吸收的物质没有信号，例如检测糖类就很困难。这种情况下，可采用示差检测器。

示差检测器是利用流出液折光指数的变化来检测流分的。这种检测器可以说是万能检测器，但是它灵敏度不高，且受温度变化影响比较大。

除了上述两种检测器之外，还有光电二极管阵列检测器和荧光检测器。

(2) 高效液相色谱的分离原理

在液-固色谱的情况下，流动相将试样组分带入色谱柱中，由于吸附剂的吸附作用，使组分在柱内滞留或保留，因为各组分对吸附剂表面吸附力不同而得以分离。吸附性差的组分，在流动相带动下先流出来，吸附性强的组分则后流出来，从而达到分离的目的。

在液-液分配色谱的条件下，试样组分在流动相带动下进入色谱柱，在两相(固定液相和流动相)之间反复进行多次分配平衡，使各组分因为在两相间分配系数不同而产生差速迁移，从而达到分离的目的。

(3) 分析方法

① 定性分析

用高效液相色谱法作定性分析与气相色谱法一样，也是要依靠标准物质和试样的保留时间或相对保留时间进行对比，也可以收集馏分作化学分析。现在定性分析最好的办法是应用高效液相色谱与质谱的联用技术，可以得到各个组分的质谱图，经过检索和解析，一般都可以得到正确的定性结果。

② 定量分析

a. 外标法

用待测组分的标准品配制一系列不同浓度标准溶液 c_{s_1}，c_{s_2}，c_{s_3}，…，取相同体积进样，

测量色谱图峰面积 A_{s_1}，A_{s_2}，A_{s_3}，…，并绘制 A-c 工作曲线。在相同条件下，注入试样，测得峰面积 A_x，然后在工作曲线上查找 A_x 对应的浓度 c，即为试样中被测成分的浓度。

b. 内标法

选择一个内标物，并确保该内标物在试样组分附近出峰，且与组分峰分离良好。然后用被测组分的标准品配制一系列不同浓度的标准溶液，再加入等量内标物到各标准溶液中。进样测量各个标准溶液中标准物与内标物峰面积之比(A_i/A_s)，并对标准溶液浓度 c 作图绘出工作曲线。然后在试样溶液中加入同量的内标物，进样，求得试样中被测成分与内标物的峰面积之比，即可从工作曲线中查得试样中被测组分的浓度。

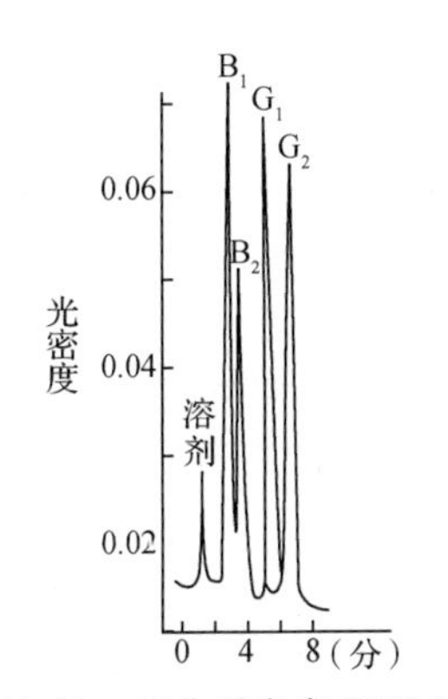

图 11-28　黄曲霉毒素 HPLC 图

(4) 应用

高效液相色谱分析法广泛应用于石油化工、环境监测、医药卫生、生物化学等许多领域之中，是有机混合物、天然产物分离和分析的重要手段。例如环境科学中测定稠环芳烃的含量，食品工业中测定有机酸及防腐剂的含量等。图 11-28 是某食品中的黄曲霉毒素(B_1，B_2，G_1，G_2)的高效液相色谱图(柱：sil-X-Ⅱ，流动相：氯仿-异辛烷)。

本章小结及学习要求

1. 化学分析是应用化学反应来进行定性和定量分析的方法，仪器分析是应用一些特殊仪器测量被分析物质的物理或物理化学性质参数来进行定性和定量分析的方法。

2. 仪器分析灵敏度高，分析速度快，试样用量少，应用广泛。但是仪器分析是一种相对分析，常常要用标准品作对照，且精密仪器价格昂贵，难以普及。

3. 原子光谱是由原子的核外电子在不同能级间跃迁产生的。原子发射光谱是激发态原子的外层电子从高能态回到低能态时把多余能量以特定波长光的形式发射出来所形成的光谱。原子发射光谱分析法是依据不同元素发射不同波长的特征光谱线进行定性分析；依据谱线的强度与该元素含量成正比关系进行定量分析。

4. 原子吸收光谱是物质的基态原子蒸气对同种元素原子发射的特征光谱能量的吸收而形成的。原子吸收光谱分析法是依据测量物质气态的基态原子对特征辐射的吸收多少来进行定量分析的方法。基态原子蒸气的吸光度与该物质的浓度成正比。

5. 分子光谱是由构成分子化学键的价电子(σ 电子，π 电子和非键 n 电子)吸收一定辐射能量后所形成的带状光谱。基态分子吸收紫外、可见光后，可以发生 $n\rightarrow\sigma^*$，$\pi\rightarrow\pi^*$，$n\rightarrow\pi^*$，f 电子、d 电子以及电荷转移跃迁。这些跃迁是形成紫外、可见吸收光谱的根本原因。其吸光度符合朗伯-比耳定律，这是紫外-可见分光光度法定量分析的基础。

6. 分子荧光光度法与紫外-可见分光光度法不同，它是一种光致发光的分析法。其灵敏度也比紫外-可见分光光度法要高 1 个～3 个数量级，可达 10^{-7} g·mL^{-1}～10^{-9} g·mL^{-1} 水平，常用于微量或痕量分析。分子荧光是受激发分子从较高激发态经振动弛豫和内转移等非辐射途径到达较低能量激发态，然后再回到基态所发出的光。分子荧光光度法是依据荧光物质发出荧光强度与该物质的浓度呈线性关系作为定量分析基础的。

7. 电分析化学法是以溶液电化学原理为基础的分析方法。电位分析法是应用测量构成化学电池的电动势或两电极的电位差来进行定量分析的方法。其理论基础是 Nernst 方程。参比电极在一定温度下,其电位不随被测离子活度的变化而改变,具有恒定的电位值。例如甘汞电极。指示电极的电位随溶液中被测离子活度的变化而变化。例如玻璃电极指示溶液的 pH。各种离子选择电极指示溶液中相应离子的浓度(活度)。

8. 极谱分析法是在特殊条件下的一种电解分析法。极谱图中半波电位是元素定性分析的依据,扩散电流与溶液中被测离子浓度成正比,是极谱分析法的定量基础。

9. 任何色谱分析法都必须具备固定相和流动相。流动相是气体称为气相色谱法,流动相是液体则称为液相色谱法。色谱法是一项分离分析技术,其分离原理是利用不同物质在固定相和流动相中有着不同大小作用力(包括吸附、分配、离子交换等),并在两相相对运动中而得到完全分离。

10. 气相色谱有气-固色谱和气-液色谱两类。用于气相色谱分析的常用的检测器有热导检测器,它是一种浓度型的检测器;另一种是氢火焰离子化检测器,它是一种质量型的检测器。气相色谱定量分析的依据是在一定色谱操作条件下,被测组分的质量或浓度与色谱图中色谱峰的面积或峰高成正比。

11. 高效液相色谱法与气相色谱法相比,其突出优越性在于适合分离高沸点、高极性、热不稳定性物质、高分子化合物、生物大分子和离子型化合物。高效液相色谱分析法可分为正相色谱法和反相色谱法。前者是固定相极性大于流动相,后者是固定相极性小于流动相。反相色谱法中常用固定相是十八烷基化学键合固定相,它具有寿命长、应用十分广泛的特点。

【阅读材料】

元素的光谱与元素周期表

元素光谱的复杂性及谱线出现的情况取决于元素原子基态及其价电子的状态和数目。这些价电子的状态和数目与元素周期表密切相关。因此,随着元素原子序数增加,元素的光谱谱线出现的情况也呈现出周期性变化。主要规律有:

(1) 同一周期元素,随着原子序数增大,外层价电子数也逐渐增加,因此,它们的光谱亦随之越复杂,而谱线强度也逐渐减弱。

(2) 主族元素,由于只有 s, p 外层电子结构,所以谱线较少,强度较大。同族元素光谱性质类似,这是因为它们具有相同的外层电子排布。

(3) 对于副族元素来说有三种情况:

① 内层 d 电子数已饱和,仅有类似的外层 s 电子。如 Cu,Ag,Au 和 Zn,Cd,Hg 等。其谱线也较简单,强度也较大。

② 对于那些 d 电子尚未填满的过渡元素来说,它们的谱线比较复杂,谱线数目也很多,如 Fe,W 等高达 5 000 余条谱线,其强度较弱。

③ 对于稀土元素及超铀元素,它们填充的是 f 层电子,它们的谱线就更复杂,强度就更弱了。

(4) 同一元素的原子和离子,由于它们外层价电子数不同,因此元素原子光谱和离子光谱差别很大。当某一元素离子与另一元素原子电子结构类似时,其光谱也很相似。例如 Be 的一级离子光谱 BeⅡ 与 Li 的原子光谱 LiⅠ 很相似。

(5) 同一周期的元素,随原子序数增加,第一共振线和离子线波长越短,这与其核电荷数增加,共振电位和电离电位越高有关。与此相反,同一族元素随原子序数增加,相应的第一共振线波长越长。所以在周期表左下角,元素的金属性越强,其第一共振线波长最长,处于近红外区;而在右上角的元素,非金属性越强,其第一共振线波长越短,处于远紫外区。例如 Cs 的电离电位为 3.89 eV,第一共振线激发电位为 1.45 eV,相应波长为 852.11 nm;而 He 的电离电位很高,为 24.53 eV,第一共振线激发电位为 21.13 eV,相应波长为 58.433 nm,处于远紫外区。

习　题

11-1 解释名词：

(1) 第一共振线、离子线、灵敏线、最后线和分析线

(2) 等离子体、锐线光源、原子化器

(3) 朗伯-比耳定律

(4) 单重态、三重态

(5) 指示电极、参比电极、离子选择电极

(6) 残余电流、极限电流、扩散电流、半波电位

(7) 电泳、Stoke 定律

(8) 保留时间、保留体积、死时间、死体积、调整保留时间、调整保留体积、理论塔板数、分配系数、容量因子

(9) 载体(担体)、固定液、填充柱、毛细管柱、热导检测器、氢火焰离子化检测器

(10) 液-固色谱、液-液色谱、正相色谱、反相色谱、化学键合固定相、C-18 烷基键合硅胶

11-2 发射光谱分析法定性和定量分析的基础是什么？

11-3 原子吸收分光光度计由哪些主要部件组成？各部件的主要功能是什么？

11-4 电子跃迁有哪几种主要类型？它们分别在哪些类型的化合物中产生？

11-5 气相色谱法的定量依据是什么？为什么要引入校正因子？

11-6 什么是化学键合相？试举一种常用的化学键合固定相的例子，并说明它多用于分离哪些类型的化合物。

11-7 以分析线对 Mn 293.31 nm/Fe 292.66 nm 测定钢中锰的含量，将测得分析线对的 S 值列于下表中，计算试样 A 和试样 B 中锰的含量各为多少。

分析样编号	c/%	$S_{\text{Mn 293.31 nm}}$	$S_{\text{Fe 292.66 nm}}$
标样 1	0.12	80	127
标样 2	0.28	100	120
标样 3	0.45	124	127
标样 4	0.53	130	128
标样 5	0.71	135	122
试样 A		85	105
试样 B		110	120

11-8 用 Ca 的 422.7nm 的分析线测得处理后某食品溶液的吸光度为 0.224。取 1.0 mL 100 $\text{mg}\cdot\text{L}^{-1}$ 的钙标准溶液加到 9.0 mL 食品溶液中，测得吸光度为 0.424。求该食品溶液中 Ca 的浓度。

11-9 浓度为 0.51 $\text{mg}\cdot\text{L}^{-1}$ 的 Cu^{2+} 溶液，用环己酮草酰二腙显色后在波长 600 nm 处用 2 cm 吸收池测量，测得透光度 T 为 50.5%，求 Cu^{2+} 在此条件下的摩尔吸收系数 κ。

11-10 Al^{3+} 与石榴茜素 R 试剂作用后可产生很强荧光。当激发波长为 470 nm 时，产生 500 nm 荧光。用 Al^{3+} 的标准溶液与试剂作用后测得如下相对荧光强度数据。

Al^{3+} 浓度 /($\mu\text{mol}\cdot\text{L}^{-1}$)	0.100	0.200	0.300	0.400	0.500	0.600	0.700	0.800
相对荧光强度	13.0	24.6	37.9	49.0	59.7	71.2	83.5	95.1

在相同条件下，测得试样溶液荧光强度为 42.3，求试样中的 Al^{3+} 浓度。

11-11 用 pH 玻璃电极测定 pH＝5.00 的溶液时电位为 43.5 mV；测定另一未知溶液时电位为 14.5 mV。电极响应斜率为 58.0 mV/pH，求未知溶液的 pH。

11-12 取 25.00 mL 未知镉溶液用极谱测定其扩散电流 1.86 μA。然后在同样条件下，加入浓度为 $2.12\times10^{-3}\ mol\cdot L^{-1}$ 的镉标准溶液 5.00 mL，测得混合溶液扩散电流为 5.27 μA。求未知镉溶液的浓度。

11-13 用一根 3 米长色谱柱分离样品，得空气峰和两个组分峰，它们的保留时间分别为 1.0，3.0 和 7.0 分钟。组分 2 的峰底宽为 1 分钟。求：

(1) 组分 1 和组分 2 的调整保留时间 t_r'；

(2) 用组分 2 计算该色谱柱的理论塔板数、有效塔板数和容量因子；

(3) 组分 2 色谱峰相对于组分 1 的保留值。

11-14 用氢火焰离子化检测器测定苯同系物混合物的含量，经气相色谱测定得下表数据，试计算各种组分的百分含量。

组分	苯	甲苯	邻二甲苯	对二甲苯
峰面积	1.26	0.95	2.55	1.04
质量校正因子	0.780	0.794	0.840	0.812

习题参考答案

第1章 气体、溶液和胶体

1-7 16.0 **1-8** 0.038 7；2.24 $mol \cdot kg^{-1}$

1-9 (1)26.41%；(2)5.42 $mol \cdot L^{-1}$；(3)6.14 $mol \cdot kg^{-1}$；(4)0.099；0.901

1-10 0.169 $mol \cdot L^{-1}$；0.003；0.175 $mol \cdot kg^{-1}$ **1-11** 9.89 g **1-12** S_8

1-13 3.63 $K \cdot kg \cdot mol^{-1}$ **1-14** $C_{10}H_{14}N_2$；272.43 kPa **1-15** 57 657.8 $g \cdot mol^{-1}$

1-16 2 315.77 kPa；373.36 K；272.37 K；1 015 kPa

1-17 (1)不能；(2)不能；(3)胶粒带负电；(4)胶粒带正电

1-18 $[(As_2S_3)_m \cdot nHS^- \cdot (n-x)H^+]^{x-} \cdot xH^+$

第2章 化学热力学基础

2-2 (1)B (2)D (3)C (4)D (5)A **2-7** $W=507$ J，$\Delta U=93$ J

2-8 $\Delta H=-241.9$ $kJ \cdot mol^{-1}$，$\Delta U=-240.35$ kJ

2-9 (1)$V=38.3$ L；(2)$T=320$ K；(3)$W=502$ J；(4)$\Delta H=Q_p=-1\ 260$ J；(5)$\Delta U=-758$ J

2-10 -916 $kJ \cdot mol^{-1}$ **2-11** -16.37 $kJ \cdot mol^{-1}$ **2-12** -487.22 $kJ \cdot mol^{-1}$

2-13 -114.03 $kJ \cdot mol^{-1}$ **2-14** 4 793.4 K

2-15 -95.8 $kJ \cdot mol^{-1} \cdot K^{-1}$；反应正向自发

第3章 化学反应速率和化学平衡

3-2 (1)D (2)C (3)B (4)A (5)B (6)D

3-3 (1)× (2)× (3)√ (4)√ (5)√ (6)× (7)√ (8)× (9)× (10)×

3-4 (1)非基元反应(或复杂反应)；简单反应；定速步骤(或限速步骤)；$v=kc^2(NO) \cdot c(H_2)$；3

(2)改变；降低 (3)反应速率；反应速率常数 k；活化分子的数目 (4)<；>

3-5 (1)$v=kc^2(NO) \cdot c(O_2)$； (2)3 级反应；$k=30$ $mol^{-2} \cdot L^2 \cdot s^{-1}$； (3)0.101 $mol \cdot L^{-1} \cdot s^{-1}$

3-6 (1)$v=k \cdot c^2(CH_3CHO)$； (2)$k=2.53$ $mol \cdot L^{-1} \cdot s^{-1}$； (3)0.158 $mol \cdot L^{-1} \cdot s^{-1}$

3-7 (1)$v=kc(S_2O_8^{2-}) \cdot c(I^-)$； (2)0.65$mol^{-1} \cdot L \cdot min^{-1}$； (3)$1.625 \times 10^{-5}$ mol

3-8 $E_a=7.78 \times 10^4$ $J \cdot mol^{-1}$；$k_3=10^{-1.64}$ s^{-1} **3-9** 3.89×10^3 s^{-1}

3-10 (1)$K=\dfrac{p_{NH_3}^2}{p_{N_2} \cdot p_{H_2}^3}$； (2)$K=\dfrac{p_{CO_2}^2}{p_{CH_4} \cdot p_{O_2}^2}$； (3)$K=p_{CO_2}$； (4)$K=\dfrac{p_{H_2}^4}{p_{H_2O}^4}$

3-11 (1)$c(CO)=0.04$ $mol \cdot L^{-1}$，$c(CO_2)=0.02$ $mol \cdot L^{-1}$；(2)20%；(3)无影响

3-12 4.3×10^{-6} $mol \cdot L^{-1}$

3-13 (1)$c(NOCl)=0.436$ mol，$c(NO)=0.564$ mol，$c(Cl_2)=0.282$ mol；

(2)$p(NOCl)=34.47$ kPa，$p(NO)=44.59$ kPa，$p(Cl_2)=22.30$ kPa； (3)0.3682

3-14 (1)逆向移动(或平衡左移)； (2)正向移动(或平衡右移)； (3)平衡不移动；

(4)正向移动(或平衡右移)； (5)平衡左移

3-15 (1)0.019 9；(2)1.87 mol；(3)逆向进行 **3-16** CO_2 为 20.8%；CO 为 79.2%

3-17 0.688 **3-18** 169

第4章 物质结构基础

4-5 (2)、(3)、(4)错误 **4-6** (1)B (2)A (3)B (4)C (5)C

4-7 完成下列表格

原子序数	电子排布	价电子构型	周期	族	元素分区
	$1s^2 2s^2 2p^6 3s^2 3p^6 3d^5 4s^1$	$3d^5 4s^1$	四	ⅥB	d
35		$4s^2 4p^5$	四	ⅦA	p
48	$1s^2 2s^2 2p^6 3s^2 3p^6 3d^{10} 4s^2 4p^6 4d^{10} 5s^2$		五	ⅡB	ds
56	$1s^2 2s^2 2p^6 3s^2 3p^6 3d^{10} 4s^2 4p^6 4d^{10} 5s^2 5p^6 6s^2$	$6s^2$			s

4-8 A：$1s^2 2s^2 2p^6 3s^2 3p^6 3d^{10} 4s^2 4p^3$　As　B：$1s^2 2s^2 2p^6 3s^2 3p^6 3d^2 4s^2$　Ti

推理过程：(1)由 N 层 A 比 B 多 3 个电子可知，A 必有 p 电子，所以其最高能级组电子填充情况为 $4s^2 3d^{10} 4p^x$。(2)由 M 层 A 比 B 多 8 个电子可知，B 只有 2 个 d 电子，故 B 的电子排布式为 $1s^2 2s^2 2p^6 3s^2 3p^6 3d^2 4s^2$，A 的电子排布式为 $1s^2 2s^2 2p^6 3s^2 3p^6 3d^{10} 4s^2 4p^3$。

4-9 极性分子有：NO，HF，H_2S，HCN，PH_3，SO_2　非极性分子有：H_2，$HgBr_2$，CH_4

4-10 (1)Cs；H　(2)F；Cs　(3)F；Cs　(4)Cl

4-11 $HgCl_2$　sp 杂化　直线形

BBr_3　sp^2 杂化　平面三角形

SiH_4　sp^3 杂化　正四面体形

CCl_4　sp^3 杂化　正四面体形

PH_3　sp^3 杂化　三角锥形

H_2S　sp^3 杂化　V 字形

4-12 (1)色散力　(2)色散力，诱导力　(3)色散力，诱导力，取向力，氢键　(4)色散力，诱导力，氢键　(5)色散力，诱导力，取向力　(6)色散力，诱导力，取向力，氢键

4-13 自身分子间能形成氢键的有：H_2O_2，H_3BO_3，H_3PO_4，$C_6H_5NH_2$。

自身分子间不能形成氢键的有：$CHCl_3$，CH_3CHO，$(CH_3)_2O$，CH_3COCH_3。

第 5 章　分析化学概论

5-4 C　**5-5** D　**5-6** D

5-7 (1)偶然误差；(2)系统误差；(3)过失；(4)系统误差；(5)偶然误差

5-8 甲：+0.05%；乙：+0.05%　**5-9** −0.10%；-1.9×10^{-3}

5-10 $\bar{x}=37.34\%$　$\bar{d}=0.108\%$　$\bar{d}_r=0.29\%$

$S=0.13$　$S_r=35\%$

5-11 38.01；0.09；0.24%　**5-12** $S_甲=0.008\ 2$；$S_乙=0.41$

5-13 (1)3 位有效数字；(2)4 位有效数字；(3)1 位有效数字；(4)4 位有效数字
(5)2 位有效数字；(6)5 位有效数字；(7)7 位有效数字

5-14 (1)2 位有效数字；(2)2 位有效数字；(3)1 位有效数字；(4)1 位有效数字

5-15 (1)3.142　(2)0.517　(3)15.475　(4)0.379　(5)3.692　(6)2.363

5-16 (1)52.0　(2)9.460　(3)12.2　(4)0.321　(5)7.12%

5-17 0.016 67 mol·L^{-1}；0.100 2 mol·L^{-1}　**5-18** 0.020 00 mol·L^{-1}；6.702×10^{-3} g·mL^{-1}

5-19 5.585 mg/mL；111.7 mg　**5-20** 0.111 3 mol·L^{-1}　**5-21** 0.294 g　**5-22** 7.355 g

5-23 0.026 43 mol·L^{-1}　**5-24** 66.3%　**5-25** 40.16%；27.37%　**5-26** 57.07%

5-27 96.43%

第 6 章　酸碱平衡和酸碱滴定法

6-4 C　**6-5** B　**6-6** D　**6-7** B

6-8 酸：H_3PO_4；HCl　碱：Ac^-；OH^-　既是酸又是碱：$H_2PO_4^-$

6-9 (1)共轭酸：$H_2PO_4^-$；共轭碱：PO_4^{3-}　(2)Ac^-　(3)NH_4^+　(4)NO_3^-　(5)HCO_3^-

6-10 5.65×10^{-10}

6-11 1.78×10^{-4}；2.33×10^{-8} **6-12** (1)0.70；(2)1.96；(3)8.31；(4)2.88；(5)11.15；(6)11.62

6-13 178 mL **6-14** 不同；相等 **6-15** 8.95

6-16 (1)可以；(2)不能；(3)可以；(4)可以分两步滴定；(5)可以滴定，但不能分步

6-17 1.00；5.0×10^{-9} $mol\cdot L^{-1}$ **6-18** 9.55 **6-19** (1)4.07；(2)4.07，甲基橙；9.37，酚酞

6-20 (1)7.61；(2)2.2% **6-21** 24.50%；9.26% **6-22** 65.14%；24.66%

6-23 0.100 0 $mol\cdot L^{-1}$；66.25% **6-24** Na_3PO_4:49.18%；Na_2HPO_4:28.39%

第7章 沉淀溶解平衡及沉淀滴定法

7-3 (1)× (2)× (3)√ (4)× **7-4** C **7-5** A **7-6** C

7-9 (1)$C_2O_4^{2-}$ 的酸性比盐酸弱而比醋酸强；(2)提示：由于 pH 的原因 **7-10** 12.34

7-11 $S(Ag_3PO_4)>S(AgCl)>S(BaSO_4)$ **7-12** (1)

7-13 3.33×10^{-4} $mol\cdot L^{-1}$，1.46×10^{-8} $mol\cdot L^{-1}$，1.35×10^{-5} $mol\cdot L^{-1}$

7-14 $S=c(Ag^+)=1.6\times10^{-9}$ $mol\cdot L^{-1}\ll1.3\times10^{-5}$ $mol\cdot L^{-1}$

7-15 7.3×10^{-13} $mol\cdot L^{-1}<c(NaOH)<2.4\times10^{-5}$ $mol\cdot L^{-1}$

7-16 (1)AgCl；(2)5.42×10^{-5} $mol\cdot L^{-1}$

7-17 将 OH^- 浓度控制在 1.38×10^{-11} $mol\cdot L^{-1}$～7.5×10^{-6} $mol\cdot L^{-1}$ 即可。一般 NH_4^+～NH_3 缓冲液可满足这个要求

7-18 (1)莫尔法 主要反应：$Cl^-+Ag^+\rightleftharpoons AgCl\downarrow$

指示剂：$K_2Cr_2O_7$

酸度条件：pH=6.0～10.5

(2)佛尔哈德法 主要反应：Cl^-+Ag^+(过量)$\rightleftharpoons AgCl\downarrow$

Ag^+(剩余)$+SCN^-\rightleftharpoons AgSCN\downarrow$

指示剂：$NH_4Fe(SO_4)_2$

酸度条件：酸性

(3)法扬司法 主要反应：$Cl^-+Ag^+\rightleftharpoons AgCl\downarrow$

指示剂：荧光黄

酸度条件：pH=7～10.5

7-19 34.15%；65.85% **7-20** 6.15% **7-21** 65.84% **7-22** 40.56%

第8章 配位平衡与配位滴定法

8-1 B **8-2** D **8-3** D **8-4** C **8-5** A **8-6** B

8-7 H^+；EDTA；其他配位剂；金属离子

8-9

序号	中心离子	配位体	配位原子	配位数	名 称
(1)	Cr^{3+}	Cl^-，H_2O	Cl，O	6	一氯化二氯·四水合铬(Ⅲ)
(2)	Ni^{2+}	en	N	6	二氯化三(乙二胺)和镍(Ⅱ)
(3)	Co^{2+}	NCS^-	N	4	四异硫氰合钴(Ⅱ)酸钾
(4)	Al^{3+}	F^-	F	6	六氟合铝(Ⅲ)酸钠
(5)	Pt^{2+}	Cl^-，NH_3	Cl，N	4	二氯·二氨合铂(Ⅱ)
(6)	Co^{3+}	NH_3，H_2O	N，O	6	硫酸四氨·二水合钴(Ⅱ)
(7)	Fe^{3+}	$EDTA^{4-}$	N，O	6	乙二胺四乙酸根合铁(Ⅱ)离子
(8)	Co^{3+}	$C_2O_4^{2-}$	O	6	三(草酸根)合钴(Ⅲ)离子

8-10 [$Cr(NH_3)_6$]Cl_3 三氯化六氨合铬(Ⅲ)；[$CrCl(NH_3)_5$]Cl_2 二氯化一氯·五氨合铬(Ⅲ)

8-11 2.4mol·L^{-1};2.2×10^3 mol·L^{-1};3×10^{-4} mol·L^{-1}

8-12 有　　**8-13** 0.010 08mol·L^{-1}　　**8-14** 13.96%;41.75%

第9章　氧化还原反应与氧化还原滴定法

9-1 $-2,+4,+6,+2,+\frac{5}{2}$　　**9-2** +7,+2,+6,+1

9-3 (1) $5\overset{+4}{S}O_2+2\overset{+7}{Mn}O_4^-+2H_2O=\!=\!=2\overset{+2}{Mn}{}^{2+}+5\overset{+6}{S}O_4^{2-}+4H^+$

(2) $(\overset{-3}{N}H_4)_2\overset{+6}{Cr}_2O_7=\!=\!=\overset{0}{N}_2+\overset{+3}{Cr}_2O_3+4H_2O$

(3) $5H\overset{+5}{N}O_3+3\overset{0}{P}+2H_2O=\!=\!=3H_3\overset{+5}{P}O_4+5\overset{+2}{N}O$

(4) $4H_2\overset{-1}{O}_2+Pb\overset{-2}{S}=\!=\!=Pb\overset{+6}{S}\overset{-2}{O}_4+4H_2\overset{-2}{O}$

(5) $5\overset{-1}{I}{}^-+\overset{+5}{I}O_3^-+6H^+=\!=\!=3\overset{0}{I}_2+3H_2O$

(6) $3\overset{+4}{Mn}O_2+K\overset{+5}{Cl}O_3+6KOH=\!=\!=3K_2\overset{+6}{Mn}O_4+K\overset{-1}{Cl}+3H_2O$

9-4 (1)(−)Fe(s)|Fe^{2+}(0.1 mol·L^{-1})‖H^+(1.0 mol·L^{-1})|H_2(100kPa),Pt(+)

(2)(−)Pt|Fe^{2+}(0.1 mol·L^{-1}),Fe^{3+}(0.1 mol·L^{-1})‖MnO_4^-(0.1 mol·L^{-1}),Mn^{2+}(0.1 mol·L^{-1}),H^+(1.0 mol·L^{-1})|Pt(+)

9-5 +0.340 2 V

9-6 E=0.717 (V)

负极反应:$2I^-\longrightarrow I_2+2e^-$(氧化反应)

正极反应:$MnO_4^-+8H^++5e^-\longrightarrow Mn^{2+}+4H_2O$(还原反应)

电池反应:$2MnO_4^-+10I^-+16H^+\longrightarrow 2Mn^{2+}+5I_2+8H_2O$

9-7 0.24 V;正向　　**9-8** $\varphi^{\ominus}(MnO_4^-/Mn^{2+})>\varphi^{\ominus}(Fe^{3+}/Fe^{2+})>\varphi^{\ominus}(Sn^{4+}/Sn^{2+})$

9-9 (1)I_2 不能氧化 Mn^{2+}；(2)MnO_4^- 能氧化 Fe^{2+}；

(3)Sn^{2+} 能使 Fe^{3+} 还原为 Fe^{2+}；(4)Sn^{2+} 不能使 Fe^{2+} 还原为 Fe

9-10 (1)0.329;(2)5.3×10^{46};(3)1.08×10^{-10}　　**9-11** 1.47 V;0.50 V　　**9-12** 最强;最大　　**9-13** I^-

9-14 2.454%;$I^-+3Cl_2+3H_2O=\!=\!=IO_3^-+6Cl^-+6H^+$;$IO_3^-+5I^-+6H^+=\!=\!=3H_2O+3I_2$

第10章　重要元素及化合物

10-6 提示:用 $AgNO_3$ 鉴别　　**10-12** 提示:反应物反应后会有杂质产生

10-17 提示:从 NaOH 容易吸潮方面考虑　　**10-18** 提示:加入 HCl,$AgNO_3$,H_2SO_4 鉴别

第11章　仪器分析概论

11-7 0.89%;0.36%　　**11-8** 11.2 mg·L^{-1}　　**11-9** 1.9×10^4　　**11-10** 0.35 μmol·L^{-1}

11-11 pH=5.50　　**11-12** 1.77×10^{-4}mol·L^{-1}　　**11-13** (1)12,16;(2)4 624,4 096;(3)1.33

11-14 20.8%;15.97%;45.35%;17.88%

参 考 文 献

[1] 呼世斌,黄蔷蕾. 无机及分析化学[M]. 北京:高等教育出版社,2001.
[2] 董元彦. 无机及分析化学[M]. 北京:科学出版社,2000.
[3] 谢吉民,李笑英. 无机化学[M]. 南京:东南大学出版社,1997.
[4] 何国光. 无机化学(供中药专业用)[M]. 成都:四川科学技术出版社,1997.
[5] 张永安. 无机化学[M]. 北京:北京师范大学出版社,1998.
[6] 南京大学《无机及分析化学》编写组. 无机及分析化学[M]. 3 版. 北京:高等教育出版社,1998.
[7] 叶锡模,叶立扬. 无机及分析化学[M]. 北京:中央广播电视大学出版社,1987.
[8] 倪静安主编. 无机及分析化学[M]. 北京:化学工业出版社,1998.
[9] 上海高等专科学校《分析化学》编写组编. 分析化学[M]. 上海:上海科学技术出版社,2002.
[10] 郭若鹭编. 中等专业学校教材. 分析化学[M]. 北京:中国轻工业出版社,1999.
[11] 汪尔康编. 分析化学[M]. 北京:北京理工大学出版社,2002.
[12] 林俊杰,王静. 无机化学[M]. 北京:化学工业出版社,2002.
[13] 曾政权. 大学化学[M]. 重庆:重庆大学出版社,2001.
[14] 樊行雪,方国女. 大学化学原理及应用(下册)[M]. 北京:华东理工大学出版社,2000.
[15] 揭念芹. 基础化学 I [M]. 北京:科学出版社,2000.
[16] 孙淑声. 无机化学(生物类)[M]. 2 版. 北京:北京大学出版社,1999.
[17] 李保山. 基础化学[M]. 北京:科学出版社,2003.
[18] SKOOG D A, WEST D M. Principles of Instrumental Analysis[M]. 2rd. Philadelphia (USA):Saunders College/Holt, Rinchart and Winston,1980.
[19] 清华大学分析化学教研室编. 现代仪器分析[M]. 北京:清华大学出版社,1983.
[20] 南开大学化学系《仪器分析》编写组. 仪器分析[M]. 北京:人民教育出版社,1978.
[21] 李吉学. 仪器分析[M]. 北京:中国医药科技出版社,2004.
[22] 万家亮,等. 仪器分析[M]. 武汉:华中师范大学出版社,1992.
[23] 傅献彩. 大学化学(上册) [M]. 北京:高等教育出版社,1999.
[24] 高小霞. 分析化学丛书(第五卷 第一册):电分析化学导论[M]. 北京:科学出版社,1986.
[25] 苏孝志,陈耀华. 普通化学[M]. 北京:北京农业大学出版社,1994.
[26] 胡伟光. 无机化学[M]. 北京:化学工业出版社,2002.

附　录

附录Ⅰ　常见物质的 $\Delta_f H_m^\ominus$，$\Delta_f G_m^\ominus$ 和 $S_m^\ominus$

(298.15 K，100 kPa)

物质	$\frac{\Delta_f H_m^\ominus}{kJ \cdot mol^{-1}}$	$\frac{\Delta_f G_m^\ominus}{kJ \cdot mol^{-1}}$	$\frac{S_m^\ominus}{J \cdot K^{-1} \cdot mol^{-1}}$
Ag(s)	0	0	42.55
AgCl(s)	−127.07	−109.80	96.2
AgBr(s)	−100.4	−96.9	107.1
Ag_2CrO_4(s)	−731.74	−641.83	218
AgI(s)	−61.84	−66.19	115
Ag_2O(s)	−31.1	−11.2	121
$AgNO_3$(s)	−124.4	−33.47	140.9
Al(s)	0.0	0.0	28.33
$AlCl_3$(s)	−704.2	−628.9	110.7
α-Al_2O_3(s)	−1 676	−1582	50.92
B(s，β)	0	0	5.86
B_2O_3(s)	−1272.8	−1193.7	53.97
Ba(s)	0	0	62.8
$BaCl_2$(s)	−858.6	−810.4	123.7
BaO(s)	−548.10	−520.41	72.09
$Ba(OH)_2$(s)	−994.7	—	—
$BaCO_3$(s)	−1 216	−1 138	112
$BaSO_4$(s)	−1 473	−1 362	132
Br_2(l)	0	0	152.23
Br_2(g)	30.91	3.14	245.35
Ca(s)	0	0	41.2
CaF_2(s)	−1 220	−1 167	68.87
$CaCl_2$(s)	−795.8	−748.1	105
CaO(s)	−635.09	−604.04	39.75
$Ca(OH)_2$(s)	−986.09	−898.56	83.39
$CaCO_3$(s，方解石)	−1 206.92	−1 128.8	92.88
$CaSO_4$(s，无水石膏)	−1 434.1	−1 321.9	107
C(石墨)	0	0	5.74
C(金刚石)	1.987	2.900	2.38
CO(g)	−110.53	−137.15	197.56
CO_2(g)	−393.51	−394.36	213.64
CO_2(aq)	−413.8	−386.0	118
CCl_4(l)	−135.4	−65.2	216.4
CH_3OH(l)	−238.7	−166.4	127

续表

物质	$\frac{\Delta_f H_m^{\ominus}}{kJ \cdot mol^{-1}}$	$\frac{\Delta_f G_m^{\ominus}}{kJ \cdot mol^{-1}}$	$\frac{S_m^{\ominus}}{J \cdot K^{-1} \cdot mol^{-1}}$
$C_2H_5OH(l)$	−277.7	−174.9	161
$HCOOH(l)$	−424.7	−361.4	129.0
$CH_3COOH(l)$	−484.5	−390	160
$CH_3CHO(l)$	−192.3	−128.2	160
$CH_4(g)$	−74.81	−50.75	186.15
$C_2H_2(g)$	226.75	209.20	200.82
$C_2H_4(g)$	52.26	68.12	219.5
$C_2H_6(g)$	−84.68	−32.89	229.5
$C_3H_8(g)$	−103.85	−23.49	269.9
$C_6H_6(g)$	82.93	129.66	269.2
$C_6H_6(l)$	49.03	124.50	172.8
$Cl_2(g)$	0	0	222.96
$HCl(g)$	−92.31	−95.30	186.80
Co(s)(a,六方)	0	0	30.04
$Co(OH)_2$(s,桃红)	−539.7	−454.4	79
Cr(s)	0	0	23.8
$Cr_2O_3(s)$	−1 140	−1 058	81.2
Cu(s)	0	0	33.15
$Cu_2(s)$	−169	−146	93.14
CuO(s)	−157	−130	42.63
$Cu_2S(s,\alpha)$	−79.5	−86.2	121
CuS(s)	−53.1	−53.6	66.5
$CuSO_4(s)$	−771.36	−661.9	109
$CuSO_4 \cdot 5H_2O(s)$	−2 279.7	−1 880.06	300
$F_2(g)$	0	0	202.7
Fe(s)	0	0	27.3
Fe_2O_3(s,赤铁矿)	−824.2	−742.2	87.40
Fe_3O_4(s,磁铁矿)	−1 120.9	−1 015.46	146.44
$H_2(g)$	0	0	130.57
Hg(g)	61.32	31.85	174.8
HgO(s,红)	−90.83	−58.56	70.29
HgS(s,红)	−58.2	−50.6	82.4
$HgCl_2(s)$	−224	−179	146
$Hg_2Cl_2(s)$	−265.2	−210.78	192
$I_2(s)$	0	0	116.14
$I_2(g)$	62.438	19.36	260.6

续表

物质	$\frac{\Delta_f H_m^\ominus}{kJ \cdot mol^{-1}}$	$\frac{\Delta_f G_m^\ominus}{kJ \cdot mol^{-1}}$	$\frac{S_m^\ominus}{J \cdot K^{-1} \cdot mol^{-1}}$
HI(g)	25.9	1.30	206.48
K(s)	0	0	64.18
KCl(s)	−436.75	−409.2	82.59
KI(s)	−327.90	−324.89	106.32
KOH(s)	−424.76	−379.1	78.87
$KClO_3$(s)	−397.7	−296.3	143
$KMnO_4$(s)	−837.2	−737.6	171.7
Mg(s)	0	0	32.68
$MgCl_2$(s)	−641.32	−591.83	89.62
MgO(s,方镁石)	−601.70	−569.44	26.9
$Mg(OH)_2$(s)	−924.54	−833.58	63.18
$MgCO_3$(s,菱美石)	−1 096	−1 012	65.7
$MgSO_4$(s)	−1 285	−1 171	91.6
Mn(s,α)	0	0	32.0
MnO_2(s)	−520.03	−465.18	53.05
$MnCl_2$(s)	−481.29	−440.53	118.2
Na(s)	0	0	51.21
NaCl(s)	−411.15	−384.15	72.13
NaOH(s)	−425.61	−379.53	64.45
Na_2CO_3(s)	−1 130.7	−1 044.5	135.0
NaI(s)	−287.8	−286.1	98.53
Na_2O_2(s)	−510.87	−447.69	94.98
HNO_3(l)	−174.1	−80.79	155.6
NH_3(g)	−46.11	−16.5	192.3
NH_4Cl(s)	−314.4	−203.0	94.56
NH_4HCO_3(s)	−849.4	−666.1	121.0
NH_4NO_3(s)	−365.6	−184.0	151.1
$(NH_4)_2SO_4$(s)	−901.90	—	187.5
N_2(g)	0	0	191.5
NO(g)	90.25	86.57	210.65
NO_2(g)	33.2	51.30	240.0
N_2O(g)	82.05	104.2	219.7
N_2O_4(g)	9.16	97.82	304.2
O_3(g)	143	163	238.8
O_2(g)	0	0	205.03
H_2O(l)	−285.84	−237.19	69.94

续表

物质	$\Delta_f H_m^\ominus$ / $kJ \cdot mol^{-1}$	$\Delta_f G_m^\ominus$ / $kJ \cdot mol^{-1}$	$S_m^\ominus$ / $J \cdot K^{-1} \cdot mol^{-1}$
$H_2O(g)$	−241.82	−228.59	188.72
$H_2O_2(l)$	−187.8	−120.4	—
$H_2O_2(aq)$	−191.2	−134.1	144
P(s,白)	0	0	41.09
P(红)(s,三斜)	−17.6	−12.1	22.8
$PCl_3(g)$	−287	−268.0	311.7
$PCl_5(s)$	−443.5	—	—
Pb(s)	0	0	64.81
PbO(s,黄)	−215.33	−187.90	68.70
$PbO_2(s)$	−277.40	−217.36	68.62
$H_2S(g)$	−20.6	−33.6	205.7
$H_2S(aq)$	−40	−27.9	121
$H_2SO_4(l)$	−813.99	−690.10	156.90
$SO_2(g)$	−296.83	−300.19	248.1
$SO_3(g)$	−395.7	−371.1	256.6
Si(s)	0	0	18.8
SiO_2(s,石英)	−910.94	−856.67	41.84
$SiF_4(g)$	−1 614.9	−1 572.7	282.4
Sn(s,白)	0	0	51.55
Sn(s,灰)	−2.1	0.13	44.14
$SnCl_2(s)$	−325	—	—
$SnCl_4(s)$	−511.3	−440.2	259
Zn(s)	0	0	41.6
ZnO(s)	−348.3	−318.3	43.64
$ZnCl_2(aq)$	−488.19	−409.5	0.8
ZnS(s,闪锌矿)	−206.0	−201.3	57.7
HBr(g)	−36.40	−53.43	198.70

摘自：WEST C. CRC Handbook Chemistry and Physics. 69 ed. 1988-1989，D50～93，D96～97，已换算成 SI 单位

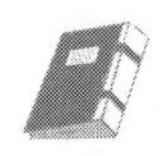

附录Ⅱ 弱酸、弱碱的解离平衡常数 $K^{\ominus}$

弱电解质	t/℃	解离常数	弱电解质	t/℃	解离常数
H_3AsO_4	18	$K^{\ominus}_{a_1}=5.62\times10^{-3}$	H_2S	18	$K^{\ominus}_{a_1}=9.1\times10^{-8}$
	18	$K^{\ominus}_{a_2}=1.70\times10^{-7}$		18	$K^{\ominus}_{a_2}=1.1\times10^{-12}$
	18	$K^{\ominus}_{a_3}=3.95\times10^{-12}$	H_2SO_4	25	$K^{\ominus}_{a_2}=1.2\times10^{-2}$
H_3BO_3	20	$K^{\ominus}_{a}=7.3\times10^{-10}$	H_2SO_3	18	$K^{\ominus}_{a_1}=1.54\times10^{-2}$
HBrO	25	$K^{\ominus}_{a}=2.06\times10^{-9}$		18	$K^{\ominus}_{a_2}=1.02\times10^{-7}$
H_2CO_3	25	$K^{\ominus}_{a_1}=4.30\times10^{-7}$	H_2SiO_3	30	$K^{\ominus}_{a_1}=2.2\times10^{-10}$
	25	$K^{\ominus}_{a_2}=5.61\times10^{-11}$		30	$K^{\ominus}_{a_2}=2\times10^{-12}$
$H_2C_2O_4$	25	$K^{\ominus}_{a_1}=5.90\times10^{-2}$	HCOOH	25	$K^{\ominus}_{a}=1.77\times10^{-4}$
	25	$K^{\ominus}_{a_2}=6.40\times10^{-5}$	CH_3COOH	25	$K^{\ominus}_{a}=1.76\times10^{-5}$
HCN	25	$K^{\ominus}_{a}=4.93\times10^{-10}$	$CH_2ClCOOH$	25	$K^{\ominus}_{a}=1.4\times10^{-3}$
HClO	18	$K^{\ominus}_{a}=2.95\times10^{-5}$	$CHCl_2COOH$	25	$K^{\ominus}_{a}=3.32\times10^{-2}$
H_2CrO_4	25	$K^{\ominus}_{a_1}=1.8\times10^{-1}$	$H_3C_6H_5O_7$	20	$K^{\ominus}_{a_1}=7.1\times10^{-4}$
	25	$K^{\ominus}_{a_2}=3.20\times10^{-7}$	(柠檬酸)	20	$K^{\ominus}_{a_2}=1.68\times10^{-5}$
HF	25	$K^{\ominus}_{a}=3.53\times10^{-4}$		20	$K^{\ominus}_{a_3}=4.1\times10^{-7}$
HIO_3	25	$K^{\ominus}_{a}=1.69\times10^{-1}$	$NH_3\cdot H_2O$	25	$K^{\ominus}_{b}=1.77\times10^{-5}$
HIO	25	$K^{\ominus}_{a}=2.3\times10^{-11}$	AgOH	25	$K^{\ominus}_{b}=1\times10^{-2}$
HNO_2	12.5	$K^{\ominus}_{a}=4.6\times10^{-4}$	$Al(OH)_3$	25	$K^{\ominus}_{b_1}=5\times10^{-9}$
NH_4^+	25	$K^{\ominus}_{a}=5.64\times10^{-10}$		25	$K^{\ominus}_{b_2}=2\times10^{-10}$
H_2O_2	25	$K^{\ominus}_{a}=2.4\times10^{-12}$	$Be(OH)_2$	25	$K^{\ominus}_{b_1}=1.78\times10^{-6}$
H_3PO_4	25	$K^{\ominus}_{a_1}=7.52\times10^{-3}$		25	$K^{\ominus}_{b_2}=2.5\times10^{-9}$
	25	$K^{\ominus}_{a_2}=6.23\times10^{-8}$	$Ca(OH)_2$	25	$K^{\ominus}_{b_2}=6\times10^{-2}$
	25	$K^{\ominus}_{a_3}=2.2\times10^{-13}$	$Zn(OH)_2$	25	$K^{\ominus}_{b_1}=8\times10^{-7}$

摘自：WEST C. CRC Handbook Chemistry and Physics. 69 ed. 1988-1989，D159～164（～0.1～0.01N）

附录Ⅲ 常见难溶电解质的溶度积 $K_{sp}^{\ominus}$(298 K)

难溶电解质	$K_{sp}^{\ominus}$	难溶电解质	$K_{sp}^{\ominus}$
AgCl	1.77×10^{-10}	$Fe(OH)_2$	4.87×10^{-17}
AgBr	5.35×10^{-13}	$Fe(OH)_3$	2.64×10^{-39}
AgI	8.51×10^{-17}	FeS	1.59×10^{-19}
Ag_2CO_3	8.45×10^{-12}	Hg_2Cl_2	1.45×10^{-18}
Ag_2CrO_4	1.12×10^{-12}	HgS(黑)	6.44×10^{-53}
Ag_2SO_4	1.20×10^{-5}	$MgNH_4PO_4$	2.5×10^{-13}
$Ag_2S(\alpha)$	6.69×10^{-50}	$MgCO_3$	6.82×10^{-6}
$Ag_2S(\beta)$	1.09×10^{-49}	$Mg(OH)_2$	5.61×10^{-12}
$Al(OH)_3$	2×10^{-33}	$Mn(OH)_2$	2.06×10^{-13}
$BaCO_3$	2.58×10^{-9}	MnS	4.65×10^{-14}
$BaSO_4$	1.07×10^{-10}	$Ni(OH)_2$	5.47×10^{-16}
$BaCrO_4$	1.17×10^{-10}	NiS	1.07×10^{-21}
$CaCO_3$	4.96×10^{-9}	$PbCl_2$	1.17×10^{-5}
$CaC_2O_4\cdot H_2O$	2.34×10^{-9}	$PbCO_3$	1.46×10^{-13}
CaF_2	1.46×10^{-10}	$PbCrO_4$	1.77×10^{-14}
$Ca_3(PO_4)_2$	2.07×10^{-33}	PbF_2	7.12×10^{-7}
$CaSO_4$	7.10×10^{-5}	$PbSO_4$	1.82×10^{-8}
$Cd(OH)_2$	5.27×10^{-15}	PbS	9.04×10^{-29}
CdS	1.40×10^{-29}	PbI_2	8.49×10^{-9}
$Co(OH)_2$(桃红)	1.09×10^{-15}	$Pb(OH)_2$	1.42×10^{-20}
$Co(OH)_2$(蓝)	5.92×10^{-15}	$SrCO_3$	5.60×10^{-10}
$CoS(\alpha)$	4.0×10^{-21}	$SrSO_4$	3.44×10^{-7}
$CoS(\beta)$	2.0×10^{-25}	$Sn(OH)_2$	5.45×10^{-27}
$Cr(OH)_3$	7.0×10^{-31}	$ZnCO_3$	1.19×10^{-10}
CuI	1.27×10^{-12}	$Zn(OH)_2(\gamma)$	6.68×10^{-17}
CuS	1.27×10^{-36}	ZnS	2.93×10^{-25}

摘自:WEST C. CRC Handbook Chemistry and Physics. 69 ed. 1988-1989,B207～208

附录Ⅳ　常用的缓冲溶液

pH	配制方法
0	1 mol·L^{-1} HCl*
1	0.1 mol·L^{-1} HCl
2	0.01 mol·L^{-1} HCl
3.6	NaAc·$3H_2O$ 8 g,溶于适量水中,加 6 mol·L^{-1} HAc 134 mL,稀释至 500 mL
4.0	NaAc·$3H_2O$ 20 g,溶于适量水中,加 6 mol·L^{-1} HAc 134 mL,稀释至 500 mL
4.5	NaAc·$3H_2O$ 32 g,溶于适量水中,加 6 mol·L^{-1} HAc 68 mL,稀释至 500 mL
5.0	NaAc·$3H_2O$ 50 g,溶于适量水中,加 6 mol·L^{-1} HAc 34 mL,稀释至 500 mL
5.7	NaAc·$3H_2O$ 100 g,溶于适量水中,加 6 mol·L^{-1} HAc 13 mL,稀释至 500 mL
7	NH_4Ac 77 g,用水溶解后,稀释至 500mL
7.5	NH_4Cl 60 g,溶于适量水中,加 15 mol·L^{-1} 氨水 1.4 mL,稀释至 500 mL
8.0	NH_4Cl 50 g,溶于适量水中,加 15 mol·L^{-1} 氨水 3.5 mL,稀释至 500 mL
8.5	NH_4Cl 40 g,溶于适量水中,加 15 mol·L^{-1} 氨水 8.8 mL,稀释至 500 mL
9.0	NH_4Cl 35 g,溶于适量水中,加 15 mol·L^{-1} 氨水 24 mL,稀释至 500 mL
9.5	NH_4Cl 30 g,溶于适量水中,加 15 mol·L^{-1} 氨水 65 mL,稀释至 500 mL
10.0	NH_4Cl 27 g,溶于适量水中,加 15 mol·L^{-1} 氨水 197 mL,稀释至 500 mL
10.5	NH_4Cl 9 g,溶于适量水中,加 15 mol·L^{-1} 氨水 175 mL,稀释至 500 mL
11	NH_4Cl 3 g,溶于适量水中,加 15 mol·L^{-1} 氨水 207 mL,稀释至 500 mL
12	0.01 mol·L^{-1} NaOH**
13	0.1 mol·L^{-1} NaOH

* Cl^- 对测定有妨碍时,可用 HNO_3。　** Na^+ 对测定有妨碍时,可用 KOH。

附录Ⅴ　常见配离子的稳定常数 $K_f^{\ominus}$(298 K)

配离子	$K_f^{\ominus}$	配离子	$K_f^{\ominus}$
$Ag(CN)_2^-$	1.3×10^{21}	$FeCl_3$	98
$Ag(CN_3)_2^+$	1.1×10^{7}	$Fe(CN)_6^{4-}$	1.0×10^{35}
$Ag(NH_3)_2^+$	1.1×10^{7}	$Fe(CN)_6^{3-}$	1.0×10^{42}
$Ag(SCN)_2^-$	3.7×10^{7}	$Fe(C_2O_4)_3^{3-}$	2×10^{20}
$Ag(S_2O_3)_2^{3-}$	2.9×10^{13}	$Fe(NCS)^{2+}$	2.2×10^{3}
$Al(C_2O_4)_3^{3-}$	2.0×10^{16}	FeF_3	1.13×10^{12}
AlF_6^{3-}	6.9×10^{19}	$HgCl_4^{2-}$	1.2×10^{15}
$Cd(CN)_4^{2-}$	6.0×10^{18}	$Hg(CN)_4^{2-}$	2.5×10^{41}
$CdCl_4^{2-}$	6.3×10^{2}	HgI_4^{2-}	6.8×10^{29}
$Cd(NH_3)_4^{2+}$	1.3×10^{7}	$Hg(NH_3)_4^{2+}$	1.9×10^{19}
$Cd(SCN)_4^{2-}$	4.0×10^{3}	$Ni(CN)_4^{2-}$	2.0×10^{31}
$Co(NH_3)_6^{2+}$	1.3×10^{5}	$Ni(NH_3)_4^{2+}$	9.1×10^{7}
$Co(NH_3)_6^{3+}$	2×10^{35}	$Pb(CH_3COO)_4^{2-}$	3×10^{8}
$Co(NCS)_4^{2-}$	1.0×10^{3}	$Pb(CN)_4^{2-}$	1.0×10^{11}
$Cu(CN)_2^-$	1.0×10^{24}	$Zn(CN)_4^{2-}$	5×10^{16}
$Cu(CN)_4^{3-}$	2.0×10^{30}	$Zn(C_2O_4)_2^{2-}$	4.0×10^{7}
$Cu(NH_3)_2^+$	7.2×10^{10}	$Zn(OH)_4^{2-}$	4.6×10^{17}
$Cu(NH_3)_4^{2+}$	2.1×10^{13}	$Zn(NH_3)_4^{2+}$	2.9×10^{9}

摘自:Lange's Handbook of Chemistry. 13 ed. 1985(5),71～91

附录Ⅵ　标准电极电势(298 K)

一、在酸性溶液中

电极反应	$\varphi^\ominus$/V	电极反应	$\varphi^\ominus$/V
$Li^+ + e^- \rightleftharpoons Li$	−3.040 1	$SO_4^{2-} + 4H^+ + 2e^- \rightleftharpoons H_2SO_3 + H_2O$	0.172
$Rb^+ + e^- \rightleftharpoons Rb$	−2.98	$AgCl + e^- \rightleftharpoons Ag + Cl^-$	0.222 33
$K^+ + e^- \rightleftharpoons K$	−2.931	$Hg_2Cl_2 + 2e^- \rightleftharpoons 2Hg + 2Cl^-$	0.268 08
$Cs^+ + e^- \rightleftharpoons Cs$	−2.92	$Cu^{2+} + 2e^- \rightleftharpoons Cu$	0.3419
$Ba^{2+} + 2e^- \rightleftharpoons Ba$	−2.912	$Cu^{2+} + 2e^- \rightleftharpoons Cu(Hg)$	0.345
$Sr^{2+} + 2e^- \rightleftharpoons Sr$	−2.89	$Fe(CN)_6^{3-} + e^- \rightleftharpoons Fe(CN)_6^{4-}$	0.358
$Ca^{2+} + 2e^- \rightleftharpoons Ca$	−2.868	$Ag_2CrO_4 + 2e^- \rightleftharpoons 2Ag + CrO_4^{2-}$	0.447 0
$Na^+ + e^- \rightleftharpoons Na$	−2.71	$H_2SO_3 + 4H^+ + 4e^- \rightleftharpoons S + 3H_2O$	0.449
$La^{3+} + 3e^- \rightleftharpoons La$	−2.522	$Ag_2C_2O_4 + 2e^- \rightleftharpoons 2Ag + C_2O_4^{2-}$	0.464 7
$Ce^{3+} + 3e^- \rightleftharpoons Ce$	−2.483	$Cu^+ + e^- \rightleftharpoons Cu$	0.521
$Mg^{2+} + 2e^- \rightleftharpoons Mg$	−2.372	$I_2 + 2e^- \rightleftharpoons 2I^-$	0.535 5
$Y^{3+} + 3e^- \rightleftharpoons Y$	−2.372	$I_3^- + 2e^- \rightleftharpoons 3I^-$	0.536
$AlF_6^{3-} + 3e^- \rightleftharpoons Al + 6F^-$	−2.069	$H_3AsO_4 + 2H^+ + 2e^- \rightleftharpoons HAsO_2 + 2H_2O$	0.560
$Be^{2+} + 2e^- \rightleftharpoons Be$	−1.847	$AgAc + e^- \rightleftharpoons Ag + Ac^-$	0.643
$Al^{3+} + 3e^- \rightleftharpoons Al$	−1.662	$Ag_2SO_4 + 2e^- \rightleftharpoons 2Ag + SO_4^{2-}$	0.654
$SiF_6^{2-} + 4e^- \rightleftharpoons Si + 6F^-$	−1.24	$O_2 + 2H^+ + 2e^- \rightleftharpoons H_2O_2$	0.695
$Mn^{2+} + 2e^- \rightleftharpoons Mn$	−1.185	$Fe^{3+} + e^- \rightleftharpoons Fe^{2+}$	0.771
$Cr^{2+} + 2e^- \rightleftharpoons Cr$	−0.913	$Hg_2^{2+} + 2e^- \rightleftharpoons 2Hg$	0.797 3
$H_3BO_3 + 3H^+ + 3e^- \rightleftharpoons B + 3H_2O$	−0.869 8	$Ag^+ + e^- \rightleftharpoons Ag$	0.799 6
$Zn^{2+} + 2e^- \rightleftharpoons Zn(Hg)$	−0.762 8	$Hg^{2+} + 2e^- \rightleftharpoons Hg$	0.851
$Zn^{2+} + 2e^- \rightleftharpoons Zn$	−0.761 8	$2Hg^+ + 2e^- \rightleftharpoons Hg_2^{2+}$	0.920
$Cr^{3+} + 3e^- \rightleftharpoons Cr$	−0.744	$NO_3^- + 3H^+ + 2e^- \rightleftharpoons HNO_2 + H_2O$	0.934
$Fe^{2+} + 2e^- \rightleftharpoons Fe$	−0.447	$NO_3^- + 4H^+ + 3e^- \rightleftharpoons NO + 2H_2O$	0.957
$Cd^{2+} + 2e^- \rightleftharpoons Cd$	−0.403 0	$HNO_2 + H^+ + e^- \rightleftharpoons NO + H_2O$	0.983
$PbSO_4 + 2e^- \rightleftharpoons Pb + SO_4^{2-}$	−0.358 8	$Br_2(l) + 2e^- \rightleftharpoons 2Br^-$	1.066
$Co^{2+} + 2e^- \rightleftharpoons Co$	−0.28	$IO_3^- + 6H^+ + 6e^- \rightleftharpoons I^- + 3H_2O$	1.085
$Ni^{2+} + 2e^- \rightleftharpoons Ni$	−0.257	$Cu^{2+} + 2CN^- + e^- \rightleftharpoons Cu(CN)_2^-$	1.103
$Mo^{3+} + 3e^- \rightleftharpoons Mo$	−0.200	$ClO_4^- + 2H^+ + 2e^- \rightleftharpoons ClO_3^- + H_2O$	1.189
$AgI + e^- \rightleftharpoons Ag + I^-$	−0.152 24	$2IO_3^- + 12H^+ + 10e^- \rightleftharpoons I_2 + 6H_2O$	1.195
$Sn^{2+} + 2e^- \rightleftharpoons Sn$	−0.137 5	$ClO_3^- + 3H^+ + 2e^- \rightleftharpoons HClO_2 + H_2O$	1.214
$Pb^{2+} + 2e^- \rightleftharpoons Pb$	−0.126 2	$MnO_2 + 4H^+ + 2e^- \rightleftharpoons Mn^{2+} + 2H_2O$	1.224
$Fe^{3+} + 3e^- \rightleftharpoons Fe$	−0.037	$O_2 + 4H^+ + 4e^- \rightleftharpoons 2H_2O$	1.229
$2H^+ + 2e^- \rightleftharpoons H_2$	0	$Cr_2O_7^{2-} + 14H^+ + 6e^- \rightleftharpoons 2Cr^{3+} + 7H_2O$	1.232
$AgBr + e^- \rightleftharpoons Ag + Br^-$	0.071 33	$Cl_2 + 2e^- \rightleftharpoons 2Cl^-$	1.358 27
$S_4O_6^{2-} + 2e^- \rightleftharpoons 2S_2O_3^{2-}$	0.08	$ClO_4^- + 8H^+ + 8e^- \rightleftharpoons Cl^- + 4H_2O$	1.389

续表

电极反应	$\varphi^{\ominus}$/V	电极反应	$\varphi^{\ominus}$/V
$S+2H^{+}+2e^{-}\rightleftharpoons H_2S(aq)$	0.142	$2ClO_4^{-}+16H^{+}+14e^{-}\rightleftharpoons Cl_2+8H_2O$	1.39
$Sn^{4+}+2e^{-}\rightleftharpoons Sn^{2+}$	0.151	$BrO_3^{-}+6H^{+}+6e^{-}\rightleftharpoons Br^{-}+3H_2O$	1.423
$Cu^{2+}+e^{-}\rightleftharpoons Cu^{+}$	0.153	$ClO_3^{-}+6H^{+}+6e^{-}\rightleftharpoons Cl^{-}+3H_2O$	1.451
$PbO_2+4H^{+}+2e^{-}\rightleftharpoons Pb^{2+}+2H_2O$	1.455	$HClO_2+2H^{+}+2e^{-}\rightleftharpoons HClO+H_2O$	1.645
$2ClO_3^{-}+12H^{+}+10e^{-}\rightleftharpoons Cl_2+6H_2O$	1.47	$MnO_4^{-}+4H^{+}+3e^{-}\rightleftharpoons MnO_2+2H_2O$	1.679
$2BrO_3^{-}+12H^{+}+10e^{-}\rightleftharpoons Br_2+6H_2O$	1.482	$PbO_2+SO_4^{2-}+4H^{+}+2e^{-}\rightleftharpoons PbSO_4+2H_2O$	1.691 3
$HClO+H^{+}+2e^{-}\rightleftharpoons Cl^{-}+H_2O$	1.482	$Au^{+}+e^{-}\rightleftharpoons Au$	1.692
$MnO_4^{-}+8H^{+}+5e^{-}\rightleftharpoons Mn^{2+}+4H_2O$	1.507	$H_2O_2+2H^{+}+2e^{-}\rightleftharpoons 2H_2O$	1.776
$Mn^{3+}+e^{-}\rightleftharpoons Mn^{2+}$	1.541 5	$Co^{3+}+e^{-}\rightleftharpoons Co^{2+}(2\ mol\cdot L^{-1}\ H_2SO_4)$	1.83
$HClO_2+3H^{+}+4e^{-}\rightleftharpoons Cl^{-}+2H_2O$	1.570	$S_2O_8^{2-}+2e^{-}\rightleftharpoons 2SO_4^{2-}$	2.010
$Ce^{4+}+e^{-}\rightleftharpoons Ce^{3+}$	1.61	$F_2+2e^{-}\rightleftharpoons 2F^{-}$	2.866
$2HClO_2+6H^{+}+6e^{-}\rightleftharpoons Cl_2+4H_2O$	1.628	$F_2+2H^{+}+2e^{-}\rightleftharpoons 2HF$	3.053

二、在碱性溶液中

电极反应	$\varphi^{\ominus}$/V	电极反应	$\varphi^{\ominus}$/V
$Ca(OH)_2+2e^{-}\rightleftharpoons Ca+2OH^{-}$	−3.02	$AgCN+e^{-}\rightleftharpoons Ag+CN^{-}$	−0.017
$Ba(OH)_2+2e^{-}\rightleftharpoons Ba+2OH^{-}$	−2.99	$NO_3^{-}+H_2O+2e^{-}\rightleftharpoons NO_2^{-}+2OH^{-}$	0.01
$Mg(OH)_2+2e^{-}\rightleftharpoons Mg+2OH^{-}$	−2.690	$HgO+H_2O+2e^{-}\rightleftharpoons Hg+2OH^{-}$	0.097 7
$Mn(OH)_2+2e^{-}\rightleftharpoons Mn+2OH^{-}$	−1.56	$Co(NH_3)_6^{3+}+e^{-}\rightleftharpoons Co(NH_3)_6^{2+}$	0.108
$Cr(OH)_3+3e^{-}\rightleftharpoons Cr+3OH^{-}$	−1.48	$Hg_2O+H_2O+2e^{-}\rightleftharpoons 2Hg+2OH^{-}$	0.123
$ZnO_2^{2-}+2H_2O+2e^{-}\rightleftharpoons Zn+4OH^{-}$	−1.215	$Mn(OH)_3+e^{-}\rightleftharpoons Mn(OH)_2+OH^{-}$	0.15
$SO_4^{2-}+H_2O+2e^{-}\rightleftharpoons SO_3^{2-}+2OH^{-}$	−0.93	$Co(OH)_3+e^{-}\rightleftharpoons Co(OH)_2+OH^{-}$	0.17
$P+3H_2O+3e^{-}\rightleftharpoons PH_3(g)+3OH^{-}$	−0.87	$PbO_2+H_2O+2e^{-}\rightleftharpoons PbO+2OH^{-}$	0.247
$2H_2O+2e^{-}\rightleftharpoons H_2+2OH^{-}$	−0.827 7	$IO_3^{-}+3H_2O+6e^{-}\rightleftharpoons I^{-}+6OH^{-}$	0.26
$AsO_4^{3-}+2H_2O+2e^{-}\rightleftharpoons AsO_2^{-}+4OH^{-}$	−0.71	$Ag_2O+H_2O+2e^{-}\rightleftharpoons 2Ag+2OH^{-}$	0.342
$Ag_2S+2e^{-}\rightleftharpoons 2Ag+S^{2-}$	−0.691	$O_2+2H_2O+4e^{-}\rightleftharpoons 4OH^{-}$	0.401
$Fe(OH)_3+e^{-}\rightleftharpoons Fe(OH)_2+OH^{-}$	−0.56	$MnO_4^{-}+e^{-}\rightleftharpoons MnO_4^{2-}$	0.558
$HPbO_2^{-}+H_2O+2e^{-}\rightleftharpoons Pb+3OH^{-}$	−0.537	$MnO_4^{-}+2H_2O+3e^{-}\rightleftharpoons MnO_2+4OH^{-}$	0.595
$S+2e^{-}\rightleftharpoons S^{2-}$	−0.476 27	$BrO_3^{-}+3H_2O+6e^{-}\rightleftharpoons Br^{-}+6OH^{-}$	0.61
$Cu_2O+H_2O+2e^{-}\rightleftharpoons 2Cu+2OH^{-}$	−0.360	$ClO_3^{-}+3H_2O+6e^{-}\rightleftharpoons Cl^{-}+6OH^{-}$	0.62
$Cu(OH)_2+2e^{-}\rightleftharpoons Cu+2OH^{-}$	−0.222	$ClO^{-}+H_2O+2e^{-}\rightleftharpoons Cl^{-}+2OH^{-}$	0.841
$O_2+2H_2O+2e^{-}\rightleftharpoons H_2O_2+2OH^{-}$	−0.146	$O_3+H_2O+2e^{-}\rightleftharpoons O_2+2OH^{-}$	1.24
$CrO_4^{2-}+4H_2O+3e^{-}\rightleftharpoons Cr(OH)_3+5OH^{-}$	−0.13		

摘自 WEST R C. Handbook of Chemistry and Physics. 66 ed. 1985-1986

附录Ⅶ　一些氧化还原电对的条件电极电势 φ'(298 K)

电极反应	φ'/V	介质(溶液)
$Ag^{2+}+e^{-}=Ag^{+}$	2.00	4 mol·L^{-1} $HClO_4$
	1.93	3 mol·L^{-1} HNO_3
Ce(Ⅳ)$+e^{-}=$Ce(Ⅲ)	1.74	1 mol·L^{-1} $HClO_4$
	1.45	0.5 mol·L^{-1} H_2SO_4
	1.28	1 mol·L^{-1} HCl
	1.60	1 mol·L^{-1} HNO_3
Co(Ⅲ)$+e^{-}=$Co(Ⅱ)	1.95	4 mol·L^{-1} $HClO_4$
	1.86	1 mol·L^{-1} HNO_3
$Cr_2O_7^{2-}+14H^{+}+6e^{-}=2Cr^{3+}+7H_2O$	1.03	1 mol·L^{-1} $HClO_4$
	1.15	4 mol·L^{-1} H_2SO_4
	1.00	1 mol·L^{-1} HCl
Fe(Ⅲ)$+e^{-}=$Fe(Ⅱ)	0.75	1 mol·L^{-1} $HClO_4$
	0.70	1 mol·L^{-1} HCl
	0.68	1 mol·L^{-1} H_2SO_4
	0.51	1 mol·L^{-1} HCl-0.25 mol·L^{-1} H_3PO_4
$Fe(CN)_6^{3-}+e^{-}=Fe(CN)_6^{4-}$	0.56	0.1mol·L^{-1} HCl
	0.72	1mol·L^{-1} $HClO_4$
$I_3^{-}+2e^{-}=3I^{-}$	0.545	0.5 mol·L^{-1} H_2SO_4
Sn(Ⅳ)$+2e^{-}=$Sn(Ⅱ)	0.14	1 mol·L^{-1} HCl
Sb(Ⅴ)$+2e^{-}=$Sb(Ⅲ)	0.75	3.5 mol·L^{-1} HCl
$SbO_3^{-}+H_2O+2e^{-}=SbO_2^{-}+2OH^{-}$	−0.43	3 mol·L^{-1} KOH
Ti(Ⅳ)$+e^{-}=$Ti(Ⅲ)	−0.01	0.2 mol·L^{-1} H_2SO_4
	0.15	5 mol·L^{-1} H_2SO_4
	0.10	3 mol·L^{-1} HCl
V(Ⅴ)$+e^{-}=$V(Ⅳ)	0.94	1 mol·L^{-1} H_3PO_4
U(Ⅵ)$+2e^{-}=$U(Ⅳ)	0.35	1 mol·L^{-1} HCl

附录Ⅷ　一些化合物的相对分子质量

化合物	相对分子质量	化合物	相对分子质量
$AgBr$	187.78	$(C_9H_7N)_3H_3(PO_4\cdot 12MoO_3)$	2 212.74
$AgCl$	143.32	(磷钼酸喹啉)	
$AgCN$	133.84	$COOHCH_2COOH$	104.06
Ag_2CrO_4	331.73	$COOHCH_2COCNa$	126.04
AgI	234.77	CCl_4	153.81
$AgNO_3$	169.87	CO_2	44.01
$AgSCN$	169.95	Cr_2O_3	151.99
Al_2O_3	101.96	$Cu(C_2H_3O_2)_2\cdot 3Cu(AsO_2)_2$	1 013.80
$Al_2(SO_4)_3$	342.15	CuO	79.54
As_2O_3	197.84	Cu_2O	143.09
As_2O_3	229.84	$CuSCN$	121.63
$BaCO_3$	197.34	$CuSO_4$	159.61
BaC_2O_4	225.35	$CuSO_4\cdot 5H_2O$	249.69
$BaCl_2$	208.24	$FeCl_3$	162.21
$BaCl_2\cdot 2H_2O$	244.27	$FeCl_3\cdot 6H_2O$	270.30
$BaCrO_4$	253.32	FeO	71.85
BaO	153.33	Fe_2O_3	159.69
$Ba(OH)_2$	171.35	Fe_3O_4	231.54
$BaSO_4$	233.39	$FeSO_4\cdot H_2O$	169.93
$CaCO_3$	100.09	$FeSO_4\cdot 7H_2O$	278.02
CaC_2O_4	128.10	$Fe_2(SO_4)_3$	399.89
$CaCl_2$	110.99	$FeSO_4\cdot(NH_4)_2SO_4\cdot 6H_2O$	392.14
$CaCl_2\cdot H_2O$	129.00	H_3BO_3	61.83
CaF_2	78.08	HBr	80.91
$Ca(NO_3)_2$	164.09	$H_2C_4H_4O_6$(酒石酸)	150.09
CaO	56.08	HCN	27.03
$Ca(OH)_2$	74.09	H_2CO_3	62.03
$CaSO_4$	136.14	$H_2C_2O_4$	90.04
$Ca_3(PO_4)_2$	310.18	$H_2C_2O_4\cdot 2H_2O$	126.07
$Ce(SO_4)_2$	332.24	$HCOOH$	46.03
$Ce(SO_4)_2\cdot 2(NH_4)_2SO_4\cdot 2H_2O$	632.54	HCl	36.46
CH_3COOH	60.05	$HClO_4$	100.46
CH_3OH	32.04	HF	20.01
CH_3COCH_3	58.08	HI	127.91
C_6H_5COOH	122.12	HNO_2	47.01
C_6H_5COONa	144.10	HNO_3	63.01
$C_6H_4COOHCOOK$(苯二甲酸氢钾)	204.23	H_2O	18.02
CH_3COONa	82.03	H_2O_2	34.02
C_6H_5OH	94.11	H_3PO_4	98.00
		H_2S	34.08
H_2SO_3	82.08	$Na_2H_2Y\cdot 2H_2O$(EDTA 二钠盐)	372.26
H_2SO_4	98.03	NaI	149.89

续表

化合物	相对分子质量	化合物	相对分子质量
$HgCl_2$	271.50	$NaNO_3$	69.00
Hg_2Cl_2	472.09	Na_2O	61.93
$KAl(SO_4)_2 \cdot 12H_2O$	474.39	$NaOH$	40.01
$KB(C_6H_5)_4$	358.33	Na_3PO_4	163.94
KBr	119.01	Na_2S	78.05
$KBrO_3$	167.01	$Na_2S \cdot 9H_2O$	240.18
KCN	65.12	Na_2SO_3	126.04
K_2CO_3	138.21	Na_2SO_4	142.04
KCl	74.56	$Na_2SO_4 \cdot 10H_2O$	322.20
$KClO_3$	122.55	$Na_2S_2O_3$	158.11
$KClO_4$	138.55	$Na_2S_2O_3 \cdot 5H_2O$	248.19
K_2CrO_4	194.20	Na_2SiF_6	188.06
$K_2Cr_2O_7$	294.19	NH_3	17.03
$KHC_2O_4 \cdot H_2C_2O_4 \cdot 2H_2O$	254.19	NH_4Cl	53.49
$KHC_2O_4 \cdot H_2O$	146.14	$(NH_4)_2C_2O_4 \cdot H_2O$	142.11
KI	166.01	$NH_3 \cdot H_2O$	35.05
KIO_3	214.00	$NH_4Fe(SO_4)_2 \cdot 12H_2O$	482.20
$KIO_3 \cdot HIO_3$	389.92	$(NH_4)_2HPO_4$	132.05
$KMnO_4$	158.04	$(NH_4)_3PO_4 \cdot 12MoO_3$	1 876.53
KNO_2	85.10	NH_4SCN	76.12
K_2O	92.20	$(NH_4)_2SO_4$	132.14
KOH	56.11	$NiC_8H_{14}O_4N_4$(丁二酮肟镍)	288.91
$KSCN$	97.18	P_2O_5	141.95
K_2SO_4	174.26	$PbCrO_4$	323.18
$MgCO_3$	84.32	PbO	223.19
$MgCl_2$	95.21	PbO_2	239.19
$MgNH_4PO_4$	137.33	Pb_3O_4	685.57
MgO	40.31	$PbSO_4$	303.26
$Mg_2P_2O_7$	222.60	SO_2	64.06
MnO	70.94	SO_3	80.06
MnO_2	86.94	Sb_2O_3	291.50
$Na_2B_4O_7$	201.22	Sb_2S_3	339.70
$Na_2B_4O_7 \cdot 10H_2O$	381.37	SiF_4	104.08
$NaBiO_3$	279.97	SiO	60.08
$NaBr$	102.90	$SnCO_3$	178.82
$NaCN$	49.01	$SnCl_2$	189.60
Na_2CO_3	105.99	SnO_2	150.71
$Na_2C_2O_4$	134.00	TiO_2	79.88
$NaCl$	58.44	WO_3	231.85
NaF	41.99	$ZnCl_2$	136.30
$NaHCO_3$	84.01	ZnO	81.39
NaH_2PO_4	119.98	$Zn_2P_2O_7$	304.72
Na_2HPO_4	141.96	$ZnSO_4$	161.45

期 表

年国际相对
基准，相对
加注在其

范围为6.94

同位素，天
的同位素，
的同位素。

10	ⅠB 11	ⅡB 12	ⅢA 13	ⅣA 14	ⅤA 15	ⅥA 16	ⅦA 17	0 18	电子层
								2 He 氦 3 4 $1s^2$ 4.002602(2)	K
			5 B 硼 10 11 $2s^2 2p^1$ 10.811(7)	6 C 碳 12 13 $14^β$ $2s^2 2p^2$ 12.0107(8)	7 N 氮 14 15 $2s^2 2p^3$ 14.00674(7)	8 O 氧 16 17 18 $2s^2 2p^4$ 15.9994(3)	9 F 氟 19 $2s^2 2p^5$ 18.9984032(5)	10 Ne 氖 20 21 22 $2s^2 2p^6$ 20.1797(6)	L K
			13 Al 铝 27 $3s^2 3p^1$ 26.981538(2)	14 Si 硅 28 29 30 $3s^2 3p^2$ 28.0855(3)	15 P 磷 31 $3s^2 3p^3$ 30.973761(2)	16 S 硫 32 33 34 36 $3s^2 3p^4$ 32.066(6)	17 Cl 氯 35 37 $3s^2 3p^5$ 35.4527(9)	18 Ar 氩 36 38 40 $3s^2 3p^6$ 39.948(1)	M L K
8 61 0 62 64 $3d^8 4s^2$ 4(2)	29 Cu 铜 63 65 $3d^{10} 4s^1$ 63.546(3)	30 Zn 锌 64 68 66 70 67 $3d^{10} 4s^2$ 65.39(2)	31 Ga 镓 69 71 $4s^2 4p^1$ 69.723(1)	32 Ge 锗 70 74 72 76 73 $4s^2 4p^2$ 72.61(2)	33 As 砷 75 $4s^2 4p^3$ 74.92160(2)	34 Se 硒 74 78 76 80 77 82 $4s^2 4p^4$ 78.96(3)	35 Br 溴 79 81 $4s^2 4p^5$ 79.904(1)	36 Kr 氪 78 83 80 84 82 86 $4s^2 4p^6$ 83.80(1)	N M L K
102 106 04 108 05 110 $4d^{10}$ (1)	47 Ag 银 107 109 $4d^{10} 5s^1$ 107.8682(2)	48 Cd 镉 106 112 108 113 110 114 111 116 $4d^{10} 5s^2$ 112.411(8)	49 In 铟 113 115 $5s^2 5p^1$ 114.818(3)	50 Sn 锡 112 118 114 119 115 120 116 122 117 124 $5s^2 5p^2$ 118.710(7)	51 Sb 锑 121 123 $5s^2 5p^3$ 121.760(1)	52 Te 碲 120 125 122 126 $123^β$ 128 124 130 $5s^2 5p^4$ 127.60(3)	53 I 碘 127 $129^β$ $5s^2 5p^5$ 126.90447(3)	54 Xe 氙 124 131 126 132 128 134 129 136 130 $5s^2 5p^6$ 131.29(2)	O N M L K
$90^α$ 195 $92^α$ 196 94 198 $5d^9 6s^1$ 8(2)	79 Au 金 197 $5d^{10} 6s^1$ 196.96655(2)	80 Hg 汞 196 201 198 202 199 204 200 $5d^{10} 6s^2$ 200.59(2)	81 Tl 铊 203 205 $6s^2 6p^1$ 204.3833(2)	82 Pb 铅 204 206 207 208 $6s^2 6p^2$ 207.2(1)	83 Bi 铋 209 $6s^2 6p^3$ 208.98038(2)	84 Po 钋 $209^{α,ε}$ $210^α$ $6s^2 6p^4$ 208.98	85 At 砹 $210^{ε,α}$ $6s^2 6p^5$ 209.99	86 Rn 氡 $222^α$ $6s^2 6p^6$ 222.02	P O N M L K
$269^α$	111 Rg 𬬭* $272^α$ (272)	112 Cn 鿔* $277^α$ (277)	113 Uut * (278)	114 Uuq * (289)	115 Uup * (288)	116 Uuh * (289)		118 Uuo * (294)	Q P O N M L K

d $152^α$ 157 154 158 155 160 156 $4f^7 5d^1 6s^2$ .25(3)	65 Tb 铽 159 $4f^9 6s^2$ 158.92534(2)	66 Dy 镝 156 162 158 163 160 164 161 $4f^{10} 6s^2$ 162.50(3)	67 Ho 钬 165 $4f^{11} 6s^2$ 164.93032(2)	68 Er 铒 162 167 164 168 166 170 $4f^{12} 6s^2$ 167.26(3)	69 Tm 铥 169 $4f^{13} 6s^2$ 168.93421(2)	70 Yb 镱 168 173 170 174 171 176 172 $4f^{14} 6s^2$ 173.04(3)	71 Lu 镥 175 $176^β$ $4f^{14} 5d^1 6s^2$ 174.967(1)
n $247^α$ * $5f^7 6d^1 7s^2$ 07	97 Bk 锫* $247^α$ $5f^9 7s^2$ 247.07	98 Cf 锎* $251^α$ $5f^{10} 7s^2$ 251.08	99 Es 锿* $252^α$ $5f^{11} 7s^2$ 252.08	100 Fm 镄* $257^{α,γ}$ $5f^{12} 7s^2$ 257.10	101 Md 钔* $258^α$ $(5f^{13} 7s^2)$ 258.10	102 No 锘* $259^α$ $(5f^{14} 7s^2)$ 259.10	103 Lr 铹* $260^α$ $(5f^{14} 6d^1 7s^2)$ 260.11

元素周

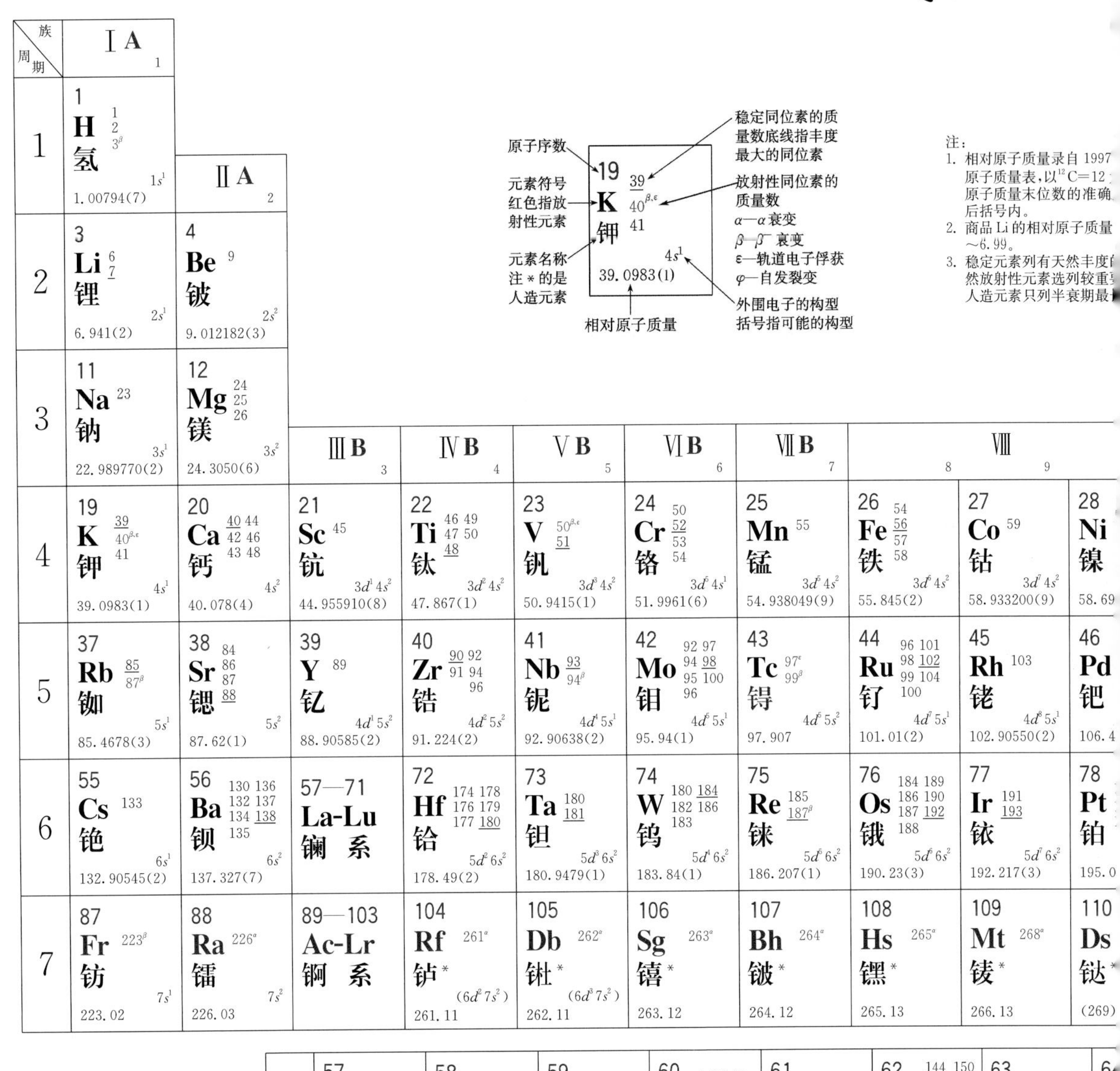

周期＼族	ⅠA 1	ⅡA 2	ⅢB 3	ⅣB 4	ⅤB 5	ⅥB 6	ⅦB 7	Ⅷ 8	9	
1	1 H 氢 1 2 3^{β} $1s^1$ 1.00794(7)									
2	3 Li 锂 6 7 $2s^1$ 6.941(2)	4 Be 铍 9 $2s^2$ 9.012182(3)								
3	11 Na 钠 23 $3s^1$ 22.989770(2)	12 Mg 镁 24 25 26 $3s^2$ 24.3050(6)								
4	19 K 钾 39 $40^{\beta,\varepsilon}$ 41 $4s^1$ 39.0983(1)	20 Ca 钙 40 44 42 46 43 48 $4s^2$ 40.078(4)	21 Sc 钪 45 $3d^1 4s^2$ 44.955910(8)	22 Ti 钛 46 49 47 50 48 $3d^2 4s^2$ 47.867(1)	23 V 钒 $50^{\beta,\varepsilon}$ 51 $3d^3 4s^2$ 50.9415(1)	24 Cr 铬 50 52 53 54 $3d^5 4s^1$ 51.9961(6)	25 Mn 锰 55 $3d^5 4s^2$ 54.938049(9)	26 Fe 铁 54 56 57 58 $3d^6 4s^2$ 55.845(2)	27 Co 钴 59 $3d^7 4s^2$ 58.933200(9)	28 Ni 镍 58.69
5	37 Rb 铷 85 87^{β} $5s^1$ 85.4678(3)	38 Sr 锶 84 86 87 88 $5s^2$ 87.62(1)	39 Y 钇 89 $4d^1 5s^2$ 88.90585(2)	40 Zr 锆 90 92 91 94 96 $4d^2 5s^2$ 91.224(2)	41 Nb 铌 93 94^{β} $4d^4 5s^1$ 92.90638(2)	42 Mo 钼 92 97 94 98 95 100 96 $4d^5 5s^1$ 95.94(1)	43 Tc 锝 97^{ε} 99^{β} $4d^5 5s^2$ 97.907	44 Ru 钌 96 101 98 102 99 104 100 $4d^7 5s^1$ 101.01(2)	45 Rh 铑 103 $4d^8 5s^1$ 102.90550(2)	46 Pd 钯 106.4
6	55 Cs 铯 133 $6s^1$ 132.90545(2)	56 Ba 钡 130 136 132 137 134 138 135 $6s^2$ 137.327(7)	57—71 La-Lu 镧系	72 Hf 铪 174 178 176 179 177 180 $5d^2 6s^2$ 178.49(2)	73 Ta 钽 180 181 $5d^3 6s^2$ 180.9479(1)	74 W 钨 180 184 182 186 183 $5d^4 6s^2$ 183.84(1)	75 Re 铼 185 187^{β} $5d^5 6s^2$ 186.207(1)	76 Os 锇 184 189 186 190 187 192 188 $5d^6 6s^2$ 190.23(3)	77 Ir 铱 191 193 $5d^7 6s^2$ 192.217(3)	78 Pt 铂 195.0
7	87 Fr 钫 223^{β} $7s^1$ 223.02	88 Ra 镭 226^{α} $7s^2$ 226.03	89—103 Ac-Lr 锕系	104 Rf 𬬻* 261^{α} $(6d^2 7s^2)$ 261.11	105 Db 𬭊* 262^{α} $(6d^3 7s^2)$ 262.11	106 Sg 𬭳* 263^{α} 263.12	107 Bh 𬭛* 264^{α} 264.12	108 Hs 𬭶* 265^{α} 265.13	109 Mt 鿏* 268^{α} 266.13	110 Ds 𫟼* (269)

注：
1. 相对原子质量录自1997
原子质量表，以^{12}C=12
原子质量末位数的准确
后括号内。
2. 商品Li的相对原子质量
～6.99。
3. 稳定元素列有天然丰度
然放射性元素选列较重
人造元素只列半衰期最

镧系	57 La 镧 $138^{\varepsilon,\beta}$ 139 $5d^1 6s^2$ 138.9055(2)	58 Ce 铈 136 138 140 142 $4f^1 5d^1 6s^2$ 140.116(1)	59 Pr 镨 141 $4f^3 6s^2$ 140.90765(2)	60 Nd 钕 142 146 143 148 144^{α} 150 145 $4f^4 6s^2$ 144.24(3)	61 Pm 钷 147^{β} $4f^5 6s^2$ 144.91	62 Sm 钐 144 150 147^{α} 152 148^{α} 154 149^{α} $4f^6 6s^2$ 150.36(3)	63 Eu 铕 151 153 $4f^7 6s^2$ 151.964(1)	64 G 15
锕系	89 Ac 锕 $227^{\beta,\alpha}$ $6d^1 7s^2$ 227.03	90 Th 钍 232^{α} $6d^2 7s^2$ 232.0381(1)	91 Pa 镤 231^{α} $5f^2 6d^1 7s^2$ 231.03588(2)	92 U 铀 234^{α} 235^{α} 238^{α} $5f^3 6d^1 7s^2$ 238.02891(3)	93 Np 镎 237^{α} $5f^4 6d^1 7s^2$ 237.05	94 Pu 钚 239^{α} $244^{\alpha,\varphi}$ $5f^6 7s^2$ 244.06	95 Am 镅* 243^{α} $5f^7 7s^2$ 243.06	9 C